“十四五”职业教育国家规划教材

化工生产安全技术

第三版

张麦秋　唐淑贞　刘三婷　主编

化学工业出版社

·北 京·

本书主要介绍化工生产与安全、防火防爆安全技术、工业防毒安全技术、电气与静电防护安全技术、化学反应的安全技术、化工单元操作安全技术、压力容器的安全技术、化工装置检修安全技术、生产安全事故应急预案编制、化工企业安全文化建设、石化企业HSE管理体系等，并系统地介绍了安全发展理念、安全生产法规体系、新时代科技发展伟大成就、行业重器、文件建设以及行业先进典型等，强化思想素养、专业素养、职业素养的养成，各单元有必备相关理论知识、复习思考题和案例分析，并附有安全生产相关法律法规及标准等。

本书适合高职化工技术大类专业如应用化工技术、精细化学品生产技术、有机化工生产技术、高聚物生产技术、化工装备技术、生物化工技术、制药技术等专业作为教材，也可作为安全工程类专业教材或参考资料，以及中职化工技术大类专业学生作为参考资料和相关工程技术人员、管理人员、技术工人作为培训教材或学习资料。

图书在版编目（CIP）数据

化工生产安全技术/张麦秋，唐淑贞，刘三婷主编．—3版．—北京：化学工业出版社，2020.7（2024.9重印）

“十二五”职业教育国家规划教材　经全国职业教育教材审定委员会审定

ISBN 978-7-122-36587-3

Ⅰ．①化…　Ⅱ．①张…②唐…③刘…　Ⅲ．①化工生产-安全技术-高等职业教育-教材　Ⅳ．①TQ086

中国版本图书馆CIP数据核字（2020）第052837号

责任编辑：高　钰　窦　臻　提　岩　　　装帧设计：尹琳琳

责任校对：张雨彤

出版发行：化学工业出版社（北京市东城区青年湖南街13号　邮政编码100011）

印　　装：河北延风印务有限公司

787mm×1092mm　1/16　印张18　字数443千字　2024年9月北京第3版第10次印刷

购书咨询：010-64518888　　　售后服务：010-64518899

网　　址：http://www.cip.com.cn

凡购买本书，如有缺损质量问题，本社销售中心负责调换。

定　　价：49.00元

前言

化学品全生命周期不安全因素较多，但只要各个环节处理得当，各危险因素是可控的。本次修订增加了化工企业安全文化建设单元，并对各单元内容按最新标准进行了更新，较系统地介绍了安全发展理念、安全生产法规体系、新时代科技发展伟大成就、行业重器、文化建设以及行业先进典型等，坚持“人民至上、生命至上”、推进高质量发展、坚持自信自立、塑造伟大工匠精神、弘扬优秀传统文化、劳动精神、奋斗精神、奉献精神，强化思想素养、专业素养、职业素养的养成。重新梳理了附录材料。本课程建议课时50学时。

本书由政府职能部门专家、企业专家和学校教师共同编写，通过对具体案例进行分析，介绍相关的安全事故防范与处理的技术技能、安全知识、法律法规等，并附有大量事故案例供防范研究。本书内容编排方便教师根据专业类别、教学目标灵活选择教学内容，也方便读者自学。

本书的内容已制作成用于多媒体教学的PPT课件，并将免费提供给采用本书作为教材的院校使用。如有需要，请发电子邮件至cipedu@163.com获取，或登录www.cipedu.com.cn免费下载。

本次修订由张麦秋、唐淑贞、刘三婷主编，张麦秋编写单元一、单元二、单元三、单元八及附录，李琴编写单元四，唐淑贞编写单元五、单元六，何鹏飞编写单元七，陈岳编写单元九，刘三婷编写单元十及附录，王罗强编写单元十一。全书由张麦秋统稿，李平辉主审。感谢湖南省应急管理厅领导和中石化专家对本书编写的指导。欢迎广大读者通过大学城空间（http://www.worlduc.com/SpaceShow/Blog/List.aspx?sid=17494799&uid=183738）或本课程公共邮箱（hgscaqjs@126.com）交流讨论，并共享化工生产安全管理相关法规和标准。

本书中的缺欠之处，敬请广大读者指出，以便及时更正。

编者

第一版前言

安全是企业发展的基础，安全生产是企业生存的必备条件。由于我国处于市场经济建设初期，工业安全生产基础薄弱，安全生产管理水平不高，生产力发展水平较低，同时我国又处于经济高速增长期，数以亿计的农民工进入劳动力市场，从业人员素质较低，再加上经济全球化带来发达工业国家向我国转移“高风险、高耗能产业”等因素，使我国工业安全形势更加严峻。

化工生产的原料和产品多为易燃、易爆、有毒及有腐蚀性，化工生产特点多是高温、高压或深冷、真空，化工生产过程多是连续化、集中化、自动化、大型化，化工生产中安全事故主要源自于泄漏、燃烧、爆炸、毒害等，因此，化工行业已成为危险源高度集中的行业。

由于化工生产中各个环节不安全因素较多，且相互影响，一旦发生事故，危险性和危害性大，后果严重。所以，化工生产的管理人员、技术人员及操作人员均必须熟悉和掌握相关的安全知识和事故防范技术，并具备一定的安全事故处理技能。

本书是由企业专家和学院教师共同开发，采用任务引领、案例驱动的教材开发新理念，以单元—任务—案例—技术分析—相关知识—复习思考题—案例分析的体例形式编写而成，通过对具体案例进行分析，介绍相关的安全事故防范与处理的技术技能，及安全知识、法律法规等，任务清晰，知识目标、能力目标明确。并将相关知识编排于任务之后，由教师根据专业类别、教学任务灵活掌握学习内容，也便于学生自学。

由于本书是针对高职化工技术大类专业如应用化工技术、精细化学品生产技术、有机化工生产技术、高聚物生产技术、化工装备技术专业、生物化工技术、制药技术等专业编写的，各专业任课教师应根据专业培养目标，自由组合相关单元作为本专业教学内容，其他内容可作为专业拓展知识，由学生自学。建议课时 40 学时。

全书由张麦秋、李平辉主编，李平辉编写单元一、单元三，张麦秋编写单元二、单元七及附录，黄铃编写单元五、单元六，高永卫编写单元四，何鹏飞编写单元八。全书由张麦秋统稿，中盐株化集团张颗高级工程师主审。

为方便教学，本书配有电子课件，使用本书的学校可以登录化学工业出版社教学资源网（www. cipedu. com. cn）免费下载。

书中如有缺欠之处，敬请指出，以便及时更正，欢迎广大读者进入本课程大学城教学资源网 http://www. worlduc. com/UserShow/default. aspx?uid=183643 交流讨论。

编者

2008 年 8 月

第二版前言

虽然化工生产中各个环节不安全因素较多，但是，只要各个环节处理得当，各危险因素是可控的。根据化工生产安全管理的发展，本次修订时，增加了安全生产事故应急预案编制及石化企业 HSE 管理体系等内容。建议课时 50 学时。

本书是由企业专家和学院教师共同开发，通过对具体案例进行分析，介绍相关的安全事故防范与处理的技术技能、安全知识、法律法规等。教师可根据专业类别、教学任务灵活掌握学习内容，也便于学生自学。

本书由张麦秋、李平辉主编，张麦秋编写单元一、单元三、单元七及附录，吴兴欢编写单元二、单元四，李平辉编写单元五、单元六，何鹏飞编写单元八，陈岳编写单元九，王罗强编写单元十。本书聘请中国化工教育协会副会长王绍良教授为编写顾问，张麦秋统稿，中盐株化集团高级工程师张颗主审。

为了方便教学，本书配有电子课件，使用本教材的师生可登录化学工业出版社教学资源网（www. cipedu. com. cn）免费下载。也欢迎广大读者通过本课程公共邮箱 hgscaqjs@126. com 或进入本课程大学城教学资源空间 http://www. worlduc. com/UserShow/default. aspx?uid=183643 交流讨论，书中的不足之处，敬请指出，以便及时更正。

编者

2014 年 6 月

目录

单元六　化工单元操作的安全技术 107

单元七　压力容器的安全技术 122

单元八　化工装置检修的安全技术 166

单元九　生产安全事故应急预案编制 191

单元十　化工企业安全文化建设 208

单元一
化工生产与安全

化学工业是基础工业，既以其技术和产品服务于所有其他工业，同时也制约其他工业的发展。化工生产涉及高温、高压、易燃、易爆、腐蚀、剧毒等状态和条件，有发生泄漏、火灾、爆炸等重大事故的可能性，并且其后果比其他行业一般来说要严重，特别是事故往往波及空间广、危害时间长、经济损失巨大而极易引起人们的恐慌，影响社会的稳定。因此，安全工作在化工生产中有着非常重要的作用，是化工生产的前提和保障。

任务一　化工生产的特点及危险性因素分析

知识目标：能陈述化工生产的特点；能说明化工生产的发展与地位。

能力目标：初步建立安全生产意识；能初步判断化工生产的风险；能分析事故发生的主要原因。

一起复杂的事故，其背后潜在的问题是多方面的。了解化工生产本身的特点，掌握化工生产的危险因素，抓住技术、人、信息和组织管理的安全生产四要素，才能避免重大化工生产安全事故的发生。

一、案例

印度博帕尔农药厂发生的“12·3”事故是世界上最大的一次化工毒气泄漏事故。其死亡损失之惨重，震惊全世界，令人触目惊心。

1984年12月3日凌晨，印度中央联邦首府博帕尔的美国联合碳化公司农药厂发生毒气泄漏事故。近40t剧毒的甲基异氰酸酯（MIC）及其反应物在2h内冲向天空，顺着7.4km/h的西北风向东南方向飘荡，覆盖了相当部分市区（约64.7km^2）。高温且密度大于空气的MIC蒸气，在当时17℃的大气中，迅速凝聚成毒雾，贴近地面层飘移，许多人在睡梦中就离开了人世。而更多的人被毒气熏呛后惊醒，涌上街头，晕头转向，不知所措。博帕尔市顿时变成了一座恐怖之城。在短短的几天内死亡2500余人，有20多万人受伤需要治疗。据统计，本次事故共死亡3500多人。孕妇流产、胎儿畸形、肺功能受损的受害者不计其数。

这次事故经济损失高达近百亿元，震惊整个世界。

1. 事故原因

原因是多方面的，该厂生产过程中的技术、设备、人员素质、安全管理等许多方面都存在问题。

（1）直接原因　严重违反操作规程，操作人员素质差、责任心不强。

（2）间接原因

① 厂址选择不当。建厂时未严格按工业企业设计卫生标准要求，没有足够的卫生隔离带。

② 当局和工厂对 MIC 的毒害作用缺乏认识。发生重大的泄漏事故后，根本没有应急救援和疏散计划。

③ 工厂的防护检测设施差。仅有一套安全装置，由于管理不善，而未处于应急状态之中，事故发生后不能启动。

④ 管理混乱。安全装置无人检查和维修，随意拆除温度指示和报警装置，坐失抢救良机。交接班不严格，常规的监护和化验记录漏记。

⑤ 技术人员素质差。2 日 23 时 610 号贮罐突然升压，操作员向工长报告时，得到答复却说不要紧，可见对可能发生的异常反应缺乏认识。

⑥ 对 MIC 急性中毒的抢救无知。事故发生后，医疗当局和医务人员都不知道其抢救方法。

2. 事故教训

① 对于生产化学危险物品的工厂，在建厂前选址时应作危险性评价。根据危险程度留有足够的防护带。建厂后，不得临近厂区建居民区。

② 对于生产和加工有毒化学品的装置，应装配传感器、自动化仪表和计算机控制等设施，提高装置的安全水平。

③ 对剧毒化学品的贮存量应以维持正常运转为限，博帕尔农药厂每日使用 MIC 的量为 5t，但该厂却贮存了 55t，这样大的贮存量没有必要。

④ 健全安全管理规程，并严格执行。提高操作人员技术素质，杜绝误操作和违章作业。严格交接班制度，记录齐全，不得有误，明确责任，奖罚分明。

⑤ 强化安全教育和健康教育，提高职工的自我保护意识和普及事故中的自救、互救知识。坚持持证上岗，不获得安全作业证者不得上岗。

⑥ 对生产和加工剧毒化学品的装置应有独立的安全处理系统，一旦发生泄漏事故，能及时启动处理系统，将毒物全部吸收或破坏掉。该系统应定期检修，只要正常生产在进行，它即处于良好的应急工作状态。

⑦ 对小事故要做详细分析处理，做到“四不放过”。该厂在 1978 年至 1983 年间曾发生过 6 起急性中毒事故，并且中毒死亡一人，尚未引起管理人员对安全的重视。

⑧ 凡生产和加工剧毒化学品的工厂都应制定化学事故应急救援预案，通过预测把可能导致重大灾害的情报在工厂内公开。并应定期进行事故演习，把防护、急救、脱险、疏散、抢险、现场处理等信息让有关人员都清楚。

二、化工生产的特点分析

化学工业作为国民经济的支柱产业，与农业、轻工、纺织、食品、材料建筑及国防等部门有着密切的联系，其产品已经并将继续渗透到国民经济的各个领域。其生产过程的主要特点有以下几个方面。

1. 化工生产涉及的危险品多

化工生产使用的原料、半成品和成品种类繁多，且绝大部分是易燃、易爆、有毒、有腐蚀的危险化学品。生产中的贮存和运输等有其特殊的要求。

2. 化工生产要求的工艺条件苛刻

生产中，有些化学反应在高温、高压下进行，有的要在深冷、高真空度下进行。如由轻柴油裂解制乙烯，再用高压法生产聚乙烯的生产过程中，轻柴油在裂解炉中的裂解温度为800℃；裂解气要在深冷（－96℃）条件下进行分离；纯度为99.99％的乙烯气体在100～300MPa压力下聚合，制成聚乙烯树脂。

3. 生产规模大型化

国际上化工生产装置大型化明显加快。以乙烯装置的生产能力为例，20世纪50年代为10万吨/年、70年代为60万吨/年，到2019年，项目设计规模达年产280万吨。化肥生产，合成氨从20世纪50年代的6万吨/年、70年代的50万吨/年，到2017年75万吨/年的合成氨装置正式投产。

4. 生产方式日趋先进

现代化工企业的生产方式已经从过去的手工操作、间歇生产转变为高度自动化、连续化生产，生产设备由敞开式变为密闭式，生产装置由室内走向露天，生产操作由分散控制变为集中控制，同时也由人工手动操作和现场观测发展到由计算机遥测遥控等。

三、化工生产的危险性因素分析

发展化学工业对促进工农业生产、巩固国防和改善人民生活等方面都有重要作用。但是化工生产较其他工业部门具有较普遍、较严重的危险。化工生产涉及高温、高压、易燃、易爆、腐蚀、剧毒等状态和条件，与矿山、建筑、交通等同属事故多发行业。但化工事故往往因波及空间广、危害时间长、经济损失巨大而极易引起人们的恐慌，影响社会的稳定。

美国保险协会（AIA）对化学工业的317起火灾、爆炸事故进行调查，分析了主要和次要原因，把化学工业危险因素归纳为9个类型，见表1-1。

表1-1 化学工业危险因素的类型

序号	类型	危险因素
1	工厂选址	①易遭受地震、洪水、暴风雨等自然灾害 ②水源不充足 ③缺少公共消防设施的支援 ④有高湿度、温度变化显著等气候问题 ⑤受邻近危险性大的工业装置影响 ⑥邻近公路、铁路、机场等运输设施 ⑦在紧急状态下难以把人和车辆疏散至安全地
2	工厂布局	①工艺设备和储存设备过于密集 ②有显著危险性和无危险性的工艺装置间的安全距离不够 ③昂贵设备过于集中 ④对不能替换的装置没有有效的防护 ⑤锅炉、加热器等火源与可燃物工艺装置之间距离太小 ⑥有地形障碍
3	结构	①支撑物、门、墙等不是防火结构 ②电气设备无防护措施 ③防爆通风换气能力不足 ④控制和管理的指示装置无防护措施 ⑤装置基础薄弱

续表

序号	类型	危 险 因 素
4	对加工物质的危险性认识不足	①在装置中原料混合，在催化剂作用下自然分解 ②对处理的气体、粉尘等在其工艺条件下的爆炸范围不明确 ③没有充分掌握因误操作、控制不良而使工艺过程处于不正常状态时的物料和产品的详细情况
5	化工工艺	①没有足够的有关化学反应的动力学数据 ②对有危险的副反应认识不足 ③没有根据热力学研究确定爆炸能量 ④对工艺异常情况检测不够
6	物料输送	①各种单元操作时对物料流动不能进行良好控制 ②产品的标示不完全 ③送风装置内的粉尘爆炸 ④废气、废水和废渣的处理 ⑤装置内的装卸设施
7	误操作	①忽视关于运转和维修的操作教育 ②没有充分发挥管理人员的监督作用 ③开车、停车计划不适当 ④缺乏紧急停车的操作训练 ⑤没有建立操作人员和安全人员之间的协作体制
8	设备缺陷	①因选材不当而引起装置腐蚀、损坏 ②设备不完善，如缺少可靠的控制仪表等 ③材料的疲劳 ④对金属材料没有进行充分的无损探伤检查或没有经过专家验收 ⑤结构上有缺陷，如不能停车而无法定期检查或进行预防维修 ⑥设备在超过设计极限的工艺条件下运行 ⑦对运转中存在的问题或不完善的防灾措施没有及时改进 ⑧没有连续记录温度、压力、开停车情况及中间罐和受压罐内的压力波动
9	防灾计划不充分	①没有得到管理部门的大力支持 ②责任分工不明确 ③装置运行异常或故障仅由安全部门负责，只是单线起作用 ④没有预防事故的计划，或即使有也很差 ⑤遇有紧急情况未采取得力措施 ⑥没有实行由管理部门和生产部门共同进行的定期安全检查 ⑦没有对生产负责人和技术人员进行安全生产的继续教育和必要的防灾培训

瑞士再保险公司统计了化学工业和石油工业的 102 起事故案例，分析了上述 9 类危险因素所起的作用，表 1-2 为统计结果。

表 1-2 化学工业和石油工业的危险因素

类别	危险因素	危险因素的比例/%	
		化学工业	石油工业
1	工厂选址	3.5	7.0
2	工厂布局	2.0	12.0
3	结构	3.0	14.0
4	对加工物质的危险性认识不足	20.2	2.0
5	化工工艺	10.6	3.0
6	物料输送	4.4	4.0
7	误操作	17.2	10.0
8	设备缺陷	31.1	46.0
9	防灾计划不充分	8.0	2.0

由表 1-2 可知，“设备缺陷”不论是化学工业还是石油工业都是比例最高的危险因素，因此，石化行业的生产设备从设计、制造、安装到运行、维护、修理等都应进行安全监管；另一个石化行业生产中危险因素比例较高的共同点就是“误操作”，这也是石化行业特别强调操作规程、职业习惯的原因。对于化工生产来说，第二大风险是“对加工物质的危险性认识不足”，这就要求化工行业必须提高职工素质、加强安全教育。

由于化工生产存在上述危险性，使其发生泄漏、火灾、爆炸等重大事故的可能性及其严重后果比其他行业一般来说要大。血的教训充分说明，在化工生产中如果没有完善的安全防护设施和严格的安全管理，即使先进的生产技术，现代化的设备，也难免发生事故。而一旦发生事故，人民的生命和财产将遭到重大损失，生产也无法进行下去，甚至整个装置会毁于一旦。因此，安全工作在化工生产中有着非常重要的作用，是化工生产的前提和保障。

 相关知识 化工生产及其地位

1. 发展

化学工业是一个历史悠久、行业和产品涉及广泛、在国民经济中占重要地位的行业。数千年以前，人们创造的陶瓷、冶金、酿造、造纸、染色等生产工艺，就是古老的化学工艺过程。

18 世纪，纺织工业的兴起，纺织物漂白与染色技术的发展，需要硫酸、烧碱、氯气等无机化学产品；农业生产对化学肥料及农药的需求；采矿业的发展需要大量的炸药，所有这些都推动了近代化学工业的发展。

19 世纪，以煤为基础原料的有机化学工业在德国迅速发展起来。19 世纪末 20 世纪初，石油的开采和炼制为石油化学工业与化学工程技术奠定了基础。同时，美国产生了以“单元操作”为主要标志的现代化学工业生产。1888 年，美国麻省理工学院开设了世界上最早的化学工程专业，基本内容是工业化学和机械工程。

20 世纪 20 年代石油化学工业的崛起推动了各种单元操作的研究。50 年代中期提出了传

递过程原理，把化学工业中的单元操作进一步解析为三种基本操作过程，即动量传递、热量传递和质量传递以及三者之间的联系。同时在反应过程中把化学反应与上述三种传递过程一并研究，用数学模型描述过程。60 年代初，新型高效催化剂的发明，新型高级装置材料的出现，以及大型离心压缩机的研究成功，开始了化工装置大型化的进程，把化学工业推向一个新的高度。此后，化学工业过程开发周期已能缩短至 4～5 年，放大倍数达 500～20000 倍。

目前，化学工业开发不一定进行全流程的中间试验，对一些非关键设备和有把握的过程不必试验，有些则通过计算机在线模拟和控制来代替。同时，化学工业也走向精细化工、生物化工、绿色化工等新的领域。

2. 分类

化工生产通常分为无机和有机两大化学工业门类。

(1) 无机化学工业　无机化学工业包括：

① 基本无机化学工业（包括无机酸、碱、盐及化学肥料的生产）。

② 精细无机化学工业（包括稀有元素、无机试剂、药品、催化剂、电子材料的生产）。

③ 电化学工业（包括食盐水溶液的电解，烧碱、氯气、氢气的生产；熔融盐的电解，金属钠、镁、铝的生产；电石、氯化钙和磷的电热法生产等）。

④ 冶金工业（钢铁、有色金属和稀有金属的冶炼）。

⑤ 硅酸盐工业（玻璃、水泥、陶瓷、耐火材料的生产）。

⑥ 矿物性颜料工业。

(2) 有机化学工业　有机化学工业包括：

① 基本有机合成工业（以甲烷、一氧化碳、氢、乙烯、丙烯、丁二烯以及芳烃为基础原料，合成醇、醛、酸、酮、酯等基本有机合成原料的生产）。

② 精细有机合成工业（染料、医药、有机农药、香料、试剂、合成洗涤剂、塑料与橡胶的添加剂，以及纺织和印染助剂的生产）。

③ 高分子化学工业（塑料、合成纤维、合成橡胶等高分子材料的合成）。

④ 燃料化学加工工业（石油、天然气、煤、木材、泥炭的加工）。

⑤ 食品化学工业（糖、淀粉、油脂、蛋白质、酒类等食品的生产）。

⑥ 纤维素化学工业（以天然纤维素为原料的造纸、人造纤维、胶片等的生产）。

目前我国的化学工业已经发展成为一个有化学矿山、化学肥料、基本化学原料、无机盐、有机原料、合成材料、农药、染料、涂料、感光材料、国防化工、橡胶制品、助剂、试剂、催化剂、化工机械和化工建筑安装等的工业生产行业。

3. 化学工业在国民经济中的地位

当今世界，人们的衣、食、住、行等各个方面都离不开化工产品。化肥和农药为粮食和其他农作物的增产提供了物资保障；质地优良、品种繁多的合成纤维制品不但缓解了棉粮争地的矛盾，而且大大美化了人们的生活；合成药品种类的日益增多，大大增强了人类战胜疾病的能力；合成材料具有耐高温、耐低温、耐腐蚀、耐磨损、高强度、高绝缘等特殊性能，成为发展近代航天技术、核技术及电子技术等尖端科学技术不可缺少的材料，并普遍应用在建筑业、汽车、轮船、飞机制造业上。

我国是化学品生产和消费大国。乙烯、合成树脂、无机原料、化肥、农药等重要大宗产品产量位居世界前列。据统计，2004年化肥、硫酸、纯碱、染料世界第一；原油加工量、烧碱世界第二；乙烯世界第三。随着国民经济的飞速发展，化学工业在国民经济中地位的重要性日趋凸显。我国已成为世界第一大化学品生产国。2018年，全国石油和化工行业全年主营业务收入12.40万亿元、利润总额8393.8亿元。

然而，经济社会的不断发展，城镇化的快速推进，众多老化工企业逐渐被城镇包围，安全防护距离不足等问题凸显。部分处于城镇人口稠密区、江河湖泊上游、重要水源地、主要湿地和生态保护区的危险化学品生产企业已成为重大安全环保隐患。随着我国建设资源节约型、环境友好型社会战略的实施，化学工业在资源保障、节能减排、淘汰落后、环境治理、安全生产等方面，面临着更加严峻的形势和任务。

任务二　化工生产安全分析与评价

知识目标：能陈述安全工程的基本内容；能说明危险化学品重大危险源、分类和特性。

能力目标：初步具备对化工生产中的危险性与安全进行分析预测的能力。

安全是客观事物的危险程度能够为人们普遍接受的状态，安全技术是人们为了预防或消除对工人健康的有害影响和各类事故的发生，改善劳动条件而采取的各种技术措施和组织措施。安全生产是化工企业永恒的主题，对化工生产中的危险性与安全进行分析预测是十分重要的。

一、案例

1993年8月5日，广东省深圳市安贸公司清水河危险化学品仓库发生特大火灾爆炸事故，造成15人死亡，141人受伤住院治疗，其中重伤34人，直接经济损失2.5亿元。专家认定，清水河的干杂仓库被违章改做化学危险品仓库，仓库内化学危险品存放严重违章是事故的主要原因，教训极为深刻。

二、安全工程的基本概念

安全工程，是指在具体的安全存在领域中，运用的各种安全技术及其综合集成，以保障人体动态安全的方法、手段、措施，内容包括生产和工作过程中各种事故和职业性伤害发生的规律、原因及防止技术和手段、各类事故可能对人身、财产、环境带来的恶果等。

安全工程是依附于所处的生产领域和工作过程的工作。为了在工程实践中实现其安全功能，安全工程都带有明显的行业特征，必须符合所处的生产领域和工作过程的技术、工艺、装备条件和运行规律。

任何具体的安全工程项目都具有双重的工程技术范畴，即特有安全工程技术和行业安全工程技术。特有安全工程技术包括系统安全工程、安全系统工程、安全控制工程、安全人机工程、消防工程、安全卫生工程、安全管理工程、安全价值工程等。行业安全工程技术包括化工安全工程、建筑安全工程、矿山安全工程、交通安全工程、电气安全工程、信息安全工程等。化工生产的管理人员、技术人员及操作人员既要熟悉特有安全工程技术，还必须掌握行业安全工程技术。特有安全工程技术的主要内容见表 1-3。

表 1-3 特有安全工程技术的主要内容

项目工程	定义或描述	基本内容
系统安全工程	运用系统论、风险管理理论、可靠性理论和工程技术手段进行辨别、评价，并采取措施使系统在可接受的性能、时间、成本范围内达到最佳安全程度	危险源辨识、危险性评价、危险源控制
安全系统工程	安全系统工程就是应用系统工程的原理和方法，分析、评价及消除系统中的各种危险，实现系统安全的一整套管理程序和方法体系	系统安全分析、系统安全预测、系统安全评价、安全管理措施
安全控制工程	应用控制论的一般原理和方法解决安全控制系统的调节与控制规律	一般分析程序：绘制安全系统框图、建立安全控制系统模型、对模型进行计算和决策、综合分析与验证
安全人机工程	是人-机-环境系统工程与安全工程的结合，保证系统在人-机-环境三者的最佳安全匹配下，以确保人-机-环境系统高效、经济地运行	主要包括人-机-环境系统整体安全性能分析、设计和评价，人-机-环境系统的安全分析数学模型和物理模拟技术，虚拟现实技术在人-机-环境系统整体安全中的应用等
消防工程	消防工程是消火、防火工程的简称。消防工程是在对火灾现象、火灾影响、人们在火灾中的行为和反应的分析认识的基础上，运用科学和工程原理、规范以及专家判断，保护人员、财产和环境免受火灾的危害的工程和技术措施	英国工程理事会（ECD）认为，消防工程涉及 14 个科学和工程领域，即火灾科学（与消防化学、消防动力学）、防火工程（与主动、被动）、烟气控制、逃生、火场灭火、火灾调查、火灾风险评价及估量（包括火灾保险）、消费项目及能源的消防安全、消防安全设计（与建筑物管理、工业过程管理及运输活动管理、城市和社区管理）
安全卫生工程	从质和量两个方面来阐明职业性危害因素与劳动者健康水平的关系，从技术上改善劳动条件，防止职业病，保护劳动者的安全和健康，提高其作业能力，促进生产的发展和劳动生产率的提高	职业性危害因素及其检测、劳动卫生标准、职业性危害防治技术
安全管理工程	是管理者运用管理工程学的理论和方法对安全生产进行的计划、组织、指挥、协调和控制的一系列技术、组织和管理活动	安全管理工程作为管理工程的重要分支，遵循管理工程的普遍规律性，服从管理工程的基本原理
安全价值工程	是运用价值工程的理论和方法，依靠集体智慧和有组织的活动，通过对某种措施进行安全功能分析，力图用最低安全寿命周期投资，实现必要的安全功能，从而提高安全价值的安全技术经济方法	安全价值工程的任务：实现最佳安全投资策略、追求安全功能与安全投入的最佳匹配

三、危险性预先分析与安全预测

1. 危险性预先分析

危险性预先分析（缩写为 PHA）是一种定性分析评价系统内危险因素和危险程度的方法。它是在每项工程活动之前，如设计、施工、生产之前，或技术改造之后，即制定操作规程和使用新工艺等情况之后，对系统存在的危险性类型、来源、出现条件、导致事故的后果以及有关措施等，作概略分析。目的是防止操作人员直接接触对人体有害的原材料、半成品、成品和生产废弃物，防止使用危险性工艺、装置、工具和采用不安全的技术路线。如果必须使用时，也应从工艺上或设备上采取安全措施，以保证这些危险因素不致发展成为事故。

（1）危险性分析的步骤

① 确定系统，明确所分析系统的功能及分析范围。

② 调查、收集资料。

③ 系统功能分解。

④ 分析、识别危险性，确定危险类型、危险来源、初始伤害及其造成的危险性，对潜在的危险点要仔细判定。

⑤ 确定危险等级，在确认每项危险之后，都要按其效果进行分类。

⑥ 制定措施。根据危险等级，从软件（系统分析、人机工程、管理、规章制度等）、硬件（设备、工具、操作方法等）两方面制定相应的消除危险性的措施和防止伤害的办法。

（2）危险性预先分析应注意的问题

① 由于在新开发的生产系统或新的操作方法中，对接触到的危险物质、工具和设备的危险性还没有足够的认识，因此为了使分析获得较好的效果，应采取设计人员、操作人员和安技干部三结合的形式进行。

② 根据系统工程的观点，在查找危险性时，应将系统进行分解，可以防止漏项。

③ 为了使分析人员有条不紊地、合理地从错综复杂的结构关系中查出潜在的危险因素，可采取迭代法或抽象法，先保证在主要危险因素上取得结果。

④ 在可能条件下，最好事先准备一个检查表，指出查找危险性的范围。

2. 安全预测

安全预测或称危险性预测是对系统未来的安全状况进行预测，预测有哪些危险及其危险程度，以便做到对事故进行预报和预防。

安全预测就其预测对象来讲，可分为宏观预测和微观预测。前者是研究一个企业或部门未来一个时期伤亡事故的变化趋势，如预测明年、后年某企业千人死亡率的变化；后者是具体研究某厂或某矿的某种危险源能否导致事故，事故发生概率及其危险度。微观预测可以综合应用各种安全系统分析方法，参照安全评价的某些方法，只要将表明基本事件状态的变量由现在的改为未来可能发生的，就可以达到预期的目的。

按所应用的原理，预测可分为以下几种。

① 白色理论预测。用于预测的问题与所受影响因素已十分清楚的情况。

② 灰色理论预测。也称灰色系统预测，灰色系统指既含有已知信息又含有未知信息（非确知的信息或称黑色的信息）的系统。安全生产活动本身就是一个灰色系统。

③ 黑色理论预测。也称黑箱系统或黑色系统预测。这种系统中所含的信息多为未知的。

在进行预测时，应参照以下几项原则。

① 惯性原则。即过去的行为不仅影响现在而且也影响未来。尽管过去、现在和未来时间内有可能在某些方面存在差异，但总的情况是，对于一个系统的状况（如安全状况）今天是过去的延续，而明天是今天的发展。

② 类推原则。即把先发展事物的表现形式类推到后发展的事物上去。利用这一原则的首要条件是两事物之间的发展变化有类似性。只要有代表性，也可由局部去类推整体。但应注意这个局部的特征能否反映整体的特征。

③ 相关原则。预测之前，首先应确定两事物之间是否有相关性。如机械工业的产品需要量与我国工业总产值就有相关关系。

④ 概率推断原则。当推断的结果能以较大概率出现时，就可以认为这个预测结果是成立的、可用的。一般情况下，要对多种可能出现的结果，都分别给出概率。

四、危险性评价方法

1. 危险性评价

危险性评价也称危险度评价或风险评价，它以实际系统安全为目的，应用安全系统工程原理和工程技术方法，对系统中固有或潜在的危险性进行定性和定量分析，掌握系统发生危险的可能性及其危害程度，从而为制定防治措施和管理决策提供科学依据。危险性评价的定义有三层意义。

① 对系统中固有的或潜在的危险性进行定性和定量分析，这是危险性评价的核心。

② 掌握企业发生危险的可能性及其危害程度之后，就要用指标来衡量企业安全工作，即从数量上说明分析对象安全性的程度。评价指标可以是指数、概率值或等级。

③ 危险性评价的目的是寻求企业的事故率最低，损失最小，安全投资效益最优。

2. 危险性评价方法

危险性评价包括确认危险性和评价危险程度两个方面的问题。前者在于辨识危险源，定量来自危险源的危险性；后者在于控制危险源，评价采取控制措施后仍然存在的危险源的危险性是否可以被接受。在实际安全评价过程中，这些工作不是截然分开、孤立进行的，而是相互交叉、相互重叠进行的。

根据危险性评价对应于系统寿命的响应阶段，把危险性评价区分为危险性预评价和现有系统危险性评价两大类。

(1) *危险性预评价* 危险性预评价是在系统开发、设计阶段，即在系统建造前进行的危险性评价。安全工作最关心的是在事故发生之前预测到发生事故、造成伤害或损失的危险性。系统安全的优越性就在于能够在系统开发、设计阶段根除或减少危险源，使系统的危险性最小。进行危险性预评价时需要预测系统中的危险源及其导致的事故。

(2) *现有系统危险性评价* 这是在系统建成以后的运转阶段进行的系统危险性评价。它的目的在于了解系统的现实危险性，为进一步采取降低危险性的措施提供依据。现有系统已经实实在在地存在着，并且根据以往的运转经验对其危险性已经有了一定的了解，因而与危险性预评价相比，现有系统危险性评价的结果要更接近于实际情况。

现有系统危险性评价方法有统计评价和预测评价两种。

① 统计评价。这种评价方法根据系统已经发生的事故的统计指标来评价系统的危险性。由于它是利用过去的资料进行的评价，所以它评价的是系统的“过去”的危险性。这种评价主要用于宏观地指导事故预防工作。

② 预测评价。在事故发生之前对系统危险性进行的评价，它在预测系统中可能发生的事故的基础上对系统的危险性进行评价，具体地指导事故预防工作。这种评价方法与前述的危险性预评价方法是相同的，区别仅在于评价对象是处于系统寿命期间不同阶段的系统。

从本质上说，危险性评价是对系统的危险性定性的评价。即回答系统的危险性是可接受的还是不可接受的，系统是安全的还是危险的。

如果系统是安全的，则不必采取进一步控制危险源的措施；否则，必须采取改进措施，以实现系统安全。必要时，危险性评价还需把危险性指标进行量化处理。

（3）定性评价和定量评价

① 定性危险性评价。定性危险性评价是不对危险性进行量化处理而只做定性的比较。常采用与有关的标准、规范或安全检查表对比，判断系统的危险程度，或根据同类系统或类似系统以往的事故经验指定危险性分类等级。定性评价比较粗略，一般用于整个危险性评价过程中的初步评价。

② 定量危险性评价。定量危险性评价是在危险性量化基础上进行的评价，能够比较精确地描述系统的危险状况。

按对危险性量化处理的方式不同，定量危险性评价方法又分为概率的危险性评价方法和相对的危险性评价方法。

概率的危险性评价方法是以某种系统事故发生概率计算为基础的危险性评价方法，目前应用较多的是概率危险性评价（PRA）。它主要采用定量的安全系统分析方法中的事件树分析、事故树分析等方法，计算系统事故发生的概率，然后与规定的安全目标相比较，评价系统的危险性。

概率危险性评价耗费人力、物力和时间，它主要适合于一次事故也不许发生的系统，其安全性受到世人瞩目的系统，一旦发生事故会造成多人伤亡或严重环境污染的系统，如核电站、宇宙航行、石油化工和化工装置等的危险性评价。

相对的危险性评价方法是评价者根据以往的经验和个人见解规定一系列打分标准，然后按危险性分数值评价危险性的方法。相对的危险性评价方法又叫做打分法。这种方法需要更多的经验和判断，受评价者主观因素的影响较大。生产作业条件危险性评价法、火灾爆炸指数法等都属于相对的危险性评价方法。

a. 化工生产危险性评价方法。基本程序是：划分评价单元→按有关的规范标准审查→单元危险性排序。利用火灾爆炸指数法分别计算各单元火灾爆炸指数后排序→事故设想。参考该单元或类似工艺单元事故经验设想可能发生的事故→事故后果仿真。针对重大事故危险源进行计算机后果仿真，判断事故的影响范围，估计后果严重度，为应急对策提供依据→详细危险性分析。利用故障树或事故树分析、危险性和可操作性研究进行详细的危险性分析→整改建议。

另外，国内有几种化工生产危险性评价典型方法，如化工企业安全评价方法由辽宁省劳动局和辽宁省石油化学工业局开发，它用企业危险指数和企业安全系数评价企业的危险性；医药工业企业安全性评价由国家中医药管理局开发，分别评价单元和厂（车间）的危险性；重大危险源评价方法由劳动部劳动科学研究院开发。

b. 道化学公司火灾爆炸指数法。美国的道化学工业公司（Dow Chemical Co.）开发的火灾爆炸指数法是一种在世界范围内有广泛影响的危险物质加工处理危险性评价方法。

在道化学火灾爆炸指数法的基础上，英国帝国化学工业公司的蒙德部门开发了ICI蒙德法；日本开发了岗山法等方法。中国的许多化工、石油化工、制药企业中应用了道化学的方法或在它的基础上开发了新的评价方法。

国际劳工局推荐荷兰劳动总管理局的单元危险性快速排序法，是道化学公司火灾爆炸指数法的简化方法。

道化学火灾爆炸指数法评价程序见表 1-4，共包括 13 个评价步骤。

表 1-4 道化学火灾爆炸指数法评价程序

序号	项 目	内 容	结果
1	确定单元	根据贮存、加工处理物质的潜在化学能，危险物质的数量，资金密度（美元/平方米），工作温度和压力，过去发生事故情况等确定评价单元	
2	确定物质系数 *MF*	物质系数反映物质燃烧或化学反应发生火灾、爆炸释放能量的强度，取决于物质燃烧性和化学活泼性	
3	一般工艺危险性 F_1	根据吸热反应，放热反应，贮存和输送，封闭单元，通道，泄漏液体与排放情况选择一般工艺危险性系数	
4	特殊工艺危险性 F_2	根据物质毒性，负压作业，燃烧范围内或燃烧界限附近作业，粉尘爆炸，压力释放，低温作业，危险物质的量，腐蚀，轴封和接头泄漏，明火加热设备，油换热系统，回转设备等情况选择特殊工艺危险性系数	
5	计算单元工艺危险系数	$F_3 = F_1F_2$	
6	计算火灾爆炸指数	$F\&EI = MFF_3$	
7	计算火灾爆炸影响范围/m	$R = 0.26F\&EI$	
8	计算火灾爆炸影响范围内财产价值		
9	确定破坏系数	反映能量释放造成破坏的程度的指标，取值 0.01～1.0	
10	计算基本最大预计损失 基本 *MPPD*	基本最大预计损失= 再投资金额×破坏系数 再投资金额= 原价格×0.82×物价指数	
11	计算实际最大预计损失 实际 *MPPD*	实际最大预计损失= 基本 *MPPD*×补偿系数	
12	选择安全措施补偿系数	考虑工艺控制、隔离、防火三方面的安全措施 工艺控制：应急电源、冷却、爆炸控制、紧急停车、计算机控制、惰性气体、操作规程、化学反应评价、其他工艺危险性分析 隔离：远距离控制阀、泄漏液体排放系统、应急泄放、联锁 防火：泄漏检测、钢结构、地下或双层贮罐、消防供水、特殊消防系统、喷淋系统、水幕、泡沫、手提灭火器、电缆防护	
13	计算停产损失 *BI*	估计最大可能损失生产日数 *MPDO* 后计算停产损失	

相关知识　危险化学品

危险化学品是指具有毒害、腐蚀、爆炸、燃烧、助燃等性质，对人体、设施、环境具有危害的剧毒化学品和其他化学品。

1. 危险化学品的分类

危险化学品按其危险特性可分为理化危险、健康危险、环境危险三大类，具体可以分为27项，见表1-5。

表1-5　危险化学品的分类

序号	类　别	说　　明
1	爆炸物	爆炸物质（或混合物）是这样一种固态或液态物质（或物质的混合物），其本身能够通过化学反应产生气体，而产生气体的温度、压力和速度能对周围环境造成破坏。其中也包括发火物质，即使它们不放出气体 发火物质（或发火混合物）是这样一种物质或物质的混合物，它旨在通过非爆炸自持放热化学反应产生的热、光、声、气体、烟或所有这些的组合来产生效应
2	易燃气体	易燃气体是在20℃和101.3kPa标准压力下，与空气有易燃范围的气体
3	易燃气溶胶	气溶胶是指气溶胶喷雾罐，系任何不可重新罐装的容器，该容器由金属、玻璃或塑料制成，内装强制压缩、液化或溶解的气体，包含或不包含液体、膏剂或粉末，配有释放装置，可使所装物质喷射出来，形成在气体中悬浮的固态或液态微粒或形成泡沫、膏剂或粉末或处于液态或气态
4	氧化性气体	氧化性气体是一般通过提供氧气，比空气更能导致或促使其他物质燃烧的任何气体
5	压力下气体	压力下气体是指高压气体在压力等于或大于200kPa（表压）下装入贮器的气体，或是液化气体或冷冻液化气体 压力下气体包括压缩气体、液化气体、溶解液体、冷冻液化气体
6	易燃液体	易燃液体是指闪点不高于93℃的液体
7	易燃固体	易燃固体是容易燃烧或通过摩擦可能引燃或助燃的固体 易于燃烧的固体为粉状、颗粒状或糊状物质，它们在与燃烧着的火柴等火源短暂接触即可点燃和火焰迅速蔓延的情况下，都非常危险
8	自反应物质或混合物	自反应物质或混合物是即使没有氧（空气）也容易发生激烈放热分解的热不稳定液态或固态物质或者混合物。本定义不包括根据统一分类制度分类为爆炸物、有机过氧化物或氧化物质的物质和混合物 自反应物质或混合物如果在实验室试验中其组分容易起爆、迅速爆燃或在封闭条件下加热时显示剧烈效应，应视为具有爆炸性质
9	自燃液体	自燃液体是即使数量小也能在与空气接触后5min之内引燃的液体
10	自燃固体	自燃固体是即使数量小也能在与空气接触后5min之内引燃的固体

续表

序号	类　别	说　明
11	自热物质和混合物	自热物质是发火液体或固体以外，与空气反应不需要能源供应就能够自己发热的固体或液体物质或混合物；这类物质或混合物与发火液体或固体不同，因为这类物质只有数量很大（公斤级）并经过长时间（几小时或几天）才会燃烧 注：物质或混合物的自热导致自发燃烧是由于物质或混合物与氧气（空气中的氧气）发生反应并且所产生的热没有足够迅速地传导到外界而引起的。当热产生的速度超过热损耗的速度而达到自燃温度时，自燃便会发生
12	遇水放出易燃气体的物质或混合物	遇水放出易燃气体的物质或混合物是通过与水作用，容易具有自燃性或放出危险数量的易燃气体的固态或液态物质或混合物
13	氧化性液体	氧化性液体是本身未必燃烧，但通常因放出氧气可能引起或促使其他物质燃烧的液体
14	氧化性固体	氧化性固体是本身未必燃烧，但通常因放出氧气可能引起或促使其他物质燃烧的固体
15	有机过氧化物	有机过氧化物是含有二价—O—O—结构的液态或固态有机物质，可以看作是一个或两个氢原子被有机基替代的过氧化氢衍生物。该术语也包括有机过氧化物配方（混合物）。有机过氧化物是热不稳定物质或混合物，容易放热自加速分解。另外，它们可能具有下列一种或几种性质：①易于爆炸分解；②迅速燃烧；③对撞击或摩擦敏感；④与其他物质发生危险反应 如果有机过氧化物在实验室试验中，在封闭条件下加热时组分容易爆炸、迅速爆燃或表现出剧烈效应，则可认为它具有爆炸性质
16	金属腐蚀剂	腐蚀金属的物质或混合物是通过化学作用显著损坏或毁坏金属的物质或混合物
17	急性毒性	急性毒性是指在单剂量或在 24h 内多剂量口服或皮肤接触一种物质，或吸入接触 4h 之后出现的有害效应
18	皮肤腐蚀/刺激	皮肤腐蚀是对皮肤造成不可逆损伤，即施用试验物质达到 4h 后，可观察到表皮和真皮坏死 腐蚀反应的特征是溃疡、出血、有血的结痂，而且在观察期 14d 结束时，皮肤、完全脱发区域和结痂处由于漂白而褪色。应考虑通过组织病理学来评估可疑的病变 皮肤刺激是施用试验物质达到 4h 后对皮肤造成可逆损伤
19	严重眼损伤/眼刺激	严重眼损伤是在眼前部表面施加试验物质之后，对眼部造成在施用 21d 内并不完全可逆的组织损伤，或严重的视觉物理衰退 眼刺激是在眼前部表面施加试验物质之后，在眼部产生在施用 21d 内完全可逆的变化
20	呼吸或皮肤过敏	呼吸过敏物是吸入后会导致气管超敏反应的物质。皮肤过敏物是皮肤接触后会导致过敏反应的物质

续表

序号	类 别	说 明
21	生殖细胞致突变性	本危险类别涉及的主要是可能导致人类生殖细胞发生可传播给后代的突变的化学品。但是，在本危险类别内对物质和混合物进行分类时，也要考虑活体外致突变性/生殖毒性试验和哺乳动物活体内体细胞中的致突变性/生殖毒性试验
22	致癌性	指可导致癌症或增加癌症发生率的化学物质或化学物质混合物。在实施良好的动物实验性研究中诱发良性和恶性肿瘤的物质也被认为是假定的或可疑的人类致癌物，除非有确凿证据显示该肿瘤形成机制与人类无关
23	生殖毒性	生殖毒性包括对成年雄性和雌性性功能和生育能力的有害影响，以及在后代中的发育毒性
24	特异性靶器官系统毒性 一次接触	单次接触而产生特异性、非致命性目标器官/毒性的物质
25	特异性靶器官系统毒性 反复接触	反复接触而产生特定靶器官/毒性的物质
26	吸入危险	“吸入”指液态或固态化学品通过口腔或鼻腔直接进入或者因呕吐间接进入气管和下呼吸系统。吸入毒性包括化学性肺炎、不同程度的肺损伤或吸入后死亡等严重急性效应 注：本危险性我国还未转化成为国家标准
27	危害水生环境	急性水生毒性是指物质对短期接触它的生物体造成伤害的固有性质。慢性水生毒性是指物质在与生物体生命周期相关的接触期间对水生生物产生有害影响的潜在性质或实际性质

注：分类依据为《化学品分类和危险性公示 通则》GB 13690—2009。

2. 危险化学品的主要特性

危险化学品的危险性与其本身的特性有关，其主要特性如下。

(1) *易燃易爆性* 易燃易爆的化学品在常温常压下，经撞击、摩擦、热源、火花等火源的作用，能发生燃烧与爆炸。

燃烧爆炸的能力大小取决于这类物质的化学组成。化学组成决定着化学物质的燃点、闪点的高低、燃烧范围、爆炸极限、燃速、发热量等。一般来说，气体比液体、固体易燃易爆，燃速更快；分子越小，分子量越低，其物质化学性质越活泼，越容易引起燃烧爆炸。

可燃性气体燃烧前必须与助燃气体先混合，当可燃气体从容器内外逸时，与空气混合，就会形成爆炸性混合物，两者互为条件，缺一不可。

而分解爆炸性气体，如乙烯、乙炔、环氧乙烷等，不需与助燃气体混合，其本身就会发生爆炸。

有些化学物质相互间不能接触，否则将发生爆炸，如硝酸与苯、高锰酸钾与甘油等。

由于任何物体的摩擦都会产生静电，所以当易燃易爆的化学危险物品从破损的容器或管道口处高速喷出时能够产生静电，这些气体或液体中的杂质越多，流速越快，产生的静电荷越多，这是极危险的点火源。

燃点较低的危险品易燃性强，如黄磷在常温下遇空气即发生燃烧。某些遇湿易燃的化学物质在受潮或遇水后会放出氧气引燃，如电石、五氧化二磷等。

（2）扩散性　化学事故中化学物质溢出，可以向周围扩散，比空气轻的可燃气体可在空气中迅速扩散，与空气形成混合物，随风飘荡，致使燃烧、爆炸与毒害蔓延扩大。比空气重的物质多漂流于地表、沟、角落等处，若长时间积聚不散，会造成迟发性燃烧、爆炸和引起人员中毒。

（3）突发性　许多化学事故是高压气体从容器、管道、塔、槽等设备泄漏，一旦起火，往往是轰然而起，迅速蔓延，燃烧、爆炸交替发生，在很短的时间内或瞬间即产生危害。加之有毒物质的弥散，使大片地区迅速变成污染区。

（4）毒害性　有毒的化学物质，无论是脂溶性的还是水溶性的，都有进入机体与损坏机体正常功能的能力。这些化学物质通过一种或多种途径进入机体达一定量时，便会引起机体结构的损伤，破坏正常的生理功能，引起中毒。

3. 影响危险化学品危险性的主要因素

主要因素有物理性质、化学性质及毒性。

（1）物理性质　主要有危险化学品的沸点、熔点、液体相对密度、饱和蒸气压、蒸气相对密度、蒸气/空气混合物的相对密度、闪点、自燃温度、爆炸极限、临界温度与临界压力等因素。

（2）其他物理、化学危险性　如流体流动、搅动时产生静电，引起火灾与爆炸；粉末或微粒与空气混合，引燃发生燃爆；燃烧时释放有毒气体；强酸、强碱发生侵蚀；聚合反应通常放出较大的热量，有着火或爆炸的危险；有些化学物质蒸发或加热后的残渣可能自燃爆炸；有些化学物质加热可能引起猛烈燃烧或爆炸等。

（3）中毒危险性　在突发的化学事故中，有毒化学物质能引起人员中毒，其危险性就会大大增加。

对于危险化学品来说，其贮存除一般安全要求外，还应遵守分类贮存的安全要求。根据不同类别的危险化学品，如爆炸性物质、压缩气体和液化气体、易燃液体、易燃固体、自燃物质、遇水燃烧物质、氧化剂、有毒物质、腐蚀性物质等，其贮存的安全要求不同。

危险化学品的运输要从配装、运输、包装及标志等方面严格按规定要求执行。

4. 危险源和重大危险源

危险源是指一个系统中具有潜在能量和物质释放危险的、可造成人员伤害、在一定的触发因素作用下可转化为事故的部位、区域、场所、空间、岗位、设备及其位置。危险源在《职业健康安全管理体系　要求》（GB/T 28001—2011）中的定义是：可能导致人身伤害和（或）健康损害的根源、状态或行为，或其组合。

重大危险源在《中华人民共和国安全生产法》的附则中解释为：是指长期地或者临时地生产、搬运、使用或者储存危险物品，且危险物品的数量等于或者超过临界量的单元（包括场所和设施）。危险化学品重大危险源在《危险化学品重大危险源辨识》（GB 18218—2018）中的定义是：长期地或临时地生产、储存、使用和经营危险化学品，且危险化学品的数量等于或者超过临界量的单元。其中，单元是指涉及危险化学品的生产、储存装置、设施或场所，分为生产单元和储存单元；生产单元是危险化学品的生产、加工及使用等的装置及设施，当装置及设施之间有切断阀时，以切断阀作为分隔界限划分为独立的单元；储存单元是用于储存危险化学品的储罐或者仓库组成的相对独立的区域，储罐区以罐区防火堤为界限划分为独立的单元，仓库以独立库房（独立建筑物）为界限划分为独立的单元。临界量是指对于某种或某类危险化学品构成重大危险源所规定的最小数量。若单元中的危险化学品数量等于或超过该数量，则该单元定为危险化学品重大危险源。

由火灾、爆炸、毒物泄漏等所引起的重大事故，尽管其起因和后果的严重程度不尽相同，但它们都是因危险物质失控后引起的，并造成了严重后果。危险的根源是生产、储存、使用和经营过程中存在易燃、易爆及有毒物质，具有引发灾难性事故的能量。造成重大工业事故的可能性及后果的严重程度既与物质的固有特性有关，又与设施或设备中危险物质的数量或能量的大小有关。

5. 危险化学品重大危险源的辨识及分级

危险化学品应依据其危险特性及其数量进行重大危险源辨识，危险化学品重大危险源可分为生产单元危险化学品重大危险源和储存单元危险化学品重大危险源，危险化学品重大危险源辨识流程如图 1-1 所示。

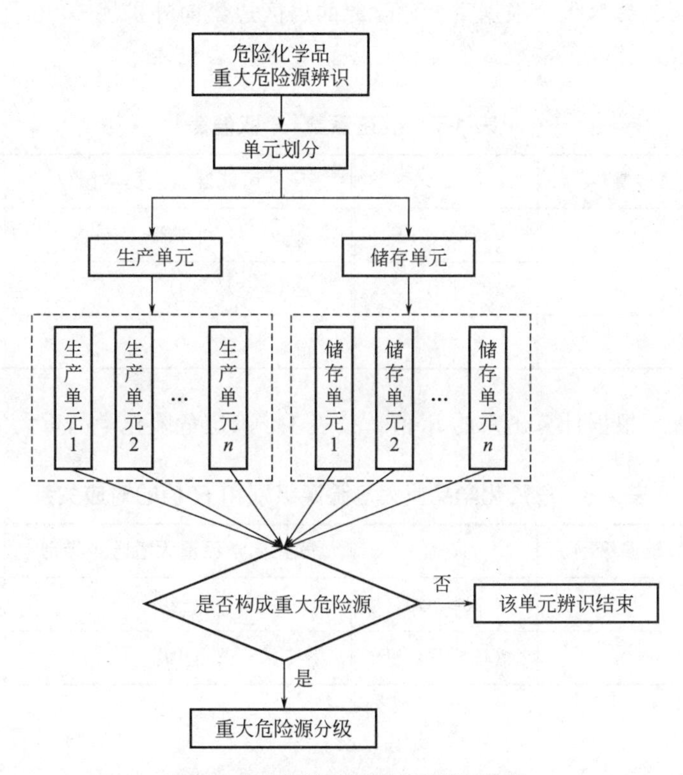

图 1-1 危险化学品重大危险源辨识流程

危险化学品重大危险源的分级是采用单元内各种危险化学品实际存在量与其相对应的临界量比值，经校正系数校正后的比值之和 R 作为分级指标。

（1）R 的计算方法

$$R=\alpha\left(\beta_1\frac{q_1}{Q_1}+\beta_2\frac{q_2}{Q_2}+\cdot\cdot\cdot+\beta_n\frac{q_n}{Q_n}\right)$$

式中　q_1，q_2，…，q_n——每种危险化学品实际存在（在线）量，t；

Q_1，Q_2，…，Q_n——与各危险化学品相对应的临界量，t；

β_1，β_2…，β_n——与各危险化学品相对应的校正系数；

α——该危险化学品重大危险源厂区外暴露人员的校正系数。

（2）校正系数 β 的取值　根据单元内危险化学品的类别不同设定校正系数 β 值，校正系数 β 取值表见表 1-6。

表 1-6　校正系数 β 取值表

危险化学品类别	爆炸物	易燃气体	一氧化碳	二氧化硫	氨	环氧乙烷	氯化氢	溴甲烷	氯	硫化氢	氟化氢	二氧化氮	氰化氢	碳酰氯	磷化氢	异氰酸甲酯	其他类危险化学品
β	2	1.5	2	2	2	2	3	3	4	5	5	10	10	20	20	20	1

注：未在表 1-6 中列出的有毒气体可按 β = 2 取值，剧毒气体可按 β = 4 取值。

（3）校正系数 α 的取值　根据重大危险源的厂区边界向外扩展 500m 范围内常住人口数量，设定厂外暴露人员校正系数 α 值。校正系数 α 取值表见表 1-7。

表 1-7　校正系数 α 取值表

厂外可能暴露人员数量/人	α	厂外可能暴露人员数量/人	α
≥100	2.0	1～29	1.0
50～99	1.5	0	0.5
30～49	1.2		

（4）分级标准　根据计算出来的 R 值，按表 1-8 确定危险化学品重大危险源的级别。

表 1-8　危险化学品重大危险源级别和 R 值的对应关系

危险化学品重大危险源级别	R 值	危险化学品重大危险源级别	R 值
一级	$R\geqslant100$	三级	$50>R\geqslant10$
二级	$100>R\geqslant50$	四级	$R<10$

复习思考题

1. 化工生产中存在哪些不安全因素？
2. 如何认识安全在化工生产中的重要性？
3. 确定重大危险源的依据有哪些？
4. 危险化学品按其危险性质划分为哪几类？

案例分析

根据下列案例，试分析事故产生的原因或制定应对措施。

【案例1】 1980年6月，浙江省金华某化工厂五硫化二磷车间，黄磷酸洗锅发生爆炸。死亡8人，重伤2人，轻伤7人，炸塌厂房逾300m^2，造成全厂停产。

该厂为提高产品质量，采用浓硫酸处理黄磷中的杂质，代替水洗黄磷的工艺。在试行这一新工艺时，该厂没有制定完善的试验方案，在小试成功后，未经中间试验，就盲目扩大1500倍进行工业性生产，结果刚投入生产就发生了爆炸事故。

【案例2】 1984年4月，辽宁省某市自来水公司用汽车运载液氯钢瓶到沈阳某化工厂灌装液氯，灌装后在返程途中，违反化学危险品运输车辆不得在闹市、居民区等处停留的规定，在沈阳市街道上停车，运输人员离车去做其他事，此时一只钢瓶易熔塞泄漏，氯气扩散使附近500余名居民吸入氯气受到毒害，造成严重社会影响，运输人员受到了刑事处理。

单元二
防火防爆安全技术

化工生产中使用的原料、生产中的中间体和产品很多都是易燃、易爆的物质，而化工生产过程又多为高温、高压，若工艺与设备设计不合理、设备制造不合格、操作不当或管理不善，容易发生火灾爆炸事故，造成人员伤亡及财产损失。因此，防火防爆对于化工生产的安全运行是十分重要的。

任务一　点火源的控制

知识目标：能陈述燃烧与爆炸的基本原理；能说明点火源的主要类型。

能力目标：初步具备点火源现场管理与控制的能力。

化工企业本身的特点决定了其火灾爆炸事故发生的可能性比一般企业要高，其危险性和危害性也比一般企业要严重得多。化工生产中，做好火源的控制工作对防火防爆有着重要意义。

一、案例

1973 年 10 月，日本新越化学工业公司直津江化工厂氯乙烯单体生产装置发生了一起重大爆炸火灾事故。伤亡 24 人，其中死亡 1 人。建筑物被毁 $7200m^2$，损坏各种设备 1200 台，烧掉氯乙烯等各种气体 170t。由于燃烧产生氯化氢气体，造成农作物受害面积约 $160000m^2$。

当时生产装置正处于检修状态，要检修氯乙烯单体过滤器，引入口阀门关闭不严，单体由贮罐流入过滤器，无法进行检修，又用扳手去关阀门，因用力过大，阀门支撑筋被拧断。阀门杆被液体氯乙烯单体顶起呈全开状态，4t 氯乙烯单体从贮罐经过过滤器开口处全部喷出，弥漫 $12000m^2$ 厂区。值班长在切断电源时产生火花引起爆炸。

二、明火的管理与控制

化工生产中的明火主要是指生产过程中的加热用火、维修用火及其他火源，生产中要加强对上述火源的监控与管理。

1. 加热用火

加热易燃液体时，应尽量避免采用明火，而采用蒸汽、过热水、中间载热体或电热等；如果必须采用明火，则设备应严格密闭，并定期检查，防止泄漏。工艺装置中明火设备的布置，应远离可能泄漏的可燃气体或蒸汽（气）的工艺设备及贮罐区；在积存有可燃气体、蒸气的地沟、深坑、下水道内及其附近，没有消除危险之前，不能进行明火作业。

在确定的禁火区内，要加强管理，杜绝明火的存在。

2. 维修用火

维修用火主要是指焊割、喷灯、熬炼用火等。在有火灾爆炸危险的厂房内，应尽量避免焊割作业，必须进行切割或焊接作业时，应严格执行动火安全规定；在有火灾爆炸危险场所使用喷灯进行维修作业时，应按动火制度进行并将可燃物清理干净；对熬炼设备要经常检查，防止烟道串火和熬锅破漏，同时要防止物料过满而溢出，在生产区熬炼时，应注意熬炼地点的选择。

3. 其他火源

烟囱飞火，机动车的排气管喷火，都可以引起可燃气体、蒸气的燃烧爆炸。

三、高温表面的管理与控制

在化工生产中，加热装置、高温物料输送管线及机泵等，其表面温度均较高，要防止可燃物落在上面，引燃着火。可燃物的排放要远离高温表面。

如果高温管线及设备与可燃物装置较接近，高温表面应有隔热措施。加热温度高于物料自燃点的工艺过程，应严防物料外泄或空气进入系统。

照明灯具的外壳或表面都有很高温度。高压汞灯的表面温度和白炽灯相差不多，为150～200℃；1000W卤钨灯管表面温度可达500～800℃。灯泡表面的高温可点燃附近的可燃物品，因此在易燃易爆场所，严禁使用这类灯具。

各种电气设备在设计和安装时，应考虑一定的散热或通风措施，使其在正常稳定运行时，它们的放热与散热平衡，其最高温度和最高温升（即最高温度和周围环境温度之差）符合规范所规定的要求，从而防止电器设备因过热而导致火灾、爆炸事故。

四、电火花及电弧的管理与控制

电火花是电极间的击穿放电，电弧则是大量的电火花汇集的结果。一般电火花的温度均很高，特别是电弧，温度可达3600～6000℃。电火花和电弧不仅能引起绝缘材料燃烧，而且可以引起金属熔化飞溅，构成危险的火源。

电火花分为工作火花和事故火花。工作火花是指电气设备正常工作时或正常操作过程中产生的火花。如直流电机电刷与整流片接触处的火花，开关或继电器分合时的火花，短路、保险丝熔断时产生的火花等。

除上述电火花外，电动机转子和定子发生摩擦或风扇叶轮与其他部件碰撞会产生机械性质的火花；灯泡破碎时露出温度高达2000～3000℃的灯丝，都可能成为引发电气火灾的火源。

为了满足化工生产的防爆要求，爆炸性环境的电力装置设计，如爆炸性环境电气设备的选择与安装、电气线路的设计、接地设计等必须按《爆炸危险环境电力装置设计规范》（GB 50058—2014）执行。

五、静电的管理与控制

化工生产中，物料、装置、器材、构筑物以及人体所产生的静电积累，对安全已构成严重威胁。据资料统计，日本1965～1973年，由静电引起的火灾平均每年达100次以上，仅1973年就多达239起，损失巨大，危害严重。

静电能够引起火灾爆炸的根本原因，在于静电放电火花具有点火能量。许多爆炸性蒸气、气体和空气混合物点燃的最小能量为0.009～7mJ。当放电能量小于爆炸性混合物最小点燃能量的1/4时，则认为是安全的。

静电防护主要是设法消除或控制静电的产生和积累的条件，主要有工艺控制法、泄漏法和中和法。工艺控制法就是采取选用适当材料，改进设备和系统的结构，限制流体的速度以及净化输送物料，防止混入杂质等措施，控制静电产生和积累的条件，使其不会达到危险程度。泄漏法就是采取增湿、导体接地，采用抗静电添加剂和导电性地面等措施，促使静电电荷从绝缘体上自行消散。中和法是在静电电荷密集的地方设法产生带电离子，使该处静电电荷被中和，从而消除绝缘体上的静电。

下列生产设备应有可靠的接地：输送可燃气体和易燃液体的管道以及各种闸门、灌油设备和油槽车；通风管道上的金属过滤网；生产或加工易燃液体和可燃气体的设备贮罐；输送可燃粉尘的管道和生产粉尘的设备以及其他能够产生静电的生产设备。防静电接地的每处接地电阻不宜超过规定的数值。

六、摩擦与撞击的管理与控制

化工生产中，摩擦与撞击也是导致火灾爆炸的原因之一。如机器上轴承等转动部件因润滑不均或未及时润滑而引起的摩擦发热起火、金属之间的撞击而产生的火花等。因此在生产过程中，特别要注意以下几个方面的问题。

① 设备应保持良好的润滑，并严格保持一定的油位。

② 搬运盛装可燃气体或易燃液体的金属容器时，严禁抛掷、拖拉、震动，防止因摩擦与撞击而产生火花。

③ 防止铁器等落入粉碎机、反应器等设备内因撞击而产生火花。

④ 防爆生产场所禁止穿带铁钉的鞋。

⑤ 禁止使用铁制工具。

相关知识一　燃烧与爆炸基础知识

一、燃烧的基础知识

燃烧是一种复杂的物理化学过程。燃烧过程具有发光、发热、生成新物质的三个特征。

1．燃烧

燃烧是有条件的，它必须在可燃物质、助燃物质和点火源这三个基本条件同时具备时才能发生。

（1）可燃物质　通常把所有物质分为可燃物质、难燃物质和不可燃物质三类。可燃物质是指在火源作用下能被点燃，并且当点火源移去后能继续燃烧直至燃尽的物质。

凡能与空气、氧气或其他氧化剂发生剧烈氧化反应的物质，都可称之为可燃物质。可燃物质种类繁多，按物理状态可分为气态、液态和固态三类。化工生产中使用的原料、生产中的中间体和产品很多都是可燃物质。气态如氢气、一氧化碳、液化石油气等；液态如汽油、甲醇、酒精等；固态如煤、木炭等。

（2）助燃物质　凡是具有较强的氧化能力，能与可燃物质发生化学反应并引起燃烧的物质均称为助燃物。例如空气、氧气、氯气、氟和溴等物质。

（3）点火源　凡能引起可燃物质燃烧的能源均可称为点火源。常见的点火源有明火、电火花、炽热物体等。

可燃物、助燃物和点火源是导致燃烧的三要素，缺一不可，是必要条件。燃烧能否实现，还要看是否满足了数值上的要求。例如，氢气在空气中的含量小于4%时就不能被点燃。点火源如果不具备一定的温度和足够的热量，燃烧也不会发生。例如飞溅的火星可以点燃油棉丝或刨花，但火星如果溅落在大块的木柴上，它会很快熄灭，不能引起木柴的燃烧。

因此，对于已经进行着的燃烧，若消除“三要素”中的一个条件，或使其数量有足够的减少，燃烧便会终止，这就是灭火的基本原理。

可燃液体的燃烧并不是液相与空气直接反应而燃烧，而是先蒸发为蒸气，蒸气再与空气混合而燃烧。

对于可燃固体，若是简单物质，如硫、磷及石蜡等，受热时经过熔化、蒸发、与空气混合而燃烧；若是复杂物质，如煤、沥青、木材等，则是先受热分解出可燃气体和蒸气，然后与空气混合而燃烧，并留下若干固体残渣。

由此可见，绝大多数可燃物质的燃烧是在气态下进行的，并产生火焰。有的可燃固体如焦炭等不能成为气态物质，在燃烧时呈炽热状态，而不呈现火焰。

2. 燃烧的类型

根据燃烧的起因不同，燃烧可分为闪燃、着火和自燃三类。

（1）闪燃和闪点　可燃液体的蒸气（包括可升华固体的蒸气）与空气混合后，遇到明火而引起瞬间（延续时间少于5s）燃烧，称为闪燃。液体能发生闪燃的最低温度，称为该液体的闪点。闪燃往往是着火先兆，可燃液体的闪点越低，越易着火，火灾危险性越大。

除了可燃液体以外，某些能蒸发出蒸气的固体，如石蜡、樟脑、萘等，其表面上所产生的蒸气可以达到一定的浓度，与空气混合而成为可燃的气体混合物，若与明火接触，也能出现闪燃现象。

（2）着火与燃点　可燃物质在有足够助燃物（如充足的空气、氧气）的情况下，由点火源作用引起的持续燃烧现象，称为着火。使可燃物质发生持续燃烧的最低温度，称为燃点或着火点。燃点越低，越容易着火。

可燃液体的闪点与燃点的区别是，在燃点燃烧时不仅是蒸气，还有液体（即液体已达到燃烧温度，可提供保持稳定燃烧的蒸气）。另外，在闪点时移去火源后闪燃即熄灭，而在燃点时移去火源后则能继续燃烧。

控制可燃物质的温度在燃点以下是预防发生火灾的措施之一。

（3）自燃和自燃点　可燃物质受热升温而不需明火作用就能自行着火燃烧的现象，称为自燃。可燃物质发生自燃的最低温度，称为自燃点。自燃点越低，则火灾危险性越大。

化工生产中，由于可燃物质靠近蒸汽管道，加热或烘烤过度，化学反应的局部过热，在密闭容器中加热温度高于自燃点的可燃物一旦泄漏，均可发生可燃物质自燃。

二、爆炸的基础知识

爆炸是物质在瞬间以机械功的形式释放出大量气体和能量的现象。其主要特征是压力的急剧升高。

例如乙炔罐里的乙炔与氧气混合发生爆炸时，大约是在1/100s内完成其化学反应，同时释放出大量热量和二氧化碳、水蒸气等气体，使罐内压力升高10～13倍。

1. 爆炸类型

爆炸可分为物理性爆炸、化学性爆炸及粉尘爆炸。

(1) 物理性爆炸　是由物理因素（如温度、体积、压力等）变化而引起的爆炸现象。在物理性爆炸的前后，爆炸物质的化学成分不改变。

(2) 化学性爆炸　使物质在短时间内完成化学反应，同时产生大量气体和能量而引起的爆炸现象。化学性爆炸前后，物质的性质和化学成分均发生了根本的变化。例如硝化棉（炸药）在爆炸时放出大量热量，同时生成大量气体，爆炸时的体积竟会突然扩大47万倍，燃烧在万分之一秒内完成，对周围物体产生毁灭性的破坏作用。

根据爆炸时的化学反应不同，化学性爆炸物质可分为以下几种。

① 简单分解的爆炸物。这类物质在爆炸时分解为元素，并在分解过程中产生热量。属于这一类的物质有乙炔铜、乙炔银、碘化氮等，这类容易分解的不稳定物质，其爆炸危险性是很大的，受摩擦、撞击、甚至轻微震动即可能发生爆炸。

② 复杂分解的爆炸物。这类物质包括各种含氧炸药，其危险性较简单分解的爆炸物稍低，含氧炸药在发生爆炸时伴有燃烧反应，燃烧所需的氧由物质本身分解供给。如梯恩梯、硝化棉等都属于此类。

③ 可燃性混合物。是指由可燃物质与助燃物质组成的爆炸物质。所有可燃气体、蒸气和可燃粉尘与空气（或氧气）组成的混合物均属此类。这类爆炸实际上是在火源作用下的一种瞬间燃烧反应。

(3) 粉尘爆炸　粉尘爆炸是粉尘粒子表面和氧作用的结果。当粉尘表面达到一定温度时，由于热分解或干馏作用，粉尘表面会释放出可燃性气体，这些气体与空气形成爆炸性混合物，而发生粉尘爆炸。因此，粉尘爆炸的实质是气体爆炸。如煤矿里的煤尘爆炸，磨粉厂、谷仓里的粉尘爆炸，镁粉、碳化钙粉尘等与水接触后引起的自燃或爆炸等。

影响粉尘爆炸的因素有：

① 物理化学性质。燃烧热越大的粉尘越易引起爆炸，例如煤尘、碳、硫等；氧化速率越快的粉尘越易引起爆炸，如煤、燃料等；越易带静电的粉尘越易引起爆炸；粉尘所含的挥发分越大越易引起爆炸，如当煤粉中的挥发分低于10%时不会发生爆炸。

② 粉尘颗粒大小。粉尘的颗粒越小，其比表面积越大，化学活性越强，燃点越低，粉尘的爆炸下限越小，爆炸的危险性越大。爆炸粉尘的粒径范围一般为0.1～100μm。

③ 粉尘的悬浮性。粉尘在空气中停留的时间越长，其爆炸的危险性越大。粉尘的悬浮性与粉尘的颗粒大小、粉尘的密度、粉尘的形状等因素有关。

④ 空气中粉尘的浓度。粉尘的浓度通常用单位体积中粉尘的质量来表示，其单位为mg/m^3。空气中的粉尘只有达到一定浓度，才可能会发生爆炸。因此粉尘爆炸也有一定的

浓度范围，即有爆炸下限和爆炸上限。

2. 爆炸极限

（1）爆炸极限　可燃性气体、蒸气或粉尘与空气组成的混合物，必须在一定的浓度比例范围内才能发生燃烧和爆炸。而且混合的比例不同，其爆炸的危险程度亦不同。

（2）可燃气体、蒸气爆炸极限的影响因素　爆炸极限受许多因素的影响，当温度、压力及其他因素发生变化时，爆炸极限也会发生变化。

① 温度。一般情况下爆炸性混合物的原始温度越高，爆炸极限范围也越大。因此温度升高会使爆炸的危险性增大。

② 压力。一般情况下压力越高，爆炸极限范围越大，尤其是爆炸上限显著提高。因此，减压操作有利于减小爆炸的危险性。

③ 惰性介质及杂物。一般情况下惰性介质的加入可以缩小爆炸极限范围，当其浓度高到一定数值时可使混合物不发生爆炸。杂物的存在对爆炸极限的影响较为复杂，如少量硫化氢的存在会降低水煤气在空气混合物中的燃点，使其更易爆炸。

④ 容器。容器直径越小，火焰在其中越难于蔓延，混合物的爆炸极限范围则越小。当容器直径或火焰通道小到一定数值时，火焰不能蔓延，可消除爆炸危险，这个直径称为临界直径或最大灭火间距。如甲烷的临界直径为0.4～0.5mm，氢和乙炔为0.1～0.2mm。

⑤ 氧含量。混合物中含氧量增加，爆炸极限范围扩大，尤其是爆炸上限显著提高。

⑥ 点火源。点火源的能量、热表面的面积、点火源与混合物的作用时间等均对爆炸极限有影响。

各种爆炸性混合物都有一个最低引爆能量，即点火能量。它是混合物爆炸危险性的一项重要参数。爆炸性混合物的点火能量越小，其燃爆危险性就越大。

 相关知识二　火灾爆炸危险性分析

一、火灾危险性分类

根据《石油化工企业设计防火标准》（GB 50160—2008　2018年版）规定，可燃气体和液化烃、可燃液体的火灾危险性分类如下。

可燃气体的火灾危险性分类见表2-1。

表2-1　可燃气体的火灾危险性分类

类　　别	可燃气体与空气混合物的爆炸下限（体积分数）/%
甲	＜10%
乙	≥10%

液化烃、可燃液体的火灾危险性分类见表2-2，但应符合下列规定：

① 操作温度超过其闪点的乙类液体应视为甲$_B$类液体；

② 操作温度超过其闪点的丙$_A$类液体应视为乙$_A$类液体；

③ 操作温度超过其闪点的丙$_B$类液体应视为乙$_B$类液体；操作温度超过其沸点的丙$_B$类液体应视为乙$_A$类液体。

表 2-2　液化烃、可燃液体的火灾危险性分类

名称	类别		特　征
液化烃	甲	A	15℃时的蒸气压力 > 0.1MPa 的烃类液体及其他类似液体
可燃液体		B	甲 A 类以外，闪点 < 28℃
	乙	A	28℃ ≤ 闪点 ≤ 45℃
		B	45℃ < 闪点 < 60℃
	丙	A	60℃ ≤ 闪点 ≤ 120℃
		B	闪点 > 120℃

对于固体的火灾危险性分类应按照《建筑设计防火规范》(GB 50016—2014　2018 年版）的规定执行。设备的火灾危险性类别应按处理、储存或输送介质的火灾危险性类别确定。房间的火灾危险性类别应按房间内设备的火灾危险性类别确定。当同一房间内布置有不同的火灾危险性类别设备时，房间的火灾危险性类别应按其中的火灾危险性类别最高的设备确定。但当火灾危险性类别最高的设备所占面积比例小于 5%，且发生事故时，不足以蔓延到其他部位或采取防火措施能防止火灾蔓延时，可按火灾危险性类别较低的设备确定。

根据《建筑设计防火规范》(GB 50016—2014　2018 年版）规定，火灾危险性分类如下。

生产的火灾危险性应根据生产中使用或产生的物质性质及其数量等因素划分。生产的火灾危险性分类见表 2-3。

表 2-3　生产的火灾危险性分类

生产的火灾危险性类别	使用或产生下列物质的火灾危险性特征
甲	①闪点 < 28℃的液体； ②爆炸下限 < 10%的气体； ③常温下能自行分解或在空气中氧化能导致迅速自燃或爆炸的物质； ④常温下受到水或空气中水蒸气的作用，能产生可燃气体并引起燃烧或爆炸的物质； ⑤遇酸、受热、撞击、摩擦、催化以及遇有机物或硫黄等易燃无机物，极易引起燃烧或爆炸的强氧化剂； ⑥受撞击、摩擦或与氧化剂、有机物接触时能引起燃烧或爆炸的物质； ⑦在密闭设备内操作温度不小于物质本身自燃点的生产
乙	①闪点不小于 28℃，但小于 60℃的液体； ②爆炸下限不小于 10%的气体； ③不属于甲类的氧化剂； ④不属于甲类的易燃固体； ⑤助燃气体； ⑥能与空气形成爆炸性混合物的浮游状态的粉尘、纤维、闪点不小于 60℃的液体雾滴
丙	①闪点不小于 60℃的液体； ②可燃固体
丁	①对不燃烧物质进行加工，并在高热或熔化状态下经常产生辐射热、火花、火焰的生产； ②利用气体、液体、固体作为燃料或将气体、液体进行燃烧作其他用的各种生产； ③常温下使用或加工难燃烧物质的生产
戊	常温下使用或加工不燃烧物质的生产

对于同一座厂房或厂房的任一防火分区内有不同火灾危险性生产时，厂房或防火分区内的生产火灾危险性类别应按火灾危险性较大的部分确定；当生产过程中使用或产生易燃、可燃物的量较少，不足以构成爆炸或火灾危险时，可按实际情况确定；当符合下述条件之一时，可按火灾危险性较小的部分确定：

① 火灾危险性较大的生产部分占本层或本防火分区建筑面积的比例小于5%或丁、戊类厂房内的油漆工段小于10%，且发生火灾事故时不足以蔓延至其他部位或火灾危险性较大的生产部分采取了有效的防火措施；

② 丁、戊类厂房内的油漆工段，当采用封闭喷漆工艺，封闭喷漆空间内保持负压、油漆工段设置可燃气体探测报警系统或自动抑爆系统，且油漆工段占所在防火分区建筑面积的比例不大于20%。

对于储存物品的火灾危险性应根据储存物品的性质和储存物品中的可燃物数量等因素划分。储存物品的火灾危险性分类见表2-4。

表 2-4　储存物品的火灾危险性分类

储存物品的火灾危险性类别	储存物品的火灾危险性特征
甲	①闪点 < 28℃的液体； ②爆炸下限 < 10%的气体，受到水或空气中水蒸气的作用能产生爆炸下限 < 10%的气体的固体物质； ③常温下能自行分解或在空气中氧化能导致迅速自燃或爆炸的物质； ④常温下受到水或空气中水蒸气的作用，能产生可燃气体并引起燃烧或爆炸的物质； ⑤遇酸、受热、撞击、摩擦以及遇有机物或硫黄等易燃无机物，极易引起燃烧或爆炸的强氧化剂； ⑥受撞击、摩擦或与氧化剂、有机物接触时能引起燃烧或爆炸的物质
乙	①闪点不小于28℃，但小于60℃的液体； ②爆炸下限不小于10%的气体； ③不属于甲类的氧化剂； ④不属于甲类的易燃固体； ⑤助燃气体； ⑥常温下与空气接触能缓慢氧化，积热不散引起自燃的物品
丙	①闪点不小于60℃的液体； ②可燃固体
丁	难燃烧物品
戊	不燃烧物品

当同一座仓库或仓库的任一防火分区内储存不同火灾危险性物品时，仓库或防火分区的火灾危险性应按火灾危险性最大的物品确定。丁、戊类储存物品仓库的火灾危险性，当可燃包装重量大于物品本身重量1/4或可燃包装体积大于物品本身体积的1/2时，应按丙类确定。

二、爆炸危险环境分区

根据《爆炸危险环境电力装置设计规范》（GB 50058—2014）规定，爆炸危险环境分为爆炸性气体环境和爆炸性粉尘环境，危险区域分别划分为0区、1区、2区和20区、21区、

22区。

1. 爆炸性气体环境危险区域划分

爆炸性气体环境应根据爆炸性气体混合物出现的频繁程度和持续时间分为0区、1区、2区，分区应符合下列规定。

0区：连续出现或长期出现爆炸性气体混合物的环境。

1区：在正常运行时可能出现爆炸性气体混合物的环境。

2区：在正常运行时不太可能出现爆炸性气体混合物的环境，或即使出现也仅是短时存在的爆炸性气体混合物的环境。

符合下列条件之一时，可划为非爆炸危险区域：

① 没有释放源且不可能有可燃物质侵入的区域；

② 可燃物质可能出现的最高浓度不超过爆炸下限值的10%；

③ 在生产过程中使用明火的设备附近，或炽热部件的表面温度超过区域内可燃物质引燃温度的设备附近；

④ 在生产装置区外，露天或开敞设置的输送可燃物质的架空管道地带，但其阀门处按具体情况确定。

2. 爆炸性粉尘环境危险区域划分

爆炸危险区域应根据爆炸性粉尘环境出现的频繁程度和持续时间分为20区、21区、22区，分区应符合下列规定。

20区：空气中的可燃性粉尘云持续地或长期地或频繁地出现于爆炸性环境中的区域。

21区：在正常运行时，空气中的可燃性粉尘云很可能偶尔出现于爆炸性环境中的区域。

22区：在正常运行时，空气中的可燃性粉尘云一般不可能出现于爆炸性环境中的区域，即使出现，持续时间也是短暂的。

爆炸危险区域的划分应按爆炸性粉尘的量、爆炸极限和通风条件确定。符合下列条件之一时，可划为非爆炸危险区域：

① 装有良好除尘效果的除尘装置，当该除尘装置停车时，工艺机组能联锁停车；

② 设有为爆炸性粉尘环境服务，并用墙隔绝的送风机室，其通向爆炸性粉尘环境的风道设有能防止爆炸性粉尘混合物侵入的安全装置；

③ 区域内使用爆炸性粉尘的量不大，且在排风柜内或风罩下进行操作。

任务二　火灾爆炸危险物质的处理

知识目标：能说明火灾爆炸危险物质的主要处理方法。

能力目标：初步具备正确选择火灾爆炸危险物质的处理手段的能力。

化工生产中存在火灾爆炸危险物质时，应采取替代物、密闭或通风、惰性介质保护等多种措施防范处理。

一、案例

某年9月19日1：00左右，湖北某化工集团公司汽运公司的东风汽车满载45桶黄磷由宜昌方向行驶至宜秭线嘲天吼电站附近发生交通事故，致使黄磷燃烧发生爆炸。

该车驾驶员李某驾驶满载45桶黄磷的汽车行驶至宜秭线嘲天吼电站附近一加水站，为避让横穿公路行人紧急刹车，因车速较快，加上转向过急，使右侧车厢板脱落，造成18桶黄磷散落到车外，并造成1名行人前额受伤。事故发生后，李某立即拦车将其送往医院抢救，并与汽运公司取得联系。公司随即派人前往出事地点，因没有对散落黄磷进行仔细查看，而是急于前往医院，致使1桶黄磷因落地时被撞破，桶内的水流尽后于3：00左右发生黄磷自燃，引起大火。当地消防大队7：30左右将大火扑灭。该事故造成黄磷损失达3.86t，18个包装桶报废，车辆严重受损，直接经济损失达4万元左右。

二、火灾爆炸危险物质的处理方法

1. 用难燃或不燃物质代替可燃物质

选择危险性较小的液体时，沸点及蒸气压很重要。沸点在110℃以上的液体，常温下（18～20℃）不能形成爆炸浓度。例如20℃时蒸气压为6mmHg（800Pa）的醋酸戊酯，其浓度$c=44g/m^3$，而其爆炸浓度范围为$119\sim541g/m^3$，常温下的浓度仅为爆炸下限的1/3。

2. 根据物质的危险特性采取措施

对本身具有自燃能力的油脂以及遇空气自燃、遇水燃烧爆炸的物质等，应采取隔绝空气、防水、防潮或通风、散热、降温等措施，以防止物质自燃或发生爆炸。

相互接触能引起燃烧爆炸的物质不能混存，遇酸、碱有分解爆炸的物质应防止与酸、碱接触，对机械作用比较敏感的物质要轻拿轻放。

易燃、可燃气体和液体蒸气要根据它们的相对密度采取相应的排污方法。根据物质的沸点、饱和蒸气压考虑设备的耐压强度、贮存温度、保温降温措施等。根据它们的闪点、爆炸范围、扩散性等采取相应的防火防爆措施。

某些物质如乙醚等，受到阳光作用可生成危险的过氧化物，因此，这些物质应存放于金属桶或暗色的玻璃瓶中。

3. 密闭与通风措施

（1）*密闭措施* 为防止易燃气体、蒸气和可燃性粉尘与空气构成爆炸性混合物，应设法使设备密闭。对于有压设备更须保证其密闭性，以防气体或粉尘逸出。在负压下操作的设备，应防止进入空气。

为了保证设备的密闭性，对危险设备或系统应尽量少用法兰连接，但要保证安装和检修方便。输送危险气体、液体的管道应采用无缝管。盛装腐蚀性介质的容器底部尽可能不装开关和阀门，腐蚀性液体应从顶部抽吸排出。

如设备本身不能密闭，可采用液封。负压操作可防止系统中有毒或爆炸危险性气体逸入生产场所。例如在焙烧炉、燃烧室及吸收装置中都是采用这种方法。

（2）*通风措施* 实际生产中，完全依靠设备密闭消除可燃物在生产场所的存在是不太可能的，往往还要借助于通风措施来降低车间空气中可燃物的含量。

通风方式可分为机械通风和自然通风。其中，机械通风可分为排风和送风。

4. 惰性介质保护

化工生产中常将氮气、二氧化碳、水蒸气及烟道气等惰性介质用于以下几个方面。

① 易燃固体物质的粉碎、研磨、筛分、混合以及粉状物料输送等的保护。

② 可燃气体混合物在处理过程中加入惰性介质保护。

③ 具有着火爆炸危险的工艺装置、贮罐、管线等配备惰性介质，以备在发生危险时使用。可燃气体的排气系统尾部常用氮封。

④ 采用惰性介质（氮气）压送易燃液体。

⑤ 爆炸性危险场所中，非防爆电器、仪表等的充氮保护以及防腐蚀等。

⑥ 有着火危险的设备的停车检修处理。

⑦ 危险物料泄漏时用惰性介质稀释。

使用惰性介质时，要有固定贮存输送装置。根据生产情况、物料危险特性，采用不同的惰性介质和不同的装置。例如，氢气的充填系统最好备有高压氮气，地下苯贮罐周围应配有高压蒸气管线等。

化工生产中惰性介质的需用量取决于系统中氧浓度的下降值。使用惰性气体时必须注意防止使人窒息的危险。

任务三 工艺参数的安全控制

知识目标：能说明化工生产过程中的主要工艺参数对安全生产的影响。

能力目标：初步具备当主要工艺参数变化时对安全生产可能产生不利影响的分析能力。

化工生产过程中的工艺参数主要包括温度、压力、流量及物料配比等。实现这些参数的自动调节和控制是保证化工安全生产的重要措施。

一、案例

1993年10月21日13：00，某公司炼油厂油品分厂半成品车间工人黄某在当班期间，发现310号油罐油面高度已达14.21m，接近14.3m警戒高度，黄某马上向该厂总调度报告，并向总调度请示310号油罐汽油调和量。根据总调度的指示，黄某进入罐区将油切换至304号油罐。13：30左右，黄某在给310号油罐作汽油调和流程准备时，本应打开310号油罐D400出口阀门，却误开了311号油罐D400出口阀门。15：00许，黄某开启11A号泵欲对310号油罐进行自循环调和，由于错开了311号D400出口阀门，实际上此时310号油罐不是在自循环，而是将311号罐中的汽油抽入310号油罐。15：40，仪表工陈某从计算机显示屏上发现310号油罐油面不断上升，随后计算机开始“高位报警”，陈某当即让黄某到罐区去核实310号罐的油面高度，黄某却误认为是计算机不准确，未去核实也未采取其他措施。16：00，在交班时违反规定，没有在油罐现场进行交接班，也未核实油罐流程。17：50，310号油罐的汽油开始外冒，部分汽油挥发，在空气中形成爆炸性混合气体。18：15，江苏省洪泽县某建筑公司工人吕某驾驶手扶拖拉机路过罐区11号路时，排气管排出的火星遇空气中的爆炸混合气体发生起火爆炸，吕某被当场烧死，当班工人被严重烧伤抢救无效死亡。310 号油罐当即燃烧，17h 后被扑灭。

二、温度控制

温度是化工生产中的主要控制参数之一。不同的化学反应都有其最适宜的反应温度，化学反应速率与温度有着密切关系。超温、升温过快会造成剧烈反应，温度过低会使反应速率减慢或停滞，造成未反应的物料过多，或物料冻结造成管路堵塞或破裂泄漏等而引起爆炸。因此必须防止工艺温度过高或过低。

1. 控制反应温度

化学反应一般都伴随有热效应，放出或吸收一定热量。例如基本有机合成中的各种氧化反应、氯化反应、聚合反应等均是放热反应；而各种裂解反应、脱氢反应、脱水反应等则为吸热反应。通常利用热交换设备来调节装置的温度。

2. 防止搅拌意外中断

化学反应过程中，搅拌可以加速热量的传递，使反应物料温度均匀，防止局部过热。生产过程中如果由于停电、搅拌器脱落而造成搅拌中断时，可能造成散热不良或发生局部剧烈反应而导致危险。因此必须采取措施防止搅拌中断，例如采取双路供电、增设人工搅拌装置、自动停止加料设置及有效的降温手段等。

3. 正确选择传热介质

充分了解热载体性质，进行正确选择，对加热过程的安全十分重要。化工生产中常用的热载体有水蒸气、热水、过热水、碳氢化合物（如矿物油、二苯醚等）、熔盐、烟道气及熔融金属等。

① 避免使用和反应物料性质相抵触的介质作为传热介质。例如，不能用水来加热或冷却环氧乙烷，因为极微量的水也会引起液体环氧乙烷自聚发热而爆炸。此种情况可选用液体石蜡作为传热介质。

② 防止传热面结疤。在化工生产中，设备传热面结疤现象是普遍存在的。结疤不仅影响传热效率，更危险的是会因物料分解而引起爆炸。

三、投料控制

投料控制主要是指对投料速度、配比、顺序、原料纯度以及投料量的控制。

1. 投料速度

对于放热反应，加料速度不能超过设备的传热能力。加料速度过快会引起温度急剧升高，而造成事故。加料速度若突然减少，会导致温度降低，使一部分反应物料因温度过低而不反应。因此必须严格控制投料速度。

2. 投料配比

对于放热反应，投入物料的配比十分重要。如松香钙皂的生产，是把松香投入反应釜内加热至 240℃，缓慢加入氢氧化钙而反应生成。

反应生成的水在高温下变成蒸汽，投入的氢氧化钙量增大，蒸汽的生成量也增大，如果控制不当会造成物料溢出，一旦遇火源接触就会造成着火。

3. 投料顺序

化工生产中，必须按照一定的顺序投料。例如，氯化氢合成时，应先通氢后通氯；三氯化磷的生产应先投磷后通氯；磷酸酯与甲胺反应时，应先投磷酸酯，再滴加甲胺。反之，就容易发生爆炸事故。而用2,4-二氯酚和对硝基氯苯加碱生产除草醚时，三种原料必须同时加入反应罐，在190℃下进行缩合反应。假若忘加对硝基氯苯，只加2,4-二氯酚和碱，结果生成二氯酚钠盐，在240℃下能分解爆炸。如果只加对硝基氯苯与碱反应，则生成对硝基钠盐，在200℃下分解爆炸。

4. 原料纯度

许多化学反应，由于反应物料中含有过量杂质，以致引起燃烧爆炸。如用于生产乙炔的电石，其含磷量不得超过0.08%，因为电石中的磷化钙遇水后生成易自燃的磷化氢，磷化氢与空气燃烧易导致乙炔-空气混合物的爆炸。此外，在反应原料气中，如果有害气体不清除干净，在物料循环过程中，就会越聚越多，最终导致爆炸。因此，对生产原料、中间产品及成品应有严格的质量检验制度，以保证原料的纯度。

5. 投料量

化工反应设备或贮罐都有一定的安全容积，带有搅拌器的反应设备要考虑搅拌开动时的液面升高；贮罐、气瓶要考虑温度升高后液面或压力的升高。若投料过多，超过安全容积系数，往往会引起溢料或超压。投料量过少，可能使温度计接触不到液面，导致温度出现假象，由于判断错误而发生事故；也可能使加热设备的加热面与物料的气相接触，使易于分解的物料分解，从而引起爆炸。

四、溢料和泄漏的控制

化工生产中，物料的溢出和泄漏，通常是由于人为操作错误、反应失去控制、设备损坏等原因造成的。

造成溢料的原因很多，如投料速度过快，加热速度过快，或物料黏度大、流速快时均产生大量气泡，夹带走物料溢出。在进行工艺操作时，应充分考虑物料的构成、反应温度、投料速度以及消泡剂用量、质量等。

化工生产中的大量物料泄漏可能会造成严重后果。可从工艺指标控制、设备结构形式等方面采取相应的措施。如重要部位采取两级阀门控制；对于危险性大的装置设置远距离遥控断路阀，以备一旦装置异常，立即和其他装置隔离；为了防止误操作，重要控制阀的管线应涂色，以示区别或挂标志、加锁等；此外，仪表配管也要以各种颜色加以区别，各管道上的阀门要保持一定距离。

在化工生产中还存在着反应物料的跑、冒、滴、漏现象，原因较多，加强维护管理是非常重要的。因为易燃物的跑、冒、滴、漏可能会引起火灾爆炸事故。

特别要防止易燃、易爆物料渗入保温层。由于保温材料多数为多孔和易吸附性材料，容易渗入易燃、易爆物，在高温下达到一定浓度或遇到明火时，就会发生燃烧爆炸。在苯酐的生产中，就曾发生过由于物料漏入保温层中，引起爆炸事故。因此，对于接触易燃物的保温材料要采取防渗漏措施。

五、自动控制与安全保护装置

1. 自动控制

化工自动化生产中，大多是对连续变化的参数进行自动调节。对于在生产控制中要求一组机构按一定的时间间隔做周期性动作，如合成氨生产中原料气的制造，要求一组阀门按一定的要求作周期性切换，就可采用自动程序控制系统来实现。它主要是由程序控制器按一定时间间隔发出信号，驱动执行机构动作。

2．安全保护装置

（1）信号报警装置　化工生产中，在出现危险状态时信号报警装置可以警告操作者，及时采取措施消除隐患。发出信号的形式一般为声、光等，通常都与测量仪表相联系。需要说明的是，信号报警装置只能提醒操作者注意已发生的不正常情况或故障，但不能自动排除故障。

（2）保险装置　保险装置在发生危险状况时，则能自动消除不正常状况。如锅炉、压力容器上装设的安全阀和防爆片等安全装置。

（3）安全联锁装置　所谓联锁就是利用机械或电气控制依次接通各个仪器及设备，并使之彼此发生联系，达到安全生产的目的。

安全联锁装置是对操作顺序有特定安全要求、防止误操作的一种安全装置，有机械联锁和电气联锁。例如，需要经常打开的带压反应器，开启前必须将器内压力排除，而经常连续操作容易出现疏忽，因此可将打开孔盖与排除器内压力的阀门进行联锁。

化工生产中，常见的安全联锁装置有以下几种情况：

① 同时或依次放两种液体或气体时；

② 在反应终止需要惰性气体保护时；

③ 打开设备前预先解除压力或需要降温时；

④ 当两个或多个部件、设备、机器由于操作错误容易引起事故时；

⑤ 当工艺控制参数达到某极限值，开启处理装置时；

⑥ 某危险区域或部位禁止人员入内时。

例如，在硫酸与水的混合操作中，必须首先往设备中注入水再注入硫酸，否则将会发生喷溅和灼伤事故。将注水阀门和注酸阀门依次联锁起来，就可达到此目的。如果只凭工人记忆操作，很可能因为疏忽使顺序颠倒，发生事故。

任务四　防火防爆的设施控制

知识目标：能陈述火灾爆炸事故常见防范措施；能说明常用防火防爆装置。

能力目标：初步具备正确选择和使用防火防爆装置的能力。

安全生产首先是防患于未然，预防是第一位的。一旦发生事故，则应有相应预案使事故控制在最小范围内，使损失最小化。

一、案例

2004年2月22日17：00河北某化工有限公司乳化炸药生产车间在试生产设备调试

过程中发生爆炸事故，标高为 2m 平台的乳化器发生爆炸，引发了该平台约 600kg 炸药爆炸，并引起了 20m 远处堆积的 2～3t 成品炸药爆炸。事故造成 13 人死亡，1 人重伤，工厂及生产设备基本被摧毁。事故原因：违反操作规程，防护设备失效，成品库距生产现场太近。

二、安全防范设计

化工生产中，安全防范设计是事故预防是第一关。因某些设备与装置危险性较大，应采取分区隔离、露天布置和远距离操纵等措施。

例如，出于投资上的考虑，布局紧凑为宜，但这样对防止火灾爆炸蔓延不利，有可能使事故后果扩大。所以两者要统筹兼顾，一定要留有必要的防火间距。

为了限制火灾蔓延及减少爆炸损失，厂址选择及防爆厂房的布局和结构应按照相关要求建设，如根据所在地区主导风的风向，把火源置于易燃物质可能释放点的上风侧；为人员、物料和车辆流动提供充分的通道；厂址应靠近水量充足、水质优良的水源等。化工企业应根据我国“建筑设计防火规范”，建设相应等级的厂房；采用防火墙、防火门、防火堤对易燃易爆的危险场所进行防火分离，并确保防火间距。

1. 分区隔离

在总体设计时，应慎重考虑危险车间的布置位置。按照国家的有关规定，危险车间与其他车间或装置应保持一定的间距，充分估计相邻车间建（构）筑物可能引起的相互影响。对个别危险性大的设备，可采用隔离操作和防护屏的方法使操作人员与生产设备隔离。例如，合成氨生产中，合成车间压缩岗位的布置。

在同一车间的各个工段，应视其生产性质和危险程度而予以隔离，各种原料成品、半成品的贮藏，亦应按其性质、贮量不同而进行隔离。案例中生产车间与成品库之间应有足够的距离。

2. 露天布置

为了便于有害气体的散发，减少因设备泄漏而造成易燃气体在厂房内积聚的危险性，宜将这类设备和装置布置在露天或半露天场所。如氮肥厂的煤气发生炉及其附属设备，加热炉、炼焦炉、气柜、精馏塔等。石油化工生产中的大多数设备都是在露天放置的。在露天场所，应注意气象条件对生产设备、工艺参数和工作人员的影响，如应有合理的夜间照明，夏季防晒防潮气腐蚀，冬季防冻等措施。

3. 远距离操纵

在化工生产中，大多数的连续生产过程，主要是根据反应进行情况和程度来调节各种阀门，而某些阀门操作人员难以接近，开闭又较费力，或要求迅速启闭，上述情况都应进行远距离操纵。操纵人员只需在操纵室进行操作，记录有关数据。对于热辐射高的设备及危险性大的反应装置，也应采取远距离操纵。远距离操纵的方法有机械传动、气压传动、液压传动和电动操纵。

三、阻火装置防火

阻火装置的作用是防止外部火焰蹿入有火灾爆炸危险的设备、管道、容器，或阻止火焰在设备或管道间蔓延。主要包括阻火器、安全液封、单向阀、阻火闸门等。

1. 阻火器

阻火器的工作原理是使火焰在管中蔓延的速度随着管径的减小而减小，最后可以达到一个火焰不蔓延的临界直径。阻火器常用在容易引起火灾爆炸的高热设备和输送可燃气体、易燃液体蒸气的管道之间，以及可燃气体、易燃液体蒸气的排气管上。

阻火器有金属网、砾石和波纹金属片等形式。

（1）*金属网阻火器* 其结构如图 2-1 所示，是用若干具有一定孔径的金属网把空间分隔成许多小孔隙。对一般有机溶剂采用 4 层金属网即可阻止火焰蔓延，通常采用 6～12 层。

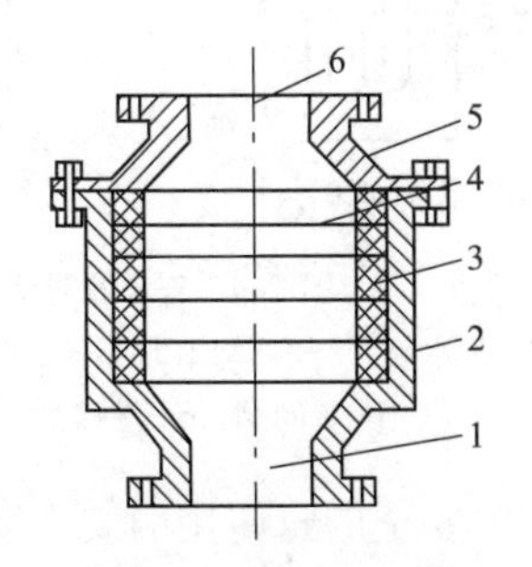

图 2-1 金属网阻火器
1—进口；2—壳体；3—垫圈；4—金属网；5—上盖；6—出口

（2）*砾石阻火器* 其结构如图 2-2 所示，是用砂粒、卵石、玻璃球等作为填料，这些阻火介质使阻火器内的空间被分隔成许多非直线性小孔隙，当可燃气体发生燃烧时，这些非直线性微孔能有效地阻止火焰的蔓延，其阻火效果比金属网阻火器更好。阻火介质的直径一般为 3～4mm。

（3）*波纹金属片阻火器* 其结构如图 2-3 所示，壳体由铝合金铸造而成，阻火层由 0.1～0.2mm 厚的不锈钢带压制而成波纹型。两波纹带之间加一层同厚度的平带缠绕成圆形阻火层，阻火层上形成许多三角形孔隙，孔隙尺寸为 0.45～1.5mm，其尺寸大小由火焰速度的大小决定，三角形孔隙有利于阻止火焰通过，阻火层厚度一般不大于 50mm。

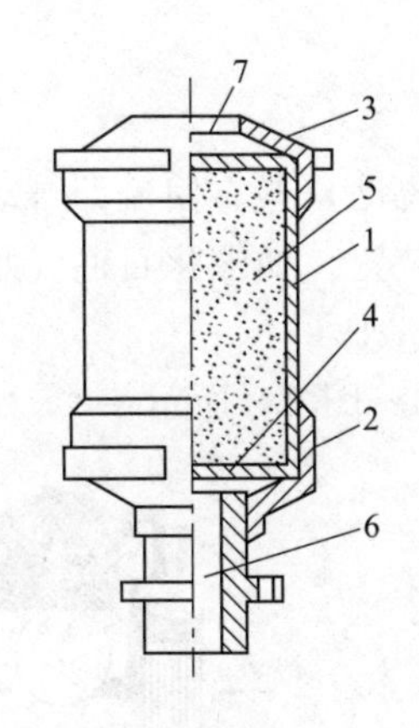

图 2-2 砾石阻火器
1—壳体；2—下盖；3—上盖；4—网格；5—砂粒；6—进口；7—出口

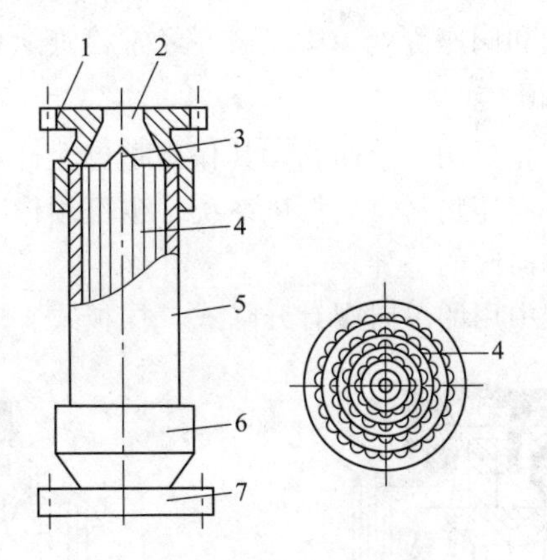

图 2-3 波纹金属片阻火器
1—上盖；2—出口；3—轴芯；4—波纹金属片
5—外壳；6—下盖；7—进口

2. 安全液封

安全液封的阻火原理是液体封在进出口之间，一旦液封的一侧着火，火焰都将在液封处被熄灭，从而阻止火焰蔓延。安全液封一般安装在气体管道与生产设备或气柜之间。一般用水作为阻火介质。

安全液封的结构形式常用的有敞开式和封闭式两种，其结构如图 2-4 所示。

水封井是安全液封的一种，设置在有可燃气体、易燃液体蒸气或油污的污水管网上，以防止燃烧或爆炸沿管网蔓延，水封井的结构如图 2-5 所示。

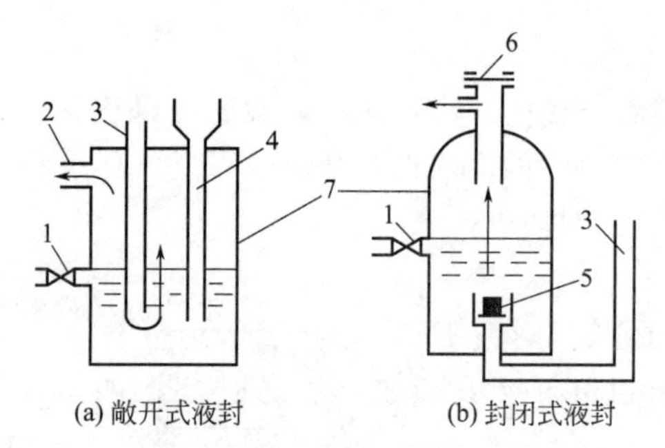
(a) 敞开式液封　(b) 封闭式液封

图 2-4 安全液封示意图

1—验水栓；2—气体出口；3—进气管；4—安全管；
5—单向阀；6—爆破片；7—外壳

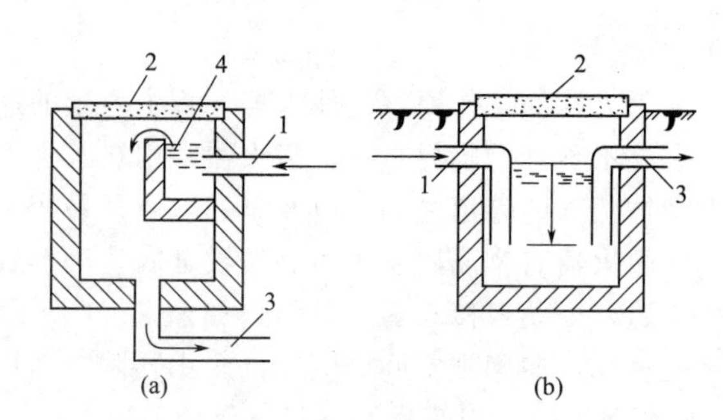
(a)　(b)

图 2-5 水封井示意图

1—污水进口；2—井盖；
3—污水出口；4—溢水槽

安全液封使用的安全要求如下。

① 使用安全水封时，应随时注意水位不得低于水位阀门所标定的位置。但水位也不应过高，否则除了可燃气体通过困难外，水还可能随可燃气体一起进入出气管。每次发生火焰倒燃后，应及时检查水位并补足。安全液封应保持垂直位置。

② 冬季使用安全水封时，在工作完毕后应把水全部排出、洗净，以免冻结。如发现冻结现象，只能用热水或蒸汽加热解冻，严禁用明火烘烤。为了防冻，可在水中加少量食盐以降低冰点。

③ 使用封闭式安全水封时，由于可燃气体中可能带有黏性杂质，使用一段时间后容易黏附在阀和阀座等处，所以需要经常检查逆止阀的气密性。

3. 单向阀

又称止逆阀、止回阀，其作用是仅允许流体向一定方向流动，遇有回流即自动关闭。常用于防止高压物料窜入低压系统，也可用作防止回火的安全装置。如液化石油气瓶上的调压阀就是单向阀的一种。

生产中用的单向阀有升降式、摇板式、球式等，如图 2-6～图 2-8 所示。

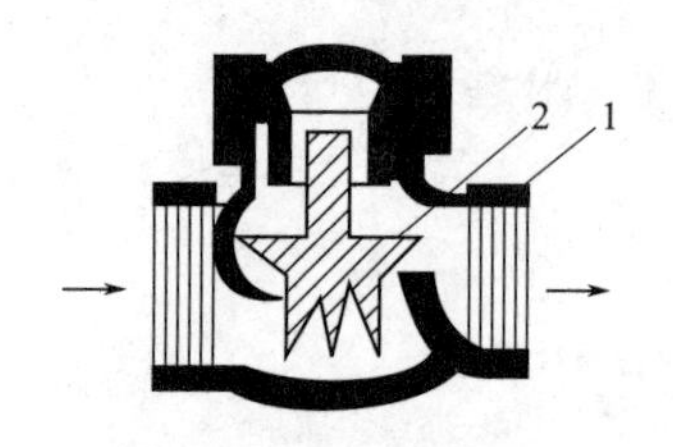

图 2-6 升降式单向阀

1—壳体；2—升降阀

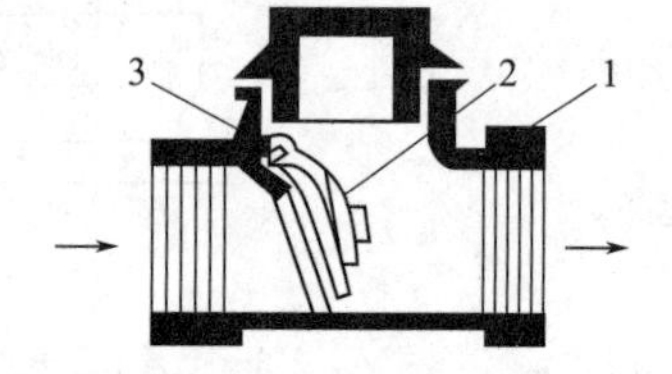

图 2-7 摇板式单向阀

1- 壳体；2- 摇板；3- 摇板支点

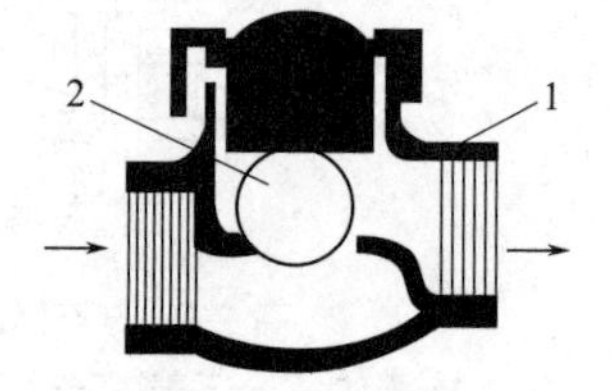

图 2-8 球式单向阀

1—壳体；2—球阀

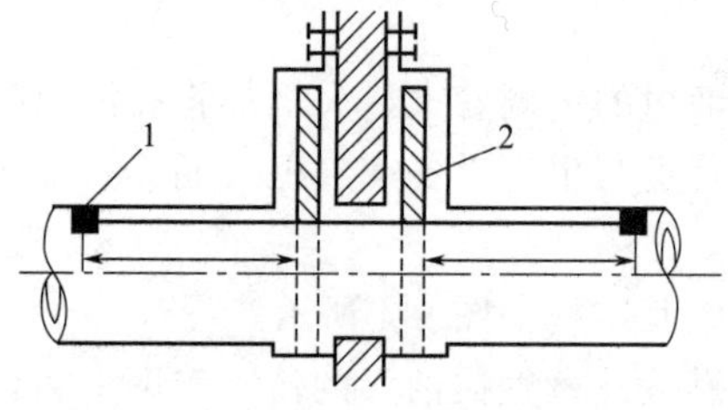

图 2-9 跌落式自动阻火闸门

1—易熔合金元件；2—阻火闸门

4. 阻火闸门

阻火闸门是为防止火焰沿通风管道蔓延而设置的阻火装置。图 2-9 为跌落式自动阻火闸门。

正常情况下，阻火闸门受易熔合金元件控制处于开启状态，一旦着火，温度高，会使易熔金属熔化，此时闸门失去控制，受重力作用自动关闭。也有的阻火闸门是手动的，遇到火警时由人工迅速关闭。

四、泄压装置防爆

防爆泄压装置包括安全阀、防爆片、防爆门和救空管等。系统内一旦发生爆炸或压力骤增时，可以通过这些设施释放能量，以减小巨大压力对设备的破坏或爆炸事故的发生。

1. 安全阀

安全阀是为了防止设备或容器内非正常压力过高引起物理性爆炸而设置的。当设备或容器内压力升高超过一定限度时安全阀能自动开启，排放部分气体；当压力降至安全范围内再自行关闭，从而实现设备和容器内压力的自动控制，防止设备和容器的破裂爆炸。

常用的安全阀有弹簧式、杠杆式，其结构如图 2-10 和图 2-11 所示。

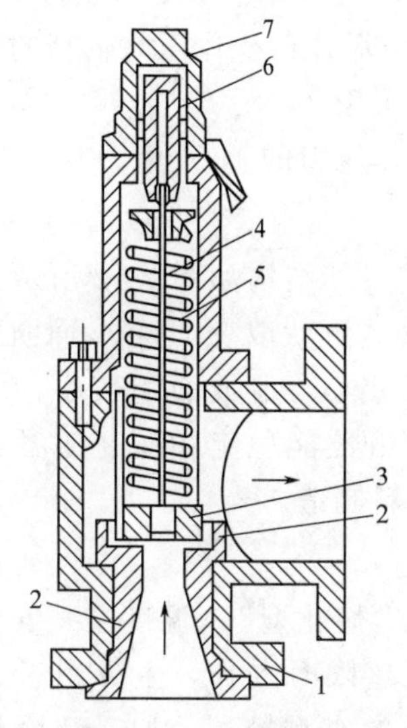

图 2-10 弹簧式安全阀
1—阀体；2—阀座；3—阀芯；4—阀杆；
5—弹簧；6—螺帽；7—阀盖

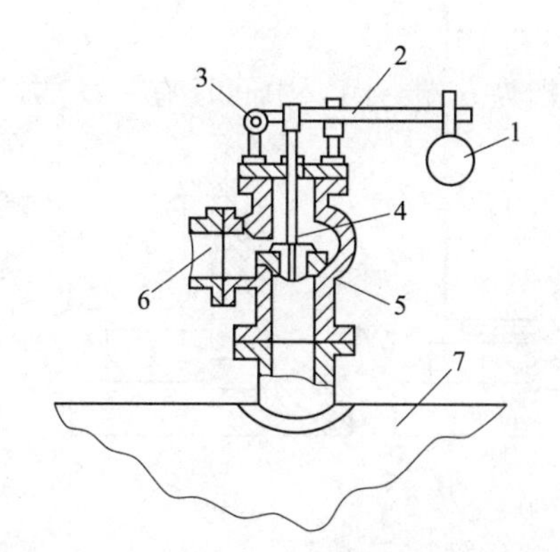

图 2-11 杠杆式安全阀
1—重锤；2—杠杆；3—杠杆支点；4—阀芯；
5—阀座；6—排出管；7—容器或设备

工作温度高而压力不高的设备宜选杠杆式，高压设备宜选弹簧式。一般多用弹簧式安全阀。设置安全阀时应注意以下几点。

① 压力容器的安全阀直接安装在容器本体上。容器内有气、液两相物料时，安全阀应装于气相部分，防止排出液相物料而发生事故。

② 一般安全阀可就地放空，放空口应高出操作人员 1m 以上且不应朝向 15m 以内的明火或易燃物。室内设备、容器的安全阀放空口应引出房顶，并高出房顶 2m 以上。

③ 安全阀用于泄放可燃及有毒液体时，应将排泄管接入事故贮槽、污油罐或其他容器。用于泄放与空气混合能自燃的气体时，应接入密闭的放空塔或火炬。

④ 当安全阀的入口处装有隔断阀时，隔断阀应为常开状态。

⑤ 安全阀的选型、规格、排放压力的设定应合理。

2. 防爆片

又称防爆膜、爆破片，是通过法兰装在受压设备或容器上。当设备或容器内因化学爆炸或其他原因产生过高压力时，防爆片作为人为设计的薄弱环节自行破裂，高压流体即通过防爆片从放空管排出，使爆炸压力难以继续升高，从而保护设备或容器的主体免遭更大的损坏，使在场的人员不致遭受致命的伤亡。

防爆片一般应用在以下几种场合。

① 存在爆燃危险或异常反应使压力骤然增加的场合，这种情况下弹簧安全阀由于惯性而不适应。

② 不允许介质有任何泄漏的场合。

③ 内部物料易因沉淀、结晶、聚合等形成黏附物，妨碍安全阀正常动作的场合。

凡有重大爆炸危险性的设备、容器及管道，例如气体氧化塔、进焦煤炉的气体管道、乙炔发生器等，都应安装防爆片。

防爆片的安全可靠性取决于防爆片的材料、厚度和泄压面积。

正常生产时压力很小或没有压力的设备，可用石棉板、塑料片、橡皮或玻璃片等作为防爆片；微负压生产情况的可采用 2～3cm 厚的橡胶板作为防爆片；操作压力较高的设备可采用铝板、铜板。铁片破裂时能产生火花，燃爆性气体不宜采用。

防爆片的爆破压力应按规定确定，一般不超过系统操作压力的 1.25 倍。

3. 爆破帽

爆破帽为一端封闭，中间具有一薄弱断面的厚壁短节，其结构如图 2-12 所示，爆破时在开槽的 A-A 面或形状改变的 A-A 面断裂。爆破帽的爆破压力误差小，泄放面积较小，多用于超高压容器。一般由性能稳定、强度随温度变化较小的高强度钢材料制造。

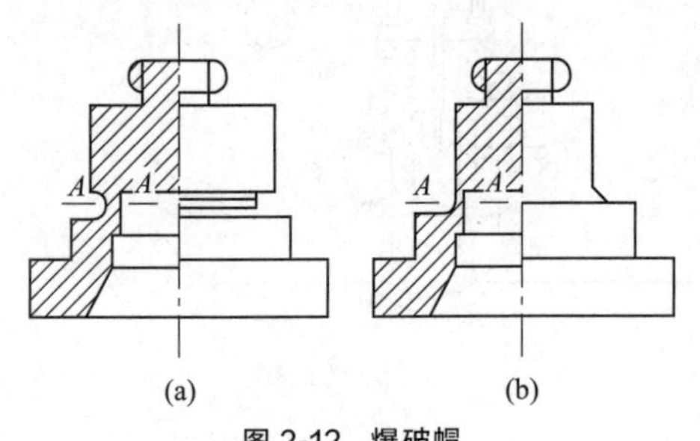

图 2-12 爆破帽

4. 易熔塞

易熔塞属于“熔化型”（温度型）安全泄放装置，容器壁温度超限时动作，主要用于工作压力完全取决于温度的小型容器，如盛装液化气体的钢瓶。易熔塞是一个中央具有通孔或螺孔的带锥形螺纹的螺栓堵头，孔中浇铸有易熔合金，其结构如图 2-13 所示。易熔合金通常指其熔点低于 250℃的合金。在正常温度下，孔中的易熔合金保证了易熔塞的密封。在容器内压力骤然升高时，由于温度的变化，易熔合金被熔化，容器内的介质从小孔中排出而泄压。

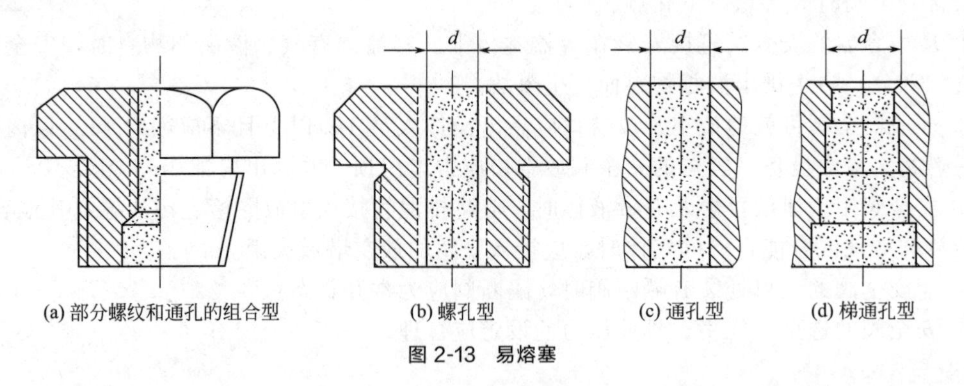

图 2-13 易熔塞

易熔塞是一种温度型安全泄放装置，它要求容器中介质温度升降时，其压力也随之升降，但还要求压力上升的速率只能大大低于温度上升的速率，即没有压力瞬时剧增的现象。

易熔塞的选用应注意以下几点。

① 易熔合金的机械强度一般较低，因此易熔塞的泄放口直径都较小，只能用于中、低压的小型压力容器。

② 如果容器仅有压力升高，而无温度升高，或者压力上升的速率大大超过温度上升的速率，或者虽有升温却达不到合金的熔点时，都不能选用易熔塞作为安全泄压装置。

③ 对于盛装剧毒介质的容器，由于易熔塞泄漏或泄放会带来危害，不宜采用。

5. 防爆门

防爆门一般设置在燃油、燃气或燃烧煤粉的燃烧室外壁上，以防止燃烧爆炸时设备遭到破坏。防爆门的总面积一般按燃烧室内部净容积 $1m^3$ 不少于 $250cm^2$ 设计，为了防止燃烧气体喷出时将人烧伤，防爆门应设置在人们不常到的地方，高度不低于 2m。图 2-14、图 2-15 为两种不同类型的防爆门。

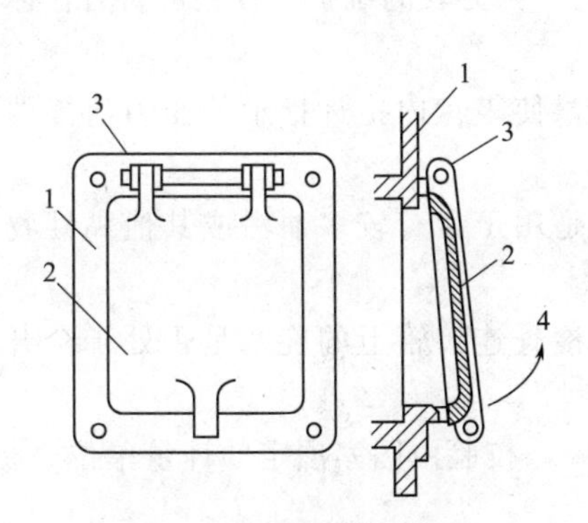

图 2-14 向上翻开的防爆门
1—防爆门的门框；2—防爆门；
3—转轴；4—防爆门动作方向

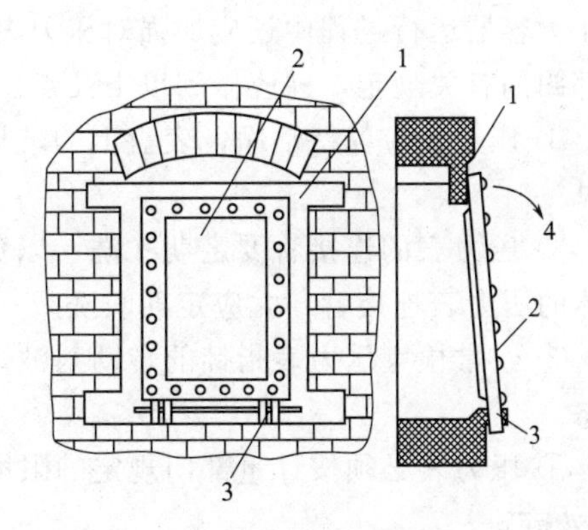

图 2-15 向下翻开的防爆门
1—燃烧室外壁；2—防爆门；
3—转轴；4—防爆门动作方向

6. 放空管

在某些极其危险的设备上，为防止可能出现的超温、超压而引起爆炸的恶性事故的发生，可设置自动或手控的放空管以紧急排放危险物料。

五、其他安全装置

1. 压力表

压力表是用以测量压力容器内介质压力的一种计量仪表。由于它可以显示容器内介质的压力，使操作人员可以根据压力表所指示的压力进行操作，将压力控制在允许范围内，所以压力表是压力容器的重要安全附件。凡是锅炉以及需要单独装设安全泄压装置的压力容器，都必须装有压力表。

压力表的种类较多，可以分为液柱式、弹性元件式、活塞式和电量式四大类。

(1) 压力表的选用

① 压力表的量程。选用的压力表必须与压力容器的工作压力相适应。压力表的量程最好选用设备工作压力的 2 倍，最小不应小于 1.5 倍，最大不应高于 3 倍。从压力表的寿命与维护方面来要求，在稳定压力下，使用的压力范围不应超过刻度极限的 70%；在波动压力下不应超过 60%。如果选用量程过大的压力表，就会影响压力表读数的准确性。而压力表

的量程过小，压力表刻度的极限值接近或等于压力容器的工作压力，又会使弹簧弯管经常处于很大的变形状态下，因而容易产生永久变形，引起压力表的误差增大。

② 压力表的精度。选用的压力表的精度应与压力容器的压力等级和实际工作需要相适应。压力表的精度是以它的允许误差占表盘刻度极限值的百分数按级别来表示的（例如精度为 1.5 级的压力表，其允许误差为表盘刻度极限值的 1.5%），精度等级一般都标在表盘上。工作压力小于 2.5MPa 的低压容器所用压力表，其精度一般不应低于 2.5 级；工作压力大于或等于 2.5MPa 的中、高压容器用压力表，精度不应低于 1～5 级。

③ 压力表的表盘直径。为了方便、准确地看清压力值，选用压力表的表盘直径不能过小，一般不应小于 100mm。压力表的表盘直径常用的规格为 100mm 和 150mm。如果压力表装得较高或离岗位较远，表盘直径还应增大。

(2) *压力表的维护与校验* 要使压力表保持灵敏准确，除了合理选用和正确安装以外，在压力容器运行过程中还应加强对压力表的维护和校验。压力表的维护和校验应符合国家计量部门的有关规定，并应做到以下几点。

① 压力表应保持洁净，表盘上的玻璃要明亮清晰，使表盘内指针指示的压力值能清楚易见。

② 压力表的连接管要定期吹洗，以免堵塞。特别是用于含有较多油污或其他黏性物料气体的压力表连接管，尤应定期吹洗。

③ 经常检查压力表指针的转动与波动是否正常，检查连接管上的旋塞是否处于全开启状态。

④ 压力表必须按计量部门规定的限期进行定期校验，校验由国家法定的计量单位进行。

2. 液面计

液面计又称液位计，用来观察和测量容器内液位位置变化情况。特别是对于盛装液化气体的容器，液位计是一个必不可少的安全装置。操作人员根据其指示的液面高低来调节或控制装量，从而保证容器内介质的液面始终在正常范围内。盛装液化气体的贮运容器，包括大型球形贮罐、汽车罐车和铁路罐车等，需装设液面计以防止容器内因充满液体发生液体膨胀而导致容器超压。用作液体蒸发用的换热容器、工业生产装置中的一些低压废热锅炉和废热锅炉的汽包，也都应装设液面计，以防止容器内液面过低或无液位而发生超温烧坏设备。

(1) *液面计的选用* 液面计应根据压力容器的介质、最高工作压力和温度正确选用。

① 盛装易燃、毒性程度为极度、高度危害介质的液化气体压力容器，应采用玻璃板液面计或自动液面指示器，并应有防止泄漏的保护装置。

② 低压容器选用管式液面计，中高压容器选用承压较大的板式液面计。

③ 寒冷地区室外使用的容器，或由于介质温度与环境温度的差值较大，导致介质的黏度过大而不能正确反映真实液面的容器，应选用夹套型或保温型结构的液面计。盛装 0℃以下介质的压力容器，应选用防霜液面计。

④ 要求液面指示平稳的，不应采用浮标式液面计，可采用结构简单的视镜。

⑤ 压力容器较高时，宜选用浮标式液面计。

⑥ 移动式压力容器不得使用平板式液面计，一般选用旋转管式或滑管式液面计。

(2) *液面计的使用和维护* 液面计的使用温度不要超过玻璃管、板的允许使用温度。在冬季，则要防止液面计冻堵和发生假液位。对易燃、有毒介质的容器，照明灯应符合防爆要求。

压力容器操作人员，应加强对液面计的维护管理，经常保持完好和清晰。使用单位应对液面计实行定期检修制度，可根据运行实际情况，规定检修周期，但不应超过压力容器内外部检验周期。液面计有下列情况之一的，应停止使用并更换。

① 超过检修周期。

② 玻璃板（管）有裂纹、破碎。

③ 阀件固死。

④ 经常出现假液位。

⑤ 指示模糊不清。

3. 减压阀

减压阀是采用控制阀体内的启闭件的开度来调节介质的流量，使流体通过时产生节流压力减小的阀门。常适用于要求更小的流体压力输出或压力稳定输出的场合。减压阀主要有两个作用：一是将较高的气（汽）体压力自动降低到所需的较低压力；二是当高压侧的介质压力波动时，能自动调节，使低压侧的气（汽）压稳定。

减压阀必须在产品限定的工作压力、工作温度范围内工作，减压阀的进出口必须有一定的压力差。在减压阀的低压侧必须装设安全阀和压力表。减压阀不能当截止阀使用，当用汽设备停止用汽后，应将减压阀前的截止阀关闭。

4. 温度计

压力容器测温通常有两种形式：测量容器内工作介质的温度，使工作介质温度控制在规定的范围内，以满足生产工艺的需要；对需要控制壁温的压力容器，进行壁温测量，防止壁温超过金属材料的允许温度。在这两种情况下，通常需要装设测温装置。常用的压力容器温度计有温度表、温度计、测温热电偶及其显示装置等。这些测温装置有的独立使用，有的同时组合使用。

根据测量温度方式的不同，温度计可分为接触式温度计和非接触式温度计两种。接触式温度计有液体膨胀式、固体膨胀式、压力式以及热电阻和热电偶温度计等。非接触式温度计有光学高温计、光电高温计和辐射式高温计等。

（1）*介质温度的测量* 用于测量压力容器介质的测量仪主要有插入式温度计和插入式热电偶测量仪，也有的直接使用水银（酒精）温度计。这些温度仪测温的特点是温感探头直接或带套管（腐蚀性介质或高温介质时用）插入容器内与介质接触测温，温度计直接在容器上显示，测温热电偶则可通过导线将显示装置引至操作室或容易监控的位置。为防止插入口泄漏，一般在压力容器设计上留有标准规格温度计接口，接口连接形式有法兰式和螺纹连接两种，并带有密封元件。

（2）*壁温的测量* 对于在高温条件下操作的压力容器，当容器内部在介质与容器壁之间设置有保温砖等的绝热、隔热层时，为了防止由于隔热、绝热材料安装质量、热胀冷缩或者隔热、绝热减薄或损坏等造成容器壁温过高，导致容器破坏，需要对这类压力容器进行壁温的测量。此类测温装置的测温探头紧贴容器器壁。常用的有测温热电偶、接触式温度计、水银温度计等。

（3）*使用维护* 压力容器的测温仪表必须根据其使用说明书的要求和实际使用情况及结合计量部门规定的限期设定检验周期进行定期检验。壁温测量装置的测温探头必须根据压力容器的内部结构和容器内介质反应和温度分布的情况，装贴在具有代表性的位置，并做好保温措施以消除外界引起的测量误差。测温仪的表头或显示装置必须安装在便于观察和方便维修、更换、检测的地方。

任务五 消防安全

知识目标：能陈述主要灭火方法与原理、常用灭火设备设施；能说明典型设施的灭火方法。

能力目标：初步具备正确选择灭火措施的能力。

从小到大、由弱到强是大多数火灾的规律。在生产过程中，及时发现并扑救初起火灾，对保障生产安全及生命财产安全具有重大意义。因此，在化工生产中，训练有素的现场人员一旦发现火情，除了迅速报告火警之外，应果断地运用配备的灭火器材把火灾消灭在初起阶段，或使其得到有效的控制，为专业消防队赶到现场赢得时间。

一、案例

某单位检修加氢反应器的催化剂循环泵和催化剂分离器下部的排出阀过程中，打开反应器顶上的手孔，通入约 2MPa 压力的 CO_2，直到吹空为止。然后几名操作工对离反应器底部 1.524m 处的阀门进行检修。就在此时，反应器中发出轰轰的声音，接着反应器下部喷出火来，使环己醇起火。立刻用 CO_2 灭火器扑灭。

事故原因：置换不彻底；打开阀门后产生可燃性混合气体。

二、常见初起火灾的扑救

1. 生产装置初起火灾的扑救

当生产装置发生火灾爆炸事故时，在场人员应迅速采取如下措施。

① 迅速查清着火部位、着火物质的来源，及时准确地关闭阀门，切断物料来源及各种加热源；开启冷却水、消防蒸汽等，进行有效冷却或有效隔离；关闭通风装置，防止风助火势或沿通风管道蔓延。从而有效地控制火势以利于灭火。

② 带有压力的设备物料泄漏引起着火时，应切断进料并及时开启泄压阀门，进行紧急放空，同时将物料排入火炬系统或其他安全部位，以利于灭火。

③ 现场当班人员应迅速果断地做出是否停车的决定，并及时向厂调度室报告情况和向消防部门报警。

④ 装置发生火灾后，当班的班长应对装置采取准确的工艺措施，并充分利用现有的消防设施及灭火器材进行灭火。若火势一时难以扑灭，则要采取防止火势蔓延的措施，保护要害部位，转移危险物质。

⑤ 在专业消防人员到达火场时，生产装置的负责人应主动向消防指挥人员介绍情况，说明着火部位、物质情况、设备及工艺状况，以及已采取的措施等。

2. 易燃、可燃液体贮罐初起火灾的扑救

① 易燃、可燃液体贮罐发生着火、爆炸，特别是罐区某一贮罐发生着火、爆炸是非常危险的。一旦发现火情，应迅速向消防部门报警，并向厂调度室报告。报警和报告中需说明罐区的位置、着火罐的位号及贮存物料的情况，以便消防部门迅速赶赴火场进行扑救。

② 若着火罐尚在进料，必须采取措施迅速切断进料。如无法关闭进料阀，可在消防水枪的掩护下进行抢关，或通知送料单位停止送料。

③ 若着火罐区有固定泡沫发生站，则应立即启动该装置。开通着火罐的泡沫阀门，利用泡沫灭火。

④ 若着火罐为压力装置，应迅速打开水喷淋设施，对着火罐和邻近贮罐进行冷却保护，以防止升温、升压引起爆炸，打开紧急放空阀门进行安全泄压。

⑤ 火场指挥员应根据具体情况，组织人员采取有效措施防止物料流散，避免火势扩大，并注意对邻近贮罐的保护以及减少人员伤亡和火势的扩大。

3. 电气火灾的扑救

(1) 电气火灾的特点　电气设备着火时，着火场所的很多电气设备可能是带电的。扑救带电电气设备时，应注意现场周围可能存在着较高的接触电压和跨步电压；同时还有一些设备着火时是绝缘油在燃烧。如电力变压器、多油开关等设备内的绝缘油，受热后可能发生喷油和爆炸事故，进而使火灾事故扩大。

(2) 安全措施　扑救电气火灾时，应首先切断电源。切断电源时应严格按照规程要求操作。

① 火灾发生后，电气设备绝缘已经受损，应用绝缘良好的工具操作。

② 选好电源切断点。切断电源地点要选择适当。夜间切断要考虑临时照明问题。

③ 若需剪断电线时，应注意非同相电线应在不同部位剪断，以免造成短路。剪断电线部位应有支撑物支撑电线的地方，避免电线落地造成短路或触电事故。

④ 切断电源时如需电力等部门配合，应迅速联系，报告情况，提出断电要求。

(3) 带电扑救时的特殊安全措施　为了争取灭火时间，来不及切断电源或因生产需要不允许断电时，要注意以下几点。

① 带电体与人体保持必要的安全距离。一般室内应大于4m，室外不应小于8m。

② 选用不导电灭火剂对电气设备灭火。机体喷嘴与带电体的最小距离：10kV及以下，大于0.4m；35kV及以下，大于0.6m。

用水枪喷射灭火时，水枪喷嘴处应有接地措施。灭火人员应使用绝缘护具，如绝缘手套、绝缘靴等并采用均压措施。其喷嘴与带电体的最小距离：110kV及以下，大于3m；220kV及以下，大于5m。

③ 对架空线路及空中设备灭火时，人体位置与带电体之间的仰角不超过45°，以防电线断落伤人。如遇带电导体断落地面时要划清警戒区，防止跨步电压伤人。

(4) 充油设备的灭火

① 充油设备中，油的闪点多为130～140℃，一旦着火，危险性较大。如果在设备外部着火，可用二氧化碳、1211、干粉等灭火器带电灭火。如油箱破坏，出现喷油燃烧，且火势很大时，除切断电源外，有事故油坑的，应设法将油导入油坑。油坑中及地面上的油火，可用泡沫灭火。要防止油火进入电缆沟。如油火顺沟蔓延，这时电缆沟内的火只能用泡沫扑灭。

② 充油设备灭火时，应先喷射边缘，后喷射中心，以免油火蔓延扩大。

4. 人身着火的扑救

人身着火多数是由于工作场所发生火灾、爆炸事故或扑救火灾引起的。也有因用汽油、苯、酒精、丙酮等易燃油品和溶剂擦洗机械或衣物，遇到明火或静电火花而引起的。当人身着火时，应采取如下措施。

① 若衣服着火又不能及时扑灭，则应迅速脱掉衣服，防止烧坏皮肤。若来不及或无法脱掉应就地打滚，用身体压灭火种。切记不可跑动，否则风助火势会造成严重后果。就地用水灭火效果会更好。

② 如果人身溅上油类而着火，其燃烧速度很快。人体的裸露部分，如手、脸和颈部最易烧伤。此时伤痛难忍，神经紧张，会本能地以跑动逃脱。在场的人应立即制止其跑动，将其搂倒，用石棉布、海草、棉衣、棉被等物覆盖，用水浸湿后覆盖效果更好。用灭火器扑救时，注意不要对着脸部。

在现场抢救烧伤患者时，应特别注意保护烧伤部位，不要碰破皮肤，以防感染。大面积烧伤患者往往会因为伤势过重而休克，此时伤者的舌头易收缩而堵塞咽喉，发生窒息而死亡。在场人员可将伤者的嘴撬开，将舌头拉出，保证呼吸畅通，同时用被褥将伤者轻轻裹起，送往医院治疗。

相关知识一 灭火方法及其原理

灭火方法主要包括窒息灭火法、冷却灭火法、隔离灭火法和化学抑制灭火法。

1. 窒息灭火法

窒息灭火法即阻止空气进入燃烧区或用惰性气体稀释空气，使燃烧因得不到足够的氧气而熄灭的灭火方法。

运用窒息法灭火时，可考虑选择以下措施。

① 用石棉布、浸湿的棉被、帆布、沙土等不燃或难燃材料覆盖燃烧物或封闭孔洞。

② 用水蒸气、惰性气体通入燃烧区域内。

③ 利用建筑物上原来的门、窗以及生产、贮运设备上的盖、阀门等，封闭燃烧区。

④ 在万不得已且条件许可的条件下，采取用水淹没（灌注）的方法灭火。

采用窒息灭火法，必须注意以下几个问题。

① 此法适用于燃烧部位空间较小，容易堵塞封闭的房间、生产及贮运设备内发生的火灾，而且燃烧区域内应没有氧化剂存在。

② 在采用水淹方法灭火时，必须考虑到水与可燃物质接触后是否会产生不良后果，如有则不能采用。

③ 采用此法时，必须在确认火已熄灭后，方可打开孔洞进行检查。严防因过早打开封闭的房间或设备，导致“死灰复燃”。

2. 冷却灭火法

冷却灭火法即将灭火剂直接喷洒在燃烧着的物体上，将可燃物质的温度降到燃点以下，终止燃烧的灭火方法。也可将灭火剂喷洒在火场附近未燃的易燃物上起冷却作用，防止其受辐射热作用而起火。冷却灭火法是一种常用的灭火方法。

3. 隔离灭火法

隔离灭火法即将燃烧物质与附近未燃的可燃物质隔离或疏散开，使燃烧因缺少可燃物质而停止。隔离灭火法也是一种常用的灭火方法。这种灭火方法适用于扑救各种固体、液体和气体火灾。

隔离灭火法常用的具体措施有：

① 将可燃、易燃、易爆物质和氧化剂从燃烧区移出至安全地点。

② 关闭阀门，阻止可燃气体、液体流入燃烧区。

③ 用泡沫覆盖已燃烧的易燃液体表面，把燃烧区与液面隔开，阻止可燃蒸气进入燃烧区。

④ 拆除与燃烧物相连的易燃、可燃建筑物。

⑤ 用水流或用爆炸等方法封闭井口，扑救油气井喷火灾。

4. 化学抑制灭火法

化学抑制灭火法是使灭火剂参与到燃烧反应中去，起到抑制反应的作用。具体而言就是使燃烧反应中产生的自由基与灭火剂中的卤素离子相结合，形成稳定分子或低活性的自由基，从而切断了氢自由基与氧自由基的联锁反应链，使燃烧停止。

需要指出的是，窒息、冷却、隔离灭火法，在灭火过程中，灭火剂不参与燃烧反应，因而属于物理灭火方法。而化学抑制灭火法则属于化学灭火方法。

另外，上述四种灭火方法所对应的具体灭火措施是多种多样的，在灭火过程中，应根据可燃物的性质、燃烧特点、火灾大小、火场的具体条件以及消防技术装备的性能等实际情况，选择一种或几种灭火方法。一般情况下，综合运用几种灭火法效果较好。

相关知识二　灭火设备与设施

一、灭火剂

灭火剂是能够有效地破坏燃烧条件，终止燃烧的物质。选择灭火剂的基本要求是灭火效能高、使用方便、来源丰富、成本低廉、对人和物基本无害。

1. 水及水蒸气

水的来源丰富，取用方便，价格便宜，是最常用的天然灭火剂。它可以单独使用，也可与不同的化学剂组成混合液使用。

(1) 水的灭火原理　主要包括冷却作用、窒息作用和隔离作用。

(2) 灭火用水形式　主要有普通无压力水、加压的密集水流及雾化水三种。

(3) 水灭火剂的适用范围　除以下情况，都可以考虑用水灭火。

① 忌水性物质。如轻金属、电石等不能用水扑救，因为它们能与水发生化学反应，生成可燃性气体并放热，扩大火势甚至导致爆炸。

② 不溶于水，且密度比水小的易燃液体。如汽油、煤油等着火时不能用水扑救。但原油、重油等可用雾状水扑救。

③ 密集水流不能扑救带电设备火灾，也不能扑救可燃性粉尘聚集处的火灾。

④ 不能用密集水流扑救贮存大量浓硫酸、浓硝酸场所的火灾，因为水流能引起酸的飞

溅、流散，遇可燃物质后，又有引起燃烧的危险。

⑤ 高温设备着火不宜用水扑救，因为这会使金属机械强度受到影响。

⑥ 精密仪器设备、贵重文物档案、图书着火，不宜用水扑救。

2. 泡沫灭火剂

凡能与水相溶，并可通过化学反应或机械方法产生灭火泡沫的灭火药剂称为泡沫灭火剂。

(1) 泡沫灭火剂的分类　根据泡沫生成机理，泡沫灭火剂可以分为化学泡沫灭火剂和空气泡沫灭火剂。

(2) 泡沫灭火原理　泡沫可漂浮于液体的表面或附着于一般可燃固体表面，形成一个泡沫覆盖层，起到隔离和窒息作用；同时泡沫析出的水和其他液体有冷却作用；另外，泡沫受热蒸发产生的水蒸气可降低燃烧物周围氧的浓度。

(3) 泡沫灭火剂的适用范围　泡沫灭火剂主要用于扑救不溶于水的可燃、易燃液体，如石油产品等的火灾；也可用于扑救木材、纤维、橡胶等固体的火灾；高倍数泡沫可用于特殊场所，如消除放射性污染等。由于泡沫灭火剂中含有一定量的水，所以不能用来扑救带电设备及忌水性物质引起的火灾。

3. 二氧化碳及惰性气体灭火剂

(1) 灭火原理　二氧化碳以液态形式从灭火器中喷出时，由于突然减压，一部分二氧化碳绝热膨胀、汽化，吸收大量的热量，另一部分二氧化碳迅速冷却成雪花状固体（即“干冰”），当它喷向着火处时，立即汽化，既稀释了氧的浓度，又起到冷却作用。而且大量二氧化碳气笼罩在燃烧区域周围，还能起到隔离燃烧物与空气的作用。

(2) 二氧化碳灭火剂的优点及适用范围

① 不导电、不含水。可用于扑救电气设备和部分忌水性物质的火灾。

② 灭火后不留痕迹。可用于扑救精密仪器、机械设备、图书、档案等的火灾。

③ 价格低廉。

除二氧化碳外，一些惰性气体也可用作灭火剂。

4. 干粉灭火剂

(1) 灭火原理　主要包括化学抑制作用、隔离作用、冷却与窒息作用。化学抑制作用是干粉中的基料与燃烧反应中的自由基结合生成较为稳定的化合物，从而使燃烧反应因缺少自由基而终止。

(2) 分类　干粉灭火剂主要分为普通和多用两大类。

普通干粉灭火剂主要适用于扑救可燃液体、可燃气体及带电设备的火灾。目前，它的品种最多，生产、使用量最大。多用类型的干粉灭火剂不仅适用于扑救可燃液体、可燃气体及带电设备的火灾，还适用于扑救一般固体火灾。

(3) 适用范围　适用于扑救易燃液体、忌水性物质及油类、油漆、电气设备的火灾。

5. 卤代烷灭火剂

(1) 灭火原理　主要包括化学抑制作用和冷却作用。

(2) 卤代烷灭火剂的优点及适用范围

① 主要用来扑救各种易燃液体火灾。

② 因其绝缘性能好，也可用来扑救带电电气设备火灾。

③ 因其灭火后全部汽化而不留痕迹，也可用来扑救档案文件、图片资料、珍贵物品等的火灾。

由于卤代烷灭火剂的较高毒性及会破坏遮挡阳光中有害紫外线的臭氧层，因此应严格控制使用。

6. 其他

用砂、土等作为覆盖物也可进行灭火，它们覆盖在燃烧物上，主要起到与空气隔离的作用，其次砂、土等也可从燃烧物中吸收热量，起到一定的冷却作用。

二、灭火器材

灭火器材即移动式灭火机，是扑救初起火灾常用的有效灭火设备。在化工生产区域内，应按规范设置一定的数量。常用的灭火机包括：泡沫灭火机、二氧化碳灭火机、干粉灭火机、1211灭火机等。灭火机应放置在明显、取用方便又不易被损坏的地方，并应定期检查，过期更换，以确保正常使用。

化工厂需要的小型灭火机的种类及数量，应根据化工厂内燃烧物料性质、火灾危险性、可燃物数量、厂房和库房的占地面积以及固定灭火设施对扑救初起火灾的可能性等因素，综合考虑决定。

三、消防设施

1. 消防站

大中型化工厂及石油化工联合企业均应设置消防站。消防站是专门用于消除火灾的专业性机构，拥有相当数量的灭火设备和经过严格训练的消防队员。消防站的服务范围按行车距离计，不得大于2.5km，且应保证在接到火警后，消防车到达火场的时间不超过5min。超过服务范围的场所，应建立消防分站或设置其他消防设施，如泡沫发生站、手提式灭火器等。属于丁、戊类危险性场所的，消防站的服务范围可加大到4km。

2. 消防给水设施

专门为消防灭火而设置的给水设施，主要有消防给水管道和消火栓两种。

(1) 消防给水管道　简称消防管道，是一种能保证消防所需用水量的给水管道，一般可与生活用水或生产用水的上水管道合并。

消防管道有高压和低压两种。高压消防管道灭火所需的水压是由固定的消防水泵提供的；低压消防管道灭火所需的水压是从室外消火栓用消防车或人力移动的水泵来提供。

(2) 消火栓　消火栓可供消防车吸水，也可直接连接水带放水灭火，是消防供水的基本设备。消火栓按其装置地点可分为室外和室内两类。室外消火栓又可分为地上式和地下式两种。

(3) 化工生产装置区消防给水设施

① 消防供水竖管。用于框架式结构的露天生产装置区内，竖管沿梯子一侧装设。每层平台上均设有接口，并就近设有消防水带箱，便于冷却和灭火使用。

② 冷却喷淋设备。高度超过30m的炼制塔、蒸馏塔或容器，宜设置固定喷淋冷却设备，可用喷水头，也可用喷淋管。

③ 消防水幕。设置于化工露天生产装置区的消防水幕，可对设备或建筑物进行分隔保

护，以阻止火势蔓延。

④ 带架水枪。在火灾危险性较大且高度较高的设备周围，应设置固定式带架水枪，并备移动式带架水枪，以保护重点部位金属设备免受火灾热辐射的威胁。

复习思考题

1. 何谓燃烧的“三要素”？ 它们之间的关系如何？
2. 如何正确选择防爆电气设备？
3. 在化工生产中， 工艺参数的安全控制主要指哪些内容？
4. 生产装置的初起火灾应如何扑救？
5. 如何扑救电气设备火灾？
6. 生产中防火防爆装置有哪些？ 主要作用是什么？

案例分析

根据下列案例，试分析事故产生的原因或制定应对措施。

【案例 1】 1980 年 8 月，广西壮族自治区某县氮肥厂，2 名工人上班时间脱岗，坐在 $90m^2$ 废氨水池上吸烟，引起爆炸，死亡 1 人，重伤 1 人。

【案例 2】 1978 年 1 月，山东省济南市某化工厂银粉车间筛干粉工序，由于皮带轮与螺丝相摩擦产生火花，引起地面散落的银粉燃烧。由于车间狭窄人多，职工又缺乏安全知识，扑救方法不当，而使银粉粉尘飞扬起来，造成空间银粉粉尘浓度增大，达到爆炸极限，引起粉尘爆炸并形成大火，酿成灾害。死亡 17 人，重伤 11 人，轻伤 33 人，烧毁车间 $116m^2$ 以及大量银粉和机器设备，直接经济损失 15 万元，全厂停产 32 天。

【案例 3】 1974 年 6 月，英国尼波洛公司在弗利克斯波洛的年产 70kt 己内酰胺装置发生爆炸。爆炸发生在环己烷空气氧化工段，爆炸威力相当于 45t 梯恩梯（TNT）。死亡 28 人，重伤 36 人，轻伤数百人。厂区及周围遭到重大破坏。经调查是由一根破裂管道中泄漏天然气引起燃烧而发生的。事故的教训是：①该厂在拆除 5 号氧化反应器时，为了使 4 号与 6 号连通，要重新接管。原来物料管径 700mm，因缺货而改用 500mm 管径，且用三节组焊成弧形跨管，重新细焊的连通管产生集中应力。②组焊好的管子未经严格检查和试验。③与阀门连接的法兰螺栓未拧紧。④厂内贮存 $1500m^3$ 环己烷、$3000m^3$ 石油、$500m^3$ 甲苯、$120m^3$ 苯和 $2m^3$ 汽油，大大超过安全贮存标准，使事故扩大。

单元三
工业防毒安全技术

化工生产中所使用的原材料、产品、中间产品、副产品以及含于其中的杂质，生产中的“三废”排放物中的毒物等均属于工业毒物。中毒的可能性伴随整个生产过程，做好毒物的管理，中毒的防护和救助工作，是十分重要的。

任务一　急性中毒的救护

知识目标：能说明工业毒物及其危害；能陈述急性中毒的救护的基本原则。

能力目标：初步具备能够迅速制定急性中毒的救护方案的能力。

在化工生产和检修现场，有时由于设备突发性损坏或泄漏致使大量毒物外溢（逸）造成作业人员急性中毒。急性中毒往往病情严重，发展变化快，需全力以赴，争分夺秒地及时抢救。

一、案例

2004 年 8 月 10 日 14：40 山西省某民营化工厂碳酸钡车间的 3 名工人对脱硫罐进行清洗，在没有采取任何防护措施的情况下，1 名工人先下罐清洗，一下去就昏倒在罐中，上面 2 名工人见状立即下去救人，下去后也立即昏倒。此时，车间主任赶到，戴上防毒面具后下去救出 3 名中毒工人，并立即拨打 120 急救电话，于 15：30 左右送到医院抢救。虽经全力抢救，但终因抢救无效 2 人死亡，1 人留在医院继续接受治疗。

事故原因：违反操作规程，缺乏安全意识。

二、急性中毒的现场救护

急性中毒的现场急救应遵循下列原则。

1. 救护者的个人防护

急性中毒发生时，毒物多由呼吸系统和皮肤进入人体。因此，救护者在进入危险区抢救之前，首先要做好呼吸系统和皮肤的个人防护，佩戴好供氧式防毒面具或氧气呼吸器，穿好防护服。进入设备内抢救时要系上安全带，然后再进行抢救。否则，不但中毒者不能获救，救护者也会中毒，致使中毒事故扩大。

2. 切断毒物来源

救护人员进入现场后，除对中毒者进行抢救外，同时应侦查毒物来源，并采取果断措施切断其来源，如关闭泄漏管道的阀门、堵加盲板、停止加送物料、堵塞泄漏设备等，以防止毒物继续外溢（逸）。对于已经扩散出来的有毒气体或蒸气应立即启动通风排毒设施或开启门、窗，以降低有毒物质在空气中的含量，为抢救工作创造有利条件。

3. 采取有效措施防止毒物继续侵入人体

（1）*转移中毒者* 救护人员进入现场后，应迅速将中毒者转移至有新鲜空气处，并解开中毒者的颈、胸部纽扣及腰带，以保持呼吸通畅。同时对中毒者要注意保暖和保持安静，严密注意中毒者神志、呼吸状态和循环系统的功能。在抢救搬运过程中，要注意人身安全，不能强拉硬拖，以防造成外伤，致使病情加重。

（2）*清除毒物* 防止毒物沾染皮肤和黏膜。当皮肤受到腐蚀性毒物灼伤，不论其吸收与否，均应立即采取下列措施进行清洗，防止伤害加重。

① 迅速脱去被污染的衣服、鞋袜、手套等。

② 立即彻底清洗被污染的皮肤，清除皮肤表面的化学刺激性毒物，冲洗时间要达到15～30min。

③ 如毒物系水溶性，现场无中和剂，可用大量水冲洗。用中和剂冲洗时，酸性物质用弱碱性溶液冲洗，碱性物质用弱酸性溶液冲洗。非水溶性刺激物的冲洗剂，须用无毒或低毒物质。对于遇水能反应的物质，应先用干布或者其他能吸收液体的东西抹去污染物，再用水冲洗。

④ 对于黏稠的物质，如有机磷农药，可用大量肥皂水冲洗（敌百虫不能用碱性溶液冲洗），要注意皮肤皱褶、毛发和指甲内的污染物。

⑤ 较大面积的冲洗，要注意防止着凉、感冒，必要时可将冲洗液保持适当温度，但要以不影响冲洗剂的作用和及时冲洗为原则。

⑥ 毒物进入眼睛时，应尽快用大量流水缓慢冲洗眼睛15min以上，冲洗时把眼睑撑开，让伤员的眼睛向各个方向缓慢移动。

4. 促进生命器官功能恢复

中毒者若停止呼吸，应立即进行人工呼吸。人工呼吸的方法有压背式、振臂式、口对口（鼻）式三种。最好采用口对口式人工呼吸法。同时针刺人中、涌泉、太冲等穴位，必要时注射呼吸中枢兴奋剂（如“可拉明”或“洛贝林”）。

心跳停止患者应立即进行胸外挤压人工复苏。其方法是将中毒患者放平仰卧在硬地或木板床上，抢救者在患者一侧或骑在患者身上，面向患者头部，用双手以冲击式挤压胸骨下部部位，每分钟60～70次。挤压时注意不要用力过猛，以免造成肋骨骨折、血气胸等。与此同时，还应尽快请医生进行急救处理。

5. 及时解毒和促进毒物排出

发生急性中毒后应及时采取各种解毒及排毒措施，降低或消除毒物对机体的作用。如采用各种金属配位剂与毒物的金属离子配合成稳定的有机配合物，随尿液排出体外。

毒物经口引起的急性中毒，若毒物无腐蚀性，应立即用催吐或洗胃等方法清除毒物。对于某些毒物亦可使其变为不溶的物质以防止其吸收，如氯化钡、碳酸钡中毒，可口服硫酸钠，使胃肠道尚未吸收的钡盐成为硫酸钡沉淀而防止吸收。氨、铬酸盐、铜盐、汞盐、羧酸类、醛类、脂类中毒时，可给中毒者喝牛奶、生鸡蛋等缓解剂。烷烃、苯、石油醚中毒时，可给中毒者喝一汤匙液体石蜡和一杯含硫酸镁或硫酸钠的水。一氧化碳中毒应立即吸入氧气，以缓解机体缺氧并促进毒物排出。

相关知识　毒物危害程度分级

在工作场所，人们有可能接触到各种毒物，从而造成职业危害。因此，对有毒作业的危害进行分级，能有效防控相关职业病。

一、职业性接触毒物危害程度分级

《职业性接触毒物危害程度分级》（GBZ 230—2010）将职业性接触毒物定义为劳动者在职业活动中接触的以原料、成品、半成品、中间体、反应副产物和杂质等形式存在，并可经呼吸道、经皮肤或经口进入人体而对劳动者健康产生危害的物质。毒物危害指数（THI）是综合反映职业性接触毒物对劳动者健康危害程度的量值，职业性接触毒物危害程度的分级用毒物危害指数来确定。

在进行职业性接触毒物危害程度分级时，设定了毒物的急性毒性、扩散性、蓄积性、致癌性、生殖毒性、致敏性、刺激与腐蚀性、实际危害后果与预后等指标为基础的定级标准，这些指标分为4个类别。

1. 毒性效应指标

毒性效应指标包括急性毒性、刺激与腐蚀性、致敏性、生殖毒性、致癌性。

① 急性毒性。包括急性吸入半数致死浓度LC50、急性经皮半数致死量LD50。

② 刺激与腐蚀性。根据毒物对眼睛、皮肤或黏膜刺激作用的强弱划分评分等级。

③ 致敏性。根据对人致敏报告及动物实验数据划分评分等级。

④ 生殖毒性。根据对人生殖毒性的报告及动物实验数据划分评分等级。

⑤ 致癌性。根据IARC致癌性分类划分评分等级；属于明确人类致癌物的，直接列为极度危害。

2. 影响毒物作用的因素指标

影响毒物作用的因素指标包括扩散性、蓄积性。

① 扩散性。以毒物常温下或工业中使用时状态及其挥发性（固体为扩散性）作为评分指标。

② 蓄积性。以毒物的蓄积性强度或在体内的代谢速度作为评分指标，根据蓄积系数或生物半减期划分评分等级。

3. 实际危害后果指标

实际危害后果指标根据中毒病死率和危害预后情况划分评分等级。

4. 产业政策指标

将我国政府已经列入禁止使用名单的物质直接列为极度危害；列入限制使用（含贸易限制）名单的物质，毒物危害指数低于高度危害分级的，直接列为高度危害；毒物危害指数在极度或高度危害范围内的，依据毒物危害指数进行分级。

计算毒物危害指数时，首先将上述各项指标按照危害程度分5个等级并赋予相应分值

（轻微危害 0 分，轻度危害 1 分，中度危害 2 分，高度危害 3 分，极度危害 4 分），再根据各项指标对职业危害影响作用的大小赋予相应的权重系数，计算出各项指标加权分值的总和即毒物危害指数，同时，还应依据我国的产业政策明令禁止的物质或限制使用（含贸易限制）的物质，结合毒物危害指数划分危害程度。最后再确定职业性接触毒物危害程度的级别。

根据毒物危害指数大小，职业接触毒物危害程度分为轻度危害（Ⅳ级：THI＜35）、中度危害（Ⅲ级：35≤THI＜50）、高度危害（Ⅱ级：50≤THI＜65）和极度危害（Ⅰ级：THI≥65）4 个等级。

二、工作场所职业病（化学物）危害作业分级

《工作场所职业病危害作业分级　第 2 部分：化学物》（CBZ/T 229.2—2010）是在《有毒作业分级》（GB 12331—90）的基础上修订的，专门针对化学物工作场所职业病危害作业进行分级的一个部门标准。

1. 分级原则与基本要求

① 分级要素。主要包括化学物的毒性资料及毒性分级、劳动者接触生产性毒物水平和工作场所职业防护效果，同时还应考虑技术的可行性和分级管理的差异性。其中，劳动者接触生产性毒物的水平由工作场所空气中毒物浓度、劳动者接触生产性毒物的时间和劳动者的劳动强度决定。

② 确定分级作业。通过系统调查识别作业场所生产性毒物的产生过程、分布范围和采取的控制防护措施，收集工人既往的健康监护资料和事故资料（如有），全面进行职业接触评估后确定。

③ 应定期对分级结果、预防控制措施的建议及其效果进行评估确认。如发现有关参数变动时应重新进行分级，并提出新的预防控制措施和建议。

④ 分级完成后应编制工作场所职业病危害作业分级报告书，报告书的内容应包括分级依据、方法结果以及分级管理建议和应告知的对象。

⑤ 分级结果应告知用人单位负责人、管理者和相关劳动者。

⑥ 分级过程的全部资料应归档并妥善保存。

2. 分级方法

① 有毒作业分级是根据化学物的危害程度级别、工作场所空气中化学物职业接触比值、劳动者体力劳动强度的权重数计算出分级指数（G）。

② 根据化学物的毒作用类型进行分级。如慢性毒性作用为主同时具有急性毒性作用的物质，应根据时间加权平均浓度、短时间接触容许浓度进行分级；急性毒性作用的物质可根据最高容许浓度进行分级。

③ 有毒作业的分级按危害程度分为四级。相对无害作业（0 级：$G\leqslant1$）、轻度危害作业（Ⅰ级：$1<G\leqslant6$）、中度危害作业（Ⅱ级：$6<G\leqslant24$）和重度危害作业（Ⅲ级：$G>24$）。

3. 分级管理原则

对于有毒作业，应根据分级采取相应的控制措施。

① 相对无害作业（0 级）。在目前的作业条件下，对劳动者健康不会产生明显影响，应继续保持目前的作业方式和防护措施。一旦作业方式或防护效果发生变化，应重新分级。

② 轻度危害作业（Ⅰ级）。在目前的作业条件下，可能对劳动者的健康存在不良影响。

应改善工作环境，降低劳动者实际接触水平，设置需告及防护标识，强化劳动者的安全操作及职业卫生培训，采取定期作业场所监测、职业健康监护等行动。

③ 中度危害作业（Ⅱ级）。在目前的作业条件下，很可能引起劳动者的健康损害，应及时采取纠正和管理行动，限期完成整改措施。劳动者必须使用个人防护用品，使劳动者实际接触水平达到职业卫生标准的要求。

④ 重度危害作业（Ⅲ级）。在目前的作业条件下，极有可能引起劳动者严重的健康损害的作业，应在作业点明确标识，立即采取整改措施。劳动者必须使用个人防护用品，保证劳动者实际接触水平达到职业卫生标准的要求。对劳动者进行健康体检。整改完成后，应重新对作业场所进行职业卫生评价。

三、有毒作业场所危害程度分级

有毒作业场所危害程度分级是根据《有毒作业场所危害程度分级》（AQ/T 4028—2010）进行的，采用作业场所毒物浓度超标倍数作为分级指标（B），包括时间加权平均浓度超标倍数（B_{TWA}）、短时间接触浓度超标倍数（B_{STEL}）和最高浓度超标倍数（B_{MC}）。

1. 超标倍数的计算

① 对只存在一种毒物的作业场所，作业场所中毒物的浓度超标倍数 B 等于作业场所实际测定的毒物浓度值（mg/m^3）/作业场所实际测定的毒物浓度值（mg/m^3）-1。

② 对存在多种毒物的作业场所，当这些毒物共同作用于同一器官、系统，或具有相似的毒性作用（如刺激作用等），或已知这些毒物可产生相加作用时，作业场所中毒物的浓度超标倍数 B 应分别计算每种毒物的浓度超标倍数值后累加-1。若不是以上情况，则分别计算每种毒物的浓度超标倍数值，并取其最大值作为该作业场所的毒物浓度超标倍数值。

2. 分级方法

① 有毒作业场所危害程度划分为三级，分别是 0 级（达标）、Ⅰ级（超标）、Ⅱ级（严重超标），其中：0 级表示有毒作业场所危害程度达到标准的要求，Ⅰ级表示有毒作业场所危害程度超过标准的要求、Ⅱ级表示有毒作业场所危害程度严重超过标准的要求。

② 根据分级指标（B：B_{TWA}、B_{STEL}、B_{MC}）分别进行分级，取其中最高的级别作为该有毒作业场所危害程度级别。其中，0 级（达标：$B \leqslant 0$）、Ⅰ级（超标：$0 < B \leqslant 3$）、Ⅱ级（严重超标：$B > 3$）。

任务二　综合防毒

知识目标：能说明防毒呼吸器的用途与使用；能陈述防毒管理的基本内容。

能力目标：初步具备能根据生产实际正确应用防毒技术的能力。

预防为主、防治结合应是开展防毒工作的基本原则。综合防毒措施主要包括防毒技术措施、防毒管理教育措施、个体防护措施三个方面。

一、案例

1991年9月3日，某县农药厂租用的一辆装载2.4t一甲胺的货车，从上海返回贵溪，行经某县沙溪镇时，押车的郑某因其父母家住该镇，要司机将汽车开进人口稠密的沙溪镇新生街。3：00左右，汽车车厢上的一甲胺槽罐进气口阀门，被街左侧离地2.5m高的桑树枝桠碰断，顿时具有一定压力的一甲胺外泄。车内4人闻到异味后，立即离开汽车，边跑边喊“有毒气泄漏，快跑呀!”但因居民都在熟睡，有些人惊醒后认为是在喊抓贼，有的认为是闹地震，等到明白发生泄漏后，已经跑不动了，纷纷倒地，只有部分群众惊醒后跑离危险区域。

此事故致使周围约$23\times10^4m^2$范围内的居民和行人中毒。中毒人数高达595人，其中当场死亡6人，到医院接受治疗589人，其中有156人重度中毒，有37名群众因中毒过重，抢救无效而死亡。此外，现场附近牛、猪、鸡、鸭等畜禽和鱼类大批死亡，树木和农作物枯萎，环境被严重污染，给当地人民群众的生命财产造成了无法挽回的损失。

事故原因：违反有毒气体运输的有关规定，当地居民没有安全防范意识。

二、防毒技术

防毒技术措施包括预防措施和净化回收措施两部分。预防措施是指尽量减少与工业毒物直接接触的措施；净化回收措施是指由于受生产条件的限制，仍然存在有毒物质散逸的情况下，可采用通风排毒的方法将有毒物质收集起来，再用各种净化法消除其危害。

1. 预防措施

(1) *以无毒低毒的物料代替有毒高毒的物料* 在化工生产中使用原料及各种辅助材料时，尽量以无毒、低毒物料代替有毒、高毒物料，尤其是以无毒物料代替有毒物料，是从根本上解决工业毒物对人造成危害的最佳措施。例如采用无苯稀料、无铅油漆、无汞仪表等措施。

(2) *改革工艺* 改革工艺即在选择新工艺或改造旧工艺时，应尽量选用生产过程中不产生（或少产生）有毒物质或将这些有毒物质消灭在生产过程中的工艺路线。在选择工艺路线时，应把有毒无毒作为权衡选择的主要条件，同时要把此工艺路线中所需的防毒费用纳入技术经济指标中去。改革工艺大多是通过改动设备，改变作业方法，或改变生产工序等，以达到不用（或少用）、不产生（或少产生）有毒物质的目的。

例如在镀锌、铜、镉、锡、银、金等电镀工艺中，都要使用氰化物作为络合剂。氰化物是剧毒物质，且用量大，在镀槽表面易散发出剧毒的氰化氢气体。采用无氰电镀工艺，就是通过改革电镀工艺，改用其他物质代替氰化物起到络合剂的作用，从而消除了氰化物对人体的危害。

再如，过去大多数化工行业的氯碱厂电解食盐时，用水银作为阴极，称为水银电解。由于水银电解产生大量的汞蒸气、含汞盐泥、含汞废水等，严重地损害了工人的健康，同时也污染了环境。进行工艺改革后，采用离子膜电解，消除了汞害，通过对电解隔膜的研究，已取得了与水银电解生产质量相同的产品。

(3) *生产过程的密闭* 防止有毒物质从生产过程散发、外逸，关键在于生产过程的密闭程度。生产过程的密闭包括设备本身的密闭及投料、出料，物料的输送、粉碎、包装等过程的密闭。如生产条件允许，应尽可能使密闭的设备内保持负压，以提高设备的密闭效果。

（4）隔离操作　隔离操作就是把工人操作的地点与生产设备隔离开来。可以把生产设备放在隔离室内，采用排风装置使隔离室内保持负压状态；也可以把工人的操作地点放在隔离室内，采用向隔离室内输送新鲜空气的方法使隔离室内处于正压状态。前者多用于防毒，后者多用于防暑降温。当工人远离生产设备时，就要使用仪表控制生产或采用自行调节，以达到隔离的目的。如生产过程是间歇的，也可以将产生有毒物质的操作时间安排在工人人数最少时进行，即所谓的“时间隔离”。

2. 净化回收措施

生产中采用一系列防毒技术预防措施后，仍然会有有毒物质散逸，如受生产条件限制使得设备无法完全密闭，或采用低毒代替高毒而并不是无毒等，此时必须对作业环境进行治理，以达到国家卫生标准。治理措施就是将作业环境中的有毒物质收集起来，然后采取净化回收的措施。

（1）通风排毒　对于逸出的有毒气体、蒸气或气溶胶，要采用通风排毒的方法收集或稀释。将通风技术应用于防毒，以排风为主。在排风量不大时，可以依靠门窗渗透来补偿；排风量较大时则需考虑车间进风的条件。

通风排毒可分为局部排风和全面通风换气两种。局部排风是把有毒物质从发生源直接抽出去，然后净化回收；而全面通风换气则是用新鲜空气将作业场所中的有毒气体稀释到符合国家卫生标准。前者处理风量小，处理气体中有毒物质浓度高，较为经济有效，也便于净化回收；而后者所需风量大，无法集中，故不能净化回收。因此，采用通风排毒措施时应尽可能地采用局部排风的方法。

局部排风系统由排风罩、风道、风机、净化装置等组成。涉及局部排风系统时，首要的问题是选择排风罩的形式、尺寸以及所需控制的风速，从而确定排风量。

全面通风换气适用于低毒物质，有毒气体散发源过于分散且散发量不大的情况；或虽有局部排风装置但仍有散逸的情况。全面通风换气可作为局部排风的辅助措施。采用全面通风换气措施时，应根据车间的气流条件，使新鲜气流先经过工作地点，再经过污染地点。数种溶剂蒸气或刺激性气体同时散发于空气中时，全面通风换气量应按各种物质分别稀释至最高容许浓度所需的空气量的总和计算；其他有害物质同时散发于空气中时，所需风量按需用风量最大的有害物质计算。

全面通风量可按换气次数进行估算，换气次数即每小时的通风量与通风房间的容积之比。不同生产过程的换气次数可通过相关的设计手册确定。

对于可能突然释放高浓度有毒物质或燃烧爆炸物质的场所，应设置事故通风装置，以满足临时性大风量送风的要求。考虑事故排风系统的排风口的位置时，要把安全作为重要因素。事故通风量同样可以通过相应的事故通风的换气次数来确定。

（2）净化回收　局部排风系统中的有害物质浓度较高，往往高出容许排放浓度的几倍甚至更多，必须对其进行净化处理，净化后的气体才能排入大气中。对于浓度较高且具有回收价值的有害物质，应进行回收并综合利用、化害为利。

三、防毒管理

防毒管理教育措施主要包括有毒作业环境的管理、有毒作业的管理以及劳动者健康管理三个方面。

1. 有毒作业环境管理

有毒作业环境管理的目的是为了控制甚至消除作业环境中的有毒物质，使作业环境中有毒物质的浓度降低到国家卫生标准，从而减少甚至消除对劳动者的危害。有毒作业环境的管理主要包括以下几个方面内容。

(1) 组织管理措施 主要做好以下几项工作。

① 健全组织机构。企业应有分管安全的领导，并设有专职或兼职人员当好领导的助手。一个企业应该有健全的经营理念，要发展生产，必须排除妨碍生产的各种有害因素。这样不但保证了劳动者及环境居民的健康，也会提高劳动生产率。

② 制订规划。调查了解企业当前的职业毒害的现状，制订不断改善劳动条件的不同时期的规划，并予实施。调查了解企业的职业毒害现状是开展防毒工作的基础，只有在对现状正确认识的基础上，才能制订正确的规划，并予正确实施。

③ 建立健全规章制度。建立健全有关防毒的规章制度，如有关防毒的操作规程、宣传教育制度、设备定期检查保养制度、作业环境定期监测制度、毒物的贮运与废弃制度等。企业的规章制度是企业生产中统一意志的集中体现，是进行科学管理必不可少的手段，做好防毒工作更是如此。防毒操作规程是指操作规程中的一些特殊规定，对防毒工作有直接的意义。如工人进入容器或低坑等的监护制度，是防止急性中毒事故发生的重要措施。下班前清扫岗位制度，则是消除“二次尘毒源”危害的重要环节。“二次尘毒源”是指有毒物质以粉尘、蒸气等形式从生产或贮运过程中逸出，散落在车间、厂区后，再次成为有毒物质的来源。对比易挥发物料和粉状物料，“二次尘毒源”的危害就更为突出。

④ 宣传教育。对职工进行防毒的宣传教育，使职工既清楚有毒物质对人体的危害，又了解预防措施，从而主动遵守安全操作规程，加强个人防护。

必须指出，建立健全有关防毒的规章制度及对职工进行防毒的宣传教育是《中华人民共和国劳动法》对企业提出的基本要求。

(2) 定期进行作业环境监测 车间空气中有毒物质的监测工作是搞好防毒工作的重要环节。通过测定可以了解生产现场受污染的程度，污染的范围及动态变化情况，是评价劳动条件、采取防毒措施的依据；通过测定有毒物质浓度的变化，可以判明防毒措施实施的效果；通过对作业环境的测定，可以为职业病的诊断提供依据，为制定和修改有关法规积累资料。

(3) 严格执行“三同时”制度 《中华人民共和国劳动法》(2018年修正版) 第六章第五十三条明确规定：“劳动安全卫生设施必须符合国家规定的标准。新建、改建、扩建工程的劳动安全卫生设施必须与主题同时设计、同时施工、同时投入生产和使用。”将“三同时”写进《劳动法》充分说明其重要性。个别新、老企业正是因为没有认真执行“三同时”制度，才导致新污染源不断产生，形成职业中毒得不到有效控制的局面。

(4) 及时识别作业场所出现的新有毒物质 随着生产的不断发展，新技术、新工艺、新材料、新设备、新产品等的不断出现和使用，明确其毒害机理、毒害作用，以及寻找有效的防毒措施具有非常重要的意义。对于一些新的工艺和新的化学物质，应请有关部门协助进行卫生学的调查，以搞清是否存在致毒物质。

2. 有毒作业管理

有毒作业管理是针对劳动者个人进行的管理，使之免受或少受有毒物质的危害。在化工生产中，劳动者个人的操作方法不当，技术不熟练，身体过负荷，或作业性质等，都是构成毒物散逸甚至造成急性中毒的原因。

对有毒作业进行管理的方法是对劳动者进行个别的指导，使之学会正确的作业方法。在操作中必须按生产要求严格控制工艺参数的数值，改变不适当的操作姿势和动作，以消除操作过程中可能出现的差错。

通过改进作业方法、作业用具及工作状态等防止劳动者在生产中身体过负荷而损害健康。有毒作业管理还应教会和训练劳动者正确使用个人防护用品。

3. 健康管理

健康管理是针对劳动者本身的差异进行的管理，主要应包括以下内容。

① 对劳动者进行个人卫生指导。如指导劳动者不在作业场所吃饭、饮水、吸烟等，坚持饭前漱口、班后淋浴、工作服清洗制度等。这对于防止有毒物质污染人体，特别是防止有毒物质从口腔、消化道进入人体，有着重要意义。

② 健康检查。由卫生部门定期对从事有毒作业的劳动者做健康检查。特别要针对有毒物质的种类及可能受损的器官，系统进行健康检查，以便能对职业中毒患者早期发现、早期治疗。

③ 新员工体格检查。由于人体对有毒物质的适应性和耐受性不同，因此就业健康检查时，发现有禁忌的，不要分配到相应的有毒作业岗位。

④ 中毒急救培训。对于有可能发生急性中毒的企业，其企业医务人员应掌握中毒急救的知识，并准备好相应的医药器材。

⑤ 保健补助。对从事有毒作业的人员，应按国家有关规定，按期发放保健费及保健食品。

四、个体防护技术

根据有毒物质进入人体的三条途径：呼吸道、皮肤、消化道，相应地采取各种有效措施，保护劳动者个人。

1. 呼吸道防护

正确使用呼吸防护器是防止有毒物质从呼吸道进入人体引起职业中毒的重要措施之一。需要指出的是，这种防护只是一种辅助性的保护措施，而根本的解决办法在于改善劳动条件，降低作业场所有毒物质的浓度。

用于防毒的呼吸器材，大致可分为过滤式防毒呼吸器和隔离式防毒呼吸器两类。

(1) 过滤式防毒呼吸器　过滤式防毒呼吸器主要有过滤式防毒面具和过滤式防毒口罩。

过滤式防毒面具是由面罩、吸气软管和滤毒罐组成的。使用时要注意以下几点。

① 面罩按头型大小分为五个型号，佩戴时要选择合适的型号，并检查面具及塑胶软管是否老化，气密性是否良好。

② 使用前要检查滤毒罐的型号是否适用，滤毒罐的有效期一般为 2 年，所以使用前要检查是否已失效。滤毒罐的进、出气口平时应盖严，以免受潮或与岗位低浓度有毒气体作用而失效。

③ 有毒气体含量超过 1%或者空气中含氧量低于 18%时，不能使用。

过滤式防毒口罩的工作原理与防毒面具相似，采用的吸附（收）剂也基本相同，只是结构形式与大小等方面有些差异，使用范围有所不同。由于滤毒盒容量小，一般用以防御低浓度的有害物质。使用防毒口罩时要注意以下几点：

① 注意防毒口罩的型号应与预防的毒物相一致；

② 注意有毒物质的浓度和氧的浓度；

③ 注意使用时间。

(2) 隔离式防毒呼吸器 隔离式防毒呼吸器主要有各种空气呼吸器和氧气呼吸器。

RHZK 系列正压式空气呼吸器是一种自给开放式空气呼吸器，该系列空气呼吸器配有视野广阔、明亮、气密良好的全面罩；供气装置配有体积较小、重量轻、性能稳定的新型供气阀；选用高强度背板和安全系数较高的优质高压气瓶；减压阀装置装有残气报警器，在规定气瓶压力范围内，可向佩戴者发出声响信号，提醒使用人员及时撤离现场。

氧气呼吸器可分为 AHG 型氧气呼吸器和隔绝式生氧器。后者由于不携带高压气瓶，因而可以在高温场所或火灾现场使用，因安全性较差，故不再具体探讨。下面介绍 AHG-2 型氧气呼吸器使用及保管时的注意事项。

① 使用氧气呼吸器的人员必须事先经过训练，能正确使用。

② 使用前氧气压力必须在 7.85MPa 以上。戴面罩前要先打开氧气瓶，使用中要注意检查氧气压力，当氧气压力降到 2.9MPa 时，应离开禁区，停止使用。

③ 使用时避免与油类、火源接触，防止撞击，以免引起呼吸器燃烧、爆炸。如闻到有酸味，说明清净罐吸收剂已经失效，应立即退出毒区，予以更换。

④ 在危险区作业时，必须有两人以上进行配合监护，以免发生危险。有情况应以信号或手势进行联系，严禁在毒区内摘下面罩讲话。

⑤ 使用后的呼吸器，必须尽快恢复到备用状态。若压力不足，应补充氧气。若吸收剂失效应及时更换。对其他异常情况，应仔细检查消除缺陷。

⑥ 必须保持呼吸器的清洁，放置在不受灰尘污染的地方，严禁油污污染，防止和避免日光直接照射。

2. 皮肤防护

皮肤防护主要依靠个人防护用品，如工作服、工作帽、工作鞋、手套、口罩、眼镜等，这些防护用品可以避免有毒物质与人体皮肤的接触。对于外露的皮肤，则需涂上皮肤防护剂。

由于工种不同，所以个人防护用品的性能也因工种的不同而有所区别。操作者应按工种要求穿用工作服等防护用品，对于裸露的皮肤，也应视其所接触的不同物质，采用相应的皮肤防护剂。

皮肤被有毒物质污染后，应立即清洗。许多污染物是不易被普通肥皂洗掉的，因此应按不同的污染物分别采用不同的清洗剂。但最好不用汽油、煤油作清洗剂。

3. 消化道防护

防止有毒物质从消化道进入人体，最主要的是搞好个人卫生。

相关知识 防毒呼吸器

1. 过滤式防毒呼吸器

过滤式防毒呼吸器主要有过滤式防毒面具和过滤式防毒口罩。它们的主要部件是一个面具或口罩，一个滤毒罐。它们的净化过程是先将吸入空气中的有害粉尘等物阻止在滤网外，过滤后的有毒气体在经滤毒罐时进行化学或物理吸附（吸收）。滤毒罐中的吸附（收）剂可分为活性炭、化学吸收剂、催化剂等。由于罐内装填的活性吸附（收）剂是使用不同方法处理的，所以不同滤毒罐的防护范围是不同的，因此，防毒面具和防毒口罩均应选择使用。

过滤式防毒面具如图 3-1 所示，是由面罩、吸气软管和滤毒罐组成的。

目前过滤式防毒面具以其滤毒罐内装填的吸附（收）剂类型、作用、预防对象进行系列性的生产，并统一编成 8 个型号，只要罐号相同，其作用与预防对象亦相同。不同型号的罐制成不同颜色，以便区别使用。过滤式防毒口罩如图 3-2 所示，由于滤毒盒容量小，一般用以防御低浓度的有害物质。

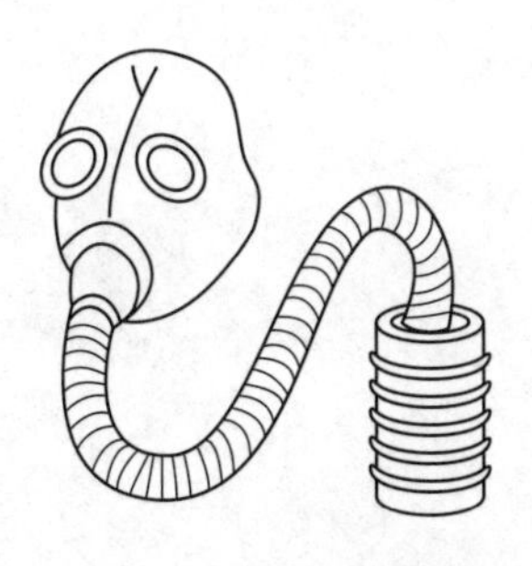

图 3-1 过滤式防毒面具

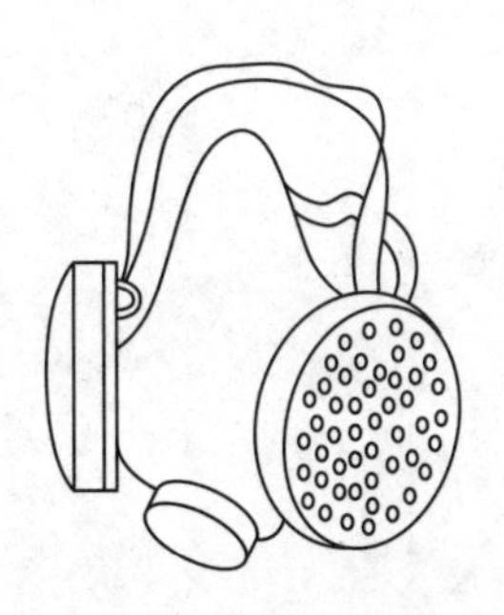

图 3-2 过滤式防毒口罩

2. 隔离式防毒呼吸器

所谓隔离式是指供气系统和现场空气相隔绝，因此可以在有毒物质浓度较高的环境中使用。隔离式防毒呼吸器主要有各种空气呼吸器、氧气呼吸器和各种蛇管式防毒面具。

在化工生产领域，隔离式防毒呼吸器目前主要是使用空气呼吸器，各种蛇管式防毒面具由于安全性较差已较少使用。

复习思考题

1. 如何确定职业中毒？
2. 试分析影响毒物毒性的因素。
3. 简述毒物侵入人体的途径。
4. 怎样进行现场急救？
5. 简述防毒综合措施。

案例分析

根据下列案例，试分析事故产生的原因或制定应对措施。

【案例 1】 职工赵某于 2004 年 2 月进入一电子公司工作，在产品包装时用三氯乙烯擦拭产品，3 月份出现脸部红肿、全身出现红色小肿块，后经医院诊断为重症多型红斑、肝衰竭，4 月 8 日死亡。4 月 29 日当地职业病诊断机构作出诊断结论：职业性急性重度中毒性肝病、职业性皮肤病（药疹样皮炎）。

【案例 2】 2000 年 2 月 2 日，某造纸厂因故停车后，造纸三车间纸浆池一直未进行清理。纸浆池的容积为 35m^3，深约 3.2m，池顶有边长 0.6m 的方形入口。纸浆池由于原料腐败时间长，积聚了有毒有害物质。2 月 19 日车间安排清理，1 名工人在入口用水冲洗后，1 名碎浆工人从池顶入口沿踏梯下到纸浆池内清理，一到池底立即晕倒。池顶工人见状大声呼救，3 名工人迅速赶到现场，最初认为是因为站立不稳而跌倒，先后有 2 人下池救人，但均中毒昏倒。到第 3 人才意识到是中毒，他迅速爬上来，叫人找来绳子、风扇和湿毛巾等，用风扇向池内吹风，然后在其他人的帮助下，由 2 人戴着垫有湿毛巾的口罩，腰系绳子下池将 3 人救了上来。但其中 2 人已死亡，另 1 人昏迷，救人者也因中毒住院。

单元四
电气与静电防护安全技术

化工生产中所使用的物料多为易燃易爆、易导电及腐蚀性强的物质，且生产环境条件较差，对安全用电造成较大的威胁。同时为了防止电气设备、静电、雷电等对正常生产造成影响，除了在思想上提高对安全用电的认识，树立“安全第一”的思想，严格执行安全操作规程，采取必要的组织措施外，还必须依靠一些完善的技术措施。

任务一　电气安全技术

知识目标：能陈述触电及防范措施、触电后急救方法；能说明电气设备的安全技术措施。

能力目标：初步具备根据生产实际正确选择电气设备安全防范技术措施的能力。

化工生产是用电大户，生产中应用到各种电气（电器）设备（工具），化工物料多为易燃易爆、易导电及腐蚀性强的物质，正确选择电气设备，做好电气安全预防措施是保障安全生产的前提。

一、案例

某年 10 月 8 日，日本室素石化公司五井工厂的第二聚丙烯装置发生爆炸。五井工厂第 2 套聚丙烯装置共有 4 台聚合釜（编号 4～7）。某年 10 月 8 日 21：55，4 号聚合釜的辅助冷却器发生故障，故用溶剂进行清洗。清洗开始后，因变压器油浸开关的绝缘老化致使本装置照明停电，这时停止向冷却器送洗涤溶剂，并拟打开 4 号聚合釜下部的切断阀将溶剂放出，但因黑暗，错误地开启了正在聚合操作的 6 号釜下部切断阀的控制阀，使 6 号釜中的丙烯流出，由于丙烯和己烷（聚合溶剂）的相对密度较大，被风吹至下风的造粒车间，因造粒车间是一般性非防爆车间，电器开关的继电器火花引起了丙烯爆炸。

事故造成 4 人死亡，9 人受伤，损毁了 23 台泵、9 台鼓风机、7 台压缩机、2 台聚合釜、10 台挤压机、232 台电机、5 台干燥机、3 台冷却器及若干管线、仪表等，烧掉丙烯等气体 40 多吨，氢气 1500m^3，另外对附近 9 家居民的门窗墙壁等造成损坏。

事故原因：因紧急停电时的操作错误而引起，关联车间电气设施为非防爆性设备。

二、电气安全技术

1. 隔离带电体的防护技术

有效隔离带电体是防止人体遭受直接电击事故的重要措施，通常采用以下几种方式。

(1) 绝缘 绝缘是用绝缘物将带电体封闭起来的技术措施。良好的绝缘既是保证设备和线路正常运行的必要条件，也是防止人体触及带电体的基本措施。电气设备的绝缘只有在遭到破坏时才能除去。电工绝缘材料是指体积电阻率在 $10^7\Omega \cdot m$ 以上的材料。

电工绝缘材料的品种很多，通常分为以下几种。

① 气体绝缘材料。常用的有空气、氮气、二氧化碳等。

② 液体绝缘材料。常用的有变压器油、开关油、电容器油、电缆油、十二烷基苯、硅油、聚丁二烯等。

③ 固体绝缘材料。常用的有绝缘漆胶、漆布、漆管、绝缘云母制品、聚四氟乙烯、瓷和玻璃制品等。

电气设备的绝缘应符合其相应的电压等级、环境条件和使用条件。电气设备的绝缘应能长时间耐受电气、机械、化学、热力以及生物等有害因素的作用而不失效。

应当注意，电气设备的喷漆及其他类似涂层尽管可能具有很高的绝缘电阻，但一律不能单独当作防止电击的技术措施。

(2) 屏护 屏护是采用屏护装置控制不安全因素，即采用遮栏、护罩、护盖、箱（匣）等将带电体同外界隔绝开的技术措施。

屏护装置既有永久性装置，如配电装置的遮栏、电气开关的罩盖等；也有临时性装置，如检修工作中使用的临时性屏护装置。既有固定屏护装置，如母线的护网；也有移动屏护装置，如跟随起重机移动的滑触线的屏护装置。在带电体附近作业时，可采用能移动的遮栏作为防止触电的重要措施。检修遮栏可用干燥的木材或其他绝缘材料制成，使用时置于过道、入口或工作人员与带电体之间，可保证检修工作的安全。

屏护装置主要用于电气设备不便于绝缘或绝缘不足时以保证安全的场合。对于高压设备，将其全部绝缘往往有困难，如果有人接近至一定程度时，即会发生严重的触电事故。因此，对于高压设备，不论是否有绝缘，均应采取屏护措施或其他防止人体接近的措施。

屏护措施是最简单也是很常见的安全装置。为了保证其有效性，屏护装置必须符合以下安全条件。

① 足够的机械强度和良好的耐火性。屏护装置不直接与带电体接触，对所用材料的电气性能没有严格要求，但它所用材料应有足够的机械强度和良好的耐火性能。例如，金属罩盖不允许能弯曲到可与裸露的带电部件相接触。

② 安装距离。对于低压设备，栅栏与裸导体距离不宜小于 0.8m，栏条间距离不应超过 0.2m。

③ 屏护装置尺寸。遮栏高度不应低于 1.7m，下部边缘离地面不应超过 0.1m。对于低压设备，网眼遮栏与裸导体距离不宜小于 0.15m；10kV 设备不宜小于 0.35m；20～35kV 设备不宜小于 0.6m。户内栅栏高度不应低于 1.2m，户外不应低于 1.5m。户外变电装置围墙高度一般不应低于 2.5m。网眼屏护装置的网眼一般不应大于 20mm×20mm。

④ 接地。凡用金属材料制成的屏护装置，为了防止屏护装置意外带电造成触电事故，必须将屏护装置接地（或接零）。

⑤ 标志。遮栏、栅栏等屏护装置上，应根据被屏护对象挂上“止步，高压危险”“禁止攀登，高压危险”等标示牌；被屏护的带电部分应有明显标志，标明规定的符号或涂上规定的颜色。

⑥ 信号或联锁装置。应配合采用信号装置和联锁装置。前者一般是用灯光或仪表显示

有电；后者是采用专门装置，当人体越过屏护装置可能接近带电体时，被屏护的装置自动断电。屏护装置上锁的钥匙应有专人保管。

（3）间距　间距是指带电体与地面之间、带电体与其他设备和设施之间、带电体与带电体之间保持必要的安全距离，如架空线路与地面、水面的距离，架空线路与有火灾爆炸危险厂房的距离等。间距的作用是：防止人体触及或接近带电体造成触电事故；避免车辆或其他器具碰撞或过分接近带电体造成事故；防止火灾、过电压放电及各种短路事故。安全距离的大小取决于电压的高低、设备的类型、安装的方式等因素。

2. 采用安全电压

安全电压值取决于人体允许电流和人体电阻的大小。我国规定工频安全电压的上限值，即在任何情况下，两导体间或导体与地之间均不得超过的工频有效值为50V。这一限制是根据人体允许电流30mA和人体电阻1700Ω的条件下确定的。国际电工委员会还规定了直流安全电压的上限值为120V。

我国规定工频有效值42V、36V、24V、12V、6V为安全电压的额定值。凡手提照明灯、特别危险环境的携带式电动工具，如无特殊安全结构或安全措施，应采用42V或36V安全电压；金属容器内、隧道内等工作地点狭窄、行动不便以及周围有大面积接地体的环境，应采用24V或12V安全电压。

3. 保护接地

保护接地就是把在正常情况下不带电、在故障情况下可能呈现危险的对地电压的金属部分同大地紧密地连接起来，把设备上的故障电压限制在安全范围内的安全措施（如图4-1所示）。保护接地常简称为接地。保护接地应用十分广泛，属于防止间接接触电击的安全技术措施。

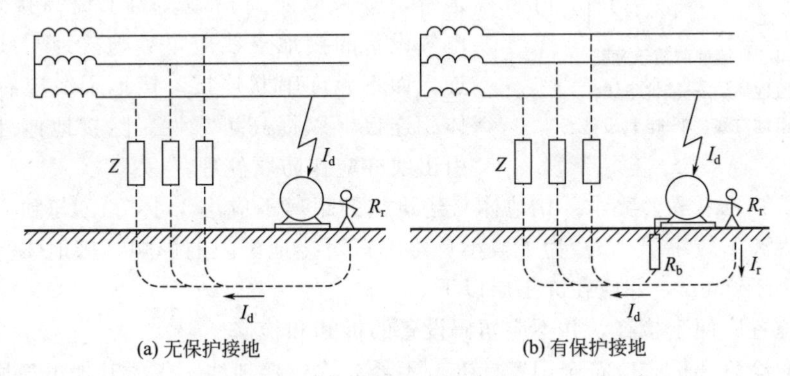

图 4-1　保护接地原理示意图

保护接地的作用原理是利用数值较小的接地装置电阻（低压系统一般应控制在4Ω以下）与人体电阻并联，将漏电设备的对地电压大幅度地降低至安全范围内。此外，因人体电阻远大于接地电阻，由于分流作用，通过人体的故障电流将远比流经接地装置的电流要小得多，对人体的危害程度也就极大地减小了。

采用保护接地的电力系统不宜配置中性线，以简化过电流保护和便于寻找故障。

（1）保护接地应用范围　保护接地适用于各种中性点不接地电网。在这类电网中，凡由于绝缘破坏或其他原因而可能呈现危险电压的金属部分，除另有规定外，均应接地。

此外，对所有高压电气设备，一般都是实行保护接地。

(2) 接地装置 接地装置是接地体和接地线的总称。运行中电气设备的接地装置应始终保持在良好状态。

① 接地体。接地体有自然接地体和人工接地体两种类型。

自然接地体是指用于其他目的但与土壤保持紧密接触的金属导体。如埋设在地下的金属管道(有可燃或爆炸介质的管道除外)、与大地有可靠连接的建(构)筑物的金属结构等自然导体均可用作自然接地体。利用自然接地体不但可以节约钢材、节省施工经费,还可以降低接地电阻。因此,如果有条件应当先考虑利用自然接地体。自然接地体至少应有两根导体自不同地点与接地网相连(线路杆塔除外)。

人工接地体可采用钢管、圆钢、角钢、扁钢或废钢铁制成。人工接地体宜垂直埋设,多岩石地区可水平埋设。

② 接地线。接地线即连接接地体与电气设备应接地部分的金属导体。有自然接地线与人工接地线之分,接地干线与接地支线之分。交流电气设备应优先利用自然导体作接地线。如建筑物的金属结构及设计规定的混凝土结构内部的钢筋、生产用的金属结构、配线的钢管等均可用作接地线。对于低压电气系统,还可以利用不流经可燃液体或气体的金属管道作接地线。在非爆炸危险场所,如自然接地线有足够的截面积,可不再另行敷设人工接地线。

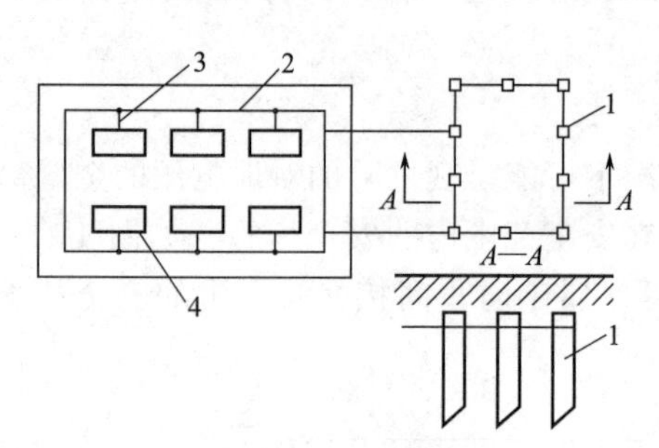

图 4-2 接地装置示意图
1—接地体;2—接地干线;
3—接地支线;4—电气设备

如果生产现场电气设备较多,可以敷设接地干线,如图 4-2 所示。必须指出,各电气设备外壳应分别与接地干线连接(各设备的接地支线不能串联),接地干线应经两条连接线与接地体连接。

③ 接地装置的安装与连接。接地体宜避开人行道和建筑物出入口附近;如不能避开腐蚀性较强的地带,应采取防腐措施。为了提高接地的可靠性,电气设备的接地支线应单独与接地干线或接地体相连,而不允许串联连接。接地干线应有两处与接地体相连接,以提高可靠性。除接地体外,接地体的引出线亦应作防腐处理。

(3) 装设接地装置的要求 接地体与建筑物的距离不应小于 1.5m,与独立避雷针的接地体之间的距离不应小于 3m。为了减小自然因素对接地电阻的影响,接地体上端的埋入深度一般不应小于 0.6m,并应在冻土层以下。

接地线位置应便于检查,并不应妨碍设备的拆卸和检修。

接地线的涂色和标志应符合国家标准。不经允许,接地线不得做其他电气回路使用。

必须保证电气设备至接地体之间导电的连续性,不得有虚接和脱落现象。接地体与接地线的连接应采用焊接,且不得有虚焊;接地线与管道的连接可采用螺丝连接,但必须防止锈蚀,在有震动的地方,应采取防松措施。

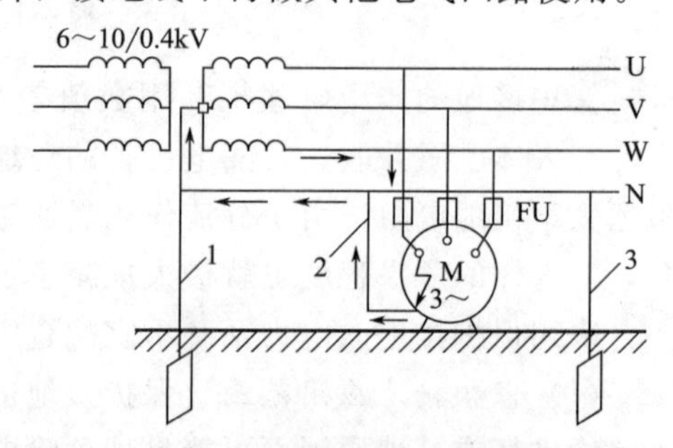

图 4-3 保护接零接地示意图
1—工作接地;2—保护接零;3—重复接地

4. 保护接零

保护接零是将电气设备在正常情况下不带电的金属部分用导线与低压配电系统的零线相连接的技术防护措施(如图 4-3 所示),常简称为接零。与保护接地相比，该回路内不包含工作接地电阻与保护接地电阻，整个回路的阻抗就很小，因此故障电流必将很大，就足以能保证在最短的时间内使熔丝熔断、保护装置或自动开关跳闸，从而切断电源，保障了人身安全。

保护接零适用于中性点直接接地的380/220V三相四线制电网。

(1) *采用保护接零的基本要求* 在低压配电系统内采用接零保护方式时，应注意如下要求。

① 三相四线制低压电源的中性点必须接地良好，工作接地电阻应符合要求。

② 采用接零保护方式时，必须装设足够数量的重复接地装置。

③ 统一低压电网中（指同一台配电变压器的供电范围内），在采用保护接零方式后，便不允许再采用保护接地方式。

如果同时采用了接地与接零两种保护方式，如图4-4所示，当实行保护接地的设备 M_2 发生了碰壳故障，则零线的对地电压将会升高到电源相电压的一半或更高。这时，实行保护接零的所有设备（如 M_1）都会带有同样高的电位，使设备外壳等金属部分呈现较高的对地电压，从而危及操作人员的安全。

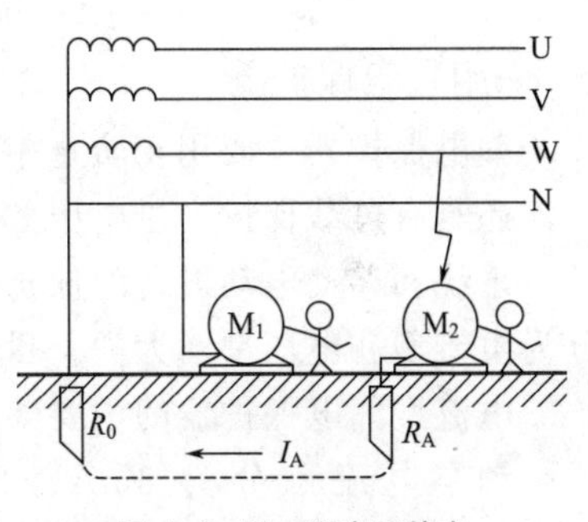

图4-4 同一配电系统内保护接地与接零混用

④ 零线上不准装设开关和熔断器。零线的敷设要求与相线的一样，以免出现零线断线故障。

⑤ 零线截面应保证在低压电网内任何一处短路时，能够承受大于熔断器额定电流2.5～4倍及自动开关额定电流1.25～2.5倍的短路电流。

⑥ 所有电气设备的保护接零线，应以“并联”方式连接到零干线上。

必须指出，在实行保护接零的低压配电系统中，电气设备的金属外壳在其正常情况下有时也会带电。产生这种情况的原因有以下三种。

① 三相负载不均衡时，在零线阻抗过大（线径过小）或断线的情况下，零线上便可能会产生一个有麻电感觉的接触电压。

② 保护接零系统中有部分设备采用了保护接地时，若接地设备发生了单相碰壳故障，则接零设备的外壳便会因零线电位的升高而产生接触电压。

③ 当零线断线又同时发生了零线断开点之后的电气设备单相碰壳，这时，零线断开点后的所有接零电气设备都会带有较高的接触电压。

(2) *保护接地与保护接零的比较* 保护接地与保护接零的比较见表4-1。

表4-1 保护接地与保护接零的比较

种类	保护接地	保护接零
含义	用电设备的外壳接地装置	用电设备的外壳接电网的零干线
适用范围	中性点不接地电网	中性点接地的三相四线制电网
目的	起安全保护作用	起安全保护作用
作用原理	平时保持零电位不起作用；当发生碰壳或短路故障时能降低对地电压，从而防止触电事故	平时保持零干线电位不起作用，且与相线绝缘；当发生碰壳或短路时能促使保护装置速动以切断电源

续表

<table>
<tr><th>种类</th><th>保 护 接 地</th><th>保 护 接 零</th></tr>
<tr><td rowspan="2">注意事项</td><td colspan="2">必须克服接地线、零线并不重要的错误认识，而要树立零线、地线对于保证电气安全比相线更具重要意义的科学观念</td></tr>
<tr><td>确保接地可靠。在中性点接地系统，条件许可时要尽可能采用保护接零方式，在同一电源的低压配电网范围内，严禁混用接地与接零保护方式</td><td>禁止在零线上装设各种保护装置和开关等；采用保护接零时必须有重复接地才能保证人身安全，严禁出现零线断线的情况</td></tr>
</table>

5. 采用漏电保护器

漏电保护器主要用于防止单相触电事故，也可用于防止由漏电引起的火灾，有的漏电保护器还具有过载保护、过电压和欠电压保护、缺相保护等功能。主要应用于1000V以下的低压系统和移动电动设备的保护，也可用于高压系统的漏电检测。漏电保护器按动作原理可分为电流型和电压型两大类。目前以电流型漏电保护器的应用为主。

电流型漏电保护器的主要参数为：动作电流和动作时间。

动作电流可分为6mA、10mA、15mA、30mA、50mA、75mA、100mA、200mA、500mA、1000mA、3000mA、5000mA、10000mA、20000mA共14个等级。其中，30mA以下（包括30mA）的属于高灵敏度，主要用于防止各种人身触电事故；30mA以上及1000mA以下（包括1000mA）的属于中灵敏度，用于防止触电事故和漏电火灾事故；1000mA以上的属于低灵敏度，用于防止漏电火灾和监视一相接地事故。为了避免误动作，保护装置的不动作电流不得低于额定动作电流的一半。

漏电保护器的动作时间是指动作时的最大分段时间。应根据保护要求确定，有快速型、定时限型和延时型之分。快速型和定时限型漏电保护器的动作时间应符合表4-2的要求。延时型只能用于动作电流30mA以上的漏电保护器，其动作时间可选为0.2s、0.4s、0.8s、1s、1.5s及2s。防止触电的漏电保护，宜采用高灵敏度、快速型漏电保护器，其动作电流与动作时间的乘积不应超过30mA·s。

表4-2 漏电保护器的动作时间

<table>
<tr><th rowspan="2">额定动作电流
I/mA</th><th rowspan="2">额定电流/A</th><th colspan="3">动作时间/s</th></tr>
<tr><th>I</th><th>2I</th><th>5I</th></tr>
<tr><td>≤30</td><td>任意值</td><td>0.2</td><td>0.1</td><td>—</td></tr>
<tr><td rowspan="2">>30</td><td>任意值</td><td>0.2</td><td>0.1</td><td>0.04</td></tr>
<tr><td>≥400①</td><td>0.2</td><td>—</td><td>0.15①</td></tr>
</table>

① 适用于组合型漏电保护器。

6. 正确使用防护用具

为了防止操作人员发生触电事故，必须正确使用相应的电气安全用具。常用电气安全用具主要有如下几种。

（1）绝缘杆　是一种主要的基本安全用具，又称绝缘棒或操作杆，其结构如图4-5所示。绝缘杆在变配电所里主要用于闭合或断开高压隔离开关、安装或拆除携带型接地线以及进行电气测量和试验等工作。在带电作业中，则是使用各种专用的绝缘杆。使用绝缘杆时应注意握手部分不能超出护环，且要戴上绝缘手套、穿绝缘靴（鞋）；绝缘杆每年要进行一次定期试验。

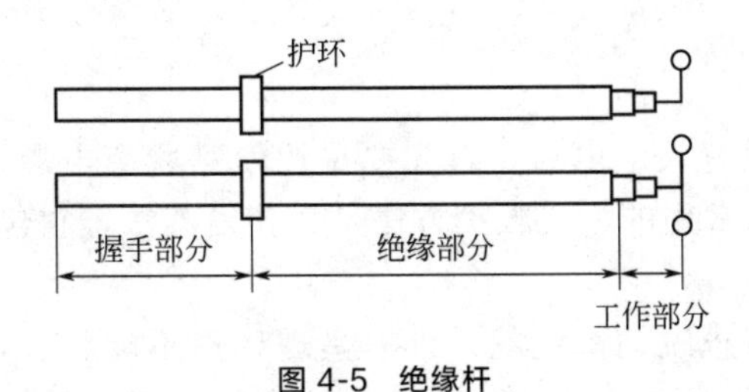

图 4-5 绝缘杆

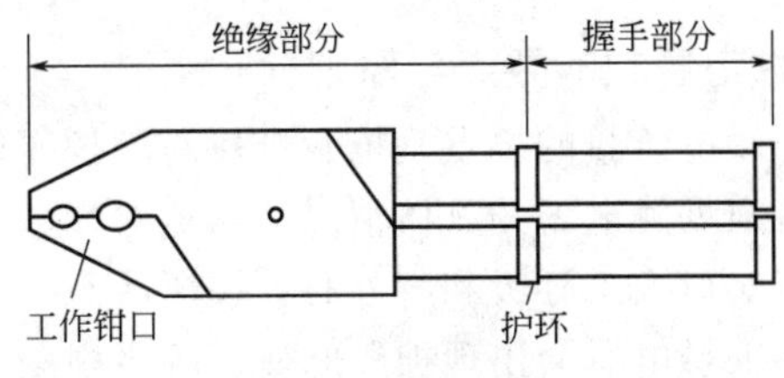

图 4-6 绝缘夹钳

（2）绝缘夹钳　其结构如图 4-6 所示。绝缘夹钳只允许在 35kV 及以下的设备上使用。使用绝缘夹钳夹熔断器时，工作人员的头部不可超过握手部分，并应戴护目镜、绝缘手套，穿绝缘靴（鞋）或站在绝缘台（垫）上；绝缘夹钳的定期试验为每年一次。

（3）绝缘手套　是在电气设备上进行实际操作时的辅助安全用具，也是在低压设备的带电部分上工作时的基本安全用具。绝缘手套一般分为 12kV 和 5kV 两种，这都是以试验电压值命名的。

（4）绝缘靴（鞋）　是在任何等级的电气设备上工作时，用来与地面保持绝缘的辅助安全用具，也是防跨步电压的基本安全用具。

（5）绝缘垫　是在任何等级的电气设备上带电工作时，用来与地面保持绝缘的辅助安全用具。使用电压在 1000V 及以上时，可作为辅助安全用具；1000V 以下时可作为基本安全用具。绝缘垫的规格：厚度有 4mm、6mm、8mm、10mm、12mm 共 5 种，宽度为 1m、长度为 5m。

（6）绝缘台　是在任何等级的电气设备上带电工作时的辅助安全用具。其台面用干燥的、漆过绝缘漆的木板或木条做成，四角用绝缘瓷瓶作台角，如图 4-7 所示。绝缘台面的最小尺寸为 800mm×800mm。为便于移动、清扫和检查，台面不宜做得太大，一般不超过 1500mm×1000mm。绝缘台必须放在干燥的地方。绝缘台的定期试验为每三年一次。

（7）携带型接地线　可用来防止设备因突然来电如错误合闸送电而带电、消除临近感应电压或放尽已断开电源的电气设备上的剩余电荷，其结构如图 4-8 所示。短路软导线与接地软导线应采用多股裸软铜线，其截面不应小于 25mm²。

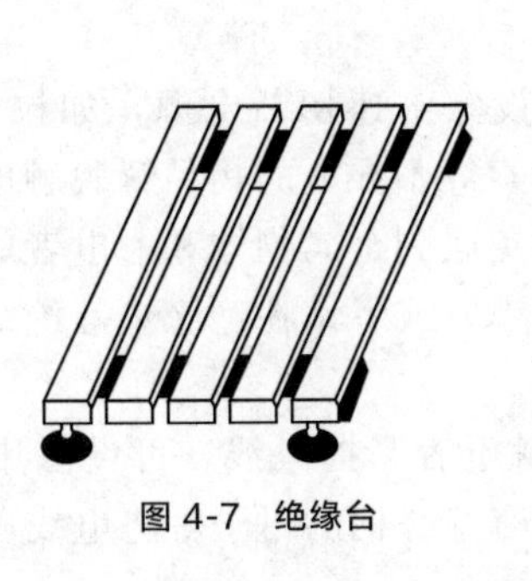
图 4-7 绝缘台

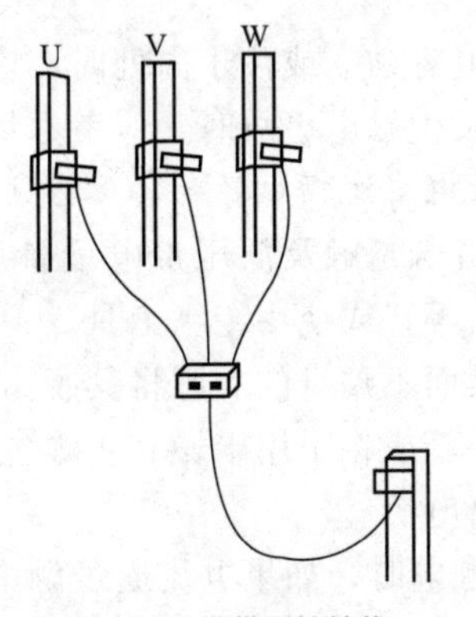

图 4-8 携带型接地线

（8）验电笔　有高压验电笔和低压验电笔两类。它们都是用来检验设备是否带电的工具。当设备断开电源、装设携带型接地线之前，必须用验电笔验明设备是否确已无电。

三、触电急救技术

1. 触电急救的要点与原则

触电急救的要点是抢救迅速与救护得法。发现有人触电后，首先要尽快使其脱离电源；然后根据触电者的具体情况，迅速对症救护。现场常用的主要救护方法是心肺复苏法，它包括口对口人工呼吸和胸外心脏按压法。

人触电后会出现神经麻痹、呼吸中断、心脏停止跳动等症状，外表呈现昏迷不醒状态，即“假死状态”，有触电者经过 4h 甚至更长时间的连续抢救而获得成功的先例。据资料统计，从触电后 1min 开始救治的约 90%有良好效果；从触电后 6min 开始救治的约 10%有良好效果；从触电后 12min 开始救治的，则救活的可能性就很小了。所以，抢救及时并坚持救护是非常重要的。

对触电人（除触电情况轻者外）都应进行现场救治。在医务人员接替救治前，切不能放弃现场抢救，更不能只根据触电人当时已没有呼吸或心跳，便擅自判定伤员为死亡，从而放弃抢救。

触电急救的基本原则是：应在现场对症地采取积极措施保护触电者生命，并使其能减轻伤情、减少痛苦。具体而言就是应遵循：迅速（脱离电源）、就地（进行抢救）、准确（姿势）、坚持（抢救）的“八字原则”。同时应根据伤情的需要，迅速联系医疗部门救治。尤其对于触电后果严重的人员，急救成功的必要条件是动作迅速、操作正确。任何迟疑拖延和操作错误都会导致触电者伤情加重或造成死亡。此外，急救过程中要认真观察触电者的全身情况，以防止伤情恶化。

2. 解救触电者脱离电源的方法

使触电者脱离电源，就是要把触电者接触的那一部分带电设备的开关或其他断路设备断开，或设法将触电者与带电设备脱离接触。

（1）使触电者脱离电源的安全注意事项

① 救护人员不得采用金属和其他潮湿的物品作为救护工具。

② 在未采取任何绝缘措施前，救护人员不得直接触及触电者的皮肤和潮湿衣服。

③ 在使触电者脱离电源的过程中，救护人员最好用一只手操作，以防再次发生触电事故。

④ 当触电者站立或位于高处时，应采取措施防止脱离电源后触电者的跌倒或坠落。

⑤ 夜晚发生触电事故时，应考虑切断电源后的事故照明或临时照明，以利于救护。

（2）使触电者脱离电源的具体方法

① 触电者若是触及低压带电设备，救护人员应设法迅速切断电源，如拉开电源开关、拔出电源插头等；或使用绝缘工具、干燥的木棒、绳索等不导电的物品解脱触电者；也可抓住触电者干燥而不贴身的衣服将其脱离开（切记要避免碰到金属物体和触电者的裸露身躯）；也可戴绝缘手套或将手用干燥衣物等包起来去拉触电者，或者站在绝缘垫等绝缘物体上拉触电者使其脱离电源。

② 低压触电时，如果电流通过触电者入地，且触电者紧握电线，可设法用干木板塞进其身下，使触电者与地面隔开；也可用干木把斧子或有绝缘柄的钳子等将电线剪断（剪电线

时要一根一根地剪，并尽可能站在绝缘物或干木板上）。

③ 触电者若是触及高压带电设备，救护人员应迅速切断电源；或用适合该电压等级的绝缘工具（戴绝缘手套、穿绝缘靴并用绝缘棒）去解脱触电者（抢救过程中应注意保持自身与周围带电部分必要的安全距离）。

④ 如果触电发生在杆塔上，若是低压线路，凡能切断电源的应迅速切断电源；不能立即切断时，救护人员应立即登杆（系好安全带），用戴绝缘胶柄的钢丝钳或其他绝缘物使触电者脱离电源。如是高压线路且又不可能迅速切断电源时，可用抛铁丝等办法使线路短路，从而导致电源开关跳闸。抛挂前要先将短路线固定在接地体上，另一段系重物（抛掷时应注意防止电弧伤人或因其断线危及人员安全）。

⑤ 不论是高压或低压线路上发生的触电，救护人员在使触电者脱离电源时，均要预先注意防止发生高处坠落和再次触及其他有电线路的可能。

⑥ 若触电者触及了断落在地面上的柱电高压线，在未确认线路无电或未做好安全措施（如穿绝缘靴等）之前，救护人员不得接近断线落地点 8～12m 范围内，以防止跨步电压伤人（但可临时将双脚并拢蹦跳地接近触电者）。在使触电者脱离带电导线后，亦应迅速将其带至 8～12m 外并立即开始紧急救护。只有在确认线路已经无电的情况下，方可在触电者倒地现场就地立即进行对症救护。

3. 脱离电源后的现场救护

抢救触电者使其脱离电源后，应立即就近移至干燥与通风场所，切勿慌乱和围观，首先应进行情况判别，再根据不同情况进行对症救护。

（1）情况判别

① 触电者若出现闭目不语、神志不清情况，应让其就地仰卧平躺，且确保气道通畅。可迅速呼叫其名字或轻拍其肩部（时间不超过 5s），以判断触电者是否丧失意识。但禁止摇动触电者头部进行呼叫。

② 触电者若神志昏迷、意识丧失，应立即检查是否有呼吸、心跳，具体可用“看、听、试”的方法尽快（不超过 10s）进行判定。所谓“看”，即仔细观看触电者的胸部和腹部是否还有起伏动作；所谓“听”，即用耳朵贴近触电者的口鼻与心房处，细听有无微弱呼吸声和心跳音；所谓“试”，即用手指或小纸条测试触电者口鼻处有无呼吸气流，再用手指轻按触电者左侧或右侧喉结凹陷处的颈动脉有无搏动，以判定是否还有心跳。

（2）对症救护　触电者除出现明显的死亡症状外，一般均可按以下三种情况分别进行对症处理。

① 伤势不重。神志清醒但有点心慌、四肢发麻、全身无力；或触电过程中曾一度昏迷、但已清醒过来。此时应让触电者安静休息，不要走动，并严密观察。也可请医生前来诊治，或必要时送往医院。

② 伤势较重。已失去知觉，但心脏跳动和呼吸存在，应使触电者舒适、安静地平卧。不要围观，让空气流通，同时解开其衣服包括领口与裤带以利于呼吸。若天气寒冷则还应注意保暖，并速请医生诊治或送往医院。若出现呼吸停止或心跳停止，应随即分别施行口对口人工呼吸法或胸外心脏按压法进行抢救。

③ 伤势严重。呼吸或心跳停止，甚至都已停止，即处于“假死状态”，则应立即施行口对口人工呼吸及胸外心脏按压进行抢救，同时速请医生或送往医院。应特别注意，急救要尽早进行，切不能消极地等待医生到来；在送往医院途中，也不应停止抢救。

相关知识 电气安全基本知识

一、电流对人体的伤害

当人体接触带电体时，电流会对人体造成程度不同的伤害，即发生触电事故。触电事故可分为电击和电伤两种类型。

1. 电击

电击是指电流通过人体时所造成的身体内部伤害，它会破坏人的心脏、呼吸及神经系统的正常工作，使人出现痉挛、窒息、心颤、心脏骤停等症状，甚至危及生命。

电击又可分为直接电击和间接电击。直接电击是指人体直接触及正常运行的带电体所发生的电击；间接电击则是指电气设备发生故障后，人体触及意外带电部位所发生的电击。故直接电击也称为正常情况下的电击，间接电击也称为故障情况下的电击。

直接电击多数发生在误触相线、闸刀或其他设备带电部分。间接电击大多发生在以下几种情况：大风刮断架空线或接户线后，搭落在金属物或广播线上；相线和电杆拉线搭连；电动机等用电设备的线圈绝缘损坏而引起外壳带电等情况。在触电事故中，直接电击和间接电击都占有相当比例，因此采取安全措施时要全面考虑。

2. 电伤

电伤是指由电流的热效应、化学效应或机械效应对人体造成的伤害。电伤可伤及人体内部，但多见于人体表面，且常会在人体上留下伤痕。电伤可分为以下几种情况。

（1）电弧烧伤　又称为电灼伤，是电伤中最常见也最严重的一种。具体症状是皮肤发红、起泡，甚至皮肉组织破坏或被烧焦。通常发生在：低压系统带负荷拉开裸露的闸刀开关时；线路发生短路或误操作引起短路时；开启式熔断器熔断产生炽热的金属微粒飞溅出来时；高压系统因误操作产生强烈电弧时（可导致严重烧伤）；人体过分接近带电体（间距小于安全距离或放电距离）而产生的强烈电弧时（可造成严重烧伤而致死）。

（2）电烙印　是指电流通过人体后，在接触部位留下的斑痕。斑痕处皮肤变硬，失去固有弹性和色泽，表层坏死，失去知觉。

（3）皮肤金属化　是指由于电流或电弧作用产生的金属微粒渗入了人体皮肤造成的，受伤部位变得粗糙坚硬并呈特殊颜色（多为青黑色或褐红色）。需要说明的是，皮肤金属化多在弧光放电时发生，而且一般都伤在人体的裸露部位，与电弧烧伤相比，皮肤金属化并不是主要伤害。

（4）电光眼　发生弧光放电时，红外线、可见光、紫外线对眼睛的伤害，表现为角膜炎或结膜炎。对于短暂的照射，紫外线是引起电光眼的主要原因。

（5）机械性损伤　是电流作用于人体时，由于中枢神经反射和肌肉强烈收缩等作用导致的机体组织断裂、骨折等伤害。

二、引起触电的三种情形

发生触电事故的情况是多种多样的，但归纳起来主要包括以下三种情形：单相触电、两相触电、其他触电。

1. 单相触电

当人站在地面上或其他接地体上，人体的某一部位触及一相带电体时，电流通过人体流入大地（或中性线），称为单相触电。在电力系统的电网中，有中性点直接接地单相触电和中性点不接地单相触电两种情况。

（1）中性点直接接地　中性点直接接地电网中的单相触电如图 4-9 所示。当人体接触导线时，人体承受相电压。电流经人体、大地和中性点接地装置形成闭合回路，此时危险较大。触电电流的大小取决于相电压和回路电阻。

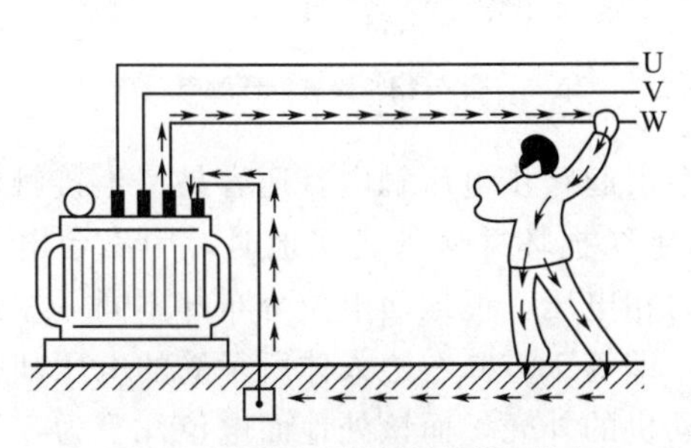

图 4-9　中性点直接接地的单相触电

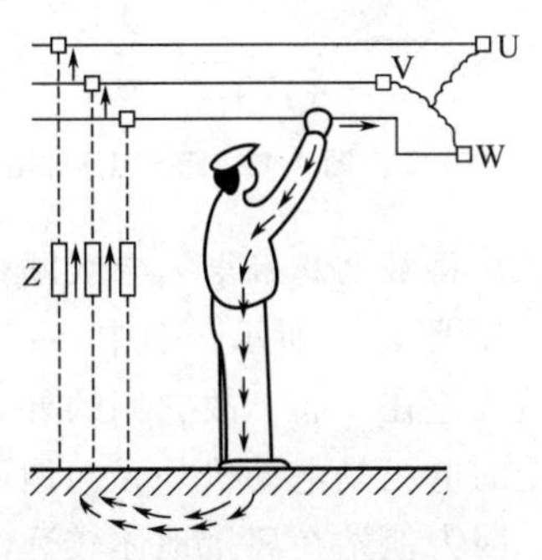

图 4-10　中性点不接地的单相触电

（2）中性点不接地　中性点不接地电网中的单相触电如图 4-10 所示。因为中性点不接地，所以有两个回路的电流通过人体。一个是从 W 相导线出发，经人体、大地、线路对地阻抗 Z 到 U 相导线，另一个是同样路径到 V 相导线。触电电流的数值取决于线电压、人体电阻和线路的对地阻抗。

2. 两相触电

人体同时与两相导线接触时，电流就由一相导线经人体至另一相导线，这种触电方式称为两相触电，如图 4-11 所示。两相触电最危险，因施加于人体的电压为全部工作电压（即线电压），且此时电流将不经过大地，直接从 V 相经人体到 W 相，而构成了闭合回路。故不论中性点接地与否、人体对地是否绝缘，都会使人触电。

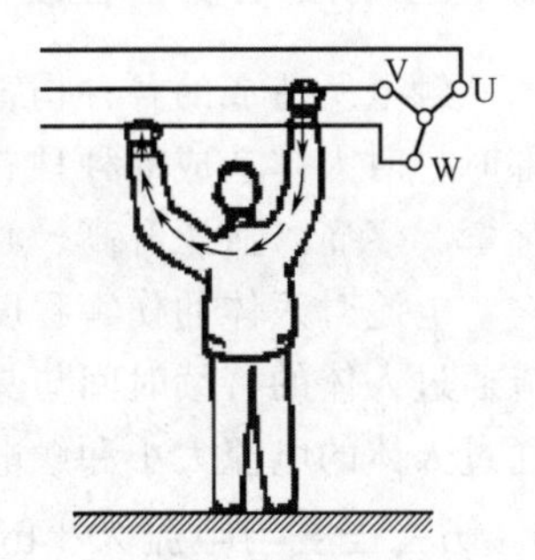

图 4-11　两相触电

3. 其他触电

（1）跨步电压触电　当带电体有接地故障时，有故障电流流入大地，电流在接地点周围土壤中产生电压降。人在接地点周围，两脚之间（一般为 0.8m）出现的电压即为跨步电压。由跨步电压引起的触电事故为跨步触电。高压故障接地处或有大电流流过的接地装置附近，都可能出现较高的跨步电压。跨步电压触电如图 4-12 所示。人在受到跨步电压的作用时，电流从一只脚经另一只脚与大地构成回路，虽然电流没有通过人体，但是当跨步电压较高时，电击者脚发麻、抽筋，跌倒在地，跌倒后电流可能会改变路径（如从手至脚）而流经人体的重要器官，使人致命。因此，发生高压设备、导线接地故障时，在室内人体不得接近接地故障点 4m 以内（因室内狭窄，地面较为干燥，离开 4m 之外一般不会遭到跨步电压的伤害），在室外人体不得接近接地故障点 8m 以内。如果误入接地点故障附近，应赶快将双脚并拢或用单脚着地跳出危险区。一般 20m 之外，跨步电压就降为零。

图 4-12　跨步电压触电

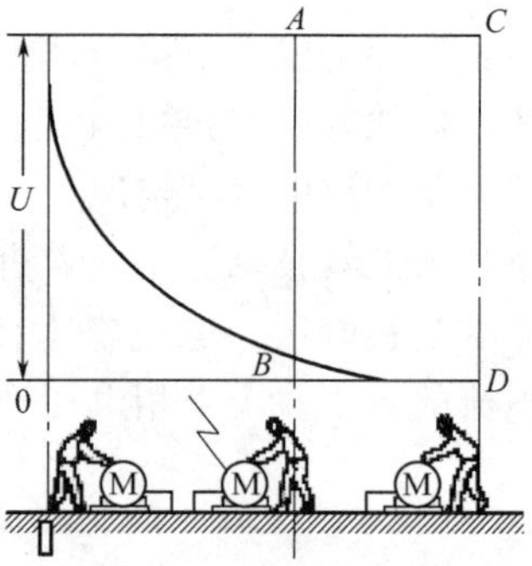

图 4-13　接触电压触电

（2）接触电压触电　导线断落地面后，不但会引起跨步电压触电，还容易产生接触电压触电，如图 4-13 所示。图中当一台电动机的绕组绝缘损坏并碰外壳接地时，因三台电动机的接地线连在一起，故它们的外壳都会带电且都为相电压，但地面电位分布却不同。左边人体承受的电压是电动机外壳与地面之间的电位差，即等于零。右边人体所承受的电压却大不相同，因为他站在离接地体较远的地方用手摸电动机的外壳，而该处地面电位几乎为零，故他所承受的电压实际上就是电动机外壳的对地电压，即相电压，显然就会使人触电。这种触电称为接触电压触电，对人体有相当严重的危害。所以，使用中每台电动机都要实行单独的保护接地。

（3）雷击触电　雷电时发生的触电现象称为雷击触电。

三、影响触电伤害程度的因素

触电所造成的各种伤害，都是由于电流对人体的作用而引起的。它是指电流通过人体内部时，对人体造成的种种有害作用。如电流通过人体时，会引起针刺感、压迫感、打击感、痉挛、疼痛、血压升高、心律不齐、昏迷，甚至心室颤动等症状。

电流对人体的伤害程度，亦即影响触电后果的因素主要包括：通过人体的电流大小、电流通过人体的持续时间与具体途径、电流的种类与频率高低、人体的健康状况等。其中，以通过人体的电流大小和触电时间的长短最主要。

1．伤害程度与电流大小的关系

通过人体的电流越大，人体的生理反应越明显，感觉越强烈，引起心室颤动所需的时间越短，致命的危险性就越大。对于常用的工频交流电，按照通过人体的电流大小，将会呈现出不同的人体生理反应，见表 4-3。

表 4-3　工频电流所引起的人体生理反应

电流范围/mA	通电时间	人体生理反应
0～0.5	连续通电	没有感觉
0.5～5	连续通电	开始有感觉，手指、腕等处有痛感，没有痉挛，可以摆脱带电体
5～30	数分钟以内	痉挛，不能摆脱带电体，呼吸困难，血压升高，是可以忍受的极限

续表

电流范围/mA	通电时间	人体生理反应
30～50	数秒到数分	心脏跳动不规则，昏迷，血压升高，强烈痉挛，时间过长可引起心室颤动
50～数百	低于心脏搏动周期	受强烈冲击，但未发生心室颤动
	超过心脏搏动周期	昏迷，心室颤动，接触部位留有电流通过的痕迹
超过数百	低于心脏搏动周期	在心脏搏动周期特定相位触电时，发生心室颤动，昏迷，接触部位留有电流通过的痕迹
	超过心脏搏动周期	心脏停止跳动，昏迷，可能致命的电灼伤

2．伤害程度与通电时间的关系

引起心室颤动的电流与通电时间的长短有关。显然，通电时间越长，便越容易引起心室颤动，触电的危险性也就越大。

3．伤害程度与电流途径的关系

人体受伤害程度主要取决于通过心脏、肺及中枢神经的电流大小。电流通过大脑是最危险的，会立即引起死亡，但这种触电事故极为罕见。绝大多数场合是由于电流刺激人体心脏引起心室纤维性颤动致死。因此大多数情况下，触电的危险程度是取决于通过心脏的电流大小。由试验得知，电流在通过人体的各种途径中，流经心脏的电流占人体总电流的百分比见表 4-4。

表 4-4 不同途径流经心脏电流的比例

电流通过人体的途径	通过心脏的电流占通过人体总电流的比例/%	电流通过人体的途径	通过心脏的电流占通过人体总电流的比例/%
从一只手到另一只手	3.3	从右手到脚	3.7
从左手到脚	6.7	从一只脚到另一只脚	0.4

可见，从左手到脚的电流途径最为危险。因为沿这条途径有较多的电流通过心脏、肺部和脊髓等重要器官。电流纵向通过人体，比横向通过人体时更易发生心室颤动，故危险性更大；电流通过脊髓时，很可能使人截瘫；若通过中枢神经，会引起中枢神经系统强烈失调，造成窒息而导致死亡。

4．伤害程度与电流频率高低的关系

触电的伤害程度还与电流的频率高低有关。直流电由于不交变，其频率为零。而工频交流电则为 50Hz。由实验得知，频率为 30～300Hz 的交流电最易引起人体心室颤动。工频交流电正处于这一频率范围，故触电时也最危险。在此范围之外，频率越高或越低，对人体的危害程度反而会相对小一些，但高频率的电流通常以电弧的形式出现，因此有灼伤人体的危险。

5．人体状态

电流对人体的作用与人的年龄、性别、身体及精神状态有很大关系。一般情况下，女性比男性对电流敏感，小孩比成人敏感。在同等电击情况下，妇女和小孩更容易受到伤害。此外，患有心脏病、精神病、结核病、内分泌器官疾病或酒醉的人，因电击造成的伤害将比正常人严重；相反，一个身体健康、经常从事体力劳动和体育锻炼的人，由电击引起的后果相对会轻一些。

四、人体电阻和人体允许电流

1. 人体电阻

当电压一定时，人体电阻越小，通过人体的电流就越大，触电的危险性也就越大。电流通过人体的具体路径为：皮肤→血液→皮肤。

人体电阻包括内部组织电阻（简称体内电阻）和皮肤电阻两部分。体内电阻较稳定，一般不低于500Ω。皮肤电阻主要由角质层（厚0.05～0.2mm）决定。角质层越厚，电阻就越大。

人体电阻不是固定不变的，与下面几个因素有关。

（1）接触电压　它的数值随着接触电压的升高而下降。

（2）接触面积　随着电极与皮肤的接触面积加大而减小。

（3）皮肤状况　在皮肤潮湿、多汗、有损伤、带有导电性粉尘等情况下，人体电阻都会降低，不同类型的人，其人体电阻也不同，一般认为人体电阻为1000～2000Ω（不计皮肤角质层电阻）。

2. 人体允许电流

由实验得知，在摆脱电流范围内，人若被电击后一般多能自主地摆脱带电体，从而摆脱触电危险。因此，通常把摆脱电流看作是人体允许电流，成年男性的允许电流约为16mA，成年女性的允许电流约为10mA。在线路及设备装有防止触电的电流速断保护装置时，人体允许电流可按30mA考虑；在空中、水面等可能因电击导致坠落、溺水的场合，则应按不引起痉挛的5mA考虑。

若发生人手接触带电导线而触电时，常会出现紧握导线丢不开的现象。这并不是因为电有吸力，而是由于电流的刺激作用，使该部分机体发生了痉挛、肌肉收缩的缘故，是电流通过人手时所产生的生理作用引起的。显然，这就增大了摆脱电源的困难，从而也就会加重触电的后果。

五、电压对人体的影响和电压的选用

1. 电压对人体安全的影响

通常确定对人体的安全条件并不采用安全电流而是用安全电压。因为影响电流变化的因素很多，而电力系统的电压却是较为固定的。

当人体接触电流后，随着电压的升高，人体电阻会有所降低；若接触了高压电，则因皮肤受损破裂而会使人体电阻下降，通过人体的电流也就会随之增大。实验证实，电压高低对人体的影响及允许接近的最小安全距离见表4-5。

2. 不同场所使用电压的选用

不同类型的场所（建筑物），在电气设备或设施的安装、维护、使用以及检修等方面，也都有不同的要求。按照触电的危险程度，可将它们分成以下三类。

表 4-5 电压对人体的影响及允许接近的最小安全距离

接触时的情况		允许接近的距离	
电压/V	对人体的影响	电压/kV	设备不停电时的安全距离/m
10	全身在水中时跨步电压界限为 10V/m	10	0.7
20	为湿手的安全界限	20～35	1.0
30	为干燥手的安全界限	44	12
50	对人的生命没有危险的界限	60～110	1.5
100～200	危险性急剧增大	154	2.0
200 以上	危及人的生命	220	3.0
3000	被带电体吸引	330	4.0
10000 以上	有被弹开而脱离危险的可能	500	5.0

(1) *无高度触电危险的建筑物* 它是指干燥（湿度不大于 75%）、温暖、无导电粉尘的建筑物。室内地板由干木板或沥青、瓷砖等非导电性材料制成，且室内金属性构建与制品不多，金属占有系数（金属制品所占面积与建筑物总面积之比）小于 20%。属于这类建筑物的有住宅、公共场所、生活建筑物、实验室等。

(2) *有高度触电危险的建筑物* 它是指地板、天花板和四周墙壁经常处于潮湿、室内炎热高温（气温高于 30℃）和有导电粉尘的建筑物。一般金属占有系数大于 20%。室内地坪由泥土、砖块、湿木板、水泥和金属等制成。属于这类建筑物的有金工车间、锻工车间、拉丝车间、电炉车间、泵房、变（配）电所、压缩机房等。

(3) *有特别触电危险的建筑物* 它是指特别潮湿、有腐蚀性液体及蒸汽、煤气或游离性气体的建筑物。属于这类建筑物的有化工车间、铸造车间、锅炉房、酸洗车间、染料车间、漂洗间、电镀车间等。

不同场所里，各种携带型电气工具要选择不同的使用电压。具体是：无高度触电危险的场所，不应超过交流 220V；有高度触电危险的场所，不应超过交流 36V；有特制触电危险的场所，不应超过交流 12V。

六、触电事故的规律及发生原因

触电事故往往发生得很突然，且常常是在极短时间内就可能造成严重后果。但触电事故也有一定的规律，掌握这些规律并找出触电原因，对如何适时而恰当地实施相关的安全技术措施、防止触电事故的发生，以及安排正常生产等都具有重要意义。

根据对触电事故的分析，从触电事故的发生频率上看，可发现以下规律。

(1) *有明显的季节性* 一般每年以二、三季度事故较多，其中 6～9 月最集中。主要是因为这段时间天气炎热、人体衣着单薄且易出汗，触电危险性较大；还因为这段时间多雨、潮湿，电气设备绝缘性能降低；操作人员常因气温高而不穿戴工作服和绝缘护具。

(2) *低压设备触电事故多* 国内外统计资料均表明：低压触电事故远高于高压触电事故。主要是因为低压设备远多于高压设备，与人接触的机会多；对于低压设备思想麻痹；与之接触的人员缺乏电气安全知识。因此，应把防止触电事故的重点放在低压用电方面。但对于专业电气操作人员往往有相反的情况，即高压触电事故多于低压触电事故。特别是在低压系统推广了漏电保护器之后，低压触电事故大为降低。

(3) 携带式和移动式设备触电事故多 主要是这些设备因经常移动，工作条件较差，容易发生故障；而且经常在操作人员紧握之下工作。

(4) 电气连接部位触电事故多 大量统计资料表明，电气事故点多数发生在分支线、接户线、地爬线、接线端、压线头、焊接头、电线接头、电缆头、灯座、插头、插座、控制器、开关、接触器、熔断器等处。主要是由于这些连接部位机械牢固性较差，电气可靠性也较低，容易出现故障的缘故。

(5) 单相触电事故多 据统计，在各类触电方式中，单相触电占触电事故的70%以上。所以，防止触电的技术措施也应重点考虑单相触电的危险。

(6) 事故多由两个以上因素构成 统计表明，90%以上的事故是由于两个以上原因引起的。构成事故的四个主要因素是：缺乏电气安全知识；违反操作规程；设备不合格；维修不善。其中，仅一个原因的不到8%，两个原因的占35%，三个原因的占38%，四个原因的占20%。应当指出，由操作者本人过失所造成的触电事故是较多的。

(7) 青年、中年以及非电工触电事故多 一方面这些人多数是主要操作者，且大都接触电气设备；另一方面这些人都已有几年工龄，不再如初学时那么小心谨慎，但经验还不足，电气安全知识尚欠缺。

任务二 静电防护技术

知识目标：能陈述静电的特征及其危害；能说明静电防护的主要内容。

能力目标：初步具备针对具体环境制定正确的防静电措施的能力。

静电引起燃烧爆炸的基本条件有四个：一是有产生静电的来源；二是静电得以积累，并达到足以引起火花放电的静电电压；三是静电放电的火花能量达到爆炸性混合物的最小点燃能量；四是静电火花周围有可燃性气体、蒸气和空气形成的可燃性气体混合物。因此，只要采取适当的措施，消除以上四个基本条件中的任何一个，就能防止静电引起的火灾爆炸。

一、案例

某单位从内贴聚乙烯衬里的桶中，经人孔将氰尿酰氯连续注入丙酮槽，操作工穿着刚洗过的聚乙烯工作服，戴着氯乙烯手套，穿着橡胶长筒鞋，正在操作时发生了爆炸。爆炸原因：操作工穿的是聚乙烯工作服，戴着氯乙烯手套，当人体运动时，手工操作时聚乙烯工作服和氯乙烯手套因摩擦带电，且由于穿的是橡胶长筒鞋，静电不易泄漏，故引起静电积聚。在人孔投料时，人体对人孔放电，火花引燃了人孔附近的甲醇蒸气而爆炸。

事故原因：工作服不符合要求产生静电火花。

二、静电防护技术

防止静电引起火灾爆炸事故是化工静电安全的主要内容。为防止静电引起火灾爆炸所采取的安全防护措施，对防止其他静电危害也同样有效。防止静电危害主要有以下七个措施。

1. 场所危险程度的控制

为了防止静电危害，可以采取减轻或消除所在场所周围环境火灾、爆炸危险性的间接措施。如用不燃介质代替易燃介质、通风、惰性气体保护、负压操作等。在工艺允许的情况下，采用较大颗粒的粉体代替较小颗粒粉体，也是减轻场所危险性的一个措施。

2. 工艺控制

工艺控制是从工艺上采取措施，以限制和避免静电的产生和积累，是消除静电危害的主要手段之一。

(1) 应控制输送物料的流速以限制静电的产生　输送液体物料时，允许流速与液体电阻率有着十分密切的关系，当电阻率小于 $10^7\Omega\cdot cm$ 时，允许流速不超过 10m/s；当电阻率为 $10^7\sim10^{11}\Omega\cdot cm$ 时，允许流速不超过 5m/s；当电阻率大于 $10^{11}\Omega\cdot cm$ 时，允许流速取决于液体的性质、管道直径和管道内壁光滑程度等条件。例如，烃类燃料油在管内输送，管道直径为 Φ50mm 时，流速不得超过 3.6m/s；直径 Φ100mm 时，流速不得超过 2.5m/s。但是，当燃料油带有水分时，必须将流速限制在 1m/s 以下。输送管道应尽量减少转弯和变径。操作人员必须严格执行工艺规定的流速，不能擅自提高流速。

(2) 选用合适的材料　一种材料与不同种类的其他材料摩擦时，所带的静电电荷数量和极性随其材料的不同而不同。可以根据静电起电序列选用适当的材料匹配，使生产过程中产生的静电互相抵消，从而达到减少或消除静电危险的目的。如氧化铝粉经过不锈钢漏斗时，静电电压为－100V；经过虫胶漆漏斗时，静电电压为＋500V。采用适当选配，由这两种材料制成的漏斗，静电电压可以降低为零。

同样，在工艺允许的前提下，适当安排加料顺序，也可降低静电的危险性。例如，某搅拌作业中，最后加入汽油时，液浆表面的静电电压高达 11～13kV。后来改变加料顺序，先加入部分汽油，后加入氧化锌和氧化铁，进行搅拌后加入石棉等填料及剩余少量的汽油，能使液浆表面的静电电压降至 400V 以下。这一类措施的关键在于，确定了加料顺序或器具使用的顺序后，操作人员不可任意改动，否则会适得其反，静电电位不仅不会降低，相反还会增加。

(3) 增加静止时间　化工生产中将苯、二硫化碳等液体注入容器、贮罐时，都会产生一定的静电荷。液体内的电荷将向器壁及液面集中并可慢慢泄漏消散，完成这个过程需要一定的时间。如向燃料罐注入重柴油，装到 90%时停泵，液面静电位的峰值常常出现在停泵以后的 5～10s 内，然后电荷就很快衰减掉，这个过程持续时间为 70～80s。由此可知，刚停泵就进行检测或采样是危险的，容易发生事故。应该静止一定的时间，待静电基本消散后再进行有关的操作。操作人员懂得这个道理后，就应自觉遵守安全规定，千万不能操之过急。

静止时间应根据物料的电阻率、槽罐容积、气象条件等具体情况决定，也可参考表 4-6 的经验数据。

表 4-6　静电消散静止时间　单位：min

物料电阻率/(Ω·cm)		$10^8\sim10^{12}$	$10^{12}\sim10^{14}$	$>10^{14}$
物料容积	$<10m^3$	2	4	10
	$10\sim50m^3$	3	5	15

(4) *改变灌注方式* 为了减少从贮罐顶部灌注液体时的冲击而产生的静电，要改变灌注管头的形状和灌注方式。经验表明，T 形、锥形、45°斜口形和人字形灌注管头有利于降低贮罐液面的最高静电电位。为了避免液体的冲击、喷射和溅射，应将进液管延伸至近底部位。

3. 接地

接地是消除静电危害最常见的措施。在化工生产中，以下工艺设备应采取接地措施。

① 凡用来加工、输送、贮存各种易燃液体、气体和粉体的设备必须接地，如过滤器、吸附器、反应器、贮槽、贮罐、传送胶带、液体和气体等物料管道、取样器、检尺棒等。输送可燃物料的管道要连成一个整体，并予以接地。管道的两端和每隔 200～300m 处，均应接地。平行管道相距 10cm 以内时，每隔 20m 应用连接线连接起来；管道与管道、管道与其他金属构件交叉时，若间距小于 10cm，也应互相连接起来。

② 倾注溶剂的漏斗、浮动罐顶、工作站台、磅秤等辅助设备，均应接地。

③ 在装卸汽车槽车之前，应与贮存设备跨接并接地；装卸完毕，应先拆除装卸管道，静置一段时间后，再拆除跨接线和接地线。油轮的船壳应与水保持良好的导电性连接，装卸油时也要遵循先接地后接油管、先拆油管后拆接地线的原则。

④ 可能产生和积累静电的固体和粉体作业设备，如压延机、上光机、砂磨机、球磨机、筛分机、捏和机等，均应接地。

静电接地的连接线应保证足够的机械强度和化学稳定性，连接应当可靠，操作人员在巡回检查中，经常检查接地系统是否良好，不得有中断处。接地电阻不超过规定值（现行有关规定为 100Ω）。

4. 增湿

存在静电危险的场所，在工艺条件许可时，宜采用安装空调设备、喷雾器等办法，以提高场所环境相对湿度，消除静电危害。用增湿法消除静电危害的效果显著。例如，某粉体筛选过程中，相对湿度低于 50％时，测得容器内静电电压为 40kV；相对湿度为 60％～70％时，静电电压为 18kV；相对湿度为 80％时，电压为 11kV。从消除静电危害的角度考虑，相对湿度在 70％以上较为适宜。

5. 抗静电剂

抗静电剂具有较好的导电性能或较强的吸湿性。因此，在易产生静电的高绝缘材料中加入抗静电剂，可使材料的电阻率下降，加快静电泄漏，消除静电危险。

抗静电的种类很多，有无机盐类，如氯化钾、硝酸钾等；有表面活性剂类，如脂肪族磺酸盐、季铵盐、聚乙二醇等；有无机半导体类，如亚铜、银、铝等的卤化物；有高分子聚合物类等。

在塑料行业，为了长期保持静电性能，一般采用内加型表面活性剂。在橡胶行业，一般采用炭黑、金属粉等添加剂。在石油行业，采用油酸盐、环烷酸盐、合成脂肪酸盐作为抗静电剂。

6. 静电消除器

静电消除器是一种产生电子或离子的装置，借助于产生的电子或离子中和物体上的静电，从而达到消除静电的目的。静电消除器具有不影响产品质量、使用比较方便等优点。常用的静电消除器有以下几种。

（1）*感应式消除器*　这是一种没有外加电源、最简便的静电消除器，可用于石油、化工、橡胶等行业。它由若干只放电针、放电刷或放电线及其支架等附件组成。生产物料上的静电在放电针上感应出极性相反的电荷，针尖附近形成很强的电场，当局部场强超过30kV/cm时，空气被电离，产生正负离子，与物料电荷中和，达到消除静电的目的。

（2）*高压静电消除器*　这是一种带有高压电源和多支放电针的静电消除器，可用于橡胶、塑料行业。它是利用高电压使放电针尖端附近形成强电场，将空气电离以达到消除静电的目的。使用较多的是交流电压消除器。直流电压消除器由于会产生火花放电，不能用于有爆炸危险的场所。

在使用高压静电消除器时，要十分注意绝缘是否良好，要保持绝缘表面的洁净，定期清扫和维护保养，防止发生触电事故。

（3）*高压离子流静电消除器*　这种消除器是在高压电源作用下，将经电离后的空气输送到较远的需要消除静电的场所。它的作用距离大，距放电器30～100cm有满意的消电效能，一般取60cm比较合适。使用时，空气要经过净化和干燥，不应有可见的灰尘和油雾，相对湿度应控制在70%以下，放电器的压缩空气进口处的正压不能低于0.049～0.098MPa。此种静电消除器，采用了防爆型结构，安全性能良好，可用于爆炸危险场所。如果加上挡光装置，还可以用于严格防光的场所。

（4）*放射性辐射消除器*　这是利用放射性同位素使空气电离，产生正负离子去中和生产物料上的静电。放射性辐射消除器距离带电体越近，消电效应就越好，距离一般取10～20cm，其中采用α射线不宜大于4～5cm；采用β射线不宜大于40～60cm。

放射线辐射消除器结构简单，不要求外接电源，工作时不会产生火花，适用于有火灾和爆炸危险的场所。使用时要有专人负责保养和定期维修，避免撞击，防止射线的危害。

静电消除器的选择，应根据工艺条件和现场环境等具体情况而定。操作人员要做好消除器的有效工作，不能借口生产操作不便而自行拆除或挪动其位置。

7. 人体的防静电措施

人体的防静电主要是防止带电体向人体放电或人体带静电所造成的危害，具体有以下几个措施。

① 采用金属网或金属板等导电材料遮蔽带电体，可防止带电体向人体放电。操作人员在接触静电带电体时，宜戴用金属线和导电性纤维做的混纺手套，穿防静电工作服。

② 穿防静电工作鞋。防静电工作鞋的电阻为10^5～$10^7\Omega$，穿着后人体所带静电荷可通过防静电工作鞋及时泄漏掉。

③ 在易燃场所入口处，安装硬铝或铜等导电金属的接地通道，操作人员从通道经过后，可以导除人体静电。同时，入口门的扶手也可以采用金属结构并接地，当手触门扶手时可导除静电。

④ 采用导电性地面是一种接地措施，不但能导走设备上的静电，而且有利于导除积累在人体上的静电。导电性地面是指用电阻率$10^6\Omega\cdot cm$以下的材料制成的地面。

相关知识　静电危害及特性

1. 静电的产生与危害

静电通常是指静止的电荷，它是由物体间的相互摩擦或感应而产生的。在工业生产中，静电现象也是很常见的。特别是石油化工部门，塑料、化纤等合成材料生产部门，橡胶制品生产部门，印刷和造纸部门，纺织部门以及其他制造、加工、运输高电阻材料的部门，都会经常遇到有害的静电。

化工生产中，静电的危害主要有三个方面，即引起火灾和爆炸、静电电击和引起生产中各种困难而妨碍生产。

（1）*静电引起爆炸和火灾*　静电放电可引起可燃、易燃液体蒸气、可燃气体以及可燃性粉尘的着火、爆炸。在化工生产中，由静电火花引起爆炸和火灾事故是静电最为严重的危害。

在化工操作过程中，操作人员在活动时，穿的衣服、鞋以及携带的工具与其他物体摩擦时，就可能产生静电。当携带静电荷的人走近金属管道和其他金属物体时，人的手指或脚趾会释放出电火花，往往酿成静电灾害。

（2）*静电电击*　橡胶和塑料制品等高分子材料与金属摩擦时，产生的静电荷往往不易泄漏。当人体接近这些带电体时，就会受到意外的电击。这种电击是由于从带电体向人体发生放电，电流流向人体而产生的。同样，当人体带有较多静电电荷时，电流流向接地体，也会发生电击现象。

静电电击不是电流持续通过人体的电击，而是由静电放电造成的瞬间冲击性电击。这种瞬间冲击性电击不至于直接使人死亡，人大多数只是产生痛感和震颤。但是，在生产现场却可造成指尖负伤，或因为屡遭电击后产生恐惧心理，从而使工作效率下降。

上海某轮胎厂的卧式裁断机上，测得橡胶布静电的电位是20～28kV，当操作人员接近橡胶布时，头发会竖立起来。当手靠近时，会受到强烈的电击。人体受到静电电击时的反应见表4-7。

表4-7　静电电击时人体的反应

静电电压/kV	人体反应	备　注
1.0	无任何感觉	
2.0	手指外侧有感觉但不痛	发生微弱的放电响声
2.5	放电部分有针刺感，有些微颤样的感觉，但不痛	
3.0	有像针刺样的痛感	
4.0	手指有微痛感，好像用针深深地刺一下的痛感	可看到放电时的发光
5.0	手掌至前腕有电击痛感	由指尖延伸放电的发光
6.0	感到手指强烈疼痛，受电击后手腕有沉重感	
7.0	手指、手掌感到强烈疼痛，有麻木感	
8.0	手掌至前腕有麻木感	
9.0	手腕感到强烈疼痛，手麻木而沉重	
10.0	全手感到疼痛和电流流过感	
11.0	手指感到剧烈麻木，全手有强烈的触电感	
12.0	有较强的触电感，全手有被狠打的感觉	

2. 静电的特性

① 化工生产过程中产生的静电电量都很小，但电压却很高，其放电火花的能量大大超过某些物质的最小点火能，所以易引起着火爆炸，因此是很危险的。

② 在绝缘体上静电泄漏很慢，这样就使带电体保留危险状态的时间也长，危险程度相应增加。

③ 绝缘的静电导体所带的电荷平时无法导走，一有放电机会，全部自由电荷将一次经放电点放掉，因此带有相同数量静电荷和表观电压的绝缘的导体要比非导体危险性大。

④ 远端放电（静电于远处放电）。若厂房中一条管道或部件产生了静电，其周围与地绝缘的金属设备就会在感应下将静电扩散到远处，并可在预想不到的地方放电，或使人受到电击。它的放电是发生在与地绝缘的导体上，自由电荷可一次全部放掉，因此危害性很大。

⑤ 尖端放电。静电电荷密度随表面曲率增大而升高，因此在导体尖端部分电荷密度最大，电场最强，能够产生尖端放电。尖端放电可导致火灾、爆炸事故的发生，还可使产品质量受损。

⑥ 静电屏蔽。静电场可以用导体的金属元件加以屏蔽。如可以用接地的金属网、容器等将带静电的物体屏蔽起来，不使外界遭受静电危害。相反，使被屏蔽的物体不受外电场感应起电，也是一种“静电屏蔽”。静电屏蔽在安全生产上被广为利用。

3. 静电对生产的影响

静电对化工生产的影响，主要表现在粉料加工、塑料、橡胶和感光胶片加工工艺过程中。

① 在粉体筛分时，由于静电电场力的作用，筛网吸附了细微的粉末，使筛孔变小，降低了生产效率；在气流输送工序，管道的某些部位由于静电作用，积存一些被输送物料，减小了管道的流通面积，使输送效率降低；在球磨工序里，因为钢球带电而吸附了一层粉末，不但会降低球磨的粉碎效果，而且这一层粉末脱落下来混进产品中，会影响产品细度，降低产品质量；在计量粉体时，由于计量器具吸附粉体，造成计量误差，影响投料或包装重量的正确性；粉体装袋时，因为静电斥力的作用，使粉体四散飞扬，既损失了物料，又污染了环境。

② 在塑料和橡胶行业，由于制品与辊轴的摩擦或制品的挤压或拉伸，会产生较多的静电。因为静电不能迅速消失，会吸附大量灰尘，而为了清扫灰尘要花费很多时间，浪费了工时。塑料薄膜还会因静电作用而缠卷不紧。

③ 在感光胶片行业，由于胶片与辊轴的高速摩擦，胶片静电电压可高达数千至数万伏。如果在暗室发生静电放电的话，胶片将因感光而报废；同时，静电使胶卷基片吸附灰尘或纤维，降低了胶片质量，还会造成涂膜不均匀等。

随着科学技术的现代化，化工生产普遍采用电子计算机，静电的存在可能会影响电子计算机的正常运行，致使系统发生误动作而影响生产。

但静电也有着可被利用的一面。静电技术作为一项先进技术，在工业生产中已得到了越来越广泛的应用。如静电除尘、静电喷漆、静电植绒、静电选矿、静电复印等，都是利用静电的特点来进行工作的。它们是利用外加能源来产生高压静电场，与生产工艺过程中产生的有害静电不尽相同。

任务三 防雷技术

知识目标：能陈述雷电的特征及其危害；能说明雷电防护的主要内容。

能力目标：初步具备针对具体设施或装置制定正确的防雷电措施的能力。

雷电是一种自然现象，其强大的电流和冲击电压可以产生巨大的破坏力。只有针对不同的设施装置，采取适当的防护措施，才能防止或降低雷电引起的各种破坏。

一、案例

1989 年 8 月 12 日 8：55，位于山东省胶州湾东岸的黄岛油库突然爆炸起火。随后不久，4#、3#、2#、1#罐相继爆裂起火。大火迅速向四周蔓延，整个库区成为一片火海。大火还随流淌的原油向低处的海岸蔓延，烧毁了沿途的建筑。截至 8 月 16 日 18：00，大火共燃烧了 104h 后才被扑灭。这次事故共有 19 人在灭火过程中牺牲，78 人受伤；大火烧毁了 5 座油罐、36000t 原油，并烧毁了沿途建筑；还有 600t 原油泄入海洋，造成海面污染、海路和陆路阻断。据测算，这次事故共造成经济损失高达 8500 万元。

据设在黄岛油库内的闪电定位仪监测显示，在首先起火爆炸的 5#罐约 100m 附近有雷击发生，而 5#罐顶及其上方的屏蔽金属网和四角的 30m 高避雷针都没有遭受直击雷的痕迹。5#罐因腐蚀造成钢筋断裂形成开口，罐体上方的屏蔽网因“u”形卡松动也可能形成开口，雷击感应造成开口之间产生放电火花，火花引起油蒸气燃烧并最终导致油罐爆炸。

二、建筑物的防雷技术

建筑物应根据其重要性、使用性质、发生雷电事故的可能性和后果，按防雷要求分为三类：第一类防雷建筑物、第二类防雷建筑物、第三类防雷建筑物。建筑物防雷类别不同，防雷技术不同。

1. 建筑物防雷分类

(1) *第一类防雷建筑物* 在可能发生对地闪击的地区，遇下列情况之一时，应划为第一类防雷建筑物。

① 凡制造、使用或贮存火炸药及其制品的危险建筑物，因电火花而引起爆炸、爆轰，会造成巨大破坏和人身伤亡者。

② 具有 0 区或 20 区爆炸危险场所的建筑物。

③ 具有 1 区或 21 区爆炸危险场所的建筑物，因电火花而引起爆炸，会造成巨大破坏和人身伤亡者。

(2) *第二类防雷建筑物* 在可能发生对地闪击的地区，遇下列情况之一时，应划为第二类防雷建筑物。

① 国家级重点文物保护的建筑物。

② 国家级的会堂、办公建筑物、大型展览和博览建筑物、大型火车站和飞机场、国宾馆，国家级档案馆、大型城市的重要给水泵房等特别重要的建筑物（飞机场不含停放飞机的露天场所和跑道）。

③ 国家级计算中心、国际通信枢纽等对国民经济有重要意义的建筑物。

④ 国家特级和甲级大型体育馆。

⑤ 制造、使用或贮存火炸药及其制品的危险建筑物，且电火花不易引起爆炸或不致造成巨大破坏和人身伤亡者。

⑥ 具有 1 区或 21 区爆炸危险场所的建筑物，且电火花不易引起爆炸或不致造成巨大破坏和人身伤亡者。

⑦ 具有 2 区或 22 区爆炸危险场所的建筑物。

⑧ 有爆炸危险的露天钢质封闭气罐。

⑨ 预计雷击次数大于 0.05 次/a 的部、省级办公建筑物和其他重要或人员密集的公共建筑物以及火灾危险场所。

⑩ 预计雷击次数大于 0.25 次/a 的住宅、办公楼等一般性民用建筑物或一般性工业建筑物。

（3）*第三类防雷建筑物* 在可能发生对地闪击的地区，遇下列情况之一时，应划为第三类防雷建筑物。

① 省级重点文物保护的建筑物及省级档案馆。

② 预计雷击次数大于或等于 0.01 次/a，且小于或等于 0.05 次/a 的部、省级办公建筑物和其他重要或人员密集的公共建筑物，以及火灾危险场所。

③ 预计雷击次数大于或等于 0.05 次/a，且小于或等于 0.25 次/a 的住宅、办公楼等一般性民用建筑物或一般性工业建筑物。

④ 在平均雷暴日大于 15d/a 的地区，高度在 15m 及以上的烟囱、水塔等孤立的高耸建筑物；在平均雷暴日小于或等于 15d/a 的地区，高度在 20m 及以上的烟囱、水塔等孤立的高耸建筑物。

2. 建筑物的防雷措施

（1）*基本规定*

① 各类防雷建筑物应设防直击雷的外部防雷装置，并应采取防闪电电涌侵入的措施。第一类防雷建筑物和第二类防雷建筑物中⑤～⑦条情形的建筑物，应采取防闪电感应的措施。

② 各类防雷建筑物应设内部防雷装置，并应符合相关规定。

③ 外部防雷装置与建筑物金属体、金属装置、建筑物内系统之间，尚应满足间隔距离的要求。

④ 第二类防雷建筑物中②～④条情形的建筑物，应采取防雷击电磁脉冲的措施。

⑤ 其他各类防雷建筑物，当其建筑物内系统所接设备的重要性高，以及所处雷击磁场环境和加于设备的闪电电涌无法满足要求时，也应采取防雷击电磁脉冲的措施。防雷击电磁脉冲的措施应符合《建筑物防雷设计规范》（GB 50057—2010）规定。

（2）*第一类防雷建筑物的防雷措施*

① 防直击雷。应装设独立接闪杆或架空接闪线或网。架空接闪网的网格尺寸不应大于 5m×5m 或 6m×4m。排放爆炸危险气体、蒸气或粉尘的放散管、呼吸阀、排风管等的管口

外的以下空间应处于接闪器的保护范围内，并应符合规定要求。排放爆炸危险气体、蒸气或粉尘的放散管、呼吸阀、排风管等，当其排放物达不到爆炸浓度、长期点火燃烧、排放就点火燃烧，以及发生事故时排放物才达到爆炸浓度的通风管、安全阀，接闪器的保护范围可仅保护到管帽，无管帽时可仅保护到管口。

独立接闪杆的杆塔、架空接闪线的端部和架空接闪网的每根支柱处应至少设一根引下线。对用金属制成或有焊接、绑扎连接钢筋网的杆塔、支柱，宜利用金属杆塔或钢筋网作为引下线。独立接闪杆和架空接闪线或网的支柱及其接地装置至被保护建筑物及与其有联系的管道、电缆等金属物之间的间隔距离，应符合规定且不得小于 3m。架空接闪网至屋面和各种突出屋面的风帽、放散管等物体之间的间隔距离，应符合规定且不得小于 3m。独立接闪杆、架空接闪线或架空接闪网应设独立的接地装置，每一引下线的冲击接地电阻不宜大于 10Ω。在土壤电阻率高的地区，可适当增大冲击接地电阻，但在 3000Ωm 以下的地区，冲击接地电阻不应大于 30Ω。

② 防闪电感应。建筑物内的设备、管道、构架、电缆金属外皮、钢屋架、钢窗等较大金属物和突出屋面的放散管、风管等金属物，均应接到防闪电感应的接地装置上。金属屋面周边每隔 18～24m 应采用引下线接地一次。现场浇灌的或用预制构件组成的钢筋混凝土屋面，其钢筋网的交叉点应绑扎或焊接，并应每隔 18～24m 采用引下线接地一次。

平行敷设的管道、构架和电缆金属外皮等长金属物，其净距小于 100mm 时，应采用金属线跨接，跨接点的间距不应大于 30m；交叉净距小于 100mm 时，其交叉处也应跨接。当长金属物的弯头、阀门、法兰盘等连接处的过渡电阻大于 0.03Ω 时，连接处应用金属线跨接。对有不少于 5 根螺栓连接的法兰盘，在非腐蚀环境下，可不跨接。

防雷电感应的接地装置应与电气和电子系统的接地装置共用，其工频接地电阻不宜大于 10%。防闪电感应的接地装置与独立接闪杆、架空接闪线或架空接闪网的接地装置之间的间隔距离，应符合相关规定。当屋内设有等电位连接的接地干线时，其与防闪电感应接地装置的连接不应少于 2 处。

③ 防闪电电涌侵入。室外低压配电线路应全线采用电缆直接埋地敷设，在入户处应将电缆的金属外皮、钢管接到等电位连接带或防闪电感应的接地装置上。当全线采用电缆有困难时，应采用钢筋混凝土杆和铁横担的架空线，并应使用一段金属铠装电缆或护套电缆穿钢管直接埋地引入。架空线与建筑物的距离不应小于 15m。

在电缆与架空线连接处，应装设户外型电涌保护器。电涌保护器、电缆金属外皮、钢管和绝缘子铁脚、金具等应连在一起接地，其冲击接地电阻不宜大于 30Ω。所装设的电涌保护器应选用Ⅰ级试验产品，其电压保护水平应小于或等于 2.5kV，其每一保护模式应选冲击电流等于或大于 10kA；若无户外型电涌保护器，应选用户内型电涌保护器，其使用温度应满足安装处的环境温度，并应安装在防护等级 IP54 的箱内。其他要求按标准执行。

(3) 第二类防雷建筑物的防雷措施

第二类防雷建筑物外部防雷的措施宜采用装设在建筑物上的接闪网、接闪带或接闪杆，也可采用由接闪网、接闪带或接闪杆混合组成的接闪器。接闪网、接闪带应按规范的规定沿屋角、屋脊、屋檐和檐角等易受雷击的部位敷设，并应在整个屋面组成不大于 10m×10m 或 12m×8m 的网格。当建筑物高度超过 45m 时，首先应沿屋顶周边敷设接闪带，接闪带应设在外墙外表面或屋檐边垂直面上，也可设在外墙外表面或屋檐边垂直面外。接闪器之间应互相连接。

(4) 第三类防雷建筑物的防雷措施

第三类防雷建筑物外部防雷的措施宜采用装设在建筑物上的接闪网、接闪带或接闪杆，也可采用由接闪网、接闪带或接闪杆混合组成的接闪器。接闪网、接闪带应按规范的规定沿屋角、屋脊、屋檐和檐角等易受雷击的部位敷设，并应在整个屋面组成不大于20m×20m或24m×16m的网格。当建筑物高度超过60m时，首先应沿屋顶周边敷设接闪带，接闪带应设在外墙外表面或屋檐边垂直面上，也可设在外墙外表面或屋檐边垂直面外。接闪器之间应互相连接。

(5) 其他防雷措施

当一座防雷建筑物中兼有第一、二、三类防雷建筑物时，其防雷分类和防雷措施如下。

① 当第一类防雷建筑物部分的面积占建筑物总面积的30%及以上时，该建筑物宜确定为第一类防雷建筑物。

② 当第一类防雷建筑物部分的面积占建筑物总面积的30%以下，且第二类防雷建筑物部分的面积占建筑物总面积的30%及以上时；或当这两部分防雷建筑物的面积均小于建筑物总面积的30%，但其面积之和又大于30%时，该建筑物宜确定为第二类防雷建筑物。但对第一类防雷建筑物部分的防雷电感应和防闪电电涌侵入，应采取第一类防雷建筑物的保护措施。

③ 当第一、二类防雷建筑物部分的面积之和小于建筑物总面积的30%，且不可能遭直接雷击时，该建筑物可确定为第三类防雷建筑物；但对第一、二类防雷建筑物部分的防雷电感应和防闪电电涌侵入，应采取各自类别的保护措施；当可能遭直接雷击时，宜按各自类别采取防雷措施。

当一座建筑物中仅有一部分为第一、二、三类防雷建筑物时，其防雷措施如下。

① 当防雷建筑物部分可能遭直接雷击时，宜按各自类别采取防雷措施。

② 当防雷建筑物部分不可能遭直接雷击时，可不采取防直击雷措施，可仅按各自类别采取防闪电感应和防闪电电涌侵入的措施。

③ 当防雷建筑物部分的面积占建筑物总面积的50%以上时，该建筑物相关规定采取防雷措施。

三、化工设备的防雷技术

1. 金属贮罐的防雷技术

① 当罐顶钢板厚度大于4mm，且装有呼吸阀时，可不装设防雷装置。但油罐体应作良好的接地，接地点不少于两处，间距不大于30m，其接地装置的冲击接地电阻不大于30Ω。

② 当罐顶钢板厚度小于4mm时，虽装有呼吸阀，也应在罐顶装设避雷针，且避雷针与呼吸阀的水平距离不应小于3m，保护范围高出呼吸阀不应小于2m。

③ 浮顶油罐（包括内浮顶油罐）可不设防雷装置，但浮顶与罐体应有可靠的电气连接。

④ 易燃液体的敞开贮罐应设独立避雷针，其冲击接地电阻不大于5Ω。

⑤ 覆土厚度大于0.5m的地下油罐，可不考虑防雷措施，但呼吸阀、量油孔、采气孔

应做良好接地。接地点不少于两处，冲击接地电阻不大于 10Ω。

2. 非金属贮罐的防雷技术

非金属易燃液体的贮罐应采用独立的避雷针，以防止直接雷击，同时还应有感应雷措施。避雷针冲击接地电阻不大于 30Ω。

3. 户外架空管道的防雷技术

① 户外输送可燃气体、易燃或可燃体的管道，可在管道的始端、终端、分支处、转角处以及直线部分每隔 100m 处接地，每处接地电阻不大于 30Ω。

② 当上述管道与爆炸危险厂房平行敷设而间距小于 10m 时，在接近厂房的一段，其两端及每隔 30～40m 应接地，接地电阻不大于 20Ω。

③ 当上述管道连接点（弯头、阀门、法兰盘等）不能保持良好的电气接触时，应用金属线跨接。

④ 接地引下线可利用金属支架，若是活动金属支架，在管道与支持物之间必须增设跨接线；若是非金属支架，必须另作引下线。

⑤ 接地装置可利用电气设备保护接地的装置。

四、人体的防雷技术

雷电活动时，由于雷云直接对人体放电，产生对地电压或二次反击放电，都可能对人造成电击。因此，应注意必要的安全要求。

① 雷电活动时，非工作需要，应尽量少在户外或旷野逗留；在户外或野外处最好穿塑料等不浸水的雨衣；如有条件，可进入有宽大金属构架或有防雷设施的建筑物、汽车或船只内；如依靠建筑物屏蔽的街道或高大树木屏蔽的街道躲避时，要注意离开墙壁和树干距离 8m 以上。

② 雷电活动时，应尽量离开小山、小丘或隆起的小道，应尽量离开海滨、湖滨、河边、池旁，应尽量离开铁丝网、金属晾衣绳以及旗杆、烟囱、高塔、孤独的树木附近，还应尽量离开没有防雷保护的小建筑物或其他设施。

③ 雷电活动时，在户内应注意雷电侵入波的危险，应离开照明线、动力线、电话线、广播线、收音机电源线、收音机和电视机天线以及与其相连的各种设备，以防止这些线路或设备对人体的二次放电。调查资料说明，户内 70％以上的人体二次放电事故发生在相距 1m 以内的场合，相距 1.5m 以上的尚未发现死亡事故。由此可见，在发生雷电时，人体最好离开可能传来雷电侵入波的线路和设备 1.5m 以上。应当注意，仅仅拉开开关防止雷击是不起作用的。雷电活动时，还应注意关闭门窗，防止球形雷进入室内造成危害。

④ 防雷装置在接受雷击时，雷电流通过会产生很高电位，可引起人身伤亡事故。为防止反击发生，应使防雷装置与建筑物金属导体间的绝缘介质网络电压大于反击电压，并划出一定的危险区，人员不得接近。

⑤ 当雷电流经地面雷击点的接地体流入周围土壤时，会在它周围形成很高的电位，如有人站在接地体附近，就会受到雷电流所造成的跨步电压的危害。

⑥ 当雷电流经引下线接地装置时，由于引下线本身和接地装置都有阻抗，因而会产生较高的电压降，这时人若接触，就会受接触电压危害，均应引起人们注意。

⑦ 为了防止跨步电压伤人，防直击雷接地装置距建筑物、构筑物出入口和人行道的距

离不应少于 3m。当小于 3m 时，应采取接地体局部深埋、隔以沥青绝缘层、敷设地下均压条等安全措施。

五、防雷装置的检查

为了使防雷装置具有可靠的保护效果，不仅要有合理的设计和正确的施工，还要建立必要的维护保养制度，进行定期和特殊情况下的检查。

① 对于重要设施，应在每年雷雨季节之前做定期检查。对于一般性设施，应每 2～3 年在雷雨季节前做定期检查。如有特殊情况，还要做临时性的检查。

② 检查是否由于维修建筑物或建筑物本身变形，使防雷装置的保护情况发生变化。

③ 检查各处明装导体有无因锈蚀或机械损伤而折断的情况，如发现锈蚀在 30%以上，则必须及时更换。

④ 检查接闪器有无因遭受雷击而发生熔化或折断，避雷器瓷套有无裂纹、碰伤的情况，并应定期进行预防性试验。

⑤ 检查接地线在距地面 2m 至地下 0.3m 的保护处有无被破坏的情况。

⑥ 检查接地装置周围的土壤有无沉陷现象。

⑦ 测量全部接地装置的接地电阻，如发现接地电阻有很大变化，应对接地系统进行全面检查，必要时设法降低接地电阻。

⑧ 检查有无因施工挖土、敷设其他管道或种植树木而损坏接地装置的情况。

相关知识　雷电及常用防雷装置

一、雷电的形成、分类及危害

1. 雷电的分类

雷电的种类可分为直击雷、感应雷（雷电感应）、雷电波侵入及球雷四种。

（1）*直击雷*　大气中带有电荷的雷云对地电压可高达几十万千伏。当雷云同地面凸出物之间的电场强度达到该空间的击穿强度时所产生的放电现象，就是通常所说的雷击。这种对地面凸出物直接的雷击称为直击雷。

（2）*感应雷*　也称雷电感应，分为静电感应和电磁感应两种。静电感应是在雷云接近地面，在架空线路或其他凸出物顶部感应出大量电荷引起的。在雷云与其他部位放电后，架空线路或凸出物顶部的电荷失去束缚，以雷电波的形式，沿线路或凸出物极快地传播。电磁感应是由雷击后伴随的巨大雷电流在周围空间产生迅速变化的强磁场引起的。这种磁场能使附近金属导体或金属结构感应出很高的电压。

（3）*雷电波侵入*　由于雷电对架空线路或金属导体的作用，所产生的雷电波就可能沿着这些导体侵入屋内危及人身安全或损坏设备。雷电波侵入而引起的雷电火灾和人身伤亡的损失也是很大的。

（4）*球雷*　关于球雷的研究，还没有完整的理论。通常认为它是一个炽热的等离子体，温度极高并发出紫色或红色的发光球体。大多数球雷的直径在 10～100cm。球雷多在强雷暴发生时出现，可沿地面滚动或在空气中飘行，能经烟囱、门窗和其他缝隙进入建筑物内部，或无声无息地消失，或发生剧烈爆炸，造成人身伤亡或使建筑物遭受严重破坏，有时甚至引起火灾和爆炸事故。

2. 雷电的危害

雷击时，雷电流很大，其值可达数十至数千安培，同时雷电压也极高。因此，雷电有很大的破坏力，会造成设备或设施的损坏、可击坏建筑物、引起爆炸或燃烧、造成人畜的伤亡等。雷电对人类生命和财产造成的重大损失，其危害主要有以下几个方面。

(1) *电性质破坏* 雷电放电产生极高的冲击电压，可击穿电气设备的绝缘，损坏电气设备和线路，造成大面积停电。由于绝缘损坏还会引起短路，导致火灾或爆炸事故。绝缘的损坏为高压窜入低压、设备漏电创造了危险条件，并可能造成严重的触电事故。巨大的雷电流流入地下，会在雷击点及其连接的金属部分产生极大的对地电压，也可直接导致因接触电压或跨步电压而产生的触电事故。

(2) *热性质破坏* 强大雷电流通过导体时，在极短的时间将转换为大量热量，产生的高温会造成易燃物燃烧，或金属熔化飞溅，而引起火灾、爆炸。

(3) *机械性质破坏* 由于热效应使雷电通道中木材纤维缝隙或其他结构中缝隙里的空气剧烈膨胀，同时使水分及其他物质分解为气体，因而在被雷击物体内部出现强大的机械压力，使被击物体遭受严重破坏或造成爆裂。

(4) *电磁感应* 雷电的强大电流所产生的强大交变电磁场会使导体感应出较大的电动势，并且还会在构成闭合回路的金属物中感应出电流，这时如果回路中有的地方接触电阻较大，就会发生局部发热或发生火花放电，这对于存放易燃、易爆物品的场所是非常危险的。

(5) *雷电波入侵* 雷电在架空线路、金属管道上会产生冲击电压，使雷电波沿线路或管道迅速传播。若侵入建筑物内，可造成配电装置和电气线路绝缘层击穿，产生短路，或使建筑物内易燃易爆品燃烧和爆炸。

(6) *防雷装置上的高电压对建筑物的反击作用* 当防雷装置受雷击时，在接闪器、引下线和接地体上均具有很高的电压。如果防雷装置与建筑物内、外的电气设备、电气线路或其他金属管道的相隔距离很近，它们之间就会产生放电，这种现象称为反击。反击可能引起电气设备绝缘破坏，金属管道烧穿，甚至造成易燃、易爆品着火和爆炸。

(7) *雷电对人的危害* 雷击电流若迅速通过人体，可立即使人的呼吸中枢麻痹，心室颤动、心跳骤停，以致使脑组织及一些主要脏器受到严重损坏，出现休克甚至突然死亡。雷击时产生的火花、电弧，还会使人遭到不同程度的灼伤。

二、常用防雷装置的种类与作用

常用防雷装置主要包括避雷针、避雷线、避雷网、避雷带、保护间隙及避雷器。完整的防雷装置包括接闪器、引下线和接地装置。而上述避雷针、避雷线、避雷网、避雷带及避雷器实际上都只是接闪器。除避雷器外，它们都是利用其高出被保护物的突出地位，把雷电引向自身，然后通过引下线和接地装置把雷电电流泄入大地，使被保护物免受雷击。各种防雷装置的具体作用如下。

(1) *避雷针* 主要用来保护露天变配电设备及比较高大的建（构）筑物。它是利用尖端放电原理，避免设置处所遭受直接雷击。

(2) *避雷线* 主要用来保护输电线路，线路上的避雷线也称为架空地线。避雷线可以限制沿线路侵入变电所的雷电冲击波幅值及陡度。

（3）避雷网　主要用来保护建（构）筑物。分为明装避雷网和笼式避雷网两大类。沿建筑物上部明装金属网格作为接闪器，沿外墙装引下线接到接地装置上，称为明装避雷网，一般建筑物中常采用这种方法。而把整个建筑物中的钢筋结构连成一体，构成一个大型金属网笼，称为笼式避雷网。笼式避雷网又分为全部明装避雷网、全部暗装避雷网和部分明装部分暗装避雷网等几种。如高层建筑中都用现浇的大模板和预制装配式壁板，结构中钢筋较多，把它们从上到下与室内的上下水管、热力管网、煤气管道、电气管道、电气设备及变压器中性点等均连接起来，形成一个等电位的整体，叫做笼式暗装避雷网。

（4）避雷带　主要用来保护建（构）筑物。该装置包括沿建筑物屋顶四周易受雷击部位明设的金属带、沿外墙安装的引下线及接地装置构成。多用在民用建筑，特别是山区的建筑。

一般而言，使用避雷带或避雷网的保护性能比避雷针的要好。

（5）保护间隙　是一种最简单的避雷器。将它与被保护的设备并联，当雷电波袭来时，间隙先行被击穿，把雷电流引入大地，从而避免被保护设备因高幅值的过电压而被击穿。保护间隙的原理结构如图 4-14 所示。

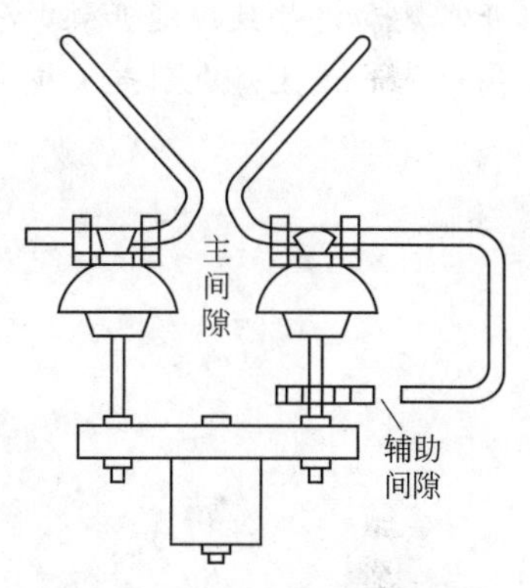

图 4-14　保护间隙的原理结构

保护间隙主要由直径 6～9mm 的镀锌圆钢制成的主间隙和辅助间隙组成。主间隙做成羊角型，以便其间产生电弧时，因空气受热上升，被推移到间隙的上方，拉长而熄灭。因为主间隙暴露在空气中，比较容易短接，所以加上辅助间隙，防止意外短路。保护间隙的击穿电压应低于被保护设备所能承受的最高电压。

用于 3kV、6kV、10kV 电网的保护间隙分别为 8mm、15mm、25mm，辅助间隙分别为 5mm、10mm、10mm。保护间隙的灭弧能力有限，主要用于缺乏其他避雷器的场合。为了提高供电可靠性，送电端应装设自动重合闸，以弥补保护间隙不能熄灭电弧而形成相间短路的缺点；保护变压器的保护间隙宜装在高压熔断器里侧，以缩小停电范围。

（6）避雷器　主要用来保护电力设备，是一种专用的防雷设备。分为管型和阀型两类。它可进一步防止沿线路侵入变电所或变压器的雷电冲击波对电气设备的破坏。防雷电波的接地电阻一般不得大于 5～30Ω，其中阀型避雷器的接地电阻不得大于 5～10Ω。

复习思考题

1. 简述电流对人体的作用。
2. 化工生产中应采用哪些防触电措施？
3. 化工企业职工应如何进行触电急救？
4. 在化工生产中的静电危害主要发生在哪些环节？
5. 防止静电危害可采取哪些措施？
6. 雷电有哪些危害？
7. 化工生产中应采取哪些防雷措施？

案例分析

根据下列案例，试分析事故产生的原因或制定应对措施。

【案例 1】 1981 年 4 月，河北省某油漆厂发生火灾事故，重伤 7 人，轻伤 3 人。事故的原因是，对输送苯、汽油等易燃物品的设备和管道在设计时没有考虑静电接地装置，以致物料流动摩擦产生的静电不能及时导出，积累形成很高的电位，放电火花导致油漆稀料着火。

【案例 2】 1982 年 7 月，吉林省某有机化工厂从国外引进的乙醇装置中，乙烯压缩机的公称直径 150mm 的二段缸出口管道上，因设计时考虑不周，在离机体 2.1m 处焊有一根公称直径 25mm 立管，在长 284mm 的端部焊有一个重 18.5kg 的截止阀，在试车时由于压缩机开车震动，导致焊缝开裂，管内压力高达 0.75MPa，使浓度为 80%的乙烯气体冲出，由于高速气流产生静电引起火灾。

单元五
化学反应的安全技术

化工生产过程就是通过化学反应改变物质的物理化学性质的过程。一方面，化学反应过程本身存在着危险性；另一方面，化学反应生成的新物质又出现了新的危险性。认识各种化学反应过程的危险性质，才能有针对性地采取安全对策措施。

氧化、还原、硝化等反应是化工生产中最常见的化学反应。这些化学反应有不同的工艺条件、操作规程和安全技术。

任务一 氧化反应的安全技术

知识目标：能陈述氧化反应的安全技术要点。

能力目标：初步具备针对具体的氧化反应设施或环节制定正确的安全技术措施的能力。

一、案例

2009年4月9日17时25分左右，某生产碱性染料的化工厂在进行转料操作时发生爆炸起火，造成1人重伤，直接经济损失60余万元。

4月9日17时10分左右，该化工厂碱性染料生产车间的当班班长甲和另一名操作工乙在做下班前的收尾工作，将氧化反应釜内的物料放出并将反应釜清理干净。甲在一楼，乙在二楼操作平台。甲先去一楼西侧氧气房顺次关闭了氧气瓶阀门和减压阀阀门，然后又回到二楼关闭氧化反应釜搅拌机电源，接着又打开氧化反应釜上方的人孔盖，同时通知乙放料。乙打开了氧化反应釜下方的放料阀后，启动了转料离心泵，开始放料。17时25分左右，在二楼操作平台的乙观察到氧化反应釜内的物料基本放完时，用乙醇冲洗一下釜壁，过了一会儿告诉在一楼操作的甲停止放料。于是甲先去关闭了转料离心泵电源，然后又去关闭氧化反应釜下方的放料阀门。乙在告诉完甲停止放料后转身想下楼，刚离开氧化釜1m多的距离，氧化反应釜就发生了爆炸。爆炸造成氧化反应釜椭圆下封头与釜体直筒段焊缝处发生脱落，脱落的椭圆封头将乙的腿部砸伤，幸无生命危险，爆炸同时引燃了车间内的电线和包装物，消防官兵及时赶到将火扑灭。

事故原因：甲违反岗位操作规程，先关闭了抽料泵电源，然后去关闭氧化反应釜下方的放料阀，导致存余在PP管道中的易燃液体（主要是乙醇）回流至氧化反应釜内，此时釜内温度高于常温，氧含量高于正常空气中氧含量。转料和物料倒流时产生的静电放电形成的电火花引爆了氧化釜内已达到爆炸条件的乙醇-富氧空气混合气体，造成釜内爆炸。

二、氧化反应的安全技术要点

1. 氧化温度控制

氧化反应需要加热，反应过程又会放热，特别是催化气相氧化反应一般都是在 250～600℃的高温下进行。有的物质的氧化（如氨、乙烯和甲醇蒸气在空中的氧化），其物料配比接近于爆炸下限，倘若配比失调，温度控制不当，极易爆炸起火。

2. 氧化物质的控制

被氧化的物质大部分是易燃易爆物质。如乙烯氧化制取环氧乙烷，乙烯是易燃气体，爆炸极限为 2.7%～34%，自燃点为 450℃；甲苯氧化制取苯甲酸，甲苯是易燃液体，其蒸气易与空气形成爆炸性混合物，爆炸极限为 1.2%～7%；甲醇氧化制取甲醛，甲醇是易燃液体，其蒸气与空气的爆炸极限为 6%～36.5%。

氧化剂具有很大的火灾危险性。如高锰酸钾、氯酸钾、铬酸酐等，由于具有很强的助燃性，遇高湿或受撞击、摩擦以及与有机物、酸类接触，均能引起燃烧或爆炸。有机过氧化物不仅具有很强的氧化性，而且大部分是易燃物质，有的对温度特别敏感，遇高温则爆炸。

氧化产品有些也具有火灾危险性，某些氧化过程中还可能生成危险性较大的过氧化物，如乙醛氧化生产醋酸的过程中有过氧醋酸生成，性质极不稳定，受高温、摩擦或撞击便会分解或燃烧。对某些强氧化剂，环氧乙烷是可燃气体；硝酸虽是腐蚀性物品，但也是强氧化剂；含 37.6%的甲醛水溶液是易燃液体，其蒸气的爆炸极限为 7.7%～73%。

3. 氧化过程的控制

在采用催化氧化过程时，无论是均相或是非均相的，一般以空气或纯氧为氧化剂，可燃的烃或其他有机物与空气或氧的气态混合物在一定的浓度范围内，如引燃就会发生分支连锁反应，火焰迅速蔓延，在很短时间内，温度急剧增高，压力也会剧增，而引起爆炸。氧化过程中如以空气和纯氧作氧化剂时，反应物料的配比应尽量控制在爆炸范围之外。空气进入反应器之前，应经过气体净化装置，清除空气中的灰尘、水汽、油污以及可使催化剂活性降低或中毒的杂质，以保持催化剂的活性，减少起火和爆炸的危险。

氧化反应器有卧式和立式两种，内部填装有催化剂。一般多采用立式，因为这种形式催化剂装卸方便，而且安全。

在催化氧化过程中，对于放热反应，应控制适宜的温度、流量，防止超温、超压和混合气处于爆炸范围。为了防止氧化反应器在发生爆炸或燃烧时危及人身和设备安全，在反应器前后管道上应安装阻火器，阻止火焰蔓延，防止回火，使燃烧不致影响其他系统。为了防止反应器发生爆炸，应有泄压装置，对于工艺控制参数，应尽可能采用自动控制或自动调节，以及警报联锁装置。使用硝酸、高锰酸钾等氧化剂进行氧化时要严格控制加料速度，防止多加、错加。固体氧化剂应该粉碎后使用，最好呈溶液状态使用，反应时要不间断地搅拌。

使用氧化剂氧化无机物，如使用氯酸钾氧化制备铁蓝颜料时，应控制产品烘干温度不超过燃点，在烘干之前用清水洗涤产品，将氧化剂彻底除净，防止未反应的氯酸钾引起烘干物料起火。有些有机化合物的氧化，特别是在高温下的氧化反应，在设备及管道内可能产生焦化物，应及时清除以防自燃，清焦一般在停车时进行。

氧化反应使用的原料及产品，应按有关危险品的管理规定，采取相应的防火措施，如隔离存放、远离火源、避免高温和日晒、防止摩擦和撞击等。如是电介质的易燃液体或气体，应安装能消除静电的接地装置。在设备系统中宜设置氮气、水蒸气灭火装置，以便能及时扑灭火灾。

任务二　还原反应的安全技术

知识目标：能陈述还原反应的安全技术要点。

能力目标：初步具备针对具体的还原反应设施或环节制定正确的安全技术措施的能力。

一、案例

2017 年 2 月 17 日 8 时 50 分，吉林省某石油化工股份有限公司江南项目发生较大爆炸事故，造成 3 人死亡，直接经济损失约 590 万元。

2017 年 2 月 12 日，加氢车间汽油改质装置试车，12 日下午，加氢车间主任主持召开了车间管理人员会议，要求操作人员禁止将汽油硫化过程中产生的酸性水向平台和地面直排，应打通汽油低分罐至原料水罐流程密闭排放。13 日 0 时左右，汽油加氢装置技术员在操作室内发现 DCS 显示汽油低分罐界位显示 100%，现场实际确认汽油低分罐酸性水界位显示 40%左右，因此确认原料水罐介质气液混相造成 DCS 界面假信号。按照 12 日下午的工作会议安排，汽油加氢装置技术员联系柴油加氢装置技术员接收酸性水。柴油加氢装置技术员打开汽油改质装置至酸性水汽提装置界区阀门及原料水罐进口管线上的阀门后，开始接收汽油改质装置排放的酸性水。0 时 13 分至 0 时 22 分、0 时 41 分至 0 时 59 分，含油酸性水先后两次排入原料水罐，共排放 27min。加氢车间在 2016 年 11 月 20 日单机启动前安全检查时即发现原料水罐缺少液位计，但汽油加氢装置技术员未认真履行职责，在《单机 PSSR 检查问题汇总表》中，把原料水罐顶远传液位计未安装的问题完成进度情况填写为“完成”上报给公司生产技术部。直至 2017 年 2 月 10 日试生产运行时，汽油加氢装置技术员又发现原料水罐远传液位计依然未安装。16 日，由于新采购的远传液位计要 4 天后才能到货，仪表车间主任遂安排仪表车间人员甲、乙、丙三人拆卸一台旧远传液位计，安装在原料水罐上。17 日 7 时 56 分，仪表车间主任联系保运单位派人进行原料水罐远传液位计安装作业，保运单位派焊工丁、监护人戊及 1 名钳工前去进行作业。因液位计安装需要在罐顶开孔，涉及动火作业，8 时，仪表车间作业人员乙去加氢车间开具动火作业许可证。8 时 20 分，保运单位焊工丁和监护人戊到达现场准备作业。仪表车间员工甲、乙、丙也一同去加氢车间准备进行安装作业。8 时 10 分，加氢车间工艺副主任得知动火作业后，临时通知汽油加氢装置运行一班班长安排操作工庚到动火作业现场专人进行监护。8 时 30 分，仪表人员乙向加氢车间安全员提出动火作业申请；8 时 40 分，加氢车间安全员和仪表车间安全员（作业人员乙）用便携式气体报警仪对原料水罐周边环境进行了检测，然后回加氢车间找到加氢车间工艺副主任进行审批，工艺副主任在审批人处签字后将全部三联动火作业许可证交给仪表车间安全员乙，乙携带动火作业许可证前往作业现场。钳工在作业许可证作业申请人一栏签字，焊工丁在作业人处签字，监护人戊在作业单位监护人员处签字。同时，加氢车间安全员在作业审核人一栏签字，加氢车间操作工庚在属地监护人处签字。工艺车间副主任越权审批动火作业许可证后未将此次动火作业通知柴油加氢装置工艺技术员，柴油加氢装置工艺技术员对原料水罐动火作业不知情。仪表人员甲在作业未开始时因临时接到其他通知而离开作业现场，操作工庚在动火作业许可证签字后，也未在原料水罐动火现场进行监护，擅自离开动火作业现场。8时45分左右，保运单位焊工丁、仪表车间员工乙和丙3人到达原料水罐顶部进行开孔作业，其中焊工丁负责动火开孔作业；仪表车间员工乙、丙负责远传液位计安装开孔位置的标注及远传液位计安装，保运单位监护人戊在罐底附近进行监护及传递工具。8时50分左右，水罐顶盖被割透，随即发生闪爆。原料水罐锥形顶盖被爆炸冲击波崩飞至东南侧42m处的循环水厂晾水塔顶部，造成仪表车间员工乙、丙当场死亡，焊工丁重伤，在送往医院途中死亡。

事故原因：造成此事故的直接原因是作业人员在安装原料水罐远传液位计动火作业中，引爆罐内可燃气体，发生爆炸。但是加氢车间管理混乱，职责不清，安全制度不落实，柴油加氢岗位未建立岗位交接班记录，班组工艺操作情况交接不清，2月13日零点班交接工作中，班长在交接班记录和汽改装置反应岗交接班记录中均未将酸性水流程投用操作内容进行交接。最后导致车间技术管理人员、岗位人员不知道酸性水流程投用，原料水罐存有易燃易爆介质，埋下了重要的安全隐患，导致了事故的发生。

二、还原反应的安全技术要点

1. 利用初生态氢还原的安全

利用铁粉、锌粉等金属和酸、碱作用产生初生态氢，起还原作用。如硝基苯在盐酸溶液中被铁粉还原成苯胺。

铁粉和锌粉在潮湿空气中遇酸性气体时可能引起自燃，在储存时应特别注意。

反应时酸、碱的浓度要控制适宜，浓度过高或过低均使产生初生态氢的量不稳定，使反应难以控制。反应温度也不宜过高，否则容易突然产生大量氢气而造成冲料。反应过程中应注意搅拌效果，以防止铁粉、锌粉下沉。一旦温度过高，底部金属颗粒翻动，将产生大量氢气而造成冲料。反应结束后，反应器内残渣中仍有铁粉、锌粉在继续作用，不断放出氢气，很不安全，应放入室外储槽中，加冷水稀释，槽上加盖并设排气管以导出氢气。待金属粉消耗殆尽，再加碱中和。若急于中和，则容易产生大量氢气并生成大量的热，将导致燃烧爆炸。

2. 在催化剂作用下加氢的安全

有机合成等过程中，常用雷尼镍（Raney-Ni）、钯炭等为催化剂使氢活化，然后加入有机物质的分子中进行还原反应。如苯在催化作用下，经加氢生成环己烷。

催化剂雷尼镍和钯炭在空气中吸潮后有自燃的危险。钯炭更易自燃，平时不能暴露在空气中，而要浸在酒精中。反应前必须用氮气置换反应器的全部空气，经测定证实含氧量降低到符合要求后，方可通入氢气。反应结束后，应先用氮气把氢气置换掉，并以氮封保存。

无论是利用初生态氢还原，还是用催化加氢，都是在氢气存在下，并在加热、加压条件下进行。氢气的爆炸极限为4%～75%，如果操作失误或设备泄漏，都极易引起爆炸。操作中要严格控制温度、压力和流量。厂房的电气设备必须符合防爆要求，且应采用轻质屋顶，开设天窗或风帽，使氢气易于飘逸。尾气排放管要高出房顶并设阻火器。加压反应的设备要配备安全阀，反应中产生压力的设备要装设爆破片。

高温高压下的氢对金属有渗碳作用，易造成氢腐蚀，所以，对设备和管道的选材要符合要求，对设备和管道要定期检测，以防发生事故。

3. 使用其他还原剂还原的安全

常用还原剂中火灾危险性大的还有硼氢类、四氢化锂铝、氢化钠、保险粉（连二亚硫酸钠 $Na_2S_2O_4$）、异丙醇铝等。常用的硼氢类还原剂为硼氢化钾和硼氢化钠。硼氢化钾通常溶解在液碱中比较安全。它们都是遇水燃烧物质，在潮湿的空气中能自燃，遇水和酸即分解放出大量的氢，同时产生大量的热，可使氢气燃爆。要储存于密闭容器中，置于干燥处。在生产中，调节酸、碱度时要特别注意防止加酸过多、过快。

四氢锂铝有良好的还原性，但遇潮湿空气、水和酸极易燃烧，应浸没在煤油中储存。使用时应先将反应器用氮气置换干净，并在氮气保护下投料和反应。反应热应由油类冷却剂取走，不应用水，防止水漏入反应器内发生爆炸。

用氢化钠作还原剂与水、酸的反应与四氢化锂铝相似，它与甲醇、乙醇等反应相当激烈，有燃烧、爆炸的危险。

保险粉是一种还原效果不错且较为安全的还原剂，它遇水发热，在潮湿的空气中能分解析出黄色的硫黄蒸气。硫黄蒸气自燃点低，易自燃。使用时应在不断搅拌下，将保险粉缓缓溶于冷水中，待溶解后再投入反应器与物料反应。

异丙醇铝常用于高级醇的还原，反应较温和。但在制备异丙醇铝时须加热回流，将产生大量氢气和异丙醇蒸气，如果铝片或催化剂三氯化铝的质量不佳，反应就不正常，往往先是不反应，温度升高后又突然反应，引起冲料，增加了燃烧、爆炸的危险性。

在还原过程中采用危险性小而还原性强的新型还原剂对安全生产很有意义。例如，用硫化钠代替铁粉还原，可以避免氢气产生，同时也消除了铁泥堆积问题。

任务三 硝化反应的安全技术

知识目标：能陈述硝化反应的安全技术要点。

能力目标：初步具备针对具体的硝化反应设施或环节制定正确的安全技术措施的能力。

一、案例

2017年7月2日17点左右，江西省某化工有限公司发生爆炸事故，造成3人死亡、3人受伤，直接经济损失约2380万元。

7月2日4时30分，某化工公司对（邻）硝车间7#反应釜投加原料工作结束。操作工甲打开蒸汽阀对7#反应釜进行缓慢升温，7时20分左右，升温至160℃、压力为4.6MPa，关闭蒸汽阀门，让物料进入自然反应阶段，7时30分操作工甲与下一班操作工乙进行交接班。操作工乙接班后，按照班长的指令对7#反应釜进行操作。在8～9时之间，对该反应釜进行了短暂的搅拌，并为反应釜升温，当压力达4.7MPa时停止升温。11时左右，车间主任和当班班长发现7#反应釜温度只有140℃，指示操作工乙将温度控制在168～170℃，压力控制在5.2MPa以下。操作工乙将温度升至168～170℃之后，就去查看其他的反应釜。16时左右，操作工乙发现7#反应釜温度降至150℃，随即打开蒸汽阀门再次进行升温，并开启搅拌，16时30分左右，7#反应釜第一台安全阀起跳（整定压力为6.2～6.4MPa）。安全阀起跳后，车间主任带领当班班长、操作工丙立即赶到现场，打开冷却水阀，撬开保温层，用冷却水冲淋反应釜壳体进行紧急降温。约3min后，起跳的安全阀回座（安全阀密封试验压力为5.58～5.76MPa），但此时反应釜的温度仍然较高（约200℃），车间主任就继续带领当班班长和操作工丙对反应釜进行降温。17时左右，7#反应釜第一台安全阀第二次起跳，2min后第二台安全阀也接连起跳，4s后发生爆炸。爆炸造成正在现场处置的车间主任、当班班长、操作工丙3人死亡，正在车间岗位上作业的操作工乙、蒸氨工、打料工3人受伤。

事故原因：公司违法购买、安装和使用已报废且存在严重质量缺陷的反应釜，搅拌桨不能持续进行搅拌，导致反应釜内物料局部反应较为激烈，速率难以控制，且该公司在生产过程中违规停用了控制压力、温度的安全联锁装置，致使反应釜温度、压力的异常升高不能得到及时有效控制，超过了工艺要求的安全控制范围，最终导致温度、压力异常升高而发生爆炸。

二、硝化反应的安全技术要点

1. 混酸配制的安全

硝化多采用混酸，混酸中硫酸与水的比例应通过计算（在进行浓硫酸稀释时，不可将水注入酸中，因为水的相对密度比浓硫酸轻，上层的水被溶解放出的热加热沸腾，会引起浓硫酸四处飞溅，造成事故），硝酸量不少于理论需要量，可稍稍过量1%～10%。

在配制混酸时，可用压缩空气进行搅拌，也可用机械搅拌或循环泵搅拌。用压缩空气不如机械搅拌好，有时会带入水或油类，并且酸易被夹带出去造成损失。酸类化合物混合时，放出大量的稀释热，温度可达到90℃或更高。在这个温度下，硝酸部分分解为二氧化氮和水，假若有部分硝基物生成，高温下可能引起爆炸，所以必须进行冷却。机械搅拌或循环搅拌可以起到一定的冷却作用。由于制备好的混酸具有强烈的氧化性能，因此应防止和其他易燃物接触，避免因强烈氧化而引起自燃。

2. 硝化器的安全

搅拌式反应器是常用的硝化设备，这种设备由锅体（或釜体）、搅拌器、传动装置、夹套和蛇管组成，一般是间歇操作。物料由上部加入锅内，在搅拌条件下迅速地与原料混合并进行硝化反应。如果需要加热，可在夹套或蛇管内通入蒸汽；如果需要冷却，可通冷却水或冷冻剂。

为了扩大冷却面，通常是将侧面的器壁做成波浪形，并在设备的盖上装有附加的冷却装置。这种硝化器里面常有推进式搅拌器，并附有扩散圈，在设备底部某处制成一个凹形并装有压出管，以保证压料时能将物料全部泄出。

采用多段式硝化器可使硝化过程达到连续化。连续硝化不仅可以显著减少能量的消耗，也由于每次投料少，可以减少爆炸中毒的危险，为硝化过程的自动化和机械化创造了条件。

硝化器夹套中冷却水压力呈微负压，在进水管上必须安装压力计，在进水管及排水管上都需要安装温度计。应严防冷却水因夹套焊缝腐蚀而漏入硝化物中，因硝化物遇到水后温度急剧上升，反应进行很快，可分解产生气体物质而发生爆炸。

为便于检查，在废水排出管中，应安装电导自动报警器，当管中进入极少的酸时，水的电导率即会发生变化，此时，发出报警信号。另外对流入及流出水的温度和流量也要特别注意。

3．硝化过程的安全

为了严格控制硝化反应温度，应控制好加料速度，硝化剂加料应采用双重阀门控制，设置必要的冷却水源备用系统。反应中应持续搅拌，保持物料混合良好，并备有保护性气体（惰性气体氮等）搅拌和人工搅拌的辅助设施。搅拌机应当有自动启动的备用电源，以防止机械搅拌在突然断电时停止而引起事故。搅拌轴采用硫酸作润滑剂，温度套管用硫酸作导热剂，不可使用普通机油或甘油，防止机油或甘油被硝化而形成爆炸性物质。

硝化器应附设相当容积的紧急放料槽，准备在万一发生事故时，立即将料放出。放料阀可采用自动控制的气动阀和手动阀并用。硝化器上的加料口关闭时，为了排出设备中的气体，应安装可移动的排气罩。设备应采用抽气法或利用带有铝制透平的防爆型通风机进行通风。

温度控制是硝化反应安全的基础，应安装温度自动调节装置，防止超温发生爆炸。

取样时可能发生烧伤事故。为了使取样操作机械化，应安装特制的真空仪器，此外最好还要安装自动酸度记录仪。取样时应当防止未完全硝化的产物突然着火。例如，当搅拌器下面的硝化物被放出时，未起反应的硝酸可能与被硝化产物发生反应等。

向硝化器中加入固体物质，必须采用漏斗或翻斗车使加料工作机械化——自加料器上部的平台上将物料沿专用的管子加入硝化器中。

对于特别危险的硝化物（如硝化甘油），则需将其放入装有大量水的事故处理槽中。为了防止外界杂质进入硝化器中，应仔细检查硝化器中的半成品。

由填料落入硝化器中的油能引起爆炸事故，因此，在硝化器盖上不得放置用油浸过的填料。在搅拌器的轴上，应备有小槽，以防止齿轮上的油落入硝化器中。

硝化过程中最危险的是有机物质的氧化，其特点是放出大量氧化氮气体的褐色蒸气以及使混合物的温度迅速升高，引起硝化混合物从设备中喷出而引起爆炸事故。仔细地配制反应混合物并除去其中易氧化的组分、调节温度及连续混合是防止硝化过程中发生氧化作用的主要措施。

在进行硝化过程时，不需要压力，但在卸出物料时，须采用一定压力，因此，硝化器应符合加压操作容器的要求。加压卸料时可能造成有害蒸气泄入操作厂房空气中，造成事故。为了防止此类事件的发生，可用真空卸料。装料口经常打开或者用手进行装料，特别是在压出物料时，都可能散发出大量蒸气，应当采用密闭化措施。由于设备易腐蚀，必须经常检修更换零部件，这也可能引起人身事故。

由于硝基化合物具有爆炸性，因此必须特别注意处理此类物质过程中的危险性。例如，二硝基苯酚甚至在高温下也无多大的危险，但当形成二硝基苯酚盐时，则变为非常危险的物质。三硝基苯酚盐（特别是铅盐）的爆炸力是很大的。在蒸馏硝基化合物（如硝基甲苯）时，必须特别小心，因蒸馏在真空下进行，硝基甲苯蒸馏后余下的热残渣能发生爆炸，这是由于热残渣与空气中氧相互作用的结果。

硝化设备应确保严密不漏，防止硝化物料溅到蒸汽管道等高温表面上而引起爆炸或燃烧。如管道堵塞时，可用蒸汽加温疏通，千万不能用金属棒敲打或明火加热。

车间内禁止带入火种，电气设备要防爆。当设备需动火检修时，应拆卸设备和管道，并移至车间外安全地点，用蒸汽反复冲刷残留物质，经分析合格后，方可施焊。需要报废的管道，应专门处理后堆放起来，不可随便拿用，避免意外事故发生。

任务四　氯化反应的安全技术

知识目标：能陈述氯化反应的安全技术要点。

能力目标：初步具备针对具体的氯化反应设施或环节制定正确的安全技术措施的能力。

一、案例

2017年12月9日，江苏省连云港市某生物公司间二氯苯生产装置发生爆炸事故，导致装置所在的四车间和相邻的六车间坍塌，造成10人死亡、1人轻伤，直接经济损失4875万元。

2017年12月8日19时左右，公司四车间尾气处理操作工发现尾气处理系统真空泵处冒黄烟，随即报告班长甲。班长甲检查确认后，将通往活性炭吸附器的风门开到最大，黄烟不再外冒。19时39分左右，氯化操作工到1#保温釜用压缩空气（原应使用氮气）将釜内物料压送到1#高位槽。19时44分左右，放料工将1#脱水釜中的间二硝基苯和残液蒸馏回收的杂2、杂3一并放入1#保温釜内。21时左右，真空泵处再次冒黄烟。班长甲认为氯化水洗尾气压力高，关闭了脱水釜、保温釜尾气与氯化水洗尾气在三级碱吸收前连通管道上的阀门，黄烟基本消失。21时35分左右，车间控制室内操工对氯化操作工说，1#保温釜温度突然升高，要求检查温度、确认保温蒸汽是否关闭。氯化操作工到现场观察温度约为152℃，随即手动紧了一圈夹套蒸汽阀。22时42分左右，班长甲在车间控制室看到DCS系统显示1#保温釜温度“150℃”（已超DCS量程上限150℃），认为是远传温度计损坏，未作相应处置。23时30分左右，班长甲所在班组与夜班班长乙所在班组7人进行了交接班。9日0时14分左右，班长乙认为1#保温釜DCS温度显示是异常，又来到1#保温釜，打开保温釜紧急放空阀，没有烟雾排出又关闭放空阀。1时1分左右，班长乙又到1#保温釜，打开1#保温釜紧急放空阀，有大量烟雾冒出，接着关闭紧急放空阀并离开。1时39分左右，班长乙再次来到1#保温釜，用F扳手紧固保温釜夹套蒸汽阀门。2时5分左右，氯化操作工丙接到内操工指令，到1#保温釜进行压料操作，氯化操作工丁协助，精馏操作工戊也在现场。2时5分31秒，氯化操作工丁关闭了1#保温釜放空阀，氯化操作工丙打开压缩空气进气阀向1#高位槽压料，氯化操作工丁观察压料情况。2时8分41秒，氯化操作工丙关闭压缩空气进气阀，看到1#保温釜压力快速上升；9分2秒，氯化操作工丁快速打开1#保温釜放空阀进行卸压；9分30秒，1#保温釜尾气放空管道内出现红光，紧接着保温釜釜盖处冒出淡黑色烟雾，氯化操作工丙、氯化操作工丁、精馏操作工戊3人迅速跑离现场。9分49秒，保温釜内喷出的物料发生第一次爆炸；9分59秒，现场发生了第二次爆炸。爆炸造成四车间及相邻六车间厂房坍塌。

事故原因：尾气处理系统的氮氧化物（夹带硫酸）串入1#保温釜，与釜内加入的间硝基氯苯、间二氯苯、1,2,4-三氯苯、1,3,5-三氯苯和硫酸根离子等回收残液形成混酸，在绝热高温下，与釜内物料发生化学反应，持续放热升温，并释放氮氧化物气体（冒黄烟），使用压缩空气压料时，高温物料与空气接触，反应加剧，紧急卸压放空时，遇静电火花燃烧，釜内压力骤升，物料大量喷出，与釜外空气形成爆炸性混合物，遇火源发生爆炸。

二、氯化反应的安全技术要点

1. 氯气的安全使用

最常用的氯化剂是氯气。在化工生产中，氯气通常液化储存和运输，常用的容器有储罐、气瓶和槽车等。储罐中的液氯在进入氯化器使用之前，必须先进入蒸发器使其汽化。在一般情况下，不能把储存氯气的气瓶或槽车当储罐使用，因为这样有可能使被氯化的有机物质倒流进气瓶或槽车，引起爆炸。对于一般氯化器应装设氯气缓冲罐，防止氯气断流或压力减小时形成倒流。

2. 氯化反应过程的安全

氯化反应的危险性主要取决于被氯化物的性质及反应过程的控制条件。由于氯气本身的毒性较大（被列入剧毒化学品名录），储存压力较高，一旦泄漏是很危险的。反应过程所用的原料大多是有机物，易燃易爆，所以生产过程有燃烧爆炸危险，应严格控制各种点火能源，电气设备应符合防火防爆的要求。

氯化反应是一个放热过程（有些是强放热过程，如甲烷氯化，每取代一原子氢，放出热量100kJ以上），尤其在较高温度下进行氯化，反应更为激烈。例如环氧氯丙烷生产中，丙烯预热至300℃左右进行氯化，反应温度可升至500℃，在这样高的温度下，如果物料泄漏就会造成燃烧或引起爆炸。因此，一般氯化反应设备必须备有良好的冷却系统，严格控制氯气的流量，以避免因氯流量过快，温度剧升而引起事故。

液氯的蒸发汽化装置，一般采用汽水混合办法进行升温，加热温度一般不超过50℃，汽水混合的流量一般应采用自动调节装置。在氯气的入口处，应安装有氯气的计量装置，从钢瓶中放出氯气时可以用阀门来调节流量。如果阀门开得太大，一次放出大量气体时，由于汽化吸热的缘故，液氯被冷却了，瓶口处压力因而降低，放出速度则趋于缓慢，其流量往往不能满足需要，此时在钢瓶外面通常附着一层白霜。因此若需要气体氯流量较大时，可并联几个钢瓶，分别由各钢瓶供气，就可避免上述的问题。如果用此法氯气量仍不足时，可将钢瓶的一端置于温水中加温。

3. 氯化反应设备腐蚀的预防

由于氯化反应几乎都有氯化氢气体生成，因此，所用的设备必须防腐蚀，设备应严密不漏。氯化氢气体可回收，这是较为经济的，因为氯化氢气体极易溶于水中，通过增设吸收和冷却装置就可以除去尾气中绝大部分氯化氢。除用水洗涤吸收之外，也可以采用活性炭吸附和化学处理方法。采用冷凝方法较合理，但要消耗一定的冷量。采用吸收法时，则须用蒸馏方法将被氯化原料分离出来，再处理有害物质。为了使逸出的有毒气体不致混入周围的大气中，采用分段碱液吸收器将有毒气体吸收。与大气相通的管子上应安装自动信号分析器，借以检查吸收处理进行得是否完全。

任务五 催化反应的安全技术

知识目标：能陈述催化反应的安全技术要点。

能力目标：初步具备针对具体的催化反应设施或环节制定正确的安全技术措施的能力。

一、案例

某年8月的一天上午6：12，美国石油公司印第安那州怀亭炼厂大型催化重整装置发生一连串内部爆炸。主要爆炸出现在反应器和高压分离器内，完全毁坏了这些设备，裂片（尤其是反应器的）散落在356m宽范围。有的裂片刚好落在重整装置北面的罐区，引起许多罐着火，最后扩及16.2公顷（1公顷＝10^4m^2），造成63个罐，以及大约201915m^3原油和各种油品完全毁掉，1块60t重的碎片落在1个汽油罐上，将其严重击损，并使罐中的汽油着火、飞溅。其他管线、换热器、1个分离罐和1座吸收塔也发生了爆炸。

事故原因：循环气线路中热的炉管表面引燃可燃混合气发生爆炸。

二、催化反应的安全技术要点

1. 反应原料气的控制

在催化反应中，当原料气中某种能和催化剂发生反应的杂质含量增加时，可能会生成爆炸性危险物，这是非常危险的。例如，在乙烯催化氧化合成乙醛的反应中，由于在催化剂体系中含有大量的亚铜盐，若原料气中含乙炔过高，则乙炔与亚铜反应生成乙炔铜（Cu_2C_2），其自燃点为260～270℃，在干燥状态下极易爆炸，在空气作用下易氧化并易起火。烃与催化剂中的金属盐作用生成难溶性的钯块，不仅使催化剂组成发生变化，而且钯块也极易引起爆炸。

2. 反应操作的控制

在催化过程中若催化剂选择不正确或加入不适量，易形成局部反应激烈；另外，由于催化大多需在一定温度下进行，若散热不良、温度控制不好等，很容易发生超温爆炸或着火事故。从安全角度来看，催化过程中应该注意正确选择催化剂，保证散热良好，不使催化剂过量，局部反应激烈，严格控制温度。如果催化反应过程能够连续进行，自动调节温度，就可以减少其危险性。

3. 催化产物的控制

在催化过程中有的产生氯化氢，氯化氢有腐蚀和中毒危险；有的产生硫化氢，则中毒危险更大，且硫化氢在空气中的爆炸极限较宽（4.3%～45.5%），生产过程中还有爆炸危险；有的催化过程产生氢气，着火爆炸的危险更大，尤其在高压下，氢的腐蚀作用可使金属高压容器脆化，从而造成破坏性事故。

任务六　聚合反应的安全技术

知识目标：能陈述聚合反应的安全技术要点。

能力目标：初步具备针对具体的聚合反应设施或环节制定正确的安全技术措施的能力。

一、案例

2005 年 1 月 18 日凌晨 0 时 40 分，某氯碱企业年产 8 万吨聚氯乙烯的聚合装置发生爆燃事故，一座六层楼的车间厂房烧得只剩下框架。9 人受伤，直接经济损失 30 万元。

2005 年 1 月 18 日凌晨 0 时 40 分，该厂外线电源电压发生波动，突然失压。3 台反应釜瞬间停了动力电。搅拌机停止转动，夹套断水。当时 3 台反应釜的工况：A 釜正在借助夹套热水升温；B 釜已运行了 2 个多小时，正在借助夹套冷水对放热的聚合反应降温；C 釜反应已经结束，正在等待出料。由于当时值班电工在恢复备用电操作中违规，没能送上备用电。B 釜的聚合反应因为搅拌机较长时间停转，造成反应物下沉釜底。釜底反应物氯乙烯密度的增加大大加剧了反应。加上夹套断水聚合反应放出的热积聚釜内，加快了使原本正在进行的均聚反应变成无法控制的爆聚反应的速度。按照工艺规程：聚合釜停了动力电后，计算机应在 10s 内自动向反应着的 B 釜加入聚合反应终止剂，终止反应。但是，该厂在 1998 年 2 月，有关人员没有按照规定申报，擅自取消了计算机自动加入的功能，改为人工加入。而当这次事故中要进行人工加入终止剂时，却发现用以加入终止剂的氮气钢瓶瓶内压力已经严重不足。不得不跑到 20m 外，搬运两瓶新氮气钢瓶换上。就在这段换瓶的时间里，B 釜内终于发生爆聚反应，反应产生的大量热使温度飙升，压力从 1.3MPa 剧增到 1.6MPa。一声巨响，釜内氯乙烯气体冲破釜盖上的安全防爆膜排出釜外，与大气组成易燃、易爆的混合气团，弥漫沉降在厂房周围和底部。“屋漏又遭连夜雨”，排空管在带压的氯乙烯气体冲击下意外倾倒，撞在附近钢构件上，产生了火花，引发了混合气团的爆燃事故。

事故原因：①B 釜内易燃易爆的有毒反应物氯乙烯单体（VCM），聚合时发生了爆聚。爆聚产生的巨大能量造成釜内的升温、升压，过高压力的氯乙烯气引发了釜上安全防爆膜的爆破。②氧乙烯气体从排空管喷射而出，与釜外大气混合形成了爆炸性气团，沉降弥漫在厂房底部和周围。③泄放氯乙烯气体的排空管，经不住带压气流喷射而出的冲力意外倾倒，砸在附近的钢构件上，撞出了火花。三项物的不安全状态的不期而遇，满足了釜外爆燃的三要素，爆燃事故难免。

二、聚合反应的安全技术要点

① 严格控制单体在压缩过程中或在高压系统中的泄漏，防止发生火灾爆炸。

② 聚合反应中加入的引发剂都是化学活泼性很强的过氧化物，应严格控制配料比例，防止因热量暴聚引起的反应器压力骤增。

③ 防止因聚合反应热未能及时导出，如搅拌发生故障、停电、停水，由于反应釜内聚

合物黏壁作用，使反应热不能导出，造成局部过热或反应釜飞温，发生爆炸。

④ 针对上述不安全因素，应设置可燃气体检测报警器，一旦发现设备、管道有可燃气体泄漏，将自动停车。

⑤ 对催化剂、引发剂等要加强储存、运输、调配、注入等工序的严格管理。反应釜的搅拌和温度应有检测和连锁，发现异常能自动停止进料。高压分离系统应设置爆破片、导爆管，并有良好的静电接地系统，一旦出现异常，及时泄压。

任务七 电解反应的安全技术

知识目标：能陈述电解反应的安全技术要点。

能力目标：初步具备针对具体的电解反应设施或环节制定正确的安全技术措施的能力。

一、案例

2003年6月3日，某化工厂电解车间氯气系统发生爆炸，造成氯气进口部分管道、氯气水封和水雾捕集器等不同程度损坏，停产28h，所幸无人员伤亡。

6月3日5：10，该厂电解车间检修，当日20：00开车生产，氯氢处理工段于17：30开启罗茨风机，20：05开启氯气3#泵，20：10送直流电生产，20：35电流升至8000A。此时，氯氢处理工段氯气压力为0.16MPa，氢气压力为0.026MPa，运行平稳，20：40，氢处理工段当班班长启动氯水泵（此泵为洗涤三氯化氮用），在开进口阀门后的瞬间，氯气系统发生爆炸。

事故原因是电解工段部分盐水总管有盐阻塞，使盐水流通不畅。在送电时，电解槽隔膜疏松，电解液流大，盐水补充跟不上，使部分电解槽水位偏低，液封高度不够，使氢气进入阳极室，随氯气一起进入氯气系统，造成氯气总管内氢量增大。在送直流电30～40min后，氯内含氢较高，有可能在氯氢处理工段积聚，并达到了爆炸极限范围。电流升至8000A时，氢处理工段班长方启动氯水泵（此泵应在送直流电前开），氯水冲击容器壁（塑料材质）引起静电火花，产生了激发能量（氢最小燃能量为0.019mJ），与达到爆炸极限的氢气和空气的混合气体相遇引发爆炸。

二、食盐水电解的安全技术要点

1. 盐水应保证质量

盐水中如含有铁杂质，能够产生第二阴极而放出氢气；盐水中带入铵盐，在适宜的条件下（pH＜4.5时），铵盐和氯作用可生成氯化铵，氯作用于浓氯化铵溶液还可生成黄色油状的三氯化氮。三氯化氮是一种爆炸性物质，与许多有机物接触或加热至90℃以上以及被撞击，即发生剧烈的分解爆炸。

因此，盐水配制必须严格控制质量，尤其是铁、钙、镁和无机铵盐的含量。一般要求 Mg^{2+}＜2mg/L，Ca^{2+}＜6mg/L，SO_4^{2-}＜5mg/L。应尽可能采取盐水纯度自动分析装置，这样可以观察盐水成分的变化，随时调节碳酸钠、苛性钠、氯化钡或丙烯酰胺的用量。

2．盐水添加高度应适当

在操作中向电解槽的阳极室内添加盐水，如盐水液面过低，氢气有可能通过阴极网渗入到阳极室内与氯气混合；若电解槽盐水装得过满，造成压力上升，因此，盐水添加不可过少或过多，应保持一定的安全高度。采用盐水供料器应间断供给盐水，以避免电流的损失，防止盐水导管被电流腐蚀（目前多采用胶管）。

3．防止氢气与氯气混合

氢气是极易燃烧的气体，氯气是氧化性很强的有毒气体，一旦两种气体混合，极易发生爆炸。当氯气中含氢量达到5%以上，则随时可能在光照或受热情况下发生爆炸。造成氢气和氯气混合的原因主要是：阳极室内盐水液面过低；电解槽氢气出口堵塞，引起阴极室压力升高；电解槽的隔膜吸附质量差；石棉绒质量不好，在安装电解槽时碰坏隔膜，造成隔膜局部脱落或者送电前注入的盐水量过大将隔膜冲坏，以及阴极室中的压力等于或超过阳极室的压力时，就可能使氢气进入阳极室等，这些都可能引起氯气中含氢量增高。此时应对电解槽进行全面检查，将单槽氯含氢浓度控制在2%以下，总管氯含氢浓度控制在0.4%以上。

4．严格电解设备的安装要求

由于在电解过程中氢气存在，故有着火爆炸的危险，所以电解槽应安装在自然通风良好的单层建筑物内，厂房应有足够的防爆泄压面积。

5．掌握正确的应急处理方法

在生产中当遇到突然停电或其他原因突然停车时，高压阀不能立即关闭，以免电解槽中氯气倒流而发生爆炸。应在电解槽后安装放空管，以及时减压，并在高压阀门上安装单向阀，以有效地防止跑氯，避免污染环境和带来火灾危险。

任务八　裂解反应的安全技术

知识目标：能陈述裂解反应的安全技术要点。

能力目标：初步具备针对裂解反应设施或环节制定正确的安全技术措施的能力。

一、案例

1997年1月21日，美国加州托斯科埃文炼油厂加氢裂解单元发生爆炸事故，造成1人死亡，46人受伤（其中13人重伤），以及周围居民的预防性疏散、避护。

该装置加氢裂解2段3号反应器4催化剂床产生一个热点（该热点极有可能是由于催化剂床层内流动和热量分布不均造成的），发生温度偏离；并通过下一催化剂床5床扩散，5床产生的过热升高了反应器出口温度。由于操作人员没有按照操作规程规定的“反应器温度超过800°F（426.7℃）即泄压停车”执行。2段3号反应器使温度偏离没有得到控制，致使该反应器出口管因极度高温（可能超过760℃）而发生破裂。轻质气体（主要是从甲烷到丁烷的混合物、轻质汽油、重汽油、汽油和氢气），从管道泄出，遇到空气立即自燃，发生爆炸及火灾事故。

事故原因：监督管理不力，操作人员违反规程；在设计和运行反应器的温度监控系统过程中考虑人的因素不够；生产运行和维护工作不充分；工艺危险分析存在错误；操作规程过时且不完善。

二、裂解反应的安全技术要点

1. 引风机故障的预防

引风机是不断排除炉内烟气的装置。在裂解炉正常运行中，如果由于断电或引风机机械故障而使引风机突然停转，则炉膛内很快变成正压，会从窥视孔或烧嘴等处向外喷火，严重时会引起炉膛爆炸。为此，必须设置联锁装置，一旦引风机故障停车，则裂解炉自动停止进料并切断燃料供应，但应继续供应稀释蒸汽，以带走炉膛内的余热。

2. 燃料气压力降低的控制

裂解炉正常运行中，如燃料系统大幅度波动，燃料气压力过低，则可能造成裂解炉烧嘴回火，使烧嘴烧坏，甚至会引起爆炸。

裂解炉采用燃料油作燃料时，如燃料油的压力降低，也会使油嘴回火。因此，当燃料油压降低时应自动切断燃料油的供应，同时停止进料。

当裂解炉同时用油和气为燃料时，如果油压降低，则在切断燃料油的同时，将燃料气切入烧嘴，裂解炉可继续维持运转。

3. 其他公用工程故障的防范

裂解炉其他公用工程（如锅炉给水）中断，则废热锅炉汽包液面迅速下降，如不及时停炉，必然会使废热锅炉炉管、裂解炉对流段锅炉给水预热管损坏。此外，水、电、蒸汽出现故障，均能使裂解炉发生事故。在此情况下，裂解炉应能自动停车。

任务九 其他反应的安全技术

知识目标：能陈述反应的安全技术要点。

能力目标：初步具备针对具体的反应设施或环节制定正确的安全技术措施的能力。

一、磺化的安全技术要点

① 三氧化硫是氧化剂，遇到比硝基苯易燃的物质时会很快引起着火；三氧化硫的腐蚀性很弱，但遇水则生成硫酸，同时会放出大量的热，使反应温度升高，不仅会造成沸溢或使磺化反应导致燃烧反应而起火或爆炸，还会因硫酸具有很强的腐蚀性，增加了对设备的腐蚀破坏。

② 由于生产所用原料苯、硝基苯、氯苯等都是可燃物，而磺化剂浓硫酸、发烟硫酸（三氧化硫）、氯磺酸（列入剧毒化学品名录）都是氧化性物质，且有的是强氧化剂，所以二者相互作用的条件下进行磺化反应是十分危险的，因为已经具备了可燃物与氧化剂作用发生放热反应的燃烧条件。这种磺化反应若投料顺序颠倒、投料速度过快、搅拌不良、冷却效果不佳等，都有可能造成反应温度升高，使磺化反应变为燃烧反应，引起着火或爆炸事故。

③ 磺化反应是放热反应，若在反应过程中得不到有效的冷却和良好的搅拌，都有可能引起反应温度超高，以致发生燃烧反应，造成爆炸或起火事故。

二、烷基化的安全技术要点

① 被烷基化的物质大都具有着火爆炸危险。如苯是甲类液体，闪点－11℃，爆炸极限1.5％～9.5％；苯胺是丙类液体，闪点71℃，爆炸极限1.3％～4.2％。

② 烷基化剂一般比被烷基化物质的火灾危险性要大。如丙烯是易燃气体，爆炸极限2％～11％；甲醇是甲类液体，爆炸极限6％～36.5％；十二烯是乙类液体，闪点35℃，自燃点220℃。

③ 烷基化过程所用的催化剂反应活性强。如三氯化铝是忌湿物品，有强烈的腐蚀性，遇水或水蒸气分解放热，放出氯化氢气体，有时能引起爆炸，若接触可燃物，则易着火；三氯化磷是腐蚀性忌湿液体，遇水或乙醇剧烈分解，放出大量的热和氯化氢气体，有极强的腐蚀性和刺激性，有毒，遇水及酸（主要是硝酸、醋酸）发热、冒烟，有发生起火爆炸的危险。

④ 烷基化反应都是在加热条件下进行，如果原料、催化剂、烷基化剂等加料次序颠倒、速度过快或者搅拌中断停止，就会发生剧烈反应，引起跑料，造成着火或爆炸事故。

⑤ 烷基化的产品亦有一定的火灾危险。如异丙苯是乙类液体，闪点35.5℃，自燃点434℃，爆炸极限0.68％～4.2％；二甲基苯胺是丙类液体，闪点61℃，自燃点371℃；烷基苯是丙类液体，闪点127℃。

三、重氮化的安全技术要点

① 重氮化反应的主要火灾危险性在于所产生的重氮盐，如重氮盐酸盐（$C_6H_5N_2Cl$）、重氮硫酸盐（$C_6H_5N_2HSO_4$），特别是含有硝基的重氮盐，如重氮二硝基苯酚[$(NO_2)_2N_2C_6H_2OH$]等，在温度稍高或光的作用下极易分解，有的甚至在室温时亦能分解。一般每升高10％，分解速度加快两倍。在干燥状态下，有些重氮盐不稳定，活性大，受热或摩擦、撞击能分解爆炸。含重氮盐的溶液若洒落在地上、蒸汽管道上，干燥后亦能引起着火或爆炸。在酸性介质中，有些金属如铁、铜、锌等能促使重氮化合物激烈地分解，甚至引起爆炸。

② 作为重氮剂的芳胺化合物都是可燃有机物质，在一定条件下也有着火和爆炸的危险。

③ 重氮化生产过程所使用的亚硝酸钠是无机氧化剂，于175℃时分解，能与有机物反应发生着火或爆炸。亚硝酸钠并非氧化剂，所以当遇到比其氧化性强的氧化剂时，又具有还原性，故遇到氯酸钾、高锰酸钾、硝酸铵等强氧化剂时，有发生着火或爆炸的可能。

④ 在重氮化的生产过程中，若反应温度过高、亚硝酸钠的投料过快或过量，均会增加亚硝酸的浓度，加速物料的分解，产生大量的氧化氮气体，有引起着火爆炸的危险。

复习思考题

1. 举例简述氧化反应过程安全控制的主要因素及对策。
2. 举一常见还原反应过程，列出生产中应注意的安全因素。
3. 硝化过程防爆的主要关键点是什么？
4. 试制定液氯蒸发汽化装置的安全防范措施。
5. 催化反应过程中，哪些部位容易发生安全事故，有何对策？
6. 试从工艺操作的角度提出安全技术要求。
7. 试收集电解生产中发生的事故，并分析其产生原因。

案例分析

试通过网络或图书馆收集化工生产中某化学反应发生的安全事故，用所掌握的知识与安全技术制定相关防护措施。

单元六

化工单元操作的安全技术

化工单元操作是在化工生产中具有共同的物理变化特点的基本操作，是由各种化工生产操作概括得来的。基本化工单元操作有：流体流动过程，包括流体输送、过滤、固体流态化等；传热过程，包括热传导、蒸发、冷凝等；传质过程，即物质的传递，包括气体吸收、蒸馏、萃取、吸附、干燥等；热力过程，即温度和压力变化的过程，包括液化、冷冻等；机械过程，包括固体输送、粉碎、筛分等。化工单元操作涉及泵、换热器、塔、搅拌器、蒸发器以及存储容器等一系列设备。

化工单元操作既是能量集聚、传输的过程，也是两类危险源相互作用的过程，控制化工单元操作的危险性是化工安全工程的重点。

任务一　加热操作的安全技术

知识目标：能说明常见加热方式。

能力目标：初步具备针对具体的加热方式制定正确的安全技术措施的能力。

温度是化工生产中最常见的需控制的条件之一。加热是控制温度的重要手段，其操作的关键是按规定严格控制温度的范围和升温速度。温度过高会使化学反应速率加快，若是放热反应，则放热量增加，一旦散热不及时，温度失控，就会发生冲料，甚至会引起燃烧和爆炸。

升温速度过快不仅容易使反应超温，而且还会损坏设备。例如，升温过快会使带有衬里的设备及各种加热炉、反应炉等设备损坏。

一、案例

2016 年 4 月 9 日 21 时 15 分左右，兴隆县天利海香精香料有限公司化二车间 4# 水解反应釜生产过程中发生火灾事故，造成 4 人死亡、3 人烧伤，直接经济损失约 500 万元。

2016 年 4 月 9 日 18 时 45 分，化二车间水解岗位操作工甲、乙和丙及化一车间水解岗位操作工丁、戊等参加班前会后，于 18 时 50 分到达各自岗位进行交接班。化一车间班长已安排保全工庚、辛到化一车间安装 11# 水解釜对面的通氯管道。18 时 50 分接班时化二车间 1#、3# 水解釜正在放甲醇，2#、4# 水解釜正处于赶氯过程。19 时开始赶氯，釜温 −6℃；19 时 15 分，釜温 −2℃；19 时 30 分，釜温 3℃；19 时 45 分，釜温 8℃，赶氯结束升温。此时切换为热水加热釜内物料；20 时水解釜内物料温度升至 15℃，改用蒸汽加热升温。20 时 15 分，釜内温度为 26℃；20 时 30 分，釜内温度升到 40℃；20 时 45 分釜内物料温度升至 56℃，开始放甲醇。21 时 10 分左右，甲去厕所，让学徒丙临时看 4# 水解釜，一会儿甲返回岗位；21 时 15 分，4# 水解釜上封头被冲出，易燃物料喷出引发火灾，将正在 4# 水解釜旁边作业的甲、乙当场烧死，将在 11#、12# 水解釜对面窗户前缠绕通氯阀垫的丁、戊严重烧伤，将正在 11# 水解釜对面通道旁安装通氯釜管路的己、庚、辛烧伤。

事故原因：水解岗位工对 4# 水解釜加热过快，釜内物料暴沸，大量的甲醇、氯甲烷、氯化氢、水蒸气等气体产生，造成釜内压力急剧升高，导致釜内物料全部喷出，将水解釜上封头及附带的电机、减速机等冲起，撞击车间三层钢筋结构件产生火花，甲醇、氯甲烷等被引燃，造成现场人员伤亡并引发次生火灾。

二、加热操作的安全技术要点

生产中常用的加热方式有直接火加热（包括烟道气加热）、蒸汽或热水加热、有机载体（或无机载体）加热以及电加热等。加热温度在 100 以下的，常用热水或蒸汽加热；100～140℃用蒸汽加热；超过 140℃则用加热炉直接加热或用热载体加热；超过 250℃时，一般用电加热。

用高压蒸汽加热时，对设备耐压要求高，须严防泄漏或与物料混合，避免造成事故。使用热载体加热时，要防止热载体循环系统堵塞，热油喷出，酿成事故。使用电加热时，电气设备要符合防爆要求。直接火加热危险性最大，温度不易控制，可能造成局部过热烧坏设备，引起易燃物质的分解爆炸。当加热温度接近或超过物料的自燃点时，应采用惰性气体保护。若加热温度接近物料分解温度，此生产工艺称为危险工艺，必须设法改进工艺条件，如负压或加压操作。

任务二 冷却冷凝与冷冻操作的安全技术

知识目标：能陈述冷却冷凝与冷冻的基本定义。

能力目标：初步具备针对不同冷却冷凝与冷冻方式选择合适的安全技术措施的能力。

冷却与冷凝被广泛应用于化工操作之中，二者主要区别在于被冷却的物料是否发生相的改变。若发生相变（如气相变为液相）则称为冷凝，无相变只是温度降低则称为冷却。将物料降到比水或周围空气更低的温度，这种操作称为冷冻或制冷。

一、案例

2001 年 1 月 5 日某公司大化肥装置氨冷器氨侧压力降到 120kPa 左右，水侧流量无指示。经分析氨冷器在上次停运后，水侧的积水没有及时排掉，由于氨侧压力控制较低，温度过低导致水结冰并冻裂 1 根水管。

2002 年 9 月 5 日发生的运行事故（第二次事故）现象同上，但其原因是空分装置膨胀机跳车，导致整个合成氨全部跳车，在合成工序倒换冰机时造成氨冷器出口压力过低，而此时气氨压力调节阀处于自调状态，因阀门动作滞后，压力一直下降，引起水侧温度跟着降到冰点，操作人员未及时发现，最终导致氨冷器冻堵事故。

二、冷却冷凝与冷冻的安全技术要点

冷却冷凝与冷冻的操作在化工生产中容易被忽视。实际上它很重要，不仅涉及原材料定额消耗以及产品收率，而且严重地影响安全生产。

① 根据被冷却物料的温度、压力、理化性质以及所要求冷却的工艺条件，正确选用冷却设备和冷却剂。

② 对于腐蚀性物料的冷却，最好选用耐腐蚀材料的冷却设备。如石墨冷却器、塑料冷却器，以及用高硅铁管、陶瓷管制成的套管冷却器和钛材冷却器等。

③ 严格注意冷却设备的密闭性，不允许物料窜入冷却剂中，也不允许冷却剂窜入被冷却的物料中（特别是酸性气体）。

④ 冷却设备所用的冷却水不能中断。否则，反应热不能及时导出，致使反应异常，系统压力增高，甚至产生爆炸。另一方面冷凝、冷却器如断水，会使后部系统温度增高，未冷凝的危险气体外逸排空，可能导致燃烧或爆炸。

⑤ 开车前首先清除冷凝器中的积液，再打开冷却水，然后通入高温物料。

⑥ 为保证不凝可燃气体排空安全，可充氮保护。

⑦ 检修冷凝、冷却器，应彻底清洗、置换，切勿带料焊接。

任务三　筛分、过滤操作的安全技术

知识目标：能陈述筛分、过滤操作特点。

能力目标：初步具备针对筛分、过滤岗位制定安全操作技术措施的能力。

一、案例

1985 年 11 月，辽宁省沈阳市某化工厂发生一起离心机伤人事故，造成一名操作工重伤。

该厂红矾车间一操作工接班后不久，检查发现离心机排出母液中含有固体物料，于是切断电源准备处理。但其未待离心机停稳就用铁锹去处理，结果铁锹刮到离心机上，由于惯性作用被抛出，造成操作工的胃和十二指肠破裂。

二、筛分的安全技术要点

① 在筛分操作过程中，粉尘如具有可燃性，应注意因碰撞和静电而引起粉尘燃烧、爆炸；如粉尘具有毒性、吸水性或腐蚀性，要注意呼吸器官及皮肤的保护，以防引起中毒或皮肤伤害。

② 筛分操作是大量扬尘过程，在不妨碍操作、检查的前提下，应将筛分设备最大限度地进行密闭。

③ 要加强检查，注意筛网的磨损和筛孔堵塞、卡料，以防筛网损坏和混料。

④ 筛分设备的运转部分要加防护罩以防绞伤人体。

⑤ 振动筛会产生大量噪声，应采用隔离等消声措施。

三、过滤的安全技术要点

过滤机按操作方式可分为间歇式和连续式，也可按过滤推动力的不同分为重力过滤机、真空过滤机、加压过滤机和离心过滤机。

从操作方式看来，连续过滤较间歇式过滤安全。连续式过滤机循环周期短，能自动洗涤和自动卸料，其过滤速率较间歇式过滤机为高，且操作人员脱离与有毒物料接触，因而比较安全。

间歇式过滤机由于卸料、装合过滤机、加料等各项辅助操作的经常重复，所以较连续式过滤周期长，且人工操作；劳动强度大、直接接触毒物，因此不安全。如间歇式操作的吸滤机、板框式压滤机等。

对于加压过滤机，当过滤中能散发有害的或有爆炸性气体时，不能采用敞开式过滤机操作，而要采用密闭式过滤机，并以压缩空气或惰性气体保持压力。在取滤渣时，应先放压力，否则会发生事故。

对于离心过滤机，应注意其选材和焊接质量，并应限制其转鼓直径与转速，以防止转鼓承受高压而引起爆炸。因此，在有爆炸危险的生产中，最好不使用离心机，而应采用转鼓式、带式等真空过滤机。

离心机超负荷运转、时间过长，转鼓磨损或腐蚀、启动速度过高，均有可能导致事故的发生。对于上悬式离心机，当负荷不均匀时，运转会发生剧烈振动，不仅磨损轴承，还能使转鼓撞击外壳而发生事故。转鼓高速运转，也可能由外壳中飞出而造成重大事故。

当离心机无盖或防护装置不良时，工具或其他杂物有可能落入其中，并以很大速度飞出伤人。即使杂物留在转鼓边缘，也可能引起转鼓振动，造成其他危险。

不停车或未停稳清理器壁，铲勺会从手中脱飞，使人致伤。在开停离心机时，不要用手帮忙，以防发生事故。

当处理具有腐蚀性物料时，不应使用铜质转鼓，而应采用钢质衬铅或衬硬橡胶的转鼓。并应经常检查衬里有无裂缝，以防腐蚀性物料由裂缝腐蚀转鼓。镀锌、陶瓷或铝制转鼓，只能用于速度较慢、负荷较低的情况下，为安全计，还应有特殊的外壳保护。此外，操作过程中加料不匀，也会导致剧烈振动，应引起注意。

因此，离心机的安全操作应注意：

① 转鼓、盖子、外壳及底座应用韧性金属制造；对于轻负荷转鼓（50kg 以内），可用铜制造，并要符合质量要求。

② 处理腐蚀性物料，转鼓需有耐腐衬里。

③ 盖子应与离心机启动连锁，运转中处理物料时，可减速在盖上开孔处处理。

④ 应有限速装置，在有爆炸危险厂房中，其限速装置不得因摩擦、撞击而发热或产生火花；同时，注意不要选择临界速度操作。

⑤ 离心机开关应安装在近旁，并应有锁闭装置。

⑥ 在楼上安装离心机，应用工字钢或槽钢做成金属骨架，在其上要有减振装置；并注意其内、外壁间隙，转鼓与刮刀间隙，同时，应防止离心机与建筑物产生谐振。

⑦ 对离心机的内、外部及负荷应定期进行检查。

任务四　粉碎、混合操作的安全技术

知识目标：能陈述粉碎、混合操作特点。

能力目标：初步具备针对粉碎、混合岗位制定安全操作技术措施的能力。

一、案例

2017年4月2日17时18分，安徽省安庆某油品有限公司烘干粉碎分装车间发生较大爆燃事故，造成5人死亡、3人受伤，直接经济损失786.6万元。

2017年4月2日13时许，公司负责人突击组织8名工人在烘干粉碎分装车间的东第二间粉碎分装一黑色物料。17时许，在作业人员停机休整一段时间后，重新起动位于粉碎机体侧，距地面约30cm高处的粉碎机倒顺开关时，产生的电火花迅速引发粉碎机下部粉尘爆燃，并引燃车间东第二间、第三间操作面现场大量堆积的物料，随后火势迅速蔓延，引燃厂房西侧的化工原料库物料。

事故原因：①粉碎、收集、分装作业现场不具备安全生产条件。未安装除尘设施，导致可燃性粉尘积聚，形成粉尘爆炸环境；作业过程中使用非防爆电器和倒顺开关产生电火花，引发可燃性粉尘爆燃。气象条件助推火势扩散引燃西面化工原料库物料。②车间布置不合规。车间东第二间北侧窗户被封堵、唯一出口被堆放的大量易燃物料阻挡，造成二道门内人员无法从二道门快速逃生；公司事发时突击组织生产，现场粉碎分装作业人数由平时的4人增加到8人；公司不具备事故应急自救条件、未采取任何紧急处置措施，导致事故扩大。

二、粉碎的安全技术要点

粉碎过程中的关键部分是粉碎机。粉碎机须符合下列安全条件：

① 加料、出料最好是连续化、自动化；

② 具有防止粉碎机损坏的安全装置；

③ 产生粉末应尽可能少；

④ 发生事故能迅速停车。

对各类粉碎机，必须有紧急制动装置，必要时可超速停车。运转中的粉碎机严禁检查、清理、调节和检修。如粉碎机加料口与地面一样平或低于地面不到1m，均应设安全格子。

为保证安全操作，粉碎装置周围的过道宽度必须大于1m。如粉碎机安装在操作台上，则台与地面之间高度应在1.5～2m。操作台必须坚固，沿台周边应设高1m的安全护栏。为防止金属物件落入粉碎装置，必须装设磁性分离器。

对于球磨必须具有一个带抽风管的严密外壳。如研磨具有爆炸性的物质，则内部需衬以橡皮或其他柔软材料，同时尚需采用青铜球。

对于各类粉碎、研磨设备要密闭，操作室要有良好通风，以减少空气中的粉尘含量。必要时，室内可装设喷淋设备。

加料斗需用耐磨材料制成，应严密。在粉碎、研磨时，料斗不得卸空，盖子要盖严。粉末输送管道应消除粉末沉积的可能。为此，输送管道与水平夹角不得小于45°。对于能产生可燃粉尘的研磨设备，要有可靠的接地装置和爆破片。要注意设备润滑，防止摩擦发热。对于研磨易燃、易爆物质的设备，要通入惰性气体进行保护。为确保安全，对于初次研磨的物料，应事先在研钵中进行试验，了解是否黏结、着火，再正式进行机械研磨。可燃物料研磨后，应先行冷却，然后装桶，以防发热引起燃烧。

发现粉碎系统中粉末阴燃或燃烧时，须立即停止送料，并采取措施断绝空气来源，必要时充入氮气、二氧化碳以及水蒸气等惰性气体。但不宜使用加压水流或泡沫进行扑救，以免可燃粉尘飞扬，引起事故扩大。

三、混合的安全技术要点

混合是加工制造业广泛应用的操作，依据不同的相及其固有的性质，有着特殊的危险，还有动力机械有关的普通的机械危险。要根据物料性质（如腐蚀性、易燃易爆性、粒度、黏度等）正确选用设备。

对于利用机械搅拌进行混合的操作过程，其桨叶的强度是非常重要的。首先桨叶制造要符合强度要求，安装要牢固，不允许产生摆动。在修理或改造桨叶时，应重新计算其坚牢度。特别是在加长桨叶的情况下，尤其应该注意。因为桨叶消耗能量与其长度的5次方成正比。不注意这一点，可致电机超负荷以及桨叶折断等事故发生。

搅拌器不可随意提高转速，尤其对于搅拌非常黏稠的物质，在这种情况下也可造成电机超负荷、桨叶断裂以及物料飞溅等。对于搅拌黏稠物料，最好采用推进式及透平式搅拌机。

为防止超负荷造成事故，应安装超负荷停车装置。对于混合操作的加、出料应实现机械化、自动化。对于混合能产生易燃、易爆或有毒物质，混合设备应很好密闭，并充入惰性气体加以保护。当搅拌过程中物料产生热量时，如因故停止搅拌会导致物料局部过热。因此，在安装机械搅拌的同时，还要辅以气流搅拌，或增设冷却装置。有危险的气流搅拌尾气应加以回收处理。

对于混合可燃粉料，设备应很好接地以导除静电，并应在设备上安装爆破片。混合设备不允许落入金属物件。进入大型机械搅拌设备检修，其设备应切断电源或开关加锁，绝对不允许任意启动。

(1) *液-液混合* 液-液混合一般是在有电动搅拌的敞开或封闭容器中进行。应依据液体的黏度和所进行的过程，如分散、反应、除热、溶解或多个过程的组合，设计搅拌。还需要有仪表测量和报警装置强化的工作保证系统。装料时就应开启搅拌，否则，反应物分层或偶尔结一层外皮会引起危险反应。为使夹套或蛇管有效除热必须开启搅拌的情形，在设计中应充分估计到失误，如机械、电器和动力故障的影响以及与过程有关的危险也应该考虑到。

对于低黏度液体的混合，一般采用静止混合器或某种类型的高速混合器，除去与旋转机械有关的普通危险外，没有特殊的危险。对于高黏度流体，一般是在搅拌机或碾压机中处理，必须排除混入的固体，否则会构成对人员和机械的伤害。对于爆炸混合物的处理，需要应用软墙或隔板隔开，远程操作。

（2）气-液混合　有时应用喷雾器把气体喷入容器或塔内，借助机械搅拌实现气体的分配。很显然，如果液体是易燃的，而喷入的是空气，则可在气液界面之上形成易燃蒸气-空气的混合物、易燃烟雾或易燃泡沫。需要采取适当的防护措施，如整个流线的低流速或低压报警、自动断路、防止静电产生等，才能使混合顺利进行。如果是液体在气体中分散，可能会形成毒性或易燃性悬浮微粒。

（3）固-液混合　固-液混合可在搅拌容器或重型设备中进行。如果是重质混合，必须移除一切坚硬的无关的物质。在搅拌容器内固体分散或溶解操作中，必须考虑固体在器壁的结垢和出口管线的堵塞。

（4）固-固混合　固-固混合用的总是重型设备，这个操作最突出的是机械危险。如果固体是可燃的，必须采取防护措施把粉尘爆炸危险降至最小程度，如在惰性气氛中操作，采用爆炸卸荷防护墙设施，消除火源，要特别注意静电的产生或轴承的过热等。应该采用筛分、磁分离、手工分类等移除杂金属或过硬固体等。

（5）气-气混合　无需机械搅拌，只要简单接触就能达到充分混合。易燃混合物和爆炸混合物需要惯常的防护措施。

任务五　输送操作的安全技术

知识目标：能陈述输送设备的操作特点。

能力目标：初步具备针对输送设备制定安全操作技术措施的能力。

一、案例

2017年7月26日18时06分，新疆某化工有限责任公司能源事业部南造气车间12号造气炉发生燃爆事故，造成5人死亡、15人重伤、12人轻伤，直接经济损失2403余万元。

26日10时40分，能源事业部部长通知工艺技术员检查南造气车间三号系统，16时许，工艺技术员回复三号系统只有12号造气炉各系统情况都正常。16时30分，工艺技术员指示造气班二班班长到三号系统检查确认正常后就开始垫渣。17时30分，操作工丙因工作内容太多，无法一人完成，告知二班班长要求增加人员，二班班长便安排操作工丁去协助配合操作工丙的工作。17时44分，操作工丙、丁和二班班长达到12号炉现场，操作阀门向炉膛内放煤进行垫渣，在此期间操作工丙上到加焦机平台数次动作阀门。18时06分11秒，12号造气炉煤仓底部插板阀与加焦机之间的下煤通道处冒黑烟，随后12号造气炉发生燃爆。事故发生时，有一家承包商正在南造气车间进行复产前的检修作业，还有几家承包商作业人员正在南造气车间内外进行管道防腐保温作业，总人数有135人。事故共造成5人死亡、15人重伤、12人轻伤，直接经济损失共计2403万元。

事故原因：操作人员违规将放煤通道三道阀门同时打开，致使放煤落差高达13m，放煤过程中大量煤尘形成了爆炸浓度的煤尘云，在富氧条件下，遇到阴燃的煤粉，发生了燃爆。

二、输送操作的安全技术要点

输送设备除了其本身会发生故障外，还会造成人身伤害。除要加强对机械设备的常规维护外，还应对齿轮、皮带、链条等部位采取防护措施。

气流输送分为吸送式和压送式。气流输送系统除设备本身会产生故障之外，最大的问题是系统的堵塞和由静电引起的粉尘爆炸。

粉料气流输送系统应保持良好的严密性。其管道材料应选择导电性材料并有良好的接地，如采用绝缘材料管道，则管外应采取接地措施。输送速度不应超过该物料允许的流速，粉料不要堆积管内，要及时清理管壁。

用各种泵类输送可燃液体时，其管内流速不应超过安全速度。在化工生产中，也有用压缩空气为动力来输送一些酸碱等有腐蚀性液体的，这些设备也属于压力容器，要有足够的强度。在输送有爆炸性或燃烧性物料时，要采用氮、二氧化碳等惰性气体代替空气，以防造成燃烧或爆炸。

气体物料的输送采用压缩机。输送可燃气体要求压力不太高时，采用液环泵比较安全。可燃气体的管道应经常保持正压，并根据实际需要安装逆止阀、水封和阻火器等安全装置。

任务六　干燥、蒸发与蒸馏操作的安全技术

知识目标：能陈述干燥、蒸发与蒸馏的操作特点。

能力目标：初步具备针对干燥、蒸发与蒸馏岗位制定安全操作技术措施的能力。

一、案例

1. 干燥事故

2017年12月19日9时14分许，山东某化学股份有限公司干燥一车间低温等离子环保除味设备发生一起火灾事故，造成7人死亡、4人受伤，直接经济损失约1479万元。

12月19日，公司临时安排干燥一车间班长10点左右开启未通过验收的干燥一车间2#燃气热风炉。接到通知后，干燥一车间班长安排人员开启2#燃气热风炉，因前期2#燃气热风炉在调试过程中多次出现点火不成功及熄火现象，而且系统设置一旦出现点火不成功或者熄火现象，燃气热风炉会自动进入自检循环模式（5min/次，约25min）。操作人员为节省点炉时间，绕过自动联锁对燃气热风炉进行手动点火，但未成功，导致天然气串入干燥系统，天然气与空气的混合气体顺气流经过旋风除尘和布袋除尘器到达低温等离子环保除味设备。9时14分许，天然气与空气的混合气体遇到等离子设备电火花发生爆燃，引燃干燥系统内及干燥装置周边可燃物料，引发火灾事故．现场6名人员来不及撤离当场遇难，5名人员受伤，其中1名伤员在医院抢救无效死亡。

事故原因：该公司干燥一车间在由燃煤热风炉紧急停车切换燃气热风炉期间，违章操作绕过自动联锁，对未通过验收的燃气热风炉进行手动点火，导致天然气通过2#燃气热风炉

串入2#干燥系统内，与系统内空气形成爆炸性混合气体，在2#低温等离子环保除味设备处遇到电火花发生爆燃，引燃1#、2#干燥系统内及干燥装置周边可燃物料，并引起部分粉尘参与爆炸，发生火灾事故。

2. 蒸发事故

2004年9月9日晨7：30左右，江苏省某化工厂四车间蒸发岗位，由于蒸汽压力波动，导致造粒喷头堵塞，当班车间值班主任王某迅速调集维修工4人上塔处理。操作工李某看快到8：00下班交班时间，手里拿一套防氨过滤式防毒面具，一路来到64m高的造粒塔上，查看检修进度。维修工们用撬杠撬离喷头，李某站在维修工们的身后仔细观察。当法兰刚撬开一个缝，这时一股滚烫的料液突然直喷出来，维修工们眼尖腿快迅速躲闪跑开。李某躲闪不及，料液喷在他的头部和上半身，当即昏倒在地，并造成裸露在外面的脸、脖颈、手臂均受到伤害，面额局部Ⅱ度烫伤。

3. 蒸馏事故

2017年1月3日8时50分许，位于临海市浙江省化学原料药基地临海园区的浙江华邦医药化工有限公司C4车间发生爆炸火灾事故，造成3人死亡，直接经济损失400多万元。

1月2日，当班员工由于24小时上班，身体疲劳而在岗位上瞌睡，错过了投料时间，本应在前一天晚上11时左右投料，却在凌晨4时左右才投料；滴加浓硫酸并在20～25℃保温2h后交班，但却未将投料时间改变和反应时间不足工艺要求的情况向白班交接清楚。白班人员未按操作规程操作，就直接开始减压蒸馏。蒸馏20多分钟后，发现没有甲苯蒸出，操作工就继续加大蒸汽量（使用蒸汽旁路通道，主通道自动切断装置失去作用），8：50左右发生爆炸，并引起现场设施和物料起火燃烧。

事故原因：当班工人在开始减压蒸馏操作时甲苯未蒸出，就擅自加大蒸汽开量且违规使用蒸汽旁路通道，致使主通道气动阀门自动切断装置失去作用。蒸汽开量过大，外加未反应原料继续反应放热，釜内温度不断上升，并超过反应产物（含乳清酸）分解温度105℃。反应产物（含乳清酸）急剧分解放热，釜内压力、温度迅速上升，最终导致反应釜超压爆炸。

二、干燥的安全技术要点

干燥过程中要严格控制温度，防止局部过热，以免造成物料分解爆炸。在过程中散发出来的易燃易爆气体或粉尘，不应与明火和高温表面接触，防止燃爆。在气流干燥中应有防静电措施，在滚筒干燥中应适当调整刮刀与筒壁的间隙，以防止火花。

三、蒸发的安全技术要点

凡蒸发的溶液皆具有一定的特性。如溶质在浓缩过程中可能有结晶、沉淀和污垢生成，这些都能导致传热效率的降低，并产生局部过热，促使物料分解、燃烧和爆炸，因此要控制蒸发温度。为防止热敏性物质的分解，可采用真空蒸发的方法，降低蒸发温度，或采用高效蒸发器，增加蒸发面积，减少停留时间。

对具有腐蚀性的溶液，要合理选择蒸发器的材质。

四、蒸馏的安全技术要点

蒸馏塔釜内有大量的沸腾液体，塔身和冷凝器则需要有数倍沸腾液体的容量，应用热环流再沸器代替釜式再沸器可以减少连续蒸馏中沸腾液体的容量，这样的蒸汽发生再沸器或类似设计的蒸发器，其针孔管易于结垢堵塞造成严重后果，应该选用合适的传热流体。还需要考虑冷凝器冷却管有关的故障，如塔顶沾染物、馏出物和回流液，以及冷却介质及其污染物的影响。

蒸馏塔需要配置真空或压力释放设施。水偶然进塔，而塔温和塔压又足以使大量水即刻蒸发，这是相当危险的，特别是会损坏塔内件。冷水喷入充满蒸汽而没有真空释放阀的塔，在外部大气压力作用下会造成塔的塌陷。释放阀可安装在回流筒上，低温排放，也可在塔顶向大气排放。应该考虑夹带污物进塔的危险。间歇蒸馏中的釜残或传热面污垢、连续蒸馏中的预热器或再沸器污染物的积累，都有可能酿成事故。

任务七 其他单元操作的安全技术

知识目标：能陈述吸收、液-液萃取的操作特点。

能力目标：初步具备针对吸收、液-液萃取岗位选择合理的安全操作技术的能力。

一、吸收操作的安全技术要点

① 容器中的液面应自动控制和易于检查。对于毒性气体，必须有低液位报警。

② 控制溶剂的流量和组成，如洗涤酸气溶液的碱性；如果吸收剂是用来排除气流中的毒性气体，而不是向大气排放，如用碱溶液洗涤氯气，用水排除氨气，液流的失控会造成严重事故。

③ 在设计限度内控制入口气流，检测其组成。

④ 控制出口气的组成。

⑤ 适当选择适于与溶质和溶剂的混合物接触的结构材料。

⑥ 在进口气流速、组成、温度和压力的设计条件下操作。

⑦ 避免潮气转移至出口气流中，如应用严密筛网或填充床除雾器等。

⑧ 一旦出现控制变量不正常的情况，应能自动启动报警装置。控制仪表和操作程序应能防止气相中溶质载荷的突增以及液体流速的波动。

二、液-液萃取操作的安全技术要点

萃取过程常常有易燃的稀释剂或萃取剂的应用。除去溶剂储存和回收的适当设计外，还需要有效的界面控制。因为包含相混合、相分离以及泵输送等操作，消除静电的措施变得极为重要。对于放射性化学物质的处理，可采用无须机械密封的脉冲塔。在需要最小持液量和非常有效的相分离的情形，则应该采用离心式萃取器。

溶质和溶剂的回收一般采用蒸馏或蒸发操作，所以萃取全过程包含这些操作所具有的危险。

任务八　化工单元设备操作的安全技术

知识目标：能陈述化工单元设备的操作要点。

能力目标：初步具备针对化工单元设备制定合理的安全操作技术措施的能力。

化工单元操作涉及的主要设备有泵、换热器、塔、搅拌器、蒸发器及容器等。这些设备的运行状态直接影响系统安全。

一、案例

1. 加氢加热炉炉管破裂

某石化厂煤油加氢加热炉因油品和氢气源进料中断，操作工没有及时发现，加热炉炉管长时间干烧，致使加氢加热炉炉管破裂，造成全厂停产。

炼油和石化企业加热炉由于加工量和工艺技术的需要，设计成双路进料，但同时设计会对双路进料的流量控制。在生产操作管理中，要严格监视双路进料的流量记录和两路进料的流量控制是否均衡，在一台油泵两路进料时，如不严格监视管理，很容易造成一路进料多，一路进料少。进料少的一路温差大，会使流量减少和中断，在炼化系统这类事故曾多次发生。但事故的根本原因还是岗位操作人员没有及时发现油路中断，DCS 控制缺乏流量中断自动报警系统。

事故原因：责任心不强，未严格遵守岗位操作规程。

2. 精馏塔爆炸

2005 年 11 月 13 日，中石油某分公司双苯厂硝基苯精馏塔发生爆炸，造成 8 人死亡，60 人受伤，直接经济损失 6908 万元，并导致了一起跨省、跨国界的重大环境污染事件。

11 月 13 日，双苯厂苯胺二车间化工二班班长徐某替休假的硝基苯精馏岗位内操顶岗操作。根据硝基苯精馏结果，应进行重组分的排液操作。10 时 10 分，徐某进行排残液操作，在进行该项操作前，错误地停止了硝基苯初馏塔进料后，没有按照操作规程要求关闭硝基苯进料预热器加热蒸汽阀，导致硝基苯初馏塔进料温度升高，在 15min 内温度超过 150℃量程上限。在 11 时 35 分左右，徐某回到控制室发现超温，关闭了硝基苯进料预热器蒸汽阀，硝基苯初馏塔进料温度开始下降至正常值，超温时间达 70min。13 时 21 分，徐某在进料时，再一次错误操作，没有按照投用换热器应“先冷后热”的原则进行操作，而是先开预热器蒸汽阀门加热，使预热器温度再次出现超温。13 时 34 分启动了硝基苯初馏塔进料泵向进料预热器输送粗硝基苯，温度较低（约 26℃）的粗硝基苯进入超温的预热器后，突沸并发生剧烈振动，造成预热器及进料管线法兰松动，导致系统密封不严，空气吸入系统内，与塔内可燃气体形成爆炸性气体混合物，硝基苯中的硝基酚钠盐受震动首先发生爆炸，继而引发硝基苯初馏塔和硝基苯精馏塔相继发生爆炸，而后引发其他装置、设施连续爆炸。

事故原因：硝基苯精制岗位操作人员违反操作规程，在停止粗硝基苯进料后，未关闭预热器蒸汽阀门，导致预热器内物料汽化；恢复硝基苯精制单元生产时，再次违反操作规程，先打开了预热器蒸汽阀门加热，后启动粗硝基苯进料泵进料，引起进入预热器的物料突沸并发生剧烈振动，使预热器及管线的法兰松动、密封失效，空气吸入系统内，由于摩擦、静电等原因，导致硝基苯精馏塔发生爆炸，并引发其他装置、设施连续爆炸。

二、泵的安全运行

泵是化工单元中的主要流体机械。泵的安全运行涉及流体的平衡、压力的平衡和物系的正常流动。

保证泵的安全运行的关键是加强日常检查，包括：定时检查各部轴承温度；定时检查各出口阀压力、温度；定时检查润滑油压力，定期检验润滑油油质；检查填料密封泄漏情况，适当调整填料压盖螺栓松紧；检查各传动部件应无松动和异常声音；检查各连接部件紧固情况，防止松动；泵在正常运行中不得有异常振动声响，各密封部位无滴漏，压力表、安全阀灵活好用。

三、换热器的安全运行

换热器是用于两种不同温度介质进行传热即热量交换的设备，又称“热交换器”；可使一种介质降温而另一种介质升温，以满足各自的需要。换热器一般也是压力容器，除了承受压力载荷外，还有温度载荷（产生热应力），并常伴有振动和特殊环境的腐蚀发生。

换热器的运行中涉及工艺过程中的热量交换、热量传递和热量变化，过程中如果热量积累，造成超温就会发生事故。

化工生产中对物料进行加热（沸腾）、冷却（冷凝），由于加热剂、冷却剂等的不同，换热器具体的安全运行要点也有所不同。

① 蒸汽加热必须不断排除冷凝水，否则积于换热器中，部分或全部变为无相变传热，传热速率下降。同时还必须及时排放不凝性气体。因为不凝性气体的存在使蒸汽冷凝的给热系数大大降低。

② 热水加热，一般温度不高，加热速度慢，操作稳定，只要定期排放不凝性气体，就能保证正常操作。

③ 烟道气一般用于生产蒸汽或加热、汽化液体，烟道气的温度较高，且温度不易调节，在操作过程中，必须时时注意被加热物料的液位、流量和蒸汽产量，还必须做到定期排污。

④ 导热油加热的特点是温度高（可达 400℃）、黏度较大、热稳定性差、易燃、温度调节困难，操作时必须严格控制进出口温度，定期检查进出管口及介质流道是否结垢，做到定期排污，定期放空，过滤或更换导热油。

⑤ 水和空气冷却操作时，应注意根据季节变化调节水和空气的用量，用水冷却时，还要注意定期清洗。

⑥ 冷冻盐水冷却操作时，温度低，腐蚀性较大，在操作时应严格控制进出口的温度防止结晶堵塞介质通道，要定期放空和排污。

⑦ 冷凝操作需要注意的是，定期排放蒸汽侧的不凝性气体，特别是减压条件下不凝性气体的排放。

四、精馏设备的安全运行

精馏过程涉及热源加热、液体沸腾、气液分离、冷却冷凝等过程，热平衡安全问题和相态变化安全问题是精馏过程安全的关键。精馏设备包括精馏塔、再沸器和冷凝塔等。精馏设备的安全运行主要取决于精馏过程的加热载体、热量平衡、气液平衡、压力平衡以及被分离物料的热稳定性和填料选择的安全性。

1. 精馏塔设备的安全运行

由于工艺要求不同，精馏塔的塔型和操作条件也不同。因此，保证精馏过程的安全操作控制也是各不相同的。通常应注意的是：

① 精馏操作前应检查仪器、仪表、阀门等是否齐全、正确、灵活，做好启动前的准备。

② 预进料时，应先打开放空阀，充氮置换系统中的空气，以防在进料时出现事故，当压力达到规定的指标后停止，再打开进料阀，打入指定液位高度的料液后停止。

③ 再沸器投入使用时，应打开塔顶冷凝器的冷却水（或其他介质），对再沸器通蒸汽加热。

④ 在全回流情况下继续加热，直到塔温、塔压均达到规定指标。

⑤ 进料与出产品时，应打开进料阀进料，同时从塔顶和塔釜采出产品，调节到指定的回流比。

⑥ 控制调节精馏塔控制与调节的实质是控制塔内气、液相负荷大小，以保持塔设备良好的质热传递，获得合格的产品；但气、液相负荷是无法直接控制的，生产中主要通过控制温度、压力、进料量和回流比来实现；运行中，要注意各参数的变化，及时调整。

⑦ 停车时，应先停进料，再停再沸器，停产品采出（如果对产品要求高也可先停），降温降压后再停冷却水。

2. 精馏辅助设备的安全运行

精馏装置的辅助设备主要是各种形式的换热器，包括塔底溶液再沸器、塔顶蒸气冷凝器、料液预热器、产品冷却器等，另外还需管线以及流体输送设备等。其中，再沸器和冷凝器是保证精馏过程能连续进行稳定操作必不可少的两个换热设备。

再沸器的作用是将塔内最下面的一块塔板流下的液体进行加热，使其中一部分液体发生汽化变成蒸气而重新回流入塔，以提供塔内上升的气流，从而保证塔板上气、液两相的稳定传质。

冷凝器的作用是将塔顶上升的蒸气进行冷凝，使其成为液体，之后将一部分冷凝液从塔顶回流入塔，以提供塔内下降的液流，使其与上升气流进行逆流传质接触。

再沸器和冷凝器在安装时应根据塔的大小及操作是否方便而确定其安装位置。对于小塔，冷凝器一般安装在塔顶，这样冷凝液可以利用位差而回流入塔；再沸器则可安装在塔底。对于大塔（处理量大或塔板数较多时），冷凝器若安装在塔顶部则不便于安装、检修和清理，此时可将冷凝器安装在较低的位置，回流液则用泵输送入塔；再沸器一般安装在塔底外部。

五、反应器的安全运行

反应器的操作方式分间歇式、连续式和半连续式。典型的釜式反应器主要由釜体及封头、搅拌器、换热部件及轴密封装置组成。

1．釜体及封头的安全

釜体及封头提供足够的反应体积，以保证反应物达到规定转化率所需的时间。釜体及封头应有足够的强度、刚度和稳定性及耐腐蚀能力，以保证运行可靠。

2．搅拌器的安全

搅拌器的安全可靠是许多放热反应、聚合过程等安全运行的必要条件。搅拌器选择不当，可能发生中断或突然失效，造成物料反应停滞、分层、局部过热等，以至发生各种事故。

六、蒸发器的安全运行

蒸发器的选型主要应考虑被蒸发溶液的性质和是否容易结晶或析出结晶等因素。

为了保证蒸发设备的安全，应注意：

① 蒸发热敏性物料，并考虑黏度、发泡性、腐蚀性、温度等因素时，可选用膜式蒸发器，以防止物料分解；

② 蒸发黏度大的溶液，为保证物料流速，应选用强制循环回转薄膜式或降膜式蒸发器；

③ 蒸发易结垢或析出结晶的物料，可采用标准式或悬筐式蒸发器或管外沸腾式和强制循环型蒸发器；

④ 蒸发发泡性溶液时，应选用强制循环型和长管薄膜式蒸发器；

⑤ 蒸发腐蚀性物料时，应考虑设备用材，如蒸发废酸等物料应选用浸没燃烧蒸发器；

⑥ 对处理量小的或采用间歇操作时，可选用夹套或锅炉蒸发器。

七、容器的安全运行

容器的安全运行主要考虑以下三个方面的问题。

1．容器的选择

根据存储物的性质、数量和工艺要求确定存储设备。一般固体物料，不受天气影响的，可以露天存放；有些固体产品和分装液体产品，可以包装、封箱、装袋或灌装后直接存储于仓库，也可运销于厂外。但有一些液态或气态原料、中间产品或成品需要存储于容器之中，按其性质或特点选用不同的容器。大量液体的存储一般使用圆形或球形储槽；易挥发的液体，为防物料挥发损失，而选用浮顶储罐；蒸气压高于大气压的液体，要视其蒸气压大小专门设计储槽；可燃液体的存储，要在存储设备的开口处设置防火装置；容易液化的气体，一般经过加压液化后存储于压力储罐或高压钢瓶中；难于液化的气体，大多数经过加压后存储于气柜、高压球形储槽或柱形容器中；易受空气和湿度影响的物料应存储于密闭的容器内。

2．安全存量的确定

原料的存量要保证生产正常进行，主要根据原料市场供应情况和供应周期而定，一般以1～3个月的生产用量为宜；当货源充足，运输周期又短，则存量可以更少些，以减少容器容积，节约投资。中间产品的存量主要考虑在生产过程中因某一前道工段临时停产仍能维持后续工段的正常生产，所以，一般要比原料的存量少得多；对于连续化生产，视情况存储几小时至几天的用量，而对于间歇生产过程，至少要存储一个班的生产用量。对于成品的存储主要考虑工厂短期停产后仍能保证满足市场需求为主。

3．容器适宜容积的确定

主要依据总存量和容器的适宜容积确定容器的台数。这里容器的适宜容积要根据容器形式、存储物料的特性、容器的占地面积以及加工能力等因素进行综合考虑确定。

一般存放气体的容器的装料系数为1，而存放液体的容器装料系数一般为0.8，液化气体的储料按照液化气体的装料系数确定。

复习思考题

1. 举例简述冷却冷凝或冷冻的安全生产要求。
2. 举例说明干燥、蒸发与蒸馏安全生产的关键环节。
3. 举例说明化工单元设备安全生产的关键环节。

案例分析

试通过网络或图书馆收集化工生产中某化工反应发生的安全事故，用所掌握的安全技术知识制定相关防护措施。

单元七

压力容器的安全技术

压力容器是指在化工和其他工业生产中用于完成反应、换热、分离和贮存等生产工艺过程，承受一定压力的设备，它属于承压类特种设备，广泛地应用于石油、化工、航空等工业部门的生产和人们生活中。在石油、化工等行业中，大多数的工艺过程都是在压力容器内进行的。由于各种化学生产工艺的要求不尽相同，使得设备处在极其复杂的操作条件下运行。并且随着化工和石油化学工业的发展，压力容器的工作温度范围越来越宽，加之规模化生产的要求，许多工艺装置越来越大，压力容器的容量也随之不断增大，这对压力容器提出了更高的安全和技术要求。

任务一　压力容器的设计管理

知识目标：能说明压力容器的分类，相关标准；能陈述压力容器的监察标准与体系。

能力目标：初步具备进行压力容器设计资格的申请与管理的能力。

压力容器是一种可能引起爆炸或中毒等危害性较大事故的特种设备。当设备发生破坏或爆炸时，设备内的介质会迅速膨胀、释放出极大的内能，这不仅使容器本身遭到破坏，瞬间释放的巨大能量还将产生冲击波，往往还会诱发一连串恶性事故，破坏附近其他设备和建筑物，危及人员生命安全，有的甚至会使放射性物质外逸，造成更为严重的后果。

一、案例

1996 年 2 月 20：00，北京市某酒精厂一台蒸煮锅在正常工作压力（0.5MPa）下，突然发生爆炸。爆炸时，锥形封头与筒体从焊缝处断开，整个封头飞出，1500kg 大米和玉米粉原料高速喷出，当场死亡 1 人，重伤 3 人，造成蒸煮、粉碎和糖化三个工段的房屋全部被毁（砖木结构）。共计炸毁房屋面积 183.26m^2，并损坏生产设备 8 台，直接经济损失 3.4 万元，间接损失约 8 万元。

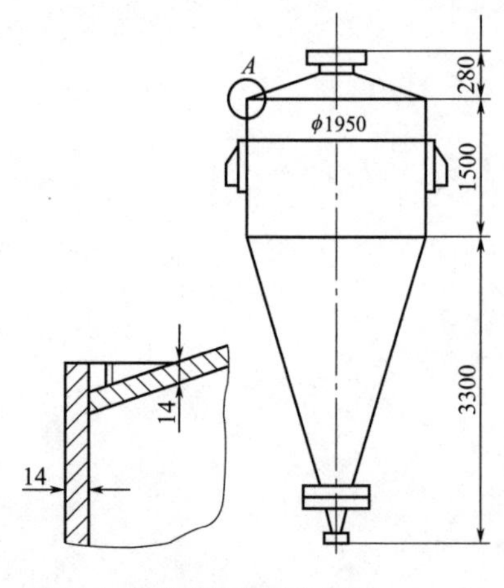

图 7-1　蒸煮锅结构形式（单位：mm）

蒸煮锅结构形式如图 7-1 所示。直径为 ϕ1950mm，壁厚 14mm，封头是半锥角接近 80°的无折边锥形封头，下部是一个长锥体，半锥角较小。材质为 Q235-A 钢，容积 6.7m^3。介质为蒸汽与淀粉原料糊液。蒸煮锅的常用压力为 0.5MPa，间歇操作。

事故原因：

① 结构设计不合理。从结构图中可以看出，锥形封头采用 80°的半锥角，由于封头半锥角过大，且采用无折边结构，致使封头与筒体连接的焊缝处产生较高的弯曲力。

② 原设计封头与筒体为双面焊，制造时改为不开坡口的填角焊（图 7-2）。造成上锥形封头与筒体整圈未焊透。

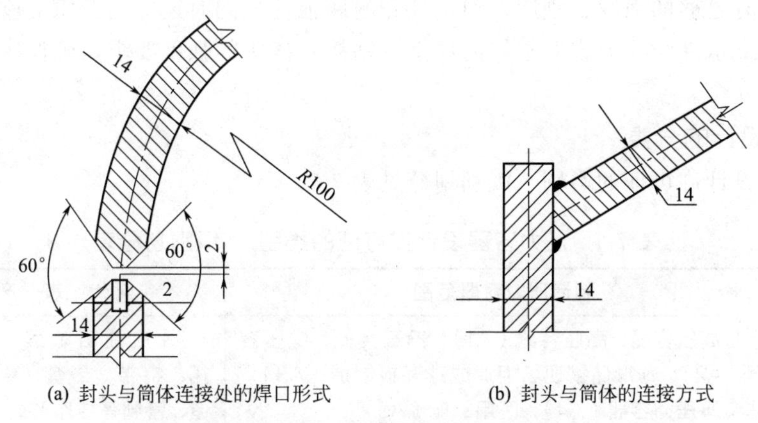

图 7-2 封头与筒体的连接（单位：mm）

二、设计管理

国家对压力容器设计单位试行强制的设计许可管理，没有取得设计许可证的单位或机构不得从事压力容器设计工作，取得设计许可证的单位或机构也只能从事许可范围之内的压力容器设计工作。

1. 压力容器设计的管理

国家相关的法律和规定对设计单位和个人都作了规定，要求如下。

① 设计单位及其主要负责人对压力容器的设计质量负责。

② 压力容器设计单位的资质、设计类别、品种和范围应当符合有关安全技术规范的规定。

③ 压力容器的设计应当符合基本安全要求，对于采用国际标准或者境外标准设计的压力容器，进行设计的单位应当向国家质检总局提供设计文件符合基本安全要求的符合性申明及比照表。

④ 设计单位应当向设计委托方提供设计文件。在压力容器设计总图上必须加盖设计单位设计专用章（复印章无效），已加盖竣工图章的图样不得用于制造压力容器。压力容器的设计委托方应当以正式书面形式向设计单位提供压力容器设计条件。压力容器的设计文件包括风险评估报告（需要时）、强度计算书或者应力分析报告、设计图样、制造技术条件，必要时还应当包括安装及使用维护保养说明等。

⑤ 装设安全阀、爆破片等超压泄放装置的压力容器，设计文件还应当包括压力容器安全泄放量、安全阀排量和爆破片泄放面积的计算书；利用软件模拟计算或者特种设备安全技术规则无法计算时，设计单位应当会同设计委托单位或者使用单位，协商选用超压泄放装置。

⑥ 设计文件中的风险评估报告、强度计算书或者应力分析报告、设计总图，至少进行设计、校核、审核3级签署；对于第Ⅲ类压力容器和分析设计的压力容器，还应当由压力容器设计单位技术负责人或者其授权人批准（4级签署）。

⑦ 压力容器的设计可以采用规则设计方法或者分析设计方法。必要时也可以采用试验方法、可对比的经验设计方法或者其他设计方法，但是应当按照国家相关的规定通过新技术评审。

⑧ 压力容器设计单位应当综合考虑所有相关因素、失效模式和足够的安全裕量，以保证压力容器具有足够的强度、刚度、稳定性和耐腐蚀性，同时还应当考虑支座、底座圈、支耳及其他型式支承件与压力容器本体的焊接（粘接）接头的强度要求，确保压力容器在设计使用年限内的安全。

2. 压力容器设计的分类

压力容器设计许可证的类别、级别划分见表7-1。

表7-1　压力容器设计许可证的类别、级别划分表

级别	制造压力容器范围	代表产品
A	超高压容器、高压容器（A1）；第三类低、中压容器（A2）；球形储罐现场组焊或球壳板制造（A3）；非金属压力容器（A4）；医用氧舱（A5）	A1应注明单层、锻焊、多层包扎、绕带、热套、绕板、无缝、锻造、管制等结构形式
B	按《质检总局办公厅关于压力管道气瓶安全监察工作有关问题的通知》（质检办特〔2015〕675号）	
C	铁路罐车（C1）；汽车罐车或长管拖车（C2）；罐式集装箱或管束式集装箱（C3）	C2、C3应注明产品型式
D	第一类压力容器（D1）； 第二类低、中压容器（D2）	

表7-1中制造压力容器范围是指：

① 一、二、三类压力容器的划分、压力容器压力等级划分按照《固定式压力容器安全技术监察规程》确定。

② 按分析设计标准设计的压力容器，其制造企业应持有A或C级许可证。

③ 对于产品种类单一的制造企业，可对其许可范围进行限制，如限制产品或制造方法、材质、种类、用途等。

④ 大型高压容器指内径大于或者等于2m的高压容器。

⑤ 超大型压力容器是指因直径过大无法通过公路、铁路运输的压力容器。专门从事超大型中低压非球形压力容器分片现场制造的单位，应取得相应级别的压力容器制造许可（许可证书注明超大型中低压非球形压力容器现场制造），持有A3级压力容器制造许可证的制造单位可以从事超大型中低压非球形压力容器现场制造。

⑥ 特种气瓶包括纤维缠绕气瓶（B3）、低温绝热气瓶（B4）、内装填料气瓶（B5）。

⑦ 许可证覆盖关系：A1级覆盖A2、D级，A2、C1、C2级覆盖D级。

⑧ 取得A5级压力容器制造许可的单位可以制造与其产品配套的中低压压力容器。

压力容器设计许可证类别和级别要求见表7-2。

表 7-2 压力容器设计许可证类别和级别要求

许可类别	项目	由总局实施的子项目	总局授权省级监管或省级市场监管的子项目	备注
设计单位许可	压力容器设计	①压力容器分析设计（SAD） ②固定式压力容器规则设计 ③移动式压力容器规则设计		①压力容器制造单位的设计许可纳入制造许可（压力容器分析设计除外），并在制造许可证上注明 ②压力容器制造单位设计本单位制造的压力容器，无需单独取得设计许可。无设计能力的压力容器制造单位应当将设计分包至持有相应设计许可的设计单位 ③取得分析设计的单位必须同时取得规则设计许可资格

3. 压力容器的许可申请

申请特种设备生产和充装许可的单位应当具有法定资质，具有与许可范围相适应的资源条件，建立并且有效实施与许可范围相适应的质量保证体系、安全管理制度等，具备保障特种设备安全性能的技术能力等要求。

（1）资源条件　申请单位应当具有以下与许可范围相适应，并且满足生产需要的资源条件。

① 人员。包括管理人员、技术人员、检测人员、作业人员等。

② 工作场所。包括场地、厂房、办公场所、仓库等。

③ 设备设施。包括生产（充装）设备，工艺装备、检测仪器、试验装置等。

④ 技术资料。包括设计文件、工艺文件、施工方案、检验规程等。

⑤ 法规标准。包括法律、法规、规章、安全技术规范及相关标准。

（2）质量保证体系　申请单位应当按照要求，建立与许可范围相适应的质量保证体系，并且保持有效实施；其中，特种设备制造、安装、改造、修理单位，压力容器和压力管道设计单位，移动式压力容器和气瓶充装单位的质量保证体系应分别符合相关规定要求。如压力容器和压力管道设计单位应当建立至少包括文件和记录控制、合同控制、设计控制、不合格品（项）控制、人员控制、质量改进与服务执行特种设备许可制度等控制要素的质量保证体系，并且能够有效实施；编制设计质量保证手册、程序文件以及有关记录表格、卡等。

（3）保障特种设备安全性能和充装安全的技术能力　申请单位应当具备保障特种设备实全性能和充装安全的技术能力，按照特种设备安全技术规范及相关标准要求进行产品设计、制造、安装、改造、修理、充装活动。

取得的许可证中载明了以下信息：

①《中华人民共和国特种设备生产许可证》载明许可证编号、单位名称、住所、办公地址、制造地址，许可项目、许可子项目、许可参数、发证机关、发证日期及有效期等。

②《中华人民共和国移动式压力容器（气瓶）充装许可证》载明许可证编号、单位名称、住所、充装地址、设备品种、充装介质类别、充装介质名称、发证机关、发证日期及有效期等。

许可证有效期 4 年，持证单位在其许可证有效期届满后，需要继续从事相应活动的，应当在其许可证有效期届满的6个月以前（并且不超过12个月），向发证机关提出许可证延续（换证）申请；未及时提出申请的，应当在换证申请时书面说明理由。

 相关知识一 压力容器基本知识

1. 压力容器的定义

承受流体介质压力的密闭壳体都可属于压力容器。按照GB/T 150《压力容器》设计条件所限定，设计压力大于或等于0.1MPa的容器属于压力容器。

从安全角度考虑，压力并不是表征压力容器安全性能的唯一指标。压力、容积、介质特性是压力容器安全的三个重要指标。因此，《固定式压力容器安全技术监察规程》将同时具备下列三个条件的容器定义为压力容器。即：工作压力大于或者等于0.1MPa；容积大于或者等于0.03m^{3}并且内直径（非圆形截面指截面内边界最大几何尺寸）大于或者等于150mm；盛装介质为气体、液化气体以及介质最高工作温度高于或者等于其标准沸点的液体。

注意，这里的工作压力是指在正常工作情况下，压力容器顶部可能达到的最高压力（表压力）；容积是指压力容器的几何容积，即由设计图样标注的尺寸计算（不考虑制造公差）并且圆整，一般需要扣除永久连接在压力容器内部的内件的体积；且容器内介质为最高工作温度低于其标准沸点的液体时，如果气相空间的容积大于或者等于0.03m^{3}时也属于适用范围。

2. 压力容器的分类方法

在化工生产过程中，为有利于安全技术监督和管理，根据容器的压力高低、介质的危害程度以及在生产中的重要作用，将压力容器进行分类。

(1) **按工作压力分类** 按压力容器的设计压力分为低压、中压、高压、超高压4个等级。

低压（代号L） $0.1\text{MPa} \leqslant p < 1.6\text{MPa}$

中压（代号M） $1.6\text{MPa} \leqslant p < 10\text{MPa}$

高压（代号H） $10\text{MPa} \leqslant p < 100\text{MPa}$

超高压（代号U） $p \geqslant 100\text{MPa}$

(2) **按用途分类** 按压力容器在生产工艺过程中的作用原理分为反应压力容器、换热压力容器、分离压力容器、储存压力容器。

① 反应压力容器（代号R）。主要用于完成介质的物理、化学反应的压力容器。如反应器、反应釜、分解锅、分解塔、聚合釜、高压釜、超高压釜、合成塔、铜洗塔、变换炉、蒸煮锅、蒸球、蒸压釜、煤气发生炉等。

② 换热压力容器（代号E）。主要用于完成介质的热量交换的压力容器。如管壳式废热锅炉、热交换器、冷却器、冷凝器、蒸发器、加热器、消毒锅、染色器、蒸炒锅、预热锅、蒸锅、蒸脱机、电热蒸气发生器、煤气发生炉水夹套等。

③ 分离压力容器（代号S）。主要用于完成介质的流体压力平衡和气体净化分离等的压力容器。如分离器、过滤器、集油器、缓冲器、洗涤器、吸收塔、干燥塔、汽提塔、分汽缸、除氧器等。

④ 储存压力容器（代号C，其中球罐代号B）。主要用于储存或者盛装生产用的原料气

体、液体、液化气体等的压力容器。如各种类型的储罐。

在一种压力容器中，如同时具备两个以上的工艺作用原理时，应按工艺过程中的主要作用来划分。

(3) 按危险性和危害性分类　压力容器的介质分为以下两组。第一组介质是毒性危害程度为极度、高度危害的化学介质，易爆介质，液化气体。第二组介质是除第一组以外的介质。

介质危害性指压力容器在生产过程中因事故致使介质与人体大量接触，发生爆炸或者因经常泄漏引起职业性慢性危害的严重程度，用介质毒性危害程度和爆炸危险程度表示。介质按危害性不同可分为以下两类。

① 毒性介质。综合考虑急性毒性、最高容许浓度和职业性慢性危害等因素，极度危害介质最高容许浓度小于0.1mg/m^3；高度危害介质最高容许浓度0.1mg/m^3～1.0mg/m^3；中度危害介质最高容许浓度1.0mg/m^3～10.0mg/m^3；轻度危害介质最高容许浓度大于或者等于10.0mg/m^3。

② 易爆介质。指气体或者液体的蒸气、薄雾与空气混合形成的爆炸混合物，并且其爆炸下限小于10%，或者爆炸上限和爆炸下限的差值大于或者等于20%的介质。

介质毒性危害程度和爆炸危险程度可以按HG 20660—2000《压力容器中化学介质毒性危害和爆炸危险程度分类》确定。HG 20660没有规定的，由压力容器设计单位参照GBZ 230—2010《职业性接触毒物危害程度分级》的原则，确定介质组别。

3. 压力容器的类别划分

压力容器应当根据介质特征选择分类图，再根据设计压力p（单位MPa）和容积V（单位m^3）标出坐标点，确定压力容器类别。其中，第一组介质压力容器分类如图7-3所示，第二组介质压力容器分类如图7-4所示。

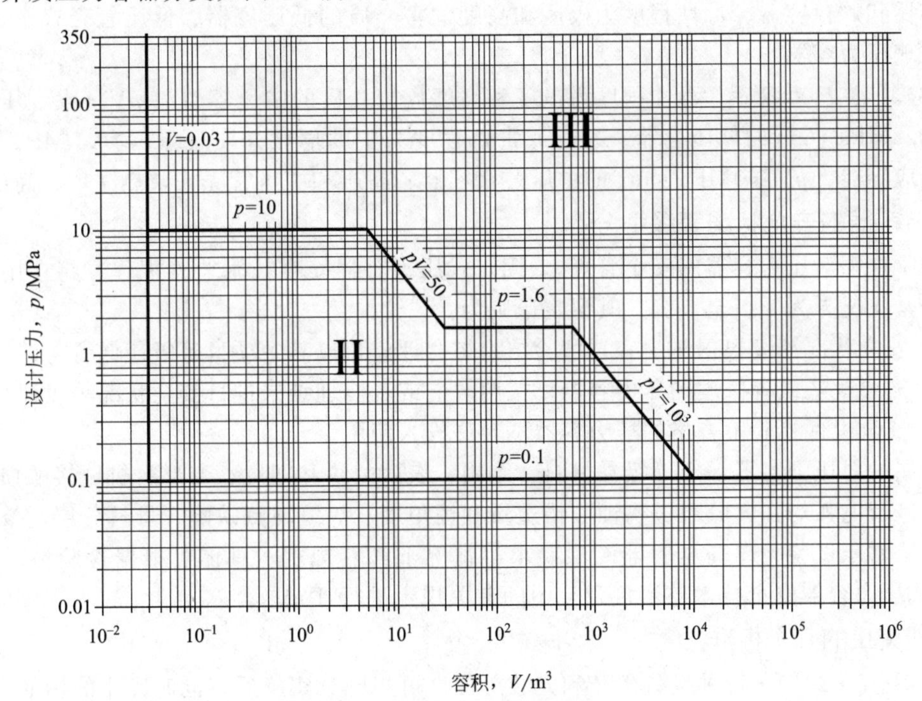

图7-3　压力容器分类图 第一组介质

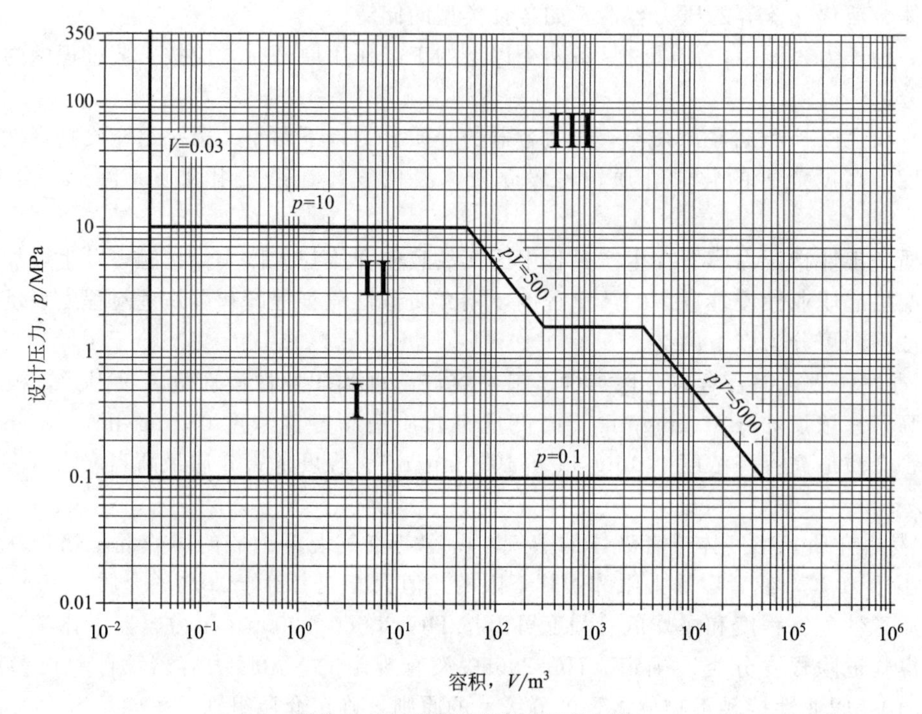

图 7-4　压力容器分类图 第二组介质

（1）Ⅰ类压力容器　非易燃或无毒介质的低压容器。易燃或有毒介质的低压分离容器和换热容器。

（2）Ⅱ类压力容器　任何介质的中压容器、易燃介质或毒性程度为中度危害介质的低压反应容器和贮存容器、毒性程度为极度和高度危害介质的低压容器、低压管壳式余热锅炉、搪瓷玻璃压力容器。

（3）Ⅲ类压力容器　毒性程度为极度和高度危害介质的中压容器和 pV（设计压力×容积）≥0.2MPa · m^3 的低压容器、易燃或毒性程度为中度危害介质且 pV≥0.5MPa · m^3 的中压反应容器、pV≥0MPa · m^3 的中压贮存容器、高压和中压管壳式余热锅炉、高压容器。

4. 压力容器的安全状况等级划分

为了加强对压力容器的安全管理，《固定式压力容器安全技术监察规程》将在用压力容器的安全状况分为 1 级至 5 级，其评定原则为：

① 安全状况等级根据压力容器检验结果综合评定，以其中项目等级最低者为评定等级；

② 需要改造或者修理的压力容器，按照改造或者修理结果进行安全状况等级评定；

③ 安全附件检验不合格的压力容器不允许投入使用。

金属材料压力容器评定等级在材料、结构、表面裂纹和凹坑、变形、机械接触损伤、工卡具焊迹及电弧灼伤、咬边、腐蚀、错边量和棱角度、焊缝埋藏缺陷、母材分层、鼓包、绝热性能、耐压试验、超高压容器专项要求等情况下都有规定。具体可根据检验情况，按照《固定式压力容器安全技术监察规程》中的有关规定进行评定。

5. 近期废止的几个标准

TSG 07—2019《特种设备生产和充装单位许可规则》实施后将同时废止的标准有：

①《锅炉压力容器制造许可条件》（国质检锅〔2003〕194 号）；

②《机电类特种设备制造许可规则（试行）》（国质检锅〔2003〕174号）；

③《机电类特种设备安装改造维修许可规则（试行）》（国质检锅〔2003〕251号）；

④《锅炉安装改造单位监督管理规则》（TSG G3001—2004）；

⑤《压力容器安装改造维修许可规则》（TSG R3001—2006）；

⑥《气瓶充装许可规则》（TSG R4001—2006）；

⑦《压力管道元件制造许可规则》（TSG D2001—2006）；

⑧《特种设备制造、安装、改造、维修质量保证体系基本要求》（TSG Z0004—2007）；

⑨《特种设备制造、安装、改造、维修许可鉴定评审细则》（TSG Z0005—2007）；

⑩《压力容器压力管道设计许可规则》（TSG R1001—2008）；

⑪《压力管道安装许可规则》（TSG D3001—2009）；

⑫《移动式压力容器充装许可规则》（TSG R4002—2011）。

⑬《安全阀安全技术监察规程》（TSG ZF001—2006）和《爆破片装置安全技术监察规程》（TSG ZF003—2011）中有关许可程序、条件和要求的内容。

相关知识二　压力容器的安全监察

1. 特种设备的概念

2013年6月29日，十二届全国人大常委会通过了《中华人民共和国特种设备安全法》。2014年11月，国家质检总局公布了新修订的《特种设备目录》。《特种设备安全法》所称的特种设备是指：对人身和财产安全有较大危险性的锅炉、压力容器（含气瓶，下同）、压力管道、电梯、起重机械、客运索道、大型游乐设施和场（厂）内专用机动车辆，以及法律、行政法规规定适用本法的其他特种设备。国家对特种设备实行目录管理。特种设备目录由国务院负责特种设备安全监督管理的部门制订，报国务院批准后执行。

2. 固定式压力容器的安全技术监察规程

压力容器属于特种设备。2013年7月，国家质量监督检验检疫总局（2018年3月，根据第十三届全国人民代表大会第一次会议批准的国务院机构改革方案，将国家质量监督检验检疫总局的职责整合，组建中华人民共和国国家市场监督管理总局）特种设备安全监察局下达制定《固定式压力容器安全技术监察规程》的立项任务书，要求以原有的《固定式压力容器安全监察规程》（TSG R0004—2009）、《非金属压力容器安全技术监察规程》（TSG R0001—2004）、《超高压容器安全技术监察规程》（TSG R0002—2005）、《简单压力容器安全技术监察规程》（TSG R0003—2007）、《压力容器使用管理规则》（TSG R5002—2013）、《压力容器定期检验规则》（TSG R7001—2013）、《压力容器监督检验规则》（TSG R7004—2013）七个规范为基础，形成关于固定式压力容器的综合规范。2016年《固定式压力容器安全技术监察规程》（TSG 21—2016）颁布。

《固定式压力容器安全技术监察规程》以原有的压力容器七个规范为基础，进行合并以及逻辑关系上的理顺，统一并且进一步明确基本安全要求，形成关于固定式压力容器的综合规范。并且根据特种设备目录，调整适用范围，统一固定式压力容器的分类。其根据行政许可改革的情况，调整各环节有关的行政许可要求。整理国家质检总局近年来针对压力容器安全监察的有关文件，汇总宣贯、实施中存在的具体问题，收集了网上咨询意见，增补相应内容。扩展材料范围，重点解决铸钢、铸铁压力容器材料技术要求（安全系数、成分、力学性能和适用范围），增加非焊接瓶式容器高强钢材料技术要求。按照固定式压力容器各环节分章进行描述，每个环节的边界尽可能清晰，明确相应的主体责任（如明确耐压试验介质、压力、温度，无损检测方法、比例，热处理等技术要求由设计者提出并且放到相应设计章节）。

压力容器设计、制造、安装、改造、修理、使用单位和检验、检测机构等，都应当严格执行此规程，接受各级人民政府负责特种设备安全监督管理的部门的监督管理，并且按照特种设备信息化管理的有关规定，及时将所要求的数据输入特种设备信息化管理系统。

任务二 压力容器的制造管理

知识目标：能陈述压力容器检验的内容与要求。

能力目标：初步具备进行压力容器制造资格的申请与管理的能力。

一、案例

2005年3月21日，某化肥厂发生尿素合成塔爆炸重大事故，尿素合成塔塔身爆炸成3节，导致四周设备和厂房严重受损，4人死亡，1人重伤，经济损失惨重。

发生事故的尿素合成塔是1999年制造的，2000年投入使用。该塔设计工作压力21.57MPa，设计温度195℃，公称容积37.5m^3，工作介质为尿素溶液和氨基甲酸铵。该容器为立式高压反应容器，由10节筒节和上、下封头组成。筒节内径1400mm，壁厚110mm，总长26210mm。筒节为多层包扎结构，层板为15MnVR及16MnR板，内衬为8mm厚的尿素级不锈钢衬里；顶部为20MnMo球形锻件，底部为19Mn6球形封头；端部法兰与顶盖采用双头螺栓连接，密封形式为平面齿形垫结构。

尿素合成塔塔身爆炸成3节，事故第一现场残存塔基、下封头和第10节筒节，且整体向南偏西倾斜约15°，南侧5m处六层主厂房坍塌；西北侧20m处二层厂房坍塌；北侧、东北侧装置受爆炸影响，外隔热层脱落；东侧2个碱洗塔隔热层全部脱落，冷却排管系统全部损坏。第二现场在尿素合成塔南侧主厂房二层房顶即原三层楼上，第9节筒节破墙而入，落在主厂房三层的一个房间内。筒体两端的多层包扎板局部变形成为平板，层与层之间分离，筒节环缝处多数层板上有明显的纵向裂纹，爆口呈多处不规则裂纹。第8节筒节以上至上封头，向北偏东方向飞过一排厂房，上封头朝下、第8节筒节朝上斜插入土中，落地处距塔基约90m。在朝上的第8节筒节环焊缝处，可见长约350mm的纵向撕裂，撕裂处无纵焊缝，长约850mm的环向多层板分层，断裂处焊缝呈不规则状态。

事故原因：引起该尿素合成塔爆炸的直接原因为塔体材料（包括焊缝）的应力腐蚀开裂。而引起该塔材料应力腐蚀的诱因为塔在制造过程中改变了衬里蒸汽检漏孔的原始设计，将原竣工图中要求的堆焊插管结构改为螺纹结构，在盲板上锥螺纹后再将检漏管拧入连接。这种结构将导致氨渗漏检测介质和检漏蒸汽渗漏进塔体多层层板间的缝隙中，在生产使用中可能发生泄漏，引发筒体应力腐蚀。另一诱因为该塔在制造过程中，盲板材料Q235-A的纵向焊缝已被数点点焊连接方式所代替，此种结构可以进一步促成氨渗漏检测介质和检漏蒸汽渗漏进入塔体多层层板间的扩散。

二、压力容器的制造许可管理

压力容器的制造须符合《TSG 07—2019 特种设备生产和充装单位许可规则》、《固定式压力容器安全技术监察规程》、《移动式压力容器安全技术监察规程》等国家标准和安全技术规范的要求。境外企业如果短期内完全执行中国压力容器安全技术规范确有困难时，对出口到中国的压力容器产品，在征得安全监察机构的同意后，可以采用国际上成熟的、体系完整的、并被多数国家采用的技术规范或标准，但必须同时满足中国对压力容器安全质量基本要求。

实施特种设备生产和充装单位许可的部门为国家市场监督管理总局和省级人民政府负责特种设备安全监督管理的部门。特种设备生产和充装单位的许可类别、许可项目和子项目、许可参数和级别（以下统称许可范围）发证机关，按照市场监管总局发布的《特种设备生产单位许可目录》执行；许可项目和子项目中的设备种类、类别和品种按照《特种设备目录》执行。

国家对压力容器制造单位实行制造许可管理，没有取得制造许可证的单位不得从事压力容器制造工作，取得制造许可证的单位也只能从事许可范围之内的压力容器制造工作。境外企业生产的压力容器产品，若出口到中国，也必须取得中国政府颁发的制造许可证。无制造许可证企业生产的压力容器产品，不得进口。压力容器制造许可证的划分和许可范围如下。

特种设备许可证书包括《中华人民共和国特种设备生产许可证》和《中华人民共和国移动式压力容器（气瓶）充装许可证》（以下简称许可证），其有效期均为 4 年。

申请换证的制造企业必须在《许可证》有效期满 6 个月以前，向发证部门的安全监察机构提出书面换证申请，经查合格后，由发证部门换发《许可证》。未按时提出换证申请或因审查不合格不予换证的制造企业，在原证书失效 1 年内不得提出新的取证申请。

相关知识　压力容器检验技术

压力容器作为涉及公共安全的特种设备，为了预防事故的发生，保障人身和财产安全，职能部门需要依据法律、法规对特种设备的设计、制造、安装、改造、修理、使用等各个环节进行强制性的监督管理。特种设备安全监察工作具有较强的现场工作和技术的特点，其中的检验工作是安全监察工作的一项重要工作。

根据检验工作的性质、内容和方法，压力容器检验分为产品安全性能监督检验、现场组焊压力容器安全质量监督检验和在用压力容器定期检验三类。

一、产品安全性能监督检验

压力容器的监督检验（以下简称监检）应当在压力容器制造、改造与重大修理过程中进行（安装不实施监检）。监检是在压力容器制造、改造、修理单位（以下简称受检单位）的质量检验、检查与试验（以下简称自检）合格的基础上进行的过程监督和满足基本安全要求的符合性验证。具体实施按照《固定式压力容器安全技术监察规程》中的规定进行。

监检工作不能代替受检单位的自检。

压力容器的产品安全性能监督检验是一种强制性的检验。检验的目的是监督压力容器制造企业的质量管理和产品质量，确保压力容器的安全性能，是在制造企业产品检验合格基础上，对压力容器产品安全性能进行的监督和验证。

需要进行监督检验的压力容器，制造单位应当约请特种设备检验机构对其制造过程进行监督检验并且取得《特种设备监督检验证书》，方可出厂。

监检项目分为A类、B类和C类，其要求如下。

① A类，是对压力容器安全性能有重大影响的关键项目，在压力容器制造、施工进行到该项目时，监检员现场监督该项目的实施，其结果得到监检员的现场确认合格后，方可继续制造、施工。

② B类，是对压力容器安全性能有较大影响的重点项目，监检员一般在现场监督该项目的实施，如不能及时到达现场，受检单位在自检合格后可以继续制造、施工，监检员随后对该项目的结果进行现场检查，确认该项目是否符合要求。

③ C类，是对压力容器安全性能有影响的检验项目，监检员通过审查受检单位相关的自检报告、记录，确认该项目是否符合要求。

④ 规程监检项目设为C/B类时，监检员可以选择C类，当规程其他相关条款或者产品标准、设计文件规定需要进行现场检查时，监检员应当选择B类。

⑤ 监检项目的类别划分要求见规程相应章节的有关要求。

压力容器安全性能监督检验应在制造过程中进行。境内制造企业的锅炉压力容器安全性能监督检验工作，由制造企业所在地的省级质量技术监督部门授权有资格的检验机构承担；境外制造企业的锅炉压力容器安全性能监督检验工作，由国家质检总局安全监察机构授权有资格的检验机构承担。对实施监检的压力容器产品必须逐台进行产品安全性能监督检验。检查的项目见表7-3。经全部检验合格后的产品，由监检员出具《监检证书》，并按规定进行审核和批准。

表7-3 检查项目

项目	检查内容
技术文件	受检单位在制造投料前将压力容器的设计文件、质量计划、焊接工艺规程（或者粘接工艺规程，下同）和热处理工艺等相关工艺文件提交监检员审查 监检员逐台审查压力容器的设计文件、质量计划和相关工艺文件，并且在设计总图上签字。如果监检的压力容器为定型产品时，监检员可以按照型号进行设计文件审查
材料	（1）材料验收监检（C/B类） ①审查主要受压元件材料验收的见证资料 ②审查主要受压元件的材料质量证明书原件或者加盖材料经营单位公章和经办负责人章的复印件，审查材料化学成分、力学性能等与规程的符合性 ③当主要受压元件为外协件或者外购件，并且未实施监检时，按照本条第①、②项的内容实施监检；当主要受压元件为外协件或者外购件，并且已实施监检时，审查外协件和外购件验收的见证资料和监检证书 ④当主要受压元件需要进行材料复验、无损检测时，审查材料复验报告、无损检测报告的批准手续，以及试验项目、验收要求与规程及产品标准、设计文件的符合性 ⑤当受检单位使用境外牌号材料制造在境内使用的压力容器时，审查所使用的境外牌号材料与规程及产品标准的符合性 ⑥当使用规程要求技术评审的新材料制造压力容器时，审查材料的技术评审和相应的批准手续 （2）材料标志移植监检（C/B类） （3）材料代用监检（C类）

续表

项　目	检 查 内 容
耐压试验与泄漏试验监检	①耐压试验监检（A 类） ②泄漏试验监检（C/B 类）
出厂资料审查（C 类）	①产品出厂资料 ②压力容器受压元件、部件出厂资料 ③产品铭牌监检（B 类） ④监检钢印与监检证书
焊接（金属压力容器）	①焊接工艺评定监检 ②焊接过程监检（CB 类） ③产品焊接试件监检 ④现场制造和现场组焊的组对监检（B 类） ⑤外观与几何尺寸监检
无损检测	①无损检测记录与报告审查（C 类） ②射线底片审查（C 类）
热处理	①热处理记录与报告审查（C 类） ②返修后的热处理（C 类） ③热处理试件 ④现场热处理监检（A 类）

二、现场组焊压力容器安全质量检验

现场组焊的压力容器，是将压制好的容器部件在现场进行组对、焊接，并安装其他附件，这一工作实际上是容器制造过程的延续。最常见的现场组焊容器是球罐。

1. 现场组装

以球罐为例，球罐的现场组装是整个球罐建造工程的关键工序之一，准备工作量大，所用施工设备与机具较多，组装质量要求高。球罐的组装质量主要由圆度、角变形（棱角度）和错口等控制。若圆度超标严重，则球壳形状不规则，运行中将产生各种附加应力；若存在过大的角变形和错边，将增大局部的附加弯曲应力、造成严重的局部应力集中，球罐的质量及安全性不受到严重影响。因此，为了保证球罐组装质量，要选择合适的组装方法，避免强制装配。

2. 现场焊接

焊接是影响现场组焊容器最终质量的关键环节。焊接时，首先要检查施焊条件及焊材库，同时应严格按照所制定的焊接工艺规程操作。现场组焊球形贮罐应制作立、横、平加仰三块产品焊接试板，且应在现场焊接产品的同时，由施焊该球形贮罐的焊工采用相同的条件和焊接工艺进行焊接。

（1）焊接顺序　为了减小焊接应力，将焊接变形控制在最小范围内，并防止冷裂纹的产生，施焊时应遵循如下原则。

① 先焊接纵向焊缝，后焊接环向焊缝。

② 先焊接赤道带，后焊接温带、极板。

③ 先焊接大坡口面焊缝，后焊接小坡口面焊缝。

④ 焊工均布，并同步焊接。

采用药芯焊丝自动焊和半自动焊时，还应遵守下列原则。

① 纵缝焊接时，焊机对称均匀布置，并同步焊接。

② 环缝焊接时，焊机均匀布置，并沿同一旋转方向焊接。

(2) 焊接要点

① 引弧和熄弧。焊接时严禁在坡口以外引弧，须采用回焊法引弧，即在焊点前 9～15mm 处引弧并迅速将电弧引到焊点，开始正常焊接。终端熄弧时，要往回焊接到 9mm 处再熄弧，防止因熄弧处应力集中导致裂纹产生。

② 球壳板焊缝第一层焊道要采用分段后退法焊接，第一层焊道应直线运条、短弧焊，尽量达到反面成形。

③ 要避免冷接头。每道焊缝的焊接一经开始，就一次焊完一层，不得中途停止，否则应进行消氢处理。重新施焊时，按预热规定重新预热。中间换焊条要快，尽量减少接头的冷却时间。一旦出现冷接头，则在施焊前，先打磨再接着焊。

④ 采取焊工对称分布、等速、同工艺参数施焊，先焊纵焊缝，后焊环焊缝，所有外部焊缝焊完后，内部清根着色检验合格后，再焊内部焊缝。

⑤ 施焊过程中应控制道间温度不超过规定范围，当焊件预热时，应控制道间温度不得低于预热温度。

3. 焊后整体热处理

现场焊后整体热处理最适用于球罐，也可用于上下有孔或两端有孔的压力容器和其他壳体结构。这种方法是把球罐（或其他容器）本身作为炉膛，外部敷设保温材料保温，在内部燃烧加热。整体热处理的加热方法有燃油高速喷嘴内部燃烧法、燃油低速平焰燃烧嘴内部燃烧法，所用燃料为 0～30 号轻柴油；燃气喷嘴内部燃烧法，所用燃料为煤气或天然气。另外，还有采用电加热器进行内部加热或外部加热的整体热处理方法等。我国目前广泛采用的是燃油高速喷嘴内燃法。

4. 质量检验与控制

根据压力容器使用的特殊性，需要对球罐设计、材料采购、预制、组对、热处理等方面进行检验和控制。主要包括施工队伍资质的要求、罐体材料采购的控制、球罐预制过程中的质量控制、基础质量验收、现场组装的质量控制、球罐焊接质量控制、无损检测质量控制、现场焊后整体热处理质量控制。

对于现场组焊的球罐，检验的重点有以下几个方面。

① 主要受压元件和焊接材料材质证明书及复检报告审核。

② 容器组对几何尺寸检验。

③ 焊接工艺评定报告审核。

④ 产品焊接试板制备。

⑤ 射线探伤底片抽查。

⑥ 整体热处理。

⑦ 耐压试验。

现场组装焊接的压力容器，在耐压试验前，应按标准规定对现场焊接的焊接头进行表面无损检测；在耐压试验后，应按有关标准规定进行局部表面无损检测，若发现裂纹等超标缺陷，则应按标准规定进行补充检测，若仍不合格，则应对该焊接接头做全部表面无损检测。

组焊容器整体热处理及检验全部合格后，应按图样规定进行压力试验和气密性试验。

三、在用压力容器定期检验

为了确保压力容器安全运行，防止事故发生，在用的压力容器均需要按照规程进行检验。在用压力容器的自行检查包括年度检查和月度检查。

1. 月度检查

使用单位每月对所使用的压力容器至少进行一次月度检查，并且应当记录检查情况；当年度检查与月度检查时间重合时，可不再进行月度检查。月度检查内容主要为压力容器本体及其安全附件、装卸附件、安全保护装置、测量调控装置、附属仪器仪表是否完好，各密封面有无泄漏以及其他异常情况等。

2. 年度检查

使用单位每年对所使用的压力容器至少进行一次年度检查，年度检查按照规程的要求进行。年度检查工作完成后，应当进行压力容器使用安全状况分析，并且对年度检查中发现的隐患及时消除。

年度检查工作可以由压力容器使用单位安全管理人员组织经过专业培训的作业人员进行，也可以委托有资质的特种设备检验机构进行。

年度检查是指为了确保压力容器在检验周期内的安全而实施的运行过程中的在线检查，每年至少一次。年度检查是在正常生产过程中进行，易于对在运行过程中出现的问题进行检查，并且由于不需停止设备运行，因而对生产影响较小。由于不停机检查，对于设备内部情况了解的信息较少，而且也难采取大部分的检测方法，因此年度检查后不对压力容器安全状况等级进行评定，只提出允许运行、监督运行、暂停运行和停止运行的意见。

压力容器年度检查包括使用单位压力容器安全管理情况检查、压力容器本体及运行状况检查和压力容器安全附件检查等。

检查方法以宏观检查为主，必要时进行测厚、壁温检查和腐蚀介质含量测定、真空度测试等。

(1) 压力容器安全管理情况检查　检查内容包括以下几方面：

① 压力容器的安全管理制度是否齐全有效；

② 规程规定的设计文件、竣工图样、产品合格证、产品质量证明文件、安装及使用维护保养说明、监检证书以及安装、改造、修理资料等是否完整；

③《特种设备使用登记证》、《特种设备使用登记表》是否与实际相符；

④ 压力容器日常维护保养、运行记录、定期安全检查记录是否符合要求；

⑤ 压力容器年度检查、定期检验报告是否齐全，检查、检验报告中所提出的问题是否得到解决；

⑥ 安全附件及仪表的校验（检定）、修理和更换记录是否齐全真实；

⑦ 是否有压力容器应急专项预案和演练记录；

⑧ 是否对压力容器事故、故障情况进行了记录。

(2) 压力容器本体及运行状况的检查　压力容器本体及运行状况的检查主要包括：

① 压力容器的产品铭牌及其有关标志是否符合有关规定；

② 压力容器的本体、接口（阀门、管路）部位、焊接（粘接）接头等有无裂纹、过热、变形、泄漏、机械接触损伤等；

③ 外表面有无腐蚀，有无异常结霜、结露等；

④ 隔热层有无破损、脱落、潮湿、跑冷；

⑤ 检漏孔、信号孔有无漏液、漏气，检漏孔是否通畅；

⑥ 压力容器与相邻管道或者构件有无异常振动、响声或者相互摩擦；

⑦ 支承或者支座有无损坏，基础有无下沉、倾斜、开裂，紧固件是否齐全、完好；

⑧ 排放（疏水、排污）装置是否完好；

⑨ 运行期间是否有超压、超温、超量等现象；

⑩ 罐体有接地装置的，检查接地装置是否符合要求；

⑪ 监控使用的压力容器，监控措施是否有效实施。

（3）安全附件的检验　安全附件的检验包括对压力表、液位计、测温仪表、爆破片装置、安全阀的检查和校验，具体检查内容见表 7-4。

表 7-4　安全附件的检查内容

项目	检查内容
压力表	①压力表的选型 ②压力表的定期检修维护制度，检定有效期及其封印 ③压力表外观、精度等级、量程、表盘直径 ④在压力表和压力容器之间装设三通旋塞或者针形阀的位置、开启标记及锁紧装置 ⑤同一系统上各压力表的读数是否一致
液位计	①液位计的定期检修维护制度 ②液位计外观及附件 ③寒冷地区室外使用或者盛装 0℃以下介质的液位计选型 ④用于易燃、毒性程度为极度、高度危害介质的液化气体压力容器时，液位计的防止泄漏保护装置
测温仪表	①测温仪表的定期检定和检修制度 ②测温仪表的量程与其检测的温度范围的匹配情况 ③测温仪表及其二次仪表的外观
爆破片装置	①检查爆破片是否超过规定的使用期限 ②爆破片的安装方向是否正确，产品铭牌上的爆破压力和温度是否符合运行要求 ③爆破片装置有无渗漏 ④爆破片使用过程中是否存在未超压爆破或者超压未爆破的情况 ⑤与爆破片夹持器相连的放空管是否通畅，放空管内是否存水（或者冰），防水帽、防雨片是否完好 ⑥爆破片和压力容器间装设的截止阀是否处于全开状态，铅封是否完好 ⑦爆破片和安全阀串联使用，如果爆破片装在安全阀的进口侧，检查爆破片和安全阀之间装设的压力表有无压力显示，打开截止阀检查有无气体排出 ⑧爆破片和安全阀串联使用，如果爆破片装在安全阀的出口侧，检查爆破片和安全阀之间装设的压力表有无压力显示，如果有压力显示应当打开截止阀，检查能否顺利疏水、排气

续表

项目	检查内容
安全阀	①选型是否正确 ②是否在校验有效期内使用 ③杠杆式安全阀的防止重锤自由移动和杠杆越出的装置是否完好，弹簧式安全阀的调整螺钉的铅封装置是否完好，静重式安全阀的防止重片飞脱的装置是否完好 ④如果安全阀和排放口之间装设了截止阀，截止阀是否处于全开位置及铅封是否完好 ⑤安全阀是否有泄漏 ⑥放空管是否通畅，防雨帽是否完好

(4) 检查结论　年度检查工作完成后，检查人员根据实际检查情况出具检查报告，可以做出下述结论。

① 允许运行。系指未发现或者只有轻度不影响安全的缺陷。

② 监督运行。系指发现一般缺陷，经过使用单位采取措施后能保证安全运行，结论中应当注明监督运行需解决的问题及完成期限。

③ 暂停运行。仅指安全附件的问题逾期仍未解决的情况，问题解决并且经过确认后，允许恢复运行。

④ 停止运行。系指发现严重缺陷，不能保证压力容器安全运行的情况，应当停止运行或者由检验机构持证的压力容器检验人员做进一步检验。

3. 定期检验

使用单位应当在压力容器定期检验有效期届满的 1 个月以前，向特种设备检验机构提出定期检验申请，并且做好定期检验相关的准备工作。

定期检验完成后，由使用单位组织对压力容器进行管道连接、密封、附件（含安全附件及仪表）和内件安装等工作，并且对其安全性负责。

压力容器的定期检验应包括全面检验和耐压试验。全面检验是指压力容器停机时的检验。耐压试验是指压力容器全面检验合格后，所进行的超过最高工作压力的液压试验或者气压试验。每两次全面检验期间内，原则上应当进行一次耐压试验。金属压力容器一般应当于投用满 3 年时进行首次全面检验，之后的检验周期为：

① 安全状况等级为 1、2 级的，一般每 6 年一次；

② 安全状况等级为 3 级的，一般 3～6 年一次；

③ 安全状况等级为 4 级的，其检验周期由检验机构确定。

(1) 全面检验　全面检查是压力容器定期检验最重要的内容。全面检查时，设备停止运行，检验人员可以进入容器内部进行检查，也可以利用各种检测方法和手段获得大量准确的信息，从而为压力容器安全状况等级的评定提供依据。

全面检验的一般程序包括检验前准备、全面检验、缺陷及问题的处理、检验结果汇总、结论和出具检验报告等常规要求。检验人员可以根据实际情况，确定检验项目，进行检验工作。

检验的具体项目包括宏观（外观、结构以及几何尺寸）、保温层隔热层衬里、壁厚、表面缺陷、埋藏缺陷、材质、紧固件、强度、安全附件、气密性以及其他必要的项目。

检验的方法以宏观检查、壁厚测定、表面无损检测为主，必要时可以采用以下检验检测方法：超声检测、射线检测、硬度测定、金相检验、化学分析或者光谱分析、涡流检测、强度校核或者应力测定、气密性试验、声发射检测、其他。

（2）耐压试验 容器的耐压试验是在全面检验合格后方允许进行的。

4. 安全状况等级评定

压力容器安全状况等级是根据压力容器的检验结果来综合评定，以其中项目等级最低者，作为评定级别。需要维修改造的压力容器，按维修改造后的复检结果进行安全状况等级评定。具体等级评定可参见《固定式压力容器安全技术监察规程》中的规定。经过检验，安全附件不合格的压力容器不允许投入使用。

任务三 压力容器运行的安全技术

知识目标：能说明压力容器使用期间的管理范围、要求及相关制度。

能力目标：初步具备针对企业实际制定压力容器投用、运行的安全技术规范的能力。

压力容器使用单位应当按照《特种设备使用管理规则》的有关要求，对压力容器进行使用安全管理，设置安全管理机构，配备安全管理负责人、安全管理人员和作业人员，办理使用登记，建立各项安全管理制度，制定操作规程，并且进行检查。

使用单位应当按照规定在压力容器投入使用前或者投入使用后 30 日内，向所在地负责特种设备使用登记的部门申请办理《特种设备使用登记证》。压力容器一经投入使用，往往会因工作条件的苛刻、操作不当、维修不力等原因，引起材质劣化、设备故障而降低其使用性能，甚至发生意外事故。

压力容器安装竣工调试验收后，到当地安全监察机构办理了使用登记手续取得《特种设备使用登记证》，即可投入使用。压力容器一经投入使用，往往会因工作条件的苛刻、操作不当、维修不力等原因，引起材质劣化、设备故障而降低其使用性能，甚至发生意外事故。

一、案例

1988 年 10 月 22 日 1：07，某石化公司炼油厂油品车间球罐区发生重大爆燃事故，死亡 26 人，烧伤 15 人。

10 月 21 日 23：40，当班一名操作工和班长在 3 号区 914 号球罐进行开阀脱水操作。由于未按操作法操作，未关闭球罐脱水包的上游阀，就打开脱水包的下游阀，在球罐内有 0.4MPa 压力的情况下，边进料边脱水，致使水和液化气一起排出，通过污水池大量外逸。23：50，球罐区门卫人员发现跑料后，立即通知操作工。22 日 0：05，操作工关闭了脱水阀。从开阀到关阀前后约 25min，跑损的液化气约 9.7t。保安公司职工见液化气不散，又提醒当班注意，但未能按操作规程的要求采取紧急排险措施。

逸出的液化气随风向球罐区围墙外的临时工棚内蔓延并向墙外低洼处积聚。1：07，扩散并积聚的液化气遇到墙外工棚内的火种，引起爆燃。经市和厂消防队扑救，大火于 2：05 被全部扑灭。此次爆燃过火面积为 $62500m^2$（球罐区 $38300m^2$，罐区外 $24200m^2$），当时报道事故直接经济损失 9.8 万元。

事故原因：

① 操作工违章操作。边进料边脱水，使水、液化气同时排出。脱水时没有关闭球罐底部的脱水阀，致使罐区液化气带压排放。发现跑气后，既未向上级报告，又未采取任何紧急措施。

② 紧靠球罐西墙外 6m 处简易仓储用房错误地改做外来施工人员的住房。管理不严，劳动纪律松弛。当班 7 人中，有 2 人睡岗、3 人离岗，其余 2 人是 9 月份入厂实习的大学生。该罐区试产前虽然制定了巡检制度，但一直没有很好地实施。

③ “三同时”贯彻不力。该罐区是新建罐区，虽然安装了报警器，但未投用，当液态烃逸出时没有发挥作用。

二、投用的安全技术

做好投用前的准备工作，对压力容器顺利投入运行保证整个生产过程安全有着重要意义。

1. 准备工作

压力容器投用前，使用单位应做好基础管理（软件）、现场管理（硬件）的运行准备工作。

(1) 基础管理工作

① 规章制度建设。压力容器运行前必须有包括该容器的安全操作规程（或操作法）和各种管理制度，有该容器明确的安全操作要求，使操作人员做到操作时有章可依、有规可循。初次运行还必须制定试运行方案（或开车方案和开车操作票），明确人员的分工和操作步骤、安全注意事项等。

② 人员培训。压力容器运行前必须根据工艺操作的要求和确保安全操作的需要而配备足够的压力容器操作人员和压力容器管理人员。压力容器操作人员必须参加当地劳动、技监部门的压力容器操作人员培训，经过考试合格获得当地技监部门颁发的《特种设备作业人员证》。当地劳动技监部还未开展压力容器操作证培训考试的，可参加行业的或相应主管部门组织的相关培训以获取相应的操作证。有条件的单位也可自行培训考证，设立企业内部使用的压力容器操作上岗证。压力容器操作人员确定后，在容器试运行前必须对他们进行相关的安全操作规程或操作法和管理制度的岗前培训和考核。让操作人员熟悉待操作容器的结构、类别、主要技术参数和技术性能，掌握压力容器的操作要求和处理一般事故的方法，必要时还可进行现场模拟操作。可根据企业的规模及压力容器的数量、重要程度设置压力容器专职管理人员或由单位技术负责人兼任，并参加当地劳动、技监部门组织的锅炉压力容器管理人员培训考核，取得压力容器管理人员证。压力容器的初次运行应由压力容器管理人员和生产工艺技术人员（两者可合一）共同组织策划和指挥，并对操作人员进行具体的操作分工和培训。

③ 设备报批。设备压力容器投用前，容器必须是办理好报装手续后由具有资质的施工单位负责施工，并经竣工验收，办理使用登记手续，取得质量技术监督部门发给的《特种设备使用登记证》。

(2) 现场管理工作　主要包括对压力容器本体附属设备、安全装置等进行必要的检查，具体要求如下。

① 安装、检验、修理工作遗留的辅助设施，如脚手架、临时平台、临时电线等是否全部拆除；容器内有无遗留工具、杂物等。

② 电、气等的供给是否恢复，道路是否畅通；操作环境是否符合安全运行的要求。

③ 检查容器本体表面有无异常；是否按规定做好防腐和保温及绝热工作。

④ 检查系统中压力容器连接部位、接管等的连接情况，该抽的盲板是否抽出，阀门是否处于规定的启闭状态。

⑤ 检查附属设备及安全防护设施是否完好。

⑥ 检查安全附件、仪器仪表是否齐全，并检查其灵敏程度及校验情况，若发现安全附件无产品合格证或规格、性能不符合要求或逾期未校验情况，不得使用。

2. 开车与试运行

压力容器试运行前的准备工作做好后，进入开车与试运行程序，操作人员进入岗位现场后必须按岗位的规定穿戴各种防护用品和携带各种操作工具；企业负责安全生产的部门或相应管理人员应到场监护，发现异常情况及时处理。

试运行前需对容器、附属设备、安全附件、阀门及关联设备等进一步确认检查。对设备管线作吹扫贯通，对需预热的压力容器进行预热，对带搅拌装置的压力容器再次检查容器内是否有妨碍搅拌装置转动的异物、杂物，电器元件是否灵敏可靠后方可试开搅拌，按操作法再次检查压力容器的进、出口管阀门及其他控制阀门、元件等及安全附件是否处于适当位置或牢固可靠，该开的投料口阀门等是否已开，该关闭的是否已关闭。因工艺或介质特性要求不得混有空气等其他杂气的压力容器，还需作气体置换直至气体取样分析符合安全规程或操作法要求。检查与压力容器关联的设备机泵、阀门及安全附件是否处于同步的状态。需要进行热紧密封的系统，应在升温同时对容器、管道、阀门、附件等进行均匀热紧，并注意适当用力。当升到规定温度时，热紧工作应停止。对开车运行前系统需预充压的压力容器，在预充压后检查容器本体各连接件各密封元件及阀门安全附件和附属或关联管道是否有跑、冒、滴、漏、串气憋压等现象，一经发现应先处理后开车。

在上述工作完成后，压力容器按操作规程或操作法要求，按步骤先后进（投）料，并密切注意工艺参数（温度、压力、液位、流量等）的变化，对超出工艺指标的应及时调控。同时操作人员要沿工艺流程线路跟随物料进程进行检查，防止物料泄漏或走错流向。同时注意检查阀门的开启度是否合适，并密切注意运行中的细微变化特别是工艺参数的变化。

三、运行控制的安全技术

每台容器都有特定的设计参数，如果超设计参数运行，容器就会因承载能力不足而可能出现事故。同时，容器在长期运行中，由于压力、温度、介质腐蚀等因素的综合作用，容器上的缺陷可能进一步发展并可能形成新的缺陷。为使缺陷的发生和发展被控制在一定限度之内，运行中对工艺参数的安全控制，是压力容器正确使用的重要内容。

对压力容器运行的控制主要是对运行过程中工艺参数的控制，即压力、温度、流量、液位、介质配比、介质腐蚀性、交变载荷等的控制。压力容器运行的控制有手动控制（简单的生产系统）和自动控制联锁（工艺复杂要求严格的系统）。

1. 压力和温度

压力和温度是压力容器使用过程中的两个主要工艺参数。压力的控制要点主要是控制容器的操作压力不超过最大工作压力；对经检验认定不能按原铭牌上的最高工作压力运行的容器，应按专业检验单位所限定的最高工作压力范围使用。温度的控制主要是控制其极端的工作温度。高温下使用的压力容器，主要是控制介质的最高温度，并保证器壁温度不高于其设计温度；低温下使用的压力容器，主要控制介质的最低温度，并保证壁温不低于设计温度。

2．流量和介质配比

对一些连续生产的压力容器还必须控制介质的流量、流速等，以便控制其对容器造成严重冲刷、冲击和引起振动，对反应容器还应严格控制各种参数与反应介质的流量、配比，以防出现因某种介质的过程或不足产生副反应而造成生产失控发生事故。

3．液位

液位控制主要是针对液化气体介质的容器和部分反应容器的介质比例而言。盛装液化气体的容器，应严格按照规定的充装系数充装，以保证在设计温度下容器内有足够的气相空间；反应容器则需通过控制液位来实现控制反应速率和某些不正常反应的产生。

4．介质腐蚀

要防止介质对容器的腐蚀，首先应在设计时根据介质的腐蚀性及容器的使用温度和使用压力选择合适的材料，并规定一定的使用寿命。同时也应该看到在操作过程中，介质的工艺条件对容器的腐蚀有很大影响。因此必须严格控制介质的成分及杂质含量、流速、水分及pH值等工艺指标，以减少腐蚀速度、延长使用寿命。

这里需要着重说明的是，杂质含量和水分对腐蚀起着重要的作用。

5．交变载荷

压力容器在反复变化的载荷作用下会产生疲劳破坏。疲劳破坏往往发生在容器开孔接管、焊缝、转角及其他几何形状发生突变的高应力区域。为了防止容器发生疲劳破坏，除了在容器设计时尽可能地减少应力集中，或者根据需要作容器疲劳分析设计外，应尽量使压力、温度的升降平稳，尽量避免突然开、停车，避免不必要的频繁加压和卸压。对要求压力、温度平稳的工艺过程，则要防止压力、温度的急剧升降，使操作工艺指标稳定。对于高温压力容器，应尽可能减缓温度的突变，以降低热应力。

压力容器运行控制可通过手动操作或自动控制。但因自动控制系统会有失控的时候，所以，压力容器的运行控制绝对不能单纯依赖自动控制，压力容器运行的自动控制系统离不开人。

四、安全操作技术

尽管压力容器的技术性能、使用工况不尽一致，但却有共同的操作安全要求，操作人员必须按规定的程序进行操作。

1．平稳操作

压力容器开始加载时，速度不宜过快，特别是承受压力较高的容器，加压时需分阶段进行并在各个阶段保持一定时间后再继续增加压力，直至规定压力。高温容器或工作温度较低的容器，加热或冷却时都应缓慢进行，以减少容器壳体温差应力。对于有衬里的容器，若降温、降压速度过快，有可能造成衬里鼓包；对固定管板式热交换器，温度大幅度急剧变化，会导致管子与管板的连接部位受到损伤。

2．严格控制工艺指标

压力容器操作的工艺指标是指压力容器各工艺参数的现场操作极限值，一般在操作规程中有明确的规定，因此，严格执行工艺指标可防止容器超温、超压运行。为防止由于操作失误而造成容器超温、超压，可实行安全操作挂牌制度或装设联锁装置。容器装料时避免过急过量；使用减压装置的压力容器应密切注意减压装置的工作状况；液化气体严禁超量装载，并防止意外受热；随时检查容器安全附件的运行情况，保证其灵敏可靠。

3. 严格执行检修办证制度

压力容器严禁边运行边检修，特别是严禁带压拆卸、拧紧螺栓。压力容器出现故障时，必须按规程停车卸压并根据检修内容和检修部位、介质特性等做好介质排放、置换降温、加盲板切断关联管道等的检修交出处理（化工处理）程序，并办理检修交出证书，注明交出处理内容和已处理的状况，并对检修方法和检修安全提出具体的要求和防护措施，如需戴防毒面具、不得用钢铁等硬金属工具、不得进入容器内部、不准动火或须办理动火证后方可动火，或检修过程不得有油污、杂物和有机絮料（抹布碎料棉絮等），或先拆哪个部位、排残液、卸余压等，对需进入容器内部检修的，还须办理进塔入罐许可证。压力容器的检修交出工作完成后，具体处理的操作者必须签名，并且班组长或车间主任检查后签名确认，交检修负责人拆行。重大的检修交出，或安全危害较大的压力容器检修交出，还需经压力容器管理员或企业技术负责人审核。

4. 坚持容器运行巡检和实行应急处理的预案制度

容器运行期间，除了严格执行工艺指标外，还必须坚持压力容器运行期间的现场巡回检查制度，特别是操作控制高度集中（设立总控室）的压力容器生产系统。只有通过现场巡查，才能及时发现操作中或设备上出现的跑、冒、滴、漏、超温、超压、壳体变形等不正常状态，才能及时采取相应的措施进行消除或调整甚至停车处理。此外，还应实行压力容器运行应急处理预案并进行演练，将压力容器运行过程中可能出现的故障、异常情况等做出预料并制定相应防范和应急处理措施，以防止事故的发生或事态的扩大。如一些高温、高压的压力容器，因内件故障出现由绝热耐火砖层开裂引起局部超温变形时，容器作为系统的一部分又不能瞬间内停车卸压时，则可立即启动包括局部强制降温和系统停车卸压等内容和程序在内的应急预案，并按步骤进行处理。

五、运行中的检查

压力容器运行中的检查是压力容器运行安全的关键保障，通过对压力容器运行期间的经常性检查，使压力容器运行中出现的不正常状态能得到及时的发现与处理。

1. 工艺条件

工艺条件方面的检查主要是检查操作压力、操作温度、液位是否在安全操作规程规定的范围内；检查工作介质的化学成分，特别是那些影响容器安全（如产生应力腐蚀、使压力或温度升高等）的成分是否符合要求。

2. 设备状况

设备状况方面的检查主要是检查容器各连接部分有无泄漏、渗漏现象；容器有无明显的变形、鼓包；容器外表面有无腐蚀，保温层是否完好；容器及其连接管道有无异常振动、磨损等现象；支承、支座、紧固螺栓是否完好，基础有无下沉、倾斜；重要阀门的“启”、“闭”与挂牌是否一致，联锁装置是否完好。

3. 安全装置

安全装置方面的检查主要是检查安全装置以及与安全有关的器具（如温度计、计量用的衡器及流量计等）是否保持良好状态。如压力表的取压管有无泄漏或堵塞现象，同一系统上的压力表读数是否一致；弹簧式安全阀是否有生锈、被油污粘住等情况；杠杆式安全阀的重锤有无移动的迹象；以及冬季气温过低时，装设在室外露天的安全阀有无冻结的迹象等。检查安全装置和计量器具表面是否被油污或杂物覆盖，是否达到防冻、防晒和防雨淋的要求。检查安全装置和计量器具是否在规定的使用期限内，其精度是否符合要求。

相关知识　压力容器的使用管理

压力容器的使用管理是压力容器安全管理工作的一项主要内容。

一、内容与要求

正确和合理地使用压力容器是提高压力容器安全可靠性、保证压力容器安全运行的重要条件。为了实现压力容器管理工作的制度化、规范化，有效地防止或减少事故的发生，《中华人民共和国特种设备安全法》《固定式压力容器安全技术监察规程》《移动式压力容器安全技术监察规程》等一系列法规，对压力容器安全使用管理提出了明确的内容与严格的要求。归纳起来，压力容器使用单位的安全使用管理工作主要包括如下内容。

① 使用单位的技术负责人（主管厂长或经理、总工程师）必须对压力容器的安全管理负责，并根据本单位压力容器的台数和对安全性能的要求，设置专门的压力容器安全管理机构或指定具有压力容器专业知识、熟悉国家相关法规标准的工程技术人员负责压力容器的安全管理工作。

② 使用单位必须贯彻执行《中华人民共和国特种设备安全法》等国家所颁布和实施的与压力容器有关的法规标准。并在此基础上结合本单位实际情况，制定本单位的压力容器安全管理规章制度及安全操作规程。

③ 使用单位必须参加压力容器使用前的相关管理工作，即参加压力容器由订购、设备进厂、安装、验收到试车、使用交接等压力容器交付使用前的全过程的每一项工作，并进行跟踪。

④ 使用单位必须持压力容器有关的技术资料到当地锅炉压力容器安全监察机构逐台办理使用登记，并管理好有关技术资料。

⑤ 使用单位必须建立压力容器技术档案，每年应将压力容器数量和变动情况的统计报表报送主管部门和当地质量技术监督部门。

⑥ 使用单位应编制压力容器的年度定期检验计划，并负责组织实施。每年年底应将第二年度的检验计划和当年检验计划的实施情况、报到主管部门和质量技术监督部门。

⑦ 使用单位应做好压力容器运行、维修和安全附件校验及使用状况等情况的检查和记录，并逐级落实检查制度、岗位责任制和不正常情况的处理记录等。

⑧ 使用单位应做好压力容器检验、修理、改造和报废等的技术审查工作，并组织好实施和记录归档。压力容器的受压部件和重大修理、改造方案应报当地锅炉压力容器安全监察机构审查批准。

⑨ 使用单位必须做好压力容器事故的抢救、报告、协助调查和善后处理等工作。发生特种设备事故后，事故现场有关人员应当立即向事故发生单位负责人报告；事故发生单位的负责人接到报告后，应当于1h内向事故发生地的县以上质量技术监督部门和有关部门报告。情况紧急时，事故现场有关人员可以直接向事故发生地的县以上质量技术监督部门报告。

⑩ 使用单位必须对压力容器校验、焊接（主要是有压力容器检验或安装修理资格的使用单位）和操作人员进行安全技术培训，并经过考核，取得压力容器安全监察部门颁发或认可的合格证方可上岗作业。此外，对持证人员必须进行定期的专业培训与安全教育和考核。

二、基础管理

压力容器的使用管理必须从基础管理抓起，实行规范管理和逐步实现标准化管理。基础管理主要包括压力容器的技术文件和技术档案等基础资料，压力容器的使用管理制度和操作规程等的管理。

1. 交付使用前的基础管理

压力容器使用前的基础管理工作包括压力容器的设计订货（或直接选购）、容器进厂、报装、安装、验收调试等全过程管理，在压力容器交付使用前，压力容器的使用单位应将由压力容器进厂到交付使用前的所有技术资料，包括随机资料、报装资料、安装验收资料及各种原始记录收集整理并归档。压力容器到货后应对到货的压力容器进行检查验收。

（1）*随机资料是否齐全* 主要是指制造单位的出厂技术资料，包括如下内容。

① 产品合格证。

② 产品质量证明书。

③ 产品竣工图（总图和必要的部件图）。竣工图可由设计蓝图（盖有设计单位设计批准印鉴）修改而成，也可由制造单位重新绘制，但重新绘制的图面上需要有反映原设计图纸设计人员及设计单位情况的文字说明。竣工图必须能反映产品制造的最终实际情况并盖有竣工图印鉴及完工日期。

④ 制造单位所在地质量技术监督部门检验单位签发的压力容器产品制造安全质量监督检验证书。

⑤ 对中、高压反应容器或储存容器还需有强度计算书。

⑥ 有关安全附件、仪器、仪表及配置设备的产品质量证明文件。

以上资料是办理压力容器使用登记，领取《压力容器使用证》的前提条件。

有下列情况的属于基础资料不合格，应责令制造商补齐或要求退货，否则，无法办理使用登记手续。

① 无设计、制造资格证书的单位所设计、制造的。

② 资料不齐全，不能有效证明其质量合格或不真实的。

③ 没有当地质量技术监督部门盖章确认的压力容器产品制造安全质量监督检验证书。

（2）*产品质量验收和基础资料审核*

① 检查压力容器产品铭牌是否与出厂技术资料相吻合，是否有质量技术监督部门检验单位的检验钢印标记等，并做好原始记录。

② 依据竣工图对实物进行质量检查，包括总体尺寸、主体结构、焊缝布置及施焊的外观质量、容器内外表面质量、接管方位、材质钢印标记、施焊及钢印标记、油漆和包装等，并做好原始记录。经制造单位处理的超标缺陷，也必须做好缺陷记录和处理全过程记录，有上报当地质量技术监督部门的应将报告备份归档。

③ 按供货合同要求，检查随机备件、附件质量与数量以及规格型号是否满足需要，并做好原始记录。

（3）*安装调试资料和原始记录*

① 安装工程竣工后，施工方提交安装全过程完整的《压力容器安装交工技术文件》汇编和安装全过程中使用单位主派的安装负责人对整个安装过程中容器内部构件安装质量、固定螺栓的紧固、管线及梯子、平台等与容器相接部件的施焊质量、保温层施工质量及压力容器的关键部位、关键零件的安装、安全附件的安装调试等的装设正确与否进行检查做的检查记录。

② 压力容器安装后，根据压力容器的使用特点若要作内部技术处理的应做好记录，安装竣工后使用单位的生产、技术、设备、安全、车间等有关部门或有关人员组成的调试小组参加竣工验收和调试，并应有安装单位有关人员现场处理故障，并做好以上内容的详细记录。

2. 技术档案

压力容器的技术档案是压力容器设计、制造、使用、检修全过程的文字记载，它向人们提供各过程的具体情况，是正确合理使用压力容器的主要依据，通过它可以使容器的管理和操作人员掌握设备的结构特征、介质参数和缺陷的产生及发展趋势，防止由于盲目使用而发生事故；另外，档案还可以用于指导容器的定期检验以及修理、改造工作，也是容器发生事故后，用以分析事故原因的重要依据之一。因此，建立压力容器技术档案是安全技术管理工作的一个重要基础工作，压力容器应逐台建立技术档案。技术档案包括容器的原始技术资料、使用情况记录和容器安全附件技术资料等。

压力容器的技术档案除了包含使用前的技术资料和原始记录外，还应包括或补齐以下内容。

(1) 档案卡　压力容器档案卡片见表 7-5。

表 7-5　压力容器档案卡片

厂（公司）　　车间　　　　　　　　　　　　　　年　　月　　日

<table>
<tr><td>容器名称</td><td colspan="2"></td><td>容器编号</td><td colspan="2"></td><td>注册编号</td><td></td><td colspan="2">使用证编号</td><td></td></tr>
<tr><td>类别</td><td colspan="2"></td><td>设计单位</td><td colspan="2"></td><td>投用年月</td><td></td><td colspan="2">使用单位</td><td></td></tr>
<tr><td>制造单位</td><td colspan="2"></td><td>制造年月</td><td colspan="2"></td><td>出厂编号</td><td></td><td colspan="2">安装单位</td><td></td></tr>
<tr><td>筒体材料</td><td colspan="2"></td><td>封头材料</td><td colspan="2"></td><td>内衬材料</td><td></td><td colspan="2">其他部件材料</td><td></td></tr>
<tr><td rowspan="4">规格</td><td>内径/mm</td><td></td><td rowspan="4">操作条件</td><td>设计压力/MPa</td><td></td><td rowspan="5">安全阀或爆破片</td><td>名称</td><td></td><td>名称</td><td></td></tr>
<tr><td>壁厚/mm</td><td></td><td>最高压力/MPa</td><td></td><td>型号</td><td></td><td>型号</td><td></td></tr>
<tr><td>高（长）/mm</td><td></td><td>设计温度/℃</td><td></td><td>规格</td><td></td><td>规格</td><td></td></tr>
<tr><td>容积/m^3</td><td></td><td>介　质</td><td></td><td>数量</td><td></td><td>数量</td><td></td></tr>
<tr><td colspan="3">有无保温、绝热</td><td colspan="2"></td><td></td><td>制造单位</td><td></td><td>制造单位</td><td></td></tr>
<tr><td rowspan="5">质量/kg</td><td>壳体</td><td></td><td rowspan="5">安全状况等级</td><td colspan="2">级　年　月　日</td><td rowspan="5">定期检验情况</td><td></td><td rowspan="5">备注</td><td colspan="2"></td></tr>
<tr><td>内件</td><td></td><td colspan="2">级　年　月　日</td><td></td><td colspan="2"></td></tr>
<tr><td>总重</td><td></td><td colspan="2">级　年　月　日</td><td></td><td colspan="2"></td></tr>
<tr><td></td><td></td><td colspan="2">级　年　月　日</td><td></td><td colspan="2"></td></tr>
<tr><td></td><td></td><td colspan="2">级　年　月　日</td><td></td><td colspan="2"></td></tr>
</table>

注：
1. 换热器的换热面积填写在压力容器规格的容积一栏内。
2. 两个压力腔的压力容器的操作条件分别填写在斜线前后并加以说明。

填报部门负责人签名　　　　　　　　　　　　填表人签名

（2）设计文件　包括设计图样、技术条件、强度计算书。

设计图样是指设计总图（蓝图）和主要受压部件图。设计总图上，必须盖有压力容器设计资料印章，还应有设计、校验、审核人员的签名。第三类压力容器的设计总图应由设计单位总工程师或技术负责人批准。对移动式压力容器、高压容器、第三类中压反应容器和储存容器，设计单位还应提供强度计算书。若按JB 4732设计时，还应提供的应力计算书和应力分析报告。必要时设计单位还应提供设计、安装、使用说明书。

（3）安装技术文件和资料　是压力容器出厂时，制造单位应向用户提供的最基本的技术文件和资料，包括如下内容。

① 竣工图样。该图样上应有设计单位资格印章（复印章无效）。若制造中发生了材料代用、无损检测方法改变、加工尺寸变更等，制造单位应按照设计修改通知单的要求在竣工图样上直接标注。标注处应有修改人和审核人的签字及修改日期。竣工图样上应加盖竣工图章，竣工图章上应有制造单位名称、制造许可证编号和“竣工图”字样。

② 产品质量证明书及产品铭片的拓印件。产品质量证明书是一套完整的压力容器质量证明的技术文件，它主要包括如下内容。

a. 压力容器产品质量证明书封面的内容应包括产品名称、产品编号、制造单位的质量检验专用章、制造单位质量保障工程师签章，制造单位法定代表人签章。

b. 产品合格证（主页）。其内容包括制造单位名称、制造许可证编号、产品名称、压力容器类别、压力容器设计单位名称、设计批准书编号、设计图图号、订货单位名称（属通用型压力容器此栏可不填）、产品出厂编号、产品制造编号、产品制造完成日期。还应有“本

压力容器产品经质量检验符合《压力容器安全技术监察规程》、设计图样和技术条件的要求”等注明并有质量总检验员签字认可，加盖质量检验专用章确认。

c. 各种与压力容器产品质量有关的、能反映确保压力容器产品满足技术条件要求的表格和报告。如产品技术特性表、产品主要受压元件材料一览表、产品焊接试板力学和弯曲性能检验报告、压力容器外观及几何尺寸检验报告、焊缝射线检测报告、焊缝超声波检测报告、渗透检测报告、磁粉检测报告、热处理检验报告、压力试验检验报告、产品制造变更报告、钢板锻件超声波检测报告、焊缝射线检测底片评定表等。

压力容器产品质量证明书所包含的表格报告和内容样式，在《压力容器安全技术监察规程》附件三中有明确规定。

③ 压力容器产品安全质量监督检验证（未实施监检的产品除外）。该证是制造单位所在的当地压力容器安全技术监察机构对该台容器进行监检后签发，并盖章确认的。

④ 移动式压力容器还应有产品使用说明书（含安全附件使用说明书）随车工具及安全附件清单、底盘使用说明书等。

⑤ 移动式压力容器、高压容器、第三类中压反应容器和储存容器，还应有强度计算书。

（4）检验、检测记录及有关检验技术文件　压力容器使用后必须按规定进行定期检验，每次检验检测的时间、内容均应做好记录，并将各种检验检测报告装订成册归入该容器的技术档案中。

（5）修理方案与实际修理情况记录及有关技术文件和资料　压力容器使用过程中每次维修，无论是计划维修或故障维修均应做详细记录，并将同年度修理计划、修理方案及检修内容、零部件更换情况、缺陷处理情况和结果，特别是受压部件、容器内件等的修理和更换记录，检修完工后的验收试车记录等进行整理归入技术档案。

(6) 技术改造资料　因生产工艺需要或因科学技术的进步采用新工艺、新技术或针对容器使用过程中出现的问题而对容器进行技术改造时，必须将整个改造过程由改造方案、改造设计图样、改造申报资料到改造施工单位和施工过程，改造部位和所用材料及其质量证明书，改造施工竣工后的交工技术文件和资料等整理归档。

(7) 安全附件校验、修理和更换记录　在压力容器使用过程中，安全附件必须要按规定进行定期校验，每次的定期校验、安全附件故障修理后的校验均必须做详细记录，连同每次修理情况记录和更换记录一并整理归档。

(8) 事故的记录资料和处理报告　压力容器发生事故后必须填报事故报告表，除事故报表不作原始资料归档，事故调查、分析结果和整改、防范措施以及事故处理情况、人员因事故而受到的培训教育情况等均必须整理归档。

(9) 运行记录和停用记录　压力容器的运行记录包括每天（每月）的运转时数和每年累计运转时数、运行时的负荷率（出力率）、运行时工艺参数、负荷的波动情况。曾经停用设备（压力容器）的停用申报资料，办理重新使用的有关报资料、检验资料和质量技术监督部门的批准书等均应整理归档。

压力容器的技术档案注重时间性，特别是每次检验检测、修理改造、安全附件校验修理更换以及事故情况等，均应将发生的时间和处理后的交付使用的时间做准确的记录。

3. 使用登记

压力容器的使用单位，在投入使用前或者投入使用后 30 日内，应按《特种设备使用管理规则》的要求。办理使用登记，取得使用证，才能将容器投入运行。

使用单位应当向特种设备所在地的直辖市或者设区的市的特种设备安全监管部门申请办理使用登记，办理使用登记的直辖市或者设区的市的特种设备安全监管部门，可以委托其下一级特种设备安全监管部门办理使用登记；对于整机出厂的特种设备，一般应当在投入使用前办理使用登记。

(1) 使用登记办法　第二类中、低压容器，第三类中低压容器，超高压容器及液化气体槽车（汽车槽车和铁路槽车）的使用单位，应向当地锅炉压力容器安全监察机构逐台进行登记，领取《特种设备使用登记证》后，方准使用。第一类压力容器的登记和《特种设备使用登记证》的发放工作，由省、自治区、直辖市锅炉压力容器安全监察机构结合本地区实际情况自行规定。

(2) 使用登记工作的程序　使用登记程序，包括申请、受理、审查和颁发使用登记证。压力容器投入使用前，使用单位申请办理特种设备使用登记时，应当逐台（套）填写使用登记表，向登记机关提交以下相应资料，并且对其真实性负责。

① 使用登记表（一式两份）；

② 含有使用单位统一社会信用代码的证明或者个人身份证明（适用于公民个人所有的特种设备）；

③ 特种设备产品合格证（含产品数据表、车用气瓶安装合格证明）；

④ 特种设备监督检验证明（安全技术规范要求进行使用前首次检验的特种设备，应当提交使用前的首次检验报告）；使用登记机关检查有关资料，核对其安全状况等级后，予以注册登记，按国家规定进行注册编号和发给《特种设备使用登记证》。

(3) 注意事项

① 国家明令淘汰或者已经报废的特种设备，不符合安全性能或者能效指标要求的特种

设备，不予办理使用登记。

② 新压力容器在使用前进行注册登记，在用压力容器实施定期检验后，应及时办理注册变更手续。

③ 压力容器的安全状况等级只体现了压力容器受压本体的技术状况，其安全装置和有关仪器、仪表的选择应该与压力容器工况条件相一致，并如期调校。

④ 使用单位应当参照规则及有关安全技术规范中使用管理的相应规定，对不需要办理使用登记的锅炉、压力容器实施安全管理。

⑤ 在用压力容器遇有实施内外部检验、改变使用条件、修理、改造、转让过户及报废处理或改为常压容器使用等情况之一者，应办理使用登记或变更手续。

4. 年度检查报告

压力容器在使用时，要执行月度检查和年度检查。

年度检查工作完成后，检查人员根据实际检查情况出具检查报告，作出以下结论意见：

① 符合要求，指未发现或者只有轻度不影响安全使用的缺陷，可以在允许的参数范围内继续使用；

② 基本符合要求，指发现一般缺陷，经过使用单位采取措施后能保证安全运行，可以有条件的监控使用，结论中应当注明监控运行需要解决的问题及其完成期限；

③ 不符合要求，指发现严重缺陷，不能保证压力容器安全运行的情况，不允许继续使用，应当停止运行或者由检验机构进行进一步检验。

年度检查由使用单位自行实施时，按照检查项目、要求进行记录，并且出具年度检查报告，年度检查报告应当由使用单位安全管理负责人或者授权的安全管理人员审批。

三、安全使用管理制度

压力容器使用管理的各项规章制度，是确保压力容器安全使用的基本保证。压力容器的使用单位应根据企业本身的生产特点，制定相应的压力容器安全管理制度。

1. 岗位责任制

岗位责任制是企业内部最基本的管理制度之一，包括从企业主管领导、管理机构负责人、管理人员、车间管理、各部门的有关岗位直至操作人员的各自岗位职责和工作职责。通过制定、明确岗位责任制，有利于分清工作职责，确定各自的工作范围和要求。

(1) *管理人员的职责*　压力容器管理单位除由主要技术负责人（厂长或总工程师）对容器的安全技术管理负责外，还应根据本单位所使用容器的具体情况，设专职或兼职人员，负责压力容器的安全技术管理工作。压力容器的专责管理人员应在技术总负责人的领导下认真履行下列的职责。

① 具体负责压力容器的安全技术管理工作，贯彻执行国家有关压力容器的管理规范和安全技术规定。

② 参加容器的验收和试运行工作。

③ 编制压力容器的安全管理制度和安全操作规程。

④ 负责压力容器的登记、建档及技术资料的管理和统计上报工作。

⑤ 监督检查压力容器的操作、维修和检验情况。

⑥ 根据检验周期，组织编制压力容器年度检验计划，并负责组织实施。定期向有关部门报送压力容器的定期检验计划和执行情况以及压力容器存在的缺陷等情况。

⑦ 负责组织制定压力容器的检修方案，审查压力容器的改造、修理、检验及报废等工作的技术资料。

⑧ 组织压力容器事故调查，并按规定上报。

⑨ 负责组织对压力容器的检验人员、焊接人员、操作人员进行安全技术培训和技术考核。

(2) 操作人员的职责　每台压力容器都应有专职的操作人员。压力容器专职操作人员应具有保证压力容器安全运行所必需的知识和技能，并经过技术考试合格。压力容器操作人员应履行以下职责。

① 按照安全操作规程的规定，正确操作使用压力容器。

② 认真填写操作记录、生产工艺记录或运行记录。

③ 做好压力容器的维护保养工作（包括停用期间对容器的维护），使压力容器经常保持良好的技术状态。

④ 经常对压力容器的运行情况进行检查，发现操作条件不正常时及时进行调整，遇有紧急情况应按规定采取紧急处理措施并及时向上级报告。

⑤ 对任何不利于压力容器安全运行的违章指挥，应拒绝执行。

⑥ 努力学习业务知识，不断提高操作技能。

2. 基础工作管理制度

压力容器选购、验收、安装调试、使用登记、备件管理、操作人员培训及考核、技术档案管理和统计报表等制度，称为基础工作管理制度。这些制度的贯彻执行对做好压力容器使用管理基础工作，提供压力容器使用依据起到积极的作用。压力容器在使用过程中的基础工作管理制度主要包括如下几项。

① 压力容器定期检验制度。

② 压力容器修理、改造、检验、报废的技术审查和报批制度。

③ 压力容器安装、改造、移装的竣工验收制度。

④ 压力容器安全检查制度。

⑤ 交接班制度。

⑥ 压力容器维护保养制度。

⑦ 安全附件校验与修理制度。

⑧ 压力容器紧急情况处理制度。

⑨ 压力容器事故报告与处理制度。

⑩ 接受压力容器安全监察部门监督检查制度。

用这些制度直接有效地控制使用过程，才能把使用管理工作落到实处。

3. 安全操作规程

为确保压力容器的正确操作、合理使用，压力容器的使用单位必须制定压力容器安全操作规程，以防止盲目操作而发生事故。若压力容器是处于一个整体生产系统中而非单台独立生产，其安全操作规程可贯穿到岗位操作法（岗位操作规程）中，但无论是压力容器安全操作规程还是岗位操作法，其编制必须在压力容器的安全技术性能范围，根据生产工艺的要求而定。压力容器随机资料有使用说明书的，还必须结合使用说明的要求编制。安全操作规程（岗位操作法）应包括下列内容。

① 压力容器的操作工艺控制指标及调控方法和注意事项。工艺控制指标包括最高工作

压力、最高或最低工作温度、压力及温度波动幅度的控制值、介质成分特别是有腐蚀性的成分控制值等，容器充装液位充装最高量、液位的最高或最低控制值，投料量或进出口物料流量的控制值及介质物料的配比控制值等。

② 压力容器岗位操作方法。包括开、停车的操作步骤、操作程序，上下工序的协调、联系方式，正常操作时的安全注意事项。

③ 压力容器运行中日常检查的部位和内容要求。

④ 现场、岗位操作安全的基本要求。包括上下作业时放空排污等的注意事项，岗位操作人员穿戴劳动用品的要求，操作中易燃、易爆介质的防静电、防爆要求。

⑤ 压力容器运行中可能出现的异常现象的判断和处理方法以及防范措施。

⑥ 压力容器的防腐蚀措施和停用时的维护保养方法。

⑦ 对二、三类压力容器操作岗位还应包括事故应急预案的具体操作步骤和要求。

任务四 压力容器停止运行的安全技术

知识目标：能说明压力容器的正常停止、紧急停止运行的步骤与要求。

能力目标：初步具备针对生产实际制订压力容器的正常停止、紧急停止运行的安全技术要求的能力。

压力容器的运行形式有两种，即连续式运行和间歇式运行。连续式运行的压力容器，多为连续生产系统中的设备受介质特性和关联的设备、装置的制约，这类容器不能随意地运行或停止运行。化工生产系统的压力容器多为连续运行的压力容器。间歇式运行的压力容器是每次按一定的生产量来生产或投料的压力容器系统或单台压力容器。但无论连续式运行或间歇式运行的压力容器在停止运行时均存在正常停止运行和紧急停止运行两种情况。

压力容器停止运行与一般的机械设备不同，必须要完成一定的停车操作步骤，包括泄放容器内的气体或其他物料使容器内压力下降，并停止向容器内输入气体或其他物料。

一、案例

1994 年 6 月 19 日 9 时 30 分，湖南某县氮肥厂发生一起爆炸事故，造成 1 人死亡，1 人重伤，直接经济损失 6 万余元的严重后果。

该厂部决定，6 月 19 日全厂停车检修。18 日生产办通知各生产车间在 19 日早班 4：00 停车置换、清洗设备，要求早班在 7：00 前必须将动火的设备、管道置换合格，开好动火证才能交班。19 日合成工艺四班当早班，于凌晨 4：00 全厂停车置换清洗，前后工段分开进行。造气至碳化清洗回收塔用空气吹扫置换，停车后首先用造气制造的贫气吹赶系统（此贫气不合格），再用鼓风机送空气经造气各炉置换后到气柜。脱硫岗位开一台 240m^3/min 的罗茨风机从气柜抽空气送到本岗位的冷却塔、脱硫塔汽水分离器，最后再清洗回收塔下部放空。

19 日早，安环科余某按动火要求 5：20 来到办公室，先用烤火用的甲烷气校验分析仪器，确认准确灵敏后带到脱硫岗位。此时车间置换正在进行，余问清置换情况后，便同操作人员一起在该岗位的汽水分离器、冷却塔取样分析，两处都合格。随后同供气车间副主任一道到气柜的进口水封、人孔、中心放空管、出口水封等处取样，分析都合格。余、肖二人便到压缩、碳化两工段共采样12点，经RH-31（1型）测爆仪分析都合格。余便通知该班值班长刘某将碳化清洗塔加满水切断与副塔的联系。然后与肖去变换取样，不合格，因此两人一直在变换帮助查找原因并不断取样分析。约7：00左右，前工段已分析合格的岗位操作工要求开动火证，余落实各工段隔离措施后，便将分析合格的造气、脱硫、压缩、活性炭塔4处的动火证开好，由操作工签字后拿回岗位交班。

日班参加检修人员上班后，首先在碳化活性炭塔动火割管子，8：00左右负责脱硫检修的焊工张某与学徒付某、钳工宁某开始登上冷却塔动火作业，由于管架层次太高，张某未登上去，付、宁二人上去后动火割冷却塔封头螺丝，日班操作工上班后对该冷却塔进行清洗。9：30付、宁二人已割完冷却塔封头64只M20mm的螺丝中的59只，在割第60只时突然发生爆炸。冲击力将付、宁二人从11m多高的塔上抛下坠落地面，付因头部着地伤势严重，送医院经全力抢救无效，于当天上午11点多钟在手术室死亡。宁在坠落时被管架挡了一下，着地力较轻，幸免于难，但身体下部烧伤较重。

事故原因：

① 安环科在开动火证时，只考虑全部系统已停车置换并全面分析合格，尽管将未置换的系统采取了隔绝防患措施，但对可能发生的意外情况估计不足，未严格提出防范措施。

② 不严格执行检修动火安全规定，在动火证开出半小时后，动火单位未重新找安全人员再次分析再动火。

③ 工段安全观念不强，在脱硫塔进行空气置换后，忽略了加水清洗和加水封死，致使挥发的可燃气进入冷却塔，同时未拆开冷却塔的下部人孔。

④ 作业人员未严格执行检修登高的安全规定。在未办理登高作业许可证和系安全带的情况下，检修人员违章登上11m多高的脚手架作业，且未按规定穿戴好劳保用品，而现场负责人也未加阻监，导致事故发生时失去应有的安全保护，加剧了事故的严重性。

⑤ 设备的管理存在严重不足，脱硫系统6个容器无一对天放空管，风机出口大，近路阀锈死不能打开，无法放空，在未拆开人孔置换的情况下，系统内不能形成空气对流，动火时，挥发的可燃气无从排出，使之在塔内聚集，达到爆炸范围时产生爆炸。

二、正常停止运行的安全技术

由于容器及设备按有关规定要进行定期检验、检修、技术改造，因原料、能源供应不及时，内部填料定期处理、更换或因工艺需要采取间歇式操作方法等正常原因而停止运行，均属正常停止运行。

压力容器及其设备的停运过程是一个变操作参数过程。在较短的时间内容器的操作压力、操作温度、液位等不断变化，要进行切断物料、返出物料、容器及设备吹扫、置换等大量操作工序。为保证操作人员能安全合理地操作，容器设备、管线、仪表等不受损坏，正常停运过程中应注意以下事项。

1. 编制停运方案

停运操作中，操作人员开关阀门频繁，多方位管线检查作业，劳动强度大，若没有统一的停工方案，易发生误操作，导致设备事故，严重时会危及人身安全。压力容器的停工方案应包括如下内容。

① 停运周期（包括停工时间和开工时间）及停运操作的程序和步骤。

② 停运过程中控制工艺参数变化幅度的具体要求。

③ 容器及设备内剩余物料的处理、置换清洗方法及要求，动火作业的范围。

④ 停运检修的内容、要求，组织实施及有关制度。

压力容器停运方案一般由车间主任、压力容器管理人员、安全技术人员及有经验的操作人员共同编制，报主管领导审批通过。方案一经确定，必须严格执行。

2. 降温、降压速度控制

停运中应严格控制降温、降压速度，因为急剧降温会使容器壳壁产生疲劳现象和较大的温度压力，严重时会使容器产生裂纹、变形、零部件松脱、连接部位泄漏等现象，以致造成火灾、爆炸事故。对于储存液化气体的容器，由于器内的压力取决于温度，所以必须先降温，才能实现降压。

3. 清除剩余物料

容器内剩余物料多为有毒、易燃、腐蚀性介质，若不清理干净，操作人员无法进入容器内部检修。

如果单台容器停运，需在排料后用盲板切断与其他容器及压力源的连接；如果是整个系统停运，需将整个系统装置中的物料用真空法或加压法清除。对残留物料的排放与处理应采取相应的措施，特别是可燃、有毒气体应排至安全区域。

4. 准确执行停运操作

停运操作不同于正常操作，要求更加严格、准确无误。开关阀门要缓慢，操作顺序要正确，如蒸汽介质要先开排凝阀，待冷凝水排净后关闭排凝阀，再逐步打开蒸汽阀，防止因水击损坏设备或管道。

5. 杜绝火源

停运操作期间，容器周围应杜绝一切火源。要清除设备表面、扶梯、平台、地面等处的油污、易燃物等。

三、紧急停止运行的安全技术

压力容器在运行过程中，如果突然发生故障，严重威胁设备和人身安全时，操作人员应立即采取紧急措施，停止容器运行。

1. 应立即停止运行的异常情况

① 容器的工作压力、介质温度或容器壁温度超过允许值，在采取措施后仍得不到有效控制。

② 容器的主要承压部件出现裂纹、鼓包、变形、泄漏、穿孔、局部严重超温等危及安全的缺陷。

③ 压力容器的安全装置失效、连接管件断裂，紧固件损坏难以保证安全运行。

④ 压力容器充装过量或反应容器内介质配比失调，造成压力容器内部反应失控。

⑤ 容器液位失去控制，采取措施仍得不到有效控制。

⑥ 压力容器出口管道堵塞，危及容器安全。

⑦ 容器与管道发生严重振动，危及容器安全运行。

⑧ 压力容器内件突然损坏，如内部衬里绝热耐火砖、隔热层开裂或倒塌，危及压力容器运行安全。

⑨ 换热容器内件开裂或严重泄漏，介质的不同相或不能互混的不同介质互串。造成水击或严重物理、化学反应。

⑩ 发生火灾直接威胁到容器的安全。

⑪ 高压容器的信号孔或警告孔泄漏。

⑫ 主要通过化学反应维持压力的容器，因管道堵塞或附属设备、进口阀等失灵或故障造成容器突然失压，后工序介质倒流，危及容器安全。

2. 紧急停止运行的安全技术

压力容器紧急停运时，操作人员必须做到“稳”“准”“快”，即保持镇定、判断准确、操作正确、处理迅速，防止事故扩大。在执行紧急停运的同时，还应按规定程序及时向本单位有关部门报告。对于系统性连续生产的，还必须做好与前、后相关岗位的联系工作。紧急停运前，操作人员应根据容器内介质状况做好个人防护。

压力容器紧急停止运行时应注意以下事项。

① 对压力源来自器外的其他容器或设备，如换热容器、分离容器等，应迅速切断压力来源，开启放空阀、排污阀，遇有安全阀不动时，拉动安全阀手柄强制排气泄压。

② 对器内产生压力的容器，超压时应根据容器实际情况采取降压措施。如反应容器超压时，应迅速切断电源，使向容器内输送物料的运转设备停止运行，同时联系有关岗位停止向容器内输送物料；迅速开启放空阀、安全阀或排污阀，必要时开启卸料阀、卸料口紧急排料，在物料未放尽前，搅拌不能停止；对产生放热反应的容器，还应增大冷却水量，使其迅速降温。液化气体介质的储存容器，超压时应迅速采取强制降温等降温措施，液氨储罐还可开启紧急泄氨器泄压。

任务五　压力容器维护保养的安全技术

知识目标：能说明压力容器维护保养及停用期间的主要安全措施。

能力目标：初步具备根据企业实际制订压力容器维护保养及停用期间的安全技术规范的能力。

压力容器的维护保养是确保压力容器的运行满足生产工艺要求的一个重要环节，由于容器内部介质压力、温度及化学特性等有变化、流体流动时的磨损、冲刷以及外界载荷的作用，特别是一些带有搅拌装置的容器，其内部还会因搅拌部件转动造成振动及运动磨损，这些必然会使压力容器的技术状况不断发生变化，不可避免地产生一些不正常的现象。例如，紧固件的松动、容器内外表面的腐蚀、磨损、仪器仪表及阀门的损坏、失灵等。所以，做好容器的维护保养工作，使容器在完好状态下运行，就能防患于未然，提高容器的使用效率，延长使用寿命。

一、案例

1998 年 8 月 23 日，某石油化工厂由于 F11 号反应釜在聚合反应过程中超温超压，釜内压力急剧上升，导致反应釜釜盖法兰严重变形，螺栓弯曲，观察孔视镜炸破，大量可燃料从法兰缝隙处和观察孔喷出，散发在车间空气中，与空气形成爆炸性混合气体，遇明火引起二次爆炸燃烧，造成直接经济损失 6.4 万元，被迫停产 8 个多月，间接经济损失数百万元，死亡 3 人。

事故原因：

① 安全阀失灵。导致安全阀泄漏的主要原因是清洁度差、密封面受到损伤；密封面平整度、粗糙度均不符合要求；阀杆及垫块传递弹簧力的部位严重磨损，致使密封面受力状况不良，密封比压分布不均匀。

② 安全装置残缺不齐，致使现有泄压排放设施工人无法操作，不能确保安全，不具备安全生产的基本条件。

③ 工艺操作规程和管理制度不健全，操作工很难正确执行。

二、使用期间维护保养的安全技术

压力容器使用期间的日常维护保养工作的重点是防腐、防漏、防露、防振及仪表、仪器、电气设施及元件、管线、阀门、安全装置等的日常维护。

1. 消除压力容器的跑、冒、滴、漏

压力容器的连接部位及密封部位由于磨损或密封面损坏，或因热胀冷缩、设备振动等原因使紧固件松动或预紧力减小造成连接不良，经常会产生跑、冒、滴、漏现象，并且这一现象经常会被忽视而造成严重后果。由于压力容器是带压设备，这种跑、冒、滴、漏若不及时处理会迅速扩展或恶化，不仅浪费原料、能源、污染环境，还常引起器壁穿孔或局部加速腐蚀。如对一些内压较高的密封面，不及时消除则引起密封垫片损坏或法兰密封面被高压气体冲刷切割而起坑，难以修复，甚至引发容器破坏事故。因此，要加强巡回检查，注意观察，及时消除跑、冒、滴、漏现象。

具体的消除方法有停车卸压消除法和运行带压消除法。前者消除较为彻底，标本兼治，但必须在停车状态下进行，难以做到及时处理，同时，处理过程必定影响或终止生产。但较为严重或危险性较大的跑、冒、滴、漏现象，必须采用此法。后者是运行过程中的带压处理，多用于发现得较为及时和刚开始较轻微的跑、冒、滴、漏现象。对一些系统关联性较强、通常难以或不宜立即停车处理的压力容器也可先采用此法，控制事态的发展、扩大，待停车后再彻底处理。

压力容器运行状态出现不正常现象，需带压处理的情况有密封面法兰上紧螺栓、丝扣接口上紧螺栓、接管穿孔或直径较小的压力容器局部腐蚀穿孔的加夹具抱箍堵漏。采用运行带压消除法，必须严格执行以下原则。

① 运行带压处理必须经压力容器管理人员、生产技术主管、岗位操作现场负责人许可(办理检修证书)，由有经验的维修人员进行处理。

② 带压处理必须有懂得现场操作处理或有操作指挥协调能力的人或安全技术部门的有关人员进行现场监护，并做好应急措施。

③ 带压处理所用的工具装备器具必须适应泄漏介质对维修工作安全要求，特别是对毒

性、易燃介质或高温介质，必须做好防护措施，包括防毒面具、通风透气、隔热绝热装备，防止产生火花的铝质、铜质、木质工具等。

④ 带压堵漏专用固定夹具，应根据 GB/T 150《压力容器》所规定的壁厚强度计算公式，完成夹具厚度的设计。公式中的压力值，还必须考虑向密封空腔注入密封剂的过程中，密封剂在空腔内流动、填满、压实所产生的挤压力予以修正。夹具及紧固螺栓的材质及组焊夹具的焊接系数和许用应力，均按 GB/T 150 的规定执行。

⑤ 专用密封剂应以泄漏点的系统温度和介质特性作为选择的依据。各种型号密封剂均应通过耐压介质侵蚀试验和热失重试验。

2. 保持完好的防腐层

工作介质对材料有腐蚀性的容器，应根据工作介质对容器壁材料的腐蚀作用，采取适当的防腐措施。通常采用防腐层来防止介质对器壁的腐蚀，如涂层、搪瓷、衬里、金属表面钝化处理、钒化处理等。

这些防腐层一旦损坏，工作介质将直接接触器壁，局部加速腐蚀，会产生严重的后果。所以必须使防腐涂层或衬里保持完好，这就要求容器在使用过程中注意以下几点。

① 要经常检查防腐层有无脱落，检查衬里是否开裂或焊缝处是否有渗漏现象。发现防腐层损坏时，即使是局部的，也应该经过修补等妥善处理后才能继续使用。

② 装入固体物料或安装内部附件时，应注意避免刮落或碰坏防腐层。带搅拌器的容器应防止搅拌器叶片与器壁碰撞。

③ 内装填料的容器，填料环应布放均匀，防止流体介质运动的偏流磨损。

3. 保护好保温层

对于有保温层的压力容器要检查保温层是否完好，防止容器壁裸露。因为保温层一旦脱落或局部损坏，不但会浪费能源，影响容器效率，而且容器的局部温差变化较大，产生温差应力，引起局部变形，影响正常运行。

4. 减少或消除容器的振动

容器的振动对其正常使用影响也是很大的。振动不但会使容器上的紧固螺钉松动，影响连接效果，或者由于振动的方向性，使容器接管根部产生附加应力，引起应力集中，而且当振动频率与容器的固有频率相同时，会发生共振现象，造成容器的倒塌。因此，当发现容器存在较大振动时，应采取适当的措施，如隔断振源、加强支撑装置等，以消除或减轻容器的振动。

5. 维护保养好安全装置

维护保养好安全装置，使它们始终处于灵敏准确、使用可靠状态。这就要求安全装置和计量仪表必须定期进行检查、试验和校正，发现不准确或不灵敏时，应及时检修和更换。安全装置安全附件上面及附近不得堆放任何有碍其动作、指示或影响灵敏度、精度的物料、介质、杂物，必须保持各安全装置安全附件外表的整洁。清扫抹擦安全装置，应按其维护保养要求进行，不得用力过大或造成较大振动，不得随意用水或液体清洗剂冲洗、抹擦安全装置及安全附件，清理尘污尽量用布干抹或吹扫。压力容器的安全装置不得任意拆卸或封闭不用，没有按规定装设安全装置的容器不能使用。

三、停用期间维护保养的安全技术

对于长期停用或临时停用的压力容器，也应加强维护保养工作。停用期间保养不善的容器甚至比正常使用的容器损坏更快。

停止运行的容器尤其是长期停用的容器，一定要将内部介质排放干净，清除内壁的污垢、附着物和腐蚀产物。对于腐蚀性介质，排放后还需经过置换、清洗、吹干等技术处理，使容器内部干燥和洁净。要注意防止容器的“死角”内积有腐蚀性介质。为了减轻大气对停用容器外表面的腐蚀，应保持容器表面清洁，并保持容器及周围环境的干燥。另外，要保持容器外表面的防腐油漆等完好无损，发现油漆脱落或刮落时要及时补涂。有保温层的容器，还要注意保温层下的防腐和支座处的防腐。

任务六　气瓶的安全技术

知识目标：能说明气瓶的分类、安全附件及颜色标识；能陈述气瓶的使用要求与检验方法。

能力目标：初步具备生产中气瓶的安全管理能力。

一、案例

1985 年 4 月，山东省德州某化工厂液氯钢瓶在灌装时发生爆炸，造成 3 人死亡。

钢瓶是 1984 年从天津某厂购进的旧钢瓶。经包装岗位检查已发现 3 瓶有异物（瓶嘴有芳香泡沫），但只在台账上注明而未去现场采取措施，致使这 3 瓶仍与待装钢瓶混在一起，当被推上包装台灌装时又未抽空，未验瓶，刚一装液氯即发生爆炸。

事故原因：所购进的旧钢瓶未经认真检验就送入包装岗位；钢瓶有异物。

二、气瓶的安全技术

1. 充装安全

为了保证气瓶在使用或充装过程中不因环境温度升高而处于超压状态，必须对气瓶的充装量严格控制。确定压缩气体及高压液化气体气瓶的充装量时，要求瓶内气体在最高使用温度（60℃）下的压力，不超过气瓶的最高许用压力。对低压液化气体气瓶，则要求瓶内液体在最高使用温度下，不会膨胀至瓶内满液，即要求瓶内始终保留有一定气相空间。

（1）气瓶充装过量　是气瓶破裂爆炸的常见原因之一。因此必须加强管理，严格执行《气瓶安全监察规程》的安全要求，防止充装过量。充装压缩气体的气瓶，要按不同温度下的最高允许充装压力进行充装，防止气瓶在最高使用温度下的压力超过气瓶的最高许用压力。充装液化气体的气瓶，必须严格按规定的充装系数充装，不得超量，如发现超装时，应设法将超装量卸出。

（2）防止不同性质气体混装　气体混装是指在同一气瓶内灌装两种气体（或液体）。如果这两种介质在瓶内发生化学反应，将会造成气瓶爆炸事故。如原来装过可燃气体（如氢气等）的气瓶，未经置换、清洗等处理，甚至瓶内还有一定量余气，又灌装氧气，结果瓶内氢气与氧气发生化学反应，产生大量反应热，瓶内压力急剧升高，气瓶爆炸，酿成严重事故。

属下列情况之一的，应先进行处理，否则严禁充装。

① 钢印标记、颜色标记不符合规定及无法判定瓶内气体的。

② 改装不符合规定或用户自行改装的。

③ 附件不全、损坏或不符合规定的。

④ 瓶内无剩余压力的。

⑤ 超过检验期的。

⑥ 外观检查存在明显损伤，需进一步进行检查的。

⑦ 氧化或强氧化性气体气瓶沾有油脂的。

⑧ 易燃气体气瓶的首次充装，事先未经置换和抽空的。

2. 贮存安全

① 气瓶的贮存应有专人负责管理。管理人员、操作人员、消防人员应经安全技术培训，了解气瓶、气体的安全知识。

② 气瓶的贮存，空瓶、实瓶应分开（分室贮存）。如氧气瓶、液化石油气瓶，乙炔瓶与氧气瓶、氯气瓶不能同贮一室。

③ 气瓶库（贮存间）应符合《建筑设计防火规范》，应采用二级以上防火建筑。与明火或其他建筑物应有符合规定的安全距离。易燃、易爆、有毒、腐蚀性气体气瓶库的安全距离不得小于 15m。

④ 气瓶库应通风、干燥，防止雨（雪）淋、水浸，避免阳光直射，要有便于装卸、运输的设施。库内不得有暖气、水、煤气等管道通过，也不准有地下管道或暗沟。照明灯具及电器设备应是防爆的。

⑤ 地下室或半地下室不能贮存气瓶。

⑥ 瓶库有明显的“禁止烟火”、“当心爆炸”等各类必要的安全标志。

⑦ 瓶库应有运输和消防通道，设置消防栓和消防水池。在固定地点备有专用灭火器、灭火工具和防毒用具。

⑧ 贮气的气瓶应戴好瓶帽，最好戴固定瓶帽。

⑨ 实瓶一般应立放贮存。卧放时，应防止滚动，瓶头（有阀端）应朝向一方。垛放不得超过 5 层，并妥善固定。气瓶排放应整齐，固定牢靠。数量、号位的标志要明显。要留有通道。

⑩ 实瓶的贮存数量应有限制，在满足当天使用量和周转量的情况下，应尽量减少贮存量。

⑪ 容易起聚合反应的气体的气瓶，必须规定贮存期限。

⑫ 瓶库账目清楚，数量准确，按时盘点，账物相符。

⑬ 建立并执行气瓶进出库制度。

3. 使用安全

① 使用气瓶者应学习气体与气瓶的安全技术知识，在技术熟练人员的指导监督下进行操作练习，合格后才能独立使用。

② 使用前应对气瓶进行检查，确认气瓶和瓶内气体质量完好，方可使用。如发现气瓶颜色、钢印等辨别不清，检验超期，气瓶损伤（变形、划伤、腐蚀），气体质量与标准规定不符等现象，应拒绝使用并做妥善处理。

③ 按照规定，正确、可靠地连接调压器、回火防止器、输气、橡胶软管、缓冲器、汽化器、焊割炬等，检查、确认没有漏气现象。连接上述器具前，应微开瓶阀吹除瓶阀出口的灰尘、杂物。

④ 气瓶使用时，一般应立放（乙炔瓶严禁卧放使用），不得靠近热源。与明火、可燃与助燃气体气瓶之间距离，不得小于10m。

⑤ 使用易起聚合反应的气体的气瓶，应远离射线、电磁波、振动源。

⑥ 防止日光曝晒、雨淋、水浸。

⑦ 移动气瓶应手搬瓶肩转动瓶底，移动距离较远时可用轻便小车运送，严禁抛、滚、滑、翻和肩扛、脚踹。

⑧ 禁止敲击、碰撞气瓶。绝对禁止在气瓶上焊接、引弧。不准用气瓶做支架和铁砧。

⑨ 注意操作顺序。开启瓶阀应轻缓，操作者应站在阀出口的侧后；关闭瓶阀应轻而严，不能用力过大，避免关得太紧、太死。

⑩ 瓶阀冻结时，不准用火烤。可把瓶移入室内或温度较高的地方或用40℃以下的温水浇淋解冻。

⑪ 注意保持气瓶及附件清洁、干燥，禁止沾染油脂、腐蚀性介质、灰尘等。

⑫ 瓶内气体不得用尽，应留有剩余压力（余压）。余压不应低于0.05MPa。

⑬ 保护瓶外油漆防护层，既可防止瓶体腐蚀，也是识别标记，可以防止误用和混装。瓶帽、防震圈、瓶阀等附件都要妥善维护、合理使用。

⑭ 气瓶使用完毕，要送回瓶库或妥善保管。

三、气瓶的检验

气瓶的定期检验，应由取得检验资格的专门单位负责进行。未取得资格的单位和个人，不得从事气瓶的定期检验。《气瓶安全技术监察规程》对各类气瓶的检验周期作了具体规定如下。

① 盛装对瓶体材料能产生腐蚀作用的气体的气瓶、潜水气瓶以及常与海水接触的气瓶，每2年检验一次。

② 盛装一般气体的气瓶，每3年检验一次。

③ 液化石油气钢瓶，每4年检验一次。

④ 盛装惰性气体的气瓶，每5年检验一次。

⑤ 气瓶在使用过程中，发现有严重腐蚀、损伤或对其安全可靠性有怀疑时，应提前进行检验。库存和使用时间超过一个检验周期的气瓶，启用前应进行检验。

气瓶检验单位应对要检验的气瓶逐只进行检验，并按规定出具检验报告。未经检验和检验不合格的气瓶不得使用。

气瓶使用期超过其设计使用年限时，一般应当报废。出租车安装的车用压缩天然气瓶使用期达到8年应当报废；车用气瓶应当随出租车一同报废。对焊接绝热气瓶（含焊接绝热车用气瓶），如果绝热性能无法满足使用要求且无法修复的应当报废。对设计使用年限不清的气瓶，应当根据相关规定的设计使用年限作为气瓶报废处理的依据。

对设计使用年限为8年的液化石油气钢瓶，允许在进行安全评定后延长使用期，使用期只能延长一次，且延长使用期不得超过气瓶的一个检验周期。对未规定设计使用年限的液化石油气钢瓶，使用年限达到15年的，应当予以报废并且进行消除使用功能处理。

相关知识　气瓶的基本知识

气瓶是指在正常环境下（－40～60℃）可重复充气使用的，公称工作压力（表压）为0.2～35MPa，公称容积为0.4～3000L，且压力与容积的乘积大于或者等于1MPa·L，盛装压缩气体、高（低）液化气体、低温液化气体、溶解气体、吸附气体、标准沸点等于或者低于60℃的液体以及混合气体（两种或两种以上气体的无缝气瓶、焊接气瓶、焊接绝热气瓶、缠绕气瓶、内部装有填料的气瓶以及气瓶附件）。

一、气瓶的分类

1. 按充装介质的性质分类

（1）压缩气体气瓶　压缩气体因其临界温度小于－10℃，常温下呈气态，所以称为压缩气体，如氢、氧、氮、空气、燃气及氩、氦、氖、氪等。这类气瓶一般都以较高的压力充装气体，目的是增加气瓶的单位容积充气量，提高气瓶利用率和运输效率。常见的充装压力为15MPa，也有充装20～30MPa的。

（2）液化气体气瓶　液化气体气瓶充装时都以低温液态灌装。有些液化气体的临界温度较低，装入瓶内后受环境温度的影响而全部汽化。有些液化气体的临界温度较高，装瓶后在瓶内始终保持气液平衡状态。

（3）溶解气体气瓶　是专门用于盛装乙炔的气瓶。由于乙炔气体极不稳定，故必须把它溶解在溶剂（常见的为丙酮）中。气瓶内装满多孔性材料，以吸收溶剂。乙炔瓶充装乙炔气，一般要求分两次进行，第一次充气后静置8h以上，再进行第二次充气。

2. 按制造方法分类

（1）钢制无缝气瓶　以钢坯为原料，经冲压拉伸制造，或以无缝钢管为材料，经热旋压收口收底制造的钢瓶。瓶体材料为采用碱性平炉、电炉或吹氧碱性转炉冶炼的镇静钢，如优质碳钢、锰钢、铬钼钢或其他合金钢。这类气瓶用于盛装压缩气体和高压液化气体。

（2）钢制焊接气瓶　以钢板为原料，经冲压卷焊制造的钢瓶。瓶体及受压元件材料为采用平炉、电炉或氧化转炉冶炼的镇静钢，要求有良好的冲压和焊接性能。这类气瓶用于盛装低压液化气体。

（3）缠绕玻璃纤维气瓶　是以玻璃纤维加黏结剂缠绕或碳纤维制造的气瓶。一般有一个铝制内筒，其作用是保证气瓶的气密性，承压强度则依靠玻璃纤维缠绕的外筒。这类气瓶由于绝热性能好、重量轻，多用于盛装呼吸用压缩空气，供消防、毒区或缺氧区域作业人员随身背挎并配以面罩使用。一般容积较小（1～10L），充气压力多为15～30MPa。

3. 按公称工作压力分类

气瓶按公称工作压力分为高压气瓶和低压气瓶。高压气瓶公称工作压力分别为30MPa、20MPa、15MPa、12.5MPa和8MPa，低压气瓶公称工作压力分别为5MPa、3MPa、2MPa、1.6MPa和1MPa。

二、气瓶的安全附件

1. 安全泄压装置

气瓶的安全泄压装置，是为了防止气瓶在遇到火灾等高温时，瓶内气体受热膨胀而发生破裂爆炸。气瓶常见的泄压附件有爆破片和易熔塞。

爆破片装在瓶阀上，其爆破压力略高于瓶内气体的最高温升压力。爆破片多用于高压气瓶上，有的气瓶不装爆破片。《气瓶安全监察规程》对是否必须装设爆破片，未做明确规定。气瓶装设爆破片有利有弊，一些国家的气瓶不采用爆破片这种安全泄压装置。

易熔塞一般装在低压气瓶的瓶肩上，当周围环境温度超过气瓶的最高使用温度时，易熔塞的易熔合金熔化，瓶内气体排出，避免气瓶爆炸。

2. 其他附件（防震圈、瓶帽、瓶阀）

气瓶装有两个防震圈是气瓶瓶体的保护装置。气瓶在充装、使用、搬运过程中，常常会因滚动、震动、碰撞而损伤瓶壁，以致发生脆性破坏。这是气瓶发生爆炸事故常见的一种直接原因。

瓶帽是瓶阀的防护装置，它可避免气瓶在搬运过程中因碰撞而损坏瓶阀，保护出气口螺纹不被损坏，防止灰尘、水分或油脂等杂物落入阀内。

瓶阀是控制气体出入的装置，一般是用黄铜或钢制造。充装可燃气体的钢瓶的瓶阀，其出气口螺纹为左旋，盛装助燃气体的气瓶，其出气口螺纹为右旋。瓶阀的这种结构可有效地防止可燃气体与非可燃气体的错装。

三、气瓶的颜色

国家标准《气瓶颜色标记》(GB/T 7144—2016) 对气瓶的颜色、字样和色环做了规定。常见气瓶的颜色见表7-6。

表 7-6 常见气瓶的颜色

序号	充装气体	化学式（或符号）	体色	字样	字色	色环
1	空气	Air	黑	空气	白	p= 20,白色单环 $p \geqslant 30$，白色双环
2	氩	Ar	银灰	氩	深绿	
3	氟	F_2	白	氟	黑	
4	氦	He	银灰	氦	深绿	p= 20，白色单环 $p \geqslant 30$，白色双环
5	氪	Kr	银灰	氪	深绿	
6	氖	Ne	银灰	氖	深绿	
7	一氧化氮	NO	白	一氧化氮	黑	
8	氮	N_2	黑	氮	白	p= 20,白色单环 $p \geqslant 30$，白色双环
9	氧	O_2	淡（酞）蓝	氧	黑	
10	二氟化氧	OF_2	白	二氟化氧	大红	
11	一氧化碳	CO	银灰	一氧化碳		
12	氘	D_2	银灰	氘		
13	氢	H_2	淡绿	氢	大红	p= 20,大红单环 $p \geqslant 30$，大红双环
14	甲烷	CH_4	棕	甲烷	白	p= 20,白色单环 $p \geqslant 30$，白色双环

续表

序号	充装气体	化学式（或符号）	体色	字样	字色	色环
15	天然气	CNG	棕	天然气	白	
16	空气（液体）	Air	黑	液化空气	白	
17	氩（液体）	Ar	银灰	液氩	深绿	
18	氦（液体）	He	银灰	液氦	深绿	
19	氢（液体）	H_2	淡绿	液氢	大红	
20	天然气（液体）	LNG	棕	液化天然气	白	
21	氮（液体）	N_2	黑	液氮	白	
22	氖（液体）	Ne	银灰	液氖	深绿	
23	氧（液体）	O_2	淡（酞）蓝	液氧	黑	
24	三氟化硼	BF_3	银灰	三氟化硼	黑	

任务七　工业锅炉的安全技术

知识目标：能说明工业锅炉的分类；能陈述工业锅炉的监察标准与体系。

能力目标：初步具备制定工业锅炉的操作规程，并进行安全管理的能力。

锅炉是使用燃烧产生的热能把水加热或变成水蒸气的热力设备，尽管锅炉的种类繁多，结构各异，但都是由“锅”和“炉”以及为保证“锅”和“炉”正常运行所必需的附件、仪表及附属设备等三大类（部分）组成。

“锅”是指锅炉中盛放水和水蒸气的密封受压部分，是锅炉的吸热部分，主要包括汽包、对流管、水冷壁、联箱、过热器、省煤器等。“锅”再加上给水设备就组成锅炉的汽水系统。

“炉”是指锅炉中燃料进行燃烧、放出热能的部分，是锅炉的放热部分，主要包括燃烧设备、炉墙、炉拱、钢架和烟道及排烟除尘设备等。

锅炉的附件和仪表很多，锅炉的附属设备也很多。作为特种设备的锅炉的安全监督应特别予以重视。

一、案例

1997 年 11 月 13 日，安徽省某化工厂一台 KZLZ-78 型锅炉发生爆炸，死亡 5 人，重伤 1 人，轻伤 8 人，直接经济损失 12 万元。

事故当日 6：40 至 7：00，由于锅炉出口处的蒸汽压力约为 0.39kPa，不能满足生产车间用汽要求，生产车间停止生产。夜班司炉工将分汽缸的主汽阀关闭，停止了炉排转动，关闭了鼓风机，使锅炉处于压火状态。7：50 左右，白班司炉工接班，为了尽快向车间送汽，未进行接班检查，就盲目启动锅炉，加大燃烧。8：30 左右，白班司炉工发现水位表看不见水位，问即将下班的夜班司炉工，夜班司炉工说锅炉压火时已上满水。为了判断锅炉是满水还是缺水，白班司炉工去开排污阀放水，但打不开排污阀，换另外一人也未打开。当司炉班班长来后，用管扳子套在排污阀的扳手上准备打开排污阀时，一声巨响，锅炉发生了爆炸。锅炉爆炸后大量的饱和水迅速膨胀，所释放的能量将锅炉设备彻底摧毁。所有的安全附件和排阀全部炸离锅炉本体，除一只安全阀和左集箱上一只排污阀未找到外，其余的安全阀、压力表、水位计、排污阀全部损坏。除尘器向锅炉后方推出 20 多米，风机、水泵也遭到严重破坏。

事故原因：锅炉超压所致。

① 当时锅筒内水位较高，蒸汽空间较小，在主汽阀关闭的情况下强化燃烧，蒸汽压力上升较快，形成超压。

② 由于安全阀锈死，当锅炉内蒸汽压力达到安全阀始启压力时，阀芯不能抬起泄压，使蒸汽压力继续上升，直至爆炸。

二、锅炉运行的安全技术

1. 水质处理

锅炉给水，不管是地面或地下水，都含有各种杂质，这些含有杂质的水如不经过处理就进入锅炉，就会威胁锅炉的安全运行。例如，结成坚硬的水垢，使受热面传热不良，浪费燃料，使锅炉壁温升高，强度显著下降；另外一些溶解的盐类分解出氢氧根，氢氧根的浓度过高，会致锅炉某些部位发生苛性脆化；溶解在水中的氧气和二氧化碳会导致金属的腐蚀，从而缩短锅炉的寿命。所以，为了确保锅炉的安全，使其经济可靠地运行，就必须对锅炉给水进行必要的处理。

因为各地水质不同，锅炉炉型较多，因此水处理方法也各不相同。在选择水处理方法时要因炉、因水而定。目前水处理方法从两方面进行，一种是炉内水处理，另一种是炉外水处理。

（1）炉内水处理　也叫锅内水处理，就是将自来水或经过沉淀的天然水直接加入，向汽包内加入适当的药剂，使之与锅水中的钙、镁盐类生成松散的泥渣沉降，然后通过排污装置排除。这种方法较适于小型锅炉使用，也可作为高、中压锅炉的炉外水处理补充，以调整炉水质量。常用的几种药剂有碳酸钠、氢氧化钠、磷酸钠、六偏磷酸钠、磷酸氢二钠和一些新的有机防垢剂。

（2）炉外水处理　就是在给水进入锅炉前，通过各种物理和化学的方法，把水中对锅炉运行有害的杂质除去，使给水达到标准，从而避免锅炉结垢和腐蚀。常用的方法有离子交换法，能除去水中的钙、镁离子，使水软化（除去硬度），可防止炉壁结垢，中小型锅炉已普遍使用；阴阳离子交换法，能除去水中的盐类，生产脱盐水（俗称纯水），高压锅炉均使用脱盐水，直流锅炉和超高压锅炉的用水要经二级除盐；电渗析法能除去水中的盐类，常作为离子交换法的前级处理。有些水在软化前要经机械过滤。

（3）除气　溶解在锅炉给水中的氧气、二氧化碳，会使锅炉的给水管道和锅炉本体腐蚀，尤其当氧气和二氧化碳同时存在时，金属腐蚀会更加严重。除氧的方法有喷雾式热力除氧、真空除氧和化学除氧。使用最普遍的是热力除氧。

2. 锅炉启动的安全要点

由于锅炉是一个复杂的装置，包含着一系列部件、辅机，锅炉的正常运行包含燃烧、传热、工质流动等过程，因而启动一台锅炉要进行多项操作，用较长的时间、各个环节协同动作，逐步达到正常工作状态。

锅炉启动过程中，其部件、附件等由冷态（常温或室温）变为受热状态，由不承压转变为承压，其物理形态、受力情况等产生很大变化，最易产生各种事故。据统计，锅炉事故约有半数是在启动过程中发生的。因而对锅炉启动必须进行认真的准备。

(1) 全面检查　锅炉启动之前一定要进行全面检查，符合启动要求后才能进行下一步的操作。启动前的检查应按照锅炉运行规程的规定，逐项进行。主要内容有：检查汽水系统、燃烧系统、风烟系统、锅炉本体和辅机是否完好；检查人孔、手孔、看火门、防爆门及各类阀门、接板是否正常；检查安全附件是否齐全、完好并使之处于启动所要求的位置；检查各种测量仪表是否完好等。

(2) 上水　为防止产生过大热应力，上水水温最高不应超过 90～100℃；上水速度要缓慢，全部上水时间在夏季不小于 1h，在冬季不小于 2h。冷炉上水至最低安全水位时应停止上水，以防受热膨胀后水位过高。

(3) 烘炉和煮炉　新装、大修或长期停用的锅炉，其炉膛和烟道的墙壁非常潮湿，一旦骤然接触高温烟气，就会产生裂纹、变形甚至发生倒塌事故。为了防止这种情况，锅炉在上水后启动前要进行烘炉。

烘炉就是在炉膛中用文火缓慢加热锅炉，使炉墙中的水分逐渐蒸发掉。烘炉应根据事先制定的烘炉升温曲线进行，整个烘炉时间根据锅炉大小、型号不同而定，一般为 3～14d。烘炉后期可以同时进行煮炉。

煮炉的目的是清除锅炉蒸发受热面中的铁锈、油污和其他污物，减少受热面腐蚀，提高锅水和蒸汽的品质。煮炉时，在锅水中加入碱性药剂，如 NaOH、Na_3PO_4 或 Na_2CO_3 等。步骤为：上水至最高水位；加入适量药剂（2～4kg/t）；燃烧加热锅水至沸腾但不升压（开启空气阀或抬起安全阀排汽），维持 10～12h；减弱燃烧，排污之后适当放水；加强燃烧并使锅炉升压到 25%～100%工作压力，运行 12～24h；停炉冷却，排除锅水并清洗受热面。

烘炉和煮炉虽不是正常启动，但锅炉的燃烧系统和汽水系统已经部分或大部分处于工作状态，锅炉已经开始承受温度和压力，所以必须认真进行。

(4) 点火与升压　一般锅炉上水后即可点火升压；进行烘炉煮炉的锅炉，待煮炉完毕、排水清洗后再重新上水，然后点火升压。从锅炉点火到锅炉蒸汽压力上升到工作压力，这是锅炉启动中的关键环节，需要注意以下问题。

① 防止炉膛内爆炸。即点火前应开动引风机数分钟给炉膛通风，分析炉膛内可燃物的含量，低于爆炸下限时，才可点火。

② 防止热应力和热膨胀造成破坏。为了防止产生过大的热应力，锅炉的升压过程一定要缓慢进行。如：水管锅炉在夏季点火升压需要 2～4h，在冬季点火升压需要 2～6h；立式锅壳锅炉和快装锅炉需要时间较短，为 1～2h。

③ 监视和调整各种变化。点火升压过程中，锅炉的蒸汽参数、水位及各部件的工作状况在不断变化。为了防止异常情况及事故出现，要严密监视各种仪表指示的变化。另外，也要注意观察各受热面，使各部位冷热交换温度变化均匀，防止局部过热，烧坏设备。

(5) 暖管与并汽　所谓暖管，即用蒸汽缓慢加热管道三阀门、法兰等元件，使其温度缓慢上升，避免向冷态或较低温度的管道突然供入蒸汽，以防止热应力过大而损坏管道、阀门等元件。同时将管道中的冷凝水驱出，防止在供汽时发生水击。冷态蒸汽管道的暖管时间一般不少于 2h，热态蒸汽管道的暖管一般为 0.5～1h。

并汽也叫并炉、并列，即投入运行的锅炉向共用的蒸汽总管供汽。并汽时应燃烧稳定、运行正常、蒸汽品质合格以及蒸汽压力稍低于蒸汽总管内气压（低压锅炉低 0.02～0.05MPa；中压锅炉低 0.1～0.2MPa）。

3. 锅炉运行中的安全要点

① 锅炉运行中，保护装置与联锁不得停用。需要检验或维修时，应经有关主要领导批准。

② 锅炉运行中，安全阀每天人为排汽试验一次。电磁安全阀电气回路试验每月应进行一次。安全阀排汽试验后，其起座压力、回座压力、阀瓣开启高度应符合规定，并作记录。

③ 锅炉运行中，应定期进行排污试验。

4. 锅炉停炉时的安全要点

锅炉停炉分正常停炉和紧急停炉（事故停炉）两种。

（1）*正常停炉* 正常停炉是计划内停炉。停炉中应注意的主要问题是：防止降压降温过快，以避免锅炉元件因降温收缩不均匀而产生过大的热应力。停炉操作应按规定的次序进行。锅炉正常停炉时先停燃料供应，随之停止送风，降低引风。与此同时，逐渐降低锅炉负荷，相应地减少锅炉上水，但应维持锅炉水位稍高于正常水位。锅炉停止供汽后，应隔绝与蒸汽总管的连接，排汽降压。待锅内无气压时，开启空气阀，以免锅内因降温形成真空。为防止锅炉降温过快，在正常停炉的 4～6h 内，应紧闭炉门和烟道接板。之后打开烟道接板缓慢加强通风，适当放水。停炉 18～24h，在锅水温度降至 70℃以下时，方可全部放水。

（2）*紧急停炉* 锅炉运行中出现：水位低于水位表的下部可见边缘；不断加大向锅炉加水及采取其他措施，但水位仍继续下降；水位超过最高可见水位（满水），经放水仍不能看到水位；给水泵全部失效或给水系统故障，不能向锅炉进水；水位表或安全阀全部失效；元件损坏等严重威胁锅炉安全运行的情况，则应立即停炉。

紧急停炉的操作次序是，立即停止添加燃料和送风，减弱引风。与此同时，设法熄灭膛内的燃料，对于一般层燃炉可以用砂土或湿灰灭火，链条炉可以开快挡使炉排快速运转把红火送入灰坑。灭火后即把炉门、灰门及烟道接板打开，以加强通风冷却。锅内可以较快降压并更换锅水，锅水冷却至 70℃左右允许排水。但因缺水紧急停炉时，严禁给炉上水并不得开启空气阀及安全阀快速降压。

复习思考题

1. 什么叫压力容器？如何分类？
2. 如何进行压力容器的安全管理？
3. 压力容器的运行管理有哪些内容？
4. 压力容器的停止运行应注意哪些安全问题？
5. 如何安全使用气瓶？
6. 锅炉运行中的安全要点有哪些？

案例分析

根据下列案例的事故产生原因制定应对措施。

【案例 1】 1992 年 3 月 20 日，武汉石油化工厂催化装置因液态烃脱硫醇系统的液态烃串入非净化风系统，并使液态烃和非净化风一起进入再生器。当与高温催化剂接触后，引起非净化风罐罐体爆裂长约 900mm，装置被迫切断进料。事故原因主要是：塔-603、塔-602设计无安全阀，单向阀受碱液腐蚀又失去功能。

【案例 2】 1988 年 10 月 28 日，辽阳石油化纤公司化工四厂已二酸车间安全员开放采暖系统投入使用，在工作过程中突然回水罐爆裂，造成一人被严重击、烫伤，抢救无效死亡。事故主要原因是：由于焊接内应力及使用过程中振动疲劳应力，使熔合线处产生裂纹，有效承载面积减小，在外力的作用下焊缝在焊肉中截面积最小处沿焊渣发生断裂，致焊口金属结构自部存在疲劳腐蚀，使疏水器失灵，蒸汽泄漏，导致回水罐超压爆裂。

【案例 3】 1993 年 6 月 30 日金陵石化公司炼油厂铂重整车间供气站发生一起氢气钢瓶爆炸伤亡事故。事故主要原因是：在向氢气钢瓶充氢操作前，对充氢系统的气密试验不严格，在充氢时，多个阀门泄漏，致使相当数量的空气被抽入系统，与钢瓶内氢气形成氢气-空气爆炸性混合物，成为这次钢瓶爆炸的充分条件。在拆装盲板紧固法兰的过程中，由于钢瓶进口管的 7 号阀泄漏，喷出的高压氢气空气混合物产生静电火花，点燃外泄的氢气，并引入系统和钢瓶内，导致钢瓶爆炸。

【案例 4】 1987 年 4 月 20 日，抚顺石化公司化工塑料厂动力车间尾气锅炉厂房内发生一起空间爆炸事故，造成 1 人轻伤，直接经济损失 4.5 万元。事故原因主要是：尾气锅炉燃烧系统设计设备选型不合理。尾气系统选用了不承压的铸铁阻火器，在承受压力的情况下，发生炉前阻火器破裂，大量燃料气外泄，与空气混合形成爆炸性混合气体，遇炉内明火发生了空间爆炸。此外，尾气总管线与炉前尾气管线间，没有减压稳压装置，在总管线压力波动的情况下，阻火器成为卸压的薄弱环节（经阻火器破坏性试验证明：在 0.490MPa 压力下，阻火器就已产生裂纹漏气）。

单元八
化工装置检修的安全技术

化工装置在长周期运行中，由于外部负荷、内部应力和相互磨损、腐蚀、疲劳以及自然侵蚀等因素影响，使个别部件或整体改变原有尺寸、形状，机械性能下降、强度降低，造成隐患和缺陷，威胁着安全生产。所以，为了实现安全生产，提高设备效率，降低能耗，保证产品质量，要对装置、设备定期进行计划检修，及时消除缺陷和隐患，使生产装置能够“安、稳、长、满、优”运行。

任务一　装置停车的安全技术

知识目标：能说明化工生产装置检修安全管理的主要内容；能陈述化工生产装置检修的主要程序。

能力目标：初步具备制定化工生产装置检修停车安全规范的能力。

一、案例

1978 年 2 月，河南省某市电石厂醋酸车间发生一起浓乙醛贮槽爆炸事故，造成 2 人死亡，1 人重伤。

该车间检修一台氮气压缩机，停机后没有将此机氮气入口阀门切断，也不上盲板。停车检修时，空气被大量吸入氮气系统，另一台正在工作的氮气压缩机把混有大量空气的氮气送入浓乙醛贮槽，引起强烈氧化反应，发生化学爆炸。

事故原因：违反检修操作规程。

二、停车操作注意事项

停车方案一经确定，应严格按照停车方案确定的时间、停车步骤、工艺变化幅度以及确认的停车操作顺序图表，有秩序地进行。

1. 停车操作应注意下列问题

① 降温降压的速度应严格按工艺规定进行。高温部位要防止设备因温度变化梯度过大而产生泄漏。化工装置多为易燃、易爆、有毒、腐蚀性介质，这些介质漏出会造成火灾爆炸、中毒窒息、腐蚀、灼伤事故。

② 停车阶段执行的各种操作应准确无误，关键操作采取监护制度。必要时，应重复指

令内容，克服麻痹思想。执行每一种操作时都要注意观察是否符合操作意图。例如：开关阀门动作要缓慢等。

③ 装置停车时，所有的机、泵、设备、管线中的物料要处理干净，各种油品、液化石油气、有毒和腐蚀性介质严禁就地排放，以免污染环境或发生事故。可燃、有毒物料应排至火炬烧掉，对残留物料排放时，应采取相应的安全措施。停车操作期间，装置周围应杜绝一切火源。

2. 主要设备停车操作

① 制定停车和物料处理方案，并经车间主管领导批准认可，停车操作前，要向操作人员进行技术交底，告之注意事项和应采取的防范措施。

② 停车操作时，车间技术负责人要在现场监视指挥，有条不紊，忙而不乱，严防误操作。

③ 停车过程中，对发生的异常情况和处理方法，要随时作好记录。

④ 对关键性操作，要采取监护制度。

三、吹扫与置换

化工设备、管线的抽净、吹扫、排空作业的好坏，是关系到检修工作能否顺利进行和人身、设备安全的重要条件之一。当吹扫仍不能彻底清除物料时，则需进行蒸汽吹扫或用氮气等惰性气体置换。

1. 吹扫作业注意事项

① 吹扫时要注意选择吹扫介质。炼油装置的瓦斯线、高温管线以及闪点低于130℃的油管线和装置内物料爆炸下限低的设备、管线，不得用压缩空气吹扫。空气容易与这类物料混合达到爆炸性混合物，吹扫过程中易产生静电火花或其他明火，发生着火爆炸事故。

② 吹扫时阀门开度应小（一般为2扣）。稍停片刻，使吹扫介质少量通过，注意观察畅通情况。采用蒸汽作为吹扫介质时，有时需用胶皮软管，胶皮软管要绑牢，同时要检查胶皮软管承受压力情况，禁止这类临时性吹扫作业使用的胶管用于中压蒸汽。

③ 设有流量计的管线，为防止吹扫蒸汽流速过大及管内带有铁渣、锈、垢，损坏计量仪表内部构件，一般经由副线吹扫。

④ 机泵出口管线上的压力表阀门要全部关闭，防止吹扫时发生水击把压力表震坏，按压缩机系统倒空置换原则，以低压到中压再到高压的次序进行，先倒净一段，如未达到目的而压力不足时，可由二、三段补压倒空，然后依次倒空，最后将高压气体排入火炬。

⑤ 管壳式换热器、冷凝器在用蒸汽吹扫时，必须分段处理，并要放空泄压，防止液体汽化，造成设备超压损坏。

⑥ 吹扫时，要按系统逐次进行，再把所有管线（包括支路）都吹扫到，不能留有死角。吹扫完应先关闭吹扫管线阀门，后停汽，防止被吹扫介质倒流。

⑦ 精馏塔系统倒空吹扫，应先从塔顶回流罐、回流泵倒液、关阀，然后倒塔釜、再沸

器、中间再沸器液体，保持塔压一段时间，待盘板积存的液体全部流净后，由塔釜再次倒空放压。塔、容器及冷换设备吹扫之后，还要通过蒸汽在最低点排空，直到蒸汽中不带油为止，最后停汽，打开低点放空阀排空，要保证设备打开后无油、无瓦斯，确保检修动火安全。

⑧ 对低温生产装置，考虑到复工开车系统内对露点指标控制很严格，所以不采用蒸汽吹扫，而要用氮气分片集中吹扫，最好用干燥后的氮气进行吹扫置换。

⑨ 吹扫采用本装置自产蒸汽，应首先检查蒸汽中是否带油。装置内油、汽、水等有互窜的可能，一旦发现互窜，蒸汽就不能用来灭火或吹扫。

一般说来，较大的设备和容器在物料退出后，都应进行蒸煮水洗，如炼化厂塔、容器、油品贮罐等。乙烯装置、分离热区脱丙烷塔、脱丁烷塔，由于物料中含有较高的双烯烃、炔烃，塔釜、再沸器提馏段物料极易聚合，并且有重烃类难挥发油，最好也采用蒸煮方法。蒸煮前必须采取防烫措施。处理时间视设备容积的大小、附着易燃、有毒介质残渣或油垢多少、清除难易、通风换气快慢而定，通常为 8～24h。

2. 特殊置换

① 存放酸碱介质的设备、管线，应先予以中和或加水冲洗。如硫酸贮罐（铁质）用水冲洗，残留的浓硫酸变成强腐蚀性的稀硫酸，与铁作用，生成氢气与硫酸亚铁，氢气遇明火会发生着火爆炸。所以硫酸贮罐用水冲洗以后，还应用氮气吹扫，氮气保留在设备内，对着火爆炸起抑制作用。如果进入作业，则必须再用空气置换。

② 丁二烯生产系统，停车后不宜用氮气吹扫，因氮气中有氧的成分，容易生成丁二烯自聚物。丁二烯自聚物很不稳定，遇明火和氧、受热、受撞击可迅速自行分解爆炸。检修这类设备前，必须认真确认是否有丁二烯过氧化自聚物存在，要采取特殊措施破坏丁二烯过氧化自聚物。目前多采用氢氧化钠水溶液处理法直接破坏丁二烯过氧化自聚物。

四、抽堵盲板

盲板抽堵实行安全作业证制度。

化工生产装置之间、装置与贮罐之间、厂际之间，有许多管线相互连通输送物料，因此生产装置停车检修，在装置退料进行蒸、煮、水洗置换后，需要在检修的设备和运行系统管线相接的法兰接头之间插入盲板，以切断物料窜进检修装置的可能。化工装置检修抽堵盲板时应按《化学品生产单位特殊作业安全规范》（GB 30871—2014）执行。

① 生产车间（分厂）应预先绘制盲板位置图，对盲板进行统一编号，并设专人统一指挥作业。

② 应根据管道内介质的性质、温度、压力和管道法兰密封面的口径等选择相应材料、强度、口径和符合设计、制造要求的盲板及垫片。高压盲板使用前应经超声波探伤，并符合 JB/T 450 的要求。

③ 作业单位应按图进行盲板抽堵作业，并对每个盲板设标牌进行标识，标牌编号应与盲板位置图上的盲板编号一致。生产车间（分厂）应逐一确认并做好记录。

④ 作业时，作业点压力应降为常压，并设专人监护。

⑤ 在有毒介质的管道、设备上进行盲板抽堵作业时，作业人员应按 GB/T 11651 的要求选用防护用具。

⑥ 在易燃易爆场所进行盲板抽堵作业时，作业人员应穿防静电工作服、工作鞋，并应使用防爆灯具和防爆工具；距盲板抽堵作业地点 30m 内不应有动火作业。

⑦ 在强腐蚀性介质的管道、设备上进行盲板抽堵作业时，作业人员应采取防止酸碱灼伤的措施。

⑧ 介质温度较高、可能造成烫伤的情况下，作业人员应采取防烫措施。

⑨ 不应在同一管道上同时进行两处及两处以上的盲板抽堵作业。

⑩ 盲板抽堵作业结束，由作业单位和生产车间（分厂）专人共同确认。

五、装置环境安全标准

通过各种处理工作，生产车间在设备交付检修前，必须对装置环境进行分析，达到下列标准。

① 在设备内检修、动火时，氧含量不高于 23.5%，燃烧爆炸物质浓度应低于安全值，有毒物质浓度应低于最高容许浓度。

② 设备外壁检修、动火时，设备内部的可燃气体含量应低于安全值。

③ 检修场地水井、沟，应清理干净，加盖砂封，设备管道内无余压、无灼烫物、无沉淀物。

④ 设备、管道物料排空后，加水冲洗、再用氮气、空气置换至设备内可燃物含量合格，氧含量在 18%～21%。

相关知识　化工装置检修基本知识

一、化工装置检修的分类与特点

1. 装置检修的分类

化工装置和设备检修目前主要有计划检修和非计划检修两种。

计划检修是指企业根据设备管理、使用的经验以及设备状况，制订设备检修计划，对设备进行有组织、有准备、有安排的检修。计划检修又可分为大修、中修、小修。由于装置为设备、机器、公用工程的综合体，因此装置检修比单台设备（或机器）检修要复杂得多。

非计划检修是指因突发性的故障或事故而造成设备或装置临时性停车进行的抢修。计划外检修事先无法预料，无法安排计划，而且要求检修时间短，检修质量高，检修的环境及工况复杂，故难度较大。

2. 装置检修的特点

化工生产装置检修与其他行业的检修相比，具有复杂、危险性大的特点。由于化工生产装置中使用的设备如炉、塔、釜、器、机、泵及罐槽、池等大多是非定型设备，种类繁多，规格不一，要求从事检修作业的人员具有丰富的知识和技术，熟悉掌握不同设备的结构、性能和特点；装置检修因检修内容多、工期紧、工种多、上下作业、设备内外同时并进、多数设备处于露天或半露天布置，检修作业受到环境和气候等条件的制约，从而决定了化工装置检修的复杂性。

由于化工生产的危险性大，决定了生产装置检修的危险性亦大。加之化工生产装置和设备复杂，设备和管道中的易燃、易爆、有毒物质，尽管在检修前做过充分的吹扫置换，但是易燃、易爆、有毒物质仍有可能存在。检修作业又离不开动火、动土、受限空间等作业，客观上具备了发生火灾、爆炸、中毒、化学灼伤、高处坠落、物体打击等事故的条件。实践证明，生产装置在停车、检修施工、复工过程中最容易发生事故。据统计，在中石化总公司发生的重大事故中，装置检修过程的事故占事故总起数的42.63%。为此，我国对化工企业的装置检修制定了一系列的安全规程。原化学工业部专门制订了《厂区设备检修作业安全规程》(HG 23018—1999)，以规范设备检修的安全工作。后来，为了进一步规范化学品生产单位现场作业的安全管理，国家安全生产监督管理总局于2008年发布了《化学品生产单位动火作业安全规范》《化学品生产单位受限空间作业安全规范》等8个安全生产行业强制标准（即AQ 3021～3028—2008)。系列标准明确要求化学品生产单位的动火、受限空间等7项现场作业需要办理安全作业证，除设备检修作业本身不要求办理作业证，涉及其他7项作业时都要分别办证，并推荐了7类安全作业证的具体样式，相关单位可以结合具体情况进行修改或完善。这个系列标准，有的仅限于检修，有的没有限定作业类型，注意适应性。2014年7月，国家质量监督检验检疫总局和国家标准化管理委员会共同发布了强制标准《化学品生产单位特殊作业安全规范》(GB 30871—2014)，标准适用于化学品生产单位设备检修中涉及的动火作业、受限空间作业、盲板抽堵作业、高处作业、吊装作业、临时用电作业、动土作业、断路作业。化学品生产单位设备检修安全管理进入国家标准。

二、装置停车检修前的准备工作

化工装置停车检修前的准备工作是保证装置停好、修好、开好的主要前提条件，必须做到集中领导、统筹规划、统一安排，并做好“四定”（定项目、定质量、定进度、定人员）和“八落实”（组织、思想、任务、物资包括材料与备品备件、劳动力、工器具、施工方案、安全措施落实）工作。除此以外，准备工作还应做到以下几点。

1. 设置检修指挥部

为了加强停车检修工作的集中领导和统一计划、统一指挥，应形成一个信息灵、决策迅速的指挥核心，以确保停车检修的安全顺利进行。检修前要成立以厂长（经理）为总指挥，主管设备、生产技术、人事保卫、物资供应及后勤服务等的副厂长（副经理）为副总指挥，机动、生产、劳资、供应、安全、环保、后勤等部门参加的指挥部。检修指挥部下设施工检修组、质量验收组、停开车组、物资供应组、安全保卫组、政工宣传组、后勤服务组。针对装置检修项目及特点，明确分工，分片包干，各司其职，各负其责。

2. 制定安全检修方案

装置停车检修必须制定停车、检修、开车方案及其安全措施。安全检修方案由检修单位的机械员或施工技术员负责编制。

安全检修方案应按设备检修任务书中的规定格式认真填写齐全，其主要内容包括：检修时间、设备名称、检修内容、质量标准、工作程序、施工方法、起重方案、采取的安全技术措施，并明确施工负责人、检修项目安全员、安全措施的落实人等。方案中还应包括设备的置换、吹洗、盲板流程示意图。尤其要制定合理工期，确保检修质量。

方案编制后，编制人经检查确认无误并签字，经检修单位的设备主任审查并签字，然后送机动、生产、调度、消防队和安技部门，逐级审批，经补充修改使方案进一步完善。重大项目或危险性较大项目的检修方案、安全措施，由主管厂长或总工程师批准，书面公布，严格执行。

3. 制定检修安全措施

除了已制定的动火、动土、罐内空间作业、登高、电气、起重等安全措施外，应针对检修作业的内容、范围，制定相应的安全措施；安全部门还应制定教育、检查、奖罚的管理办法。

4. 进行技术交底， 做好安全教育

检修前，安全检修方案的编制人负责向参加检修的全体人员进行检修方案技术交底，使其明确检修内容、步骤、方法、质量标准、人员分工、注意事项、存在的危险因素和由此而采取的安全技术措施等，达到分工明确、责任到人。同时还要组织检修人员到检修现场，了解和熟悉现场环境，进一步核实安全措施的可靠性。技术交底工作结束后，由检修单位的安全负责人或安全员，根据本次检修的难易程度、存在的危险因素、可能出现的问题和工作中容易疏忽的地方，结合典型事故案例，进行系统全面的安全技术和安全思想教育，以提高执行各种规章制度的自觉性和落实安全技术措施重要性的认识，使其从思想上、劳动组织上、规章制度上、安全技术措施上进一步落实，从而为安全检修创造必要的条件。对参加关键部位或特殊技术要求的项目检修人员，还要进行专门的安全技术教育和考核，身体检查合格后方可参加装置检修工作。

5. 全面检查， 消除隐患

装置停车检修前，应由检修指挥部统一组织，分组对停车前的准备工作进行一次全面细致的检查。检修工作中，使用的各种工具、器具、设备，特别是起重工具、脚手架、登高用具、通风设备、照明设备、气体防护器具和消防器材，要有专人进行准备和检查。检查人员要将检查结果认真登记，并签字存档。

三、检修安全作业证制度

化工生产装置停车检修中的几项特殊作业实施作业证制度。尽管经过全面吹扫、蒸煮水洗、置换等工作，如设备检修中涉及动火作业、受限空间作业、盲板抽堵作业、高处作业、吊装作业、临时用电作业、动土作业、断路作业，必须按程序办理作业证。表 8-1 为动火安全作业证式样。

表 8-1 动火安全作业证

<table>
<tr><td>申请单位</td><td colspan="2"></td><td>申请人</td><td></td><td>作业证编号</td><td></td></tr>
<tr><td>动火作业类别</td><td colspan="6"></td></tr>
<tr><td>动火地点</td><td colspan="6"></td></tr>
<tr><td>动火方式</td><td colspan="6"></td></tr>
<tr><td>动火时间</td><td colspan="6">自 年 月 日 时 分始 至 年 月 日 时 分止</td></tr>
<tr><td>动火作业负责人</td><td colspan="2"></td><td colspan="2">动火人</td><td colspan="2"></td></tr>
<tr><td>动火分析时间</td><td colspan="2">年 月 日 时</td><td colspan="2">年 月 日 时</td><td colspan="2">年 月 日 时</td></tr>
<tr><td>分析点名称</td><td colspan="2"></td><td colspan="2"></td><td colspan="2"></td></tr>
<tr><td>分析数据</td><td colspan="2"></td><td colspan="2"></td><td colspan="2"></td></tr>
<tr><td>分析人</td><td colspan="2"></td><td colspan="2"></td><td colspan="2"></td></tr>
<tr><td>涉及的其他特殊作业</td><td colspan="2"></td><td colspan="2"></td><td colspan="2"></td></tr>
<tr><td>危害辨识</td><td colspan="6"></td></tr>
<tr><td>序号</td><td colspan="5">安全措施</td><td>确认人</td></tr>
<tr><td>1</td><td colspan="5">动火设备内部构件清理干净，蒸汽吹扫或水洗合格，达到用火条件</td><td></td></tr>
<tr><td>2</td><td colspan="5">断开与动火设备相连接的所有管线，加盲板（ ）块</td><td></td></tr>
<tr><td>3</td><td colspan="5">动火点周围的下水井、地漏、地沟、电缆沟等已清除易燃物，并已采取覆盖、铺沙、水封等手段进行隔离</td><td></td></tr>
<tr><td>4</td><td colspan="5">罐区内动火点同一围堰内和防火间距内的油罐不同时进行脱水作业</td><td></td></tr>
<tr><td>5</td><td colspan="5">高处作业已采取防火花飞溅措施</td><td></td></tr>
<tr><td>6</td><td colspan="5">动火点周围易燃物已清除</td><td></td></tr>
<tr><td>7</td><td colspan="5">电焊回路线已接在焊件上，把线未穿过下水井或与其他设备搭接</td><td></td></tr>
<tr><td>8</td><td colspan="5">乙炔气瓶（直立放置）、氧气瓶与火源间的距离大于 10m</td><td></td></tr>
<tr><td>9</td><td colspan="5">现场配备消防蒸汽带（ ）根，灭火器（ ）台，铁锹（ ）把，石棉布（ ）块</td><td></td></tr>
<tr><td>10</td><td colspan="6">其他安全措施
编制人：</td></tr>
<tr><td>生产单位负责人</td><td colspan="2"></td><td>监火人</td><td></td><td>动火初审人</td><td></td></tr>
<tr><td>实施安全教育人</td><td colspan="2"></td><td colspan="2"></td><td colspan="2"></td></tr>
<tr><td colspan="7">申请单位意见
签字： 年 月 日 时 分</td></tr>
<tr><td colspan="7">安全管理意见
签字： 年 月 日 时 分</td></tr>
<tr><td colspan="7">动火审批人意见
签字： 年 月 日 时 分</td></tr>
<tr><td colspan="7">动火前，岗位当班班长验票
签字： 年 月 日 时 分</td></tr>
<tr><td colspan="7">完工验收
签字： 年 月 日 时 分</td></tr>
</table>

四、检修作业前安全要求

为保证检修安全工作顺利进行，应做好以下几个方面的工作。

① 作业前，作业单位和生产单位应对作业现场和作业过程中可能存在的危险、有害因素进行辨识，制定相应的安全措施。

② 作业前，应对参加作业的人员进行安全教育，主要内容如下：

a. 有关作业的安全规章制度；

b. 作业现场和作业过程中可能存在的危险、有害因素及应采取的具体安全措施；

c. 作业过程中所使用的个体防护器具的使用方法及使用注意事项；

d. 事故的预防、避险、逃生、自救、互救等知识；

e. 相关事故案例和经验、教训。

③ 作业前，生产单位应进行如下工作：

a. 对设备、管线进行隔绝、清洗、置换，并确认满足动火、进入受限空间等作业安全要求；

b. 对放射源采取相应的安全处置措施；

c. 对作业现场的地下隐蔽工程进行交底；

d. 腐蚀性介质的作业场所配备人员应急冲洗水源；

e. 夜间作业的场所设置满足要求的照明装置；

f. 会同作业单位组织作业人员到作业现场，了解和熟悉现场环境，进一步核实安全措施的可靠性，熟悉应急救援器材的位置及分布。

④ 作业前，作业单位对作业现场及作业涉及的设备、设施、工器具等进行检查，并使之符合如下要求：

a. 作业现场消防通道、行车通道应保持畅通；影响作业安全的杂物应清理干净。

b. 作业现场的梯子、栏杆、平台、箅子板、盖板等设施应完整、牢固，采用的临时设施应确保安全。

c. 作业现场可能危及安全的坑、井、沟、孔洞等应采取有效防护措施，并设警示标志，夜间应设警示红灯；需要检修的设备上的电器电源应可靠断电，在电源开关处加锁并加挂安全警示牌。

d. 作业使用的个体防护器具、消防器材、通信设备、照明设备等应完好。

e. 作业使用的脚手架、起重机械、电气焊用具、手持电动工具等各种工器具应符合作业安全要求；超过安全电压的手持式、移动式电动工器具应逐个配置漏电保护器和电源开关。

⑤ 进入作业现场的人员应正确佩戴符合 GB 2811 要求的安全帽，作业时，作业人员应遵守本工种安全技术操作规程，并按规定着装及正确佩戴相应的个体防护用品，多工种、多层次交叉作业应统一协调。作业监护人员应坚守岗位，如确需离开，应有专人替代监护。

⑥ 作业前，作业单位应办理作业审批手续，并有相关责任人签名确认。同一作业涉及动火、进入受限空间、盲板抽堵、高处作业、吊装、临时用电、动土、断路中的两种或两种以上时，除应同时执行相应的作业要求外，还应同时办理相应的作业审批手续。作业时审批

手续应齐全，安全措施应全部落实，作业环境应符合安全要求。

⑦ 当生产装置出现异常，可能危及作业人员安全时，作业人员应停止作业，迅速撤离，作业单位应立即通知生产单位。

⑧ 作业完毕，应恢复作业时拆移的盖板、箅子板、扶手、栏杆、防护罩等安全设施的安全使用功能；将作业用的工器具、脚手架、临时电源 、临时照明设备等及时撤离现场；将废料、杂物、垃圾、油污等清理干净。

⑨ 特种作业和特种设备作业人员应持证上岗。患有职业禁忌征者不应参与相应作业(职业禁忌征依据 GBZ/T 157—2009)。

任务二 检修动火作业的安全技术

知识目标：能说明化工装置检修动火的安全要点。

能力目标：具备进行化工装置检修动火申请与管理的能力。

一、案例

1988 年 5 月，燕山石化公司炼油厂水净化车间安装第一污水处理场隔油池上“油气集中排放脱臭”设施的排气管道时，气焊火花由未堵好的孔洞落入密封的油池引起爆燃。

事故原因：严重违反用火管理制度；安全部门审批签发的动火票等级不同，未亲临现场检查防火措施的可靠性；施工单位未认真执行用火管理制度，动火地点与火票上的地点不符。

二、动火作业规范

在化工装置中，凡是动用明火或可能产生火种的作业都属于动火作业。例如：电焊、气焊、切割、熬沥青、烘砂、喷灯等明火作业；凿水泥基础、打墙眼、电气设备的耐压试验、电烙铁、锡焊等易产生火花或高温的作业。因此凡检修动火部位和地区，必须按规定要求，采取措施，办理审批手续。

1. 确定动火类别

企业一般划分有定固定动火区及禁火区，在装置检修时，动火区需要特殊处理。一般将固定动火区外的动火作业分为二级动火、一级动火、特殊动火三个级别，遇节日、假日或其他特殊情况，动火作业升级管理。

(1) 二级动火作业　除特殊动火作业和一级动火作业以外的动火作业。凡生产装置或系统全部停车，装置经清洗、置换、分析合格并采取安全隔离措施后，可根据其火灾、爆炸危险性大小，经所在单位安全管理部门批准，动火作业可按二级动火作业管理。

(2) 一级动火作业　在易燃易爆场所进行的除特殊动火作业以外的动火作业。厂区管廊上的动火作业按一级动火作业管理。

(3) 特殊动火作业　在生产运行状态下的易燃易爆生产装置、输送管道、储罐、容器等部位上及其他特殊危险场所进行的动火作业，带压不置换动火作业按特殊动火作业管理。

动火类别确定后，即可进行检修动火方案的制定。

2. 动火安全要点

(1) 审证　在禁火区内动火应办理动火安全作业证的申请、审核和批准手续，明确动火地点、时间、动火方案、安全措施、现场监护人等。审批动火应考虑两个问题：一是动火设备本身，二是动火的周围环境。要做到“三不动火”，即没有安全作业证不动火，防火措施不落实不动火，监护人不在现场不动火。

(2) 联系　动火前要和生产车间、工段联系，明确动火的设备、位置。事先由专人负责做好动火设备的置换、清洗、吹扫、隔离等解除危险因素的工作，并落实其他安全措施。

(3) 隔离　动火设备应与其他生产系统可靠隔离，防止运行中设备、管道内的物料泄漏到动火设备中来；将动火地区与其他区域采取临时隔火墙等措施加以隔开，防止火星飞溅而引起事故。

(4) 移去可燃物　将动火周围10m范围内的一切可燃物，如溶剂、润滑油、未清洗的盛放过易燃液体的空桶、木筐等移到安全场所。

(5) 灭火措施　动火期间动火地点附近的水源要保证充分，不能中断；动火场所准备好足够数量的灭火器具；在危险性大的重要地段动火，消防车和消防人员要到现场，做好充分准备。

(6) 检查与监护　上述工作准备就绪后，根据动火制度的规定，厂、车间或安全、保卫部门的负责人应到现场检查，对照动火方案中提出的安全措施检查是否落实，并再次明确和落实现场监护人和动火现场指挥，交代安全注意事项。

(7) 动火分析　在规定时间、地点、要求下完成规定动火分析。

(8) 动火　动火应由安全考核合格的人员担任，压力容器的焊补工作应由锅炉压力容器考试合格的工人担任。

(9) 善后处理　动火结束后应清理现场，熄灭余火，做到不遗漏任何火种，切断动火作业所用电源。

3. 动火作业安全要求

(1) 动火作业基本要求

① 动火作业应有专人监火，作业前应清除动火现场及周围的易燃物品，或采取其他有效安全防火措施，并配备消防器材，满足作业现场应急需求。

② 动火点周围或其下方的地面如有可燃物、空洞、窨井、地沟、水封等，应检查分析并采取清理或封盖等措施；对于动火点周围有可能泄漏易燃、可燃物料的设备，应采取隔离措施。

③ 凡在盛有或盛装过危险化学品的设备、管道等生产、储存设施及处于GB 50016、GB 50160、GB 50074规定的甲、乙类区域的生产设备上动火作业，应将其与生产系统彻底隔离，并进行清洗、置换，分析合格后方可作业；因条件限制无法进行清洗、置换而确需动火作业时按特殊动火作业要求规定执行。

④ 拆除管线进行动火作业时，应先查明其内部介质及其走向，并根据所要拆除管线的情况制订安全防火措施。在有可燃物构件和使用可燃物做防腐内衬的设备内部进行动火作业时，应采取防火隔绝措施。在生产、使用、储存氧气的设备上进行动火作业时，设备内氧含量不应超过23.5%。

⑤ 动火期间距动火点30m内不应排放可燃气体；距动火点15m内不应排放可燃液体；在动火点10m范围内及用火点下方不应同时进行可燃溶剂清洗或喷漆等作业。

⑥ 铁路沿线25m以内的动火作业，如遇装有危险化学品的火车通过或停留时，应立即停止。

⑦ 使用气焊、气割动火作业时，乙炔瓶应直立放置，氧气瓶与之间距不应小于5m，二者与作业地点间距不应小于10m，并应设置防晒设施。

⑧ 作业完毕应清理现场，确认无残留火种后方可离开。

⑨ 五级以上（含五级）天气，原则上禁止露天动火作业，因生产确需动火，动火作业应升级管理。

(2) 特殊动火作业要求　特殊动火作业在符合动火作业基本要求规定的同时，还应符合以下规定：

a. 在生产不稳定的情况下不应进行带压不置换动火作业；

b. 应预先制定作业方案，落实安全防火措施，必要时可请专职消防队到现场监护；

c. 动火点所在生产车间（分厂）应预先通知工厂生产调度部门及有关单位，使之在异常情况下能及时采取相应的应急措施；

d. 应在正压条件下进行作业；

e. 应保持作业现场通排风良好。

(3) 动火分析及合格标准

① 作业前应进行动火分析，要求如下：

a. 动火分析的监测点要有代表性，在较大的设备内动火，应对上、中、下各部位进行监测分析；在较长的物料管线上动火，应在彻底隔绝区域内分段分析；

b. 在设备外部动火，应在不小于动火点10m范围内进行动火分析；

c. 动火分析与动火作业间隔一般不超过30min，如现场条件不允许，间隔时间可适当放宽，但不应超过60min；

d. 作业中断时间超过60min，应重新分析，每日动火前均应进行动火分析，特殊动火作业期间应随时进行检测；

e. 使用便携式可燃气体检测仪或其他类似手段进行分析时，检测设备应经标准气体用品标定合格。

② 动火分析合格标准为：

a. 当被测气体或蒸汽的爆炸下限大于或等于4%时，其被测浓度应不大于0.5%（体积分数）；

b. 当被测气体或蒸汽的爆炸下限小于4%时，其被测浓度应不大于0.2%（体积分数）。

4. 特殊动火作业

(1) 油罐带油动火　油罐带油动火除了检修动火应做到安全要点外，还应注意：在油面以上不准动火；补焊前应进行壁厚测定，根据测定的壁厚确定合适的焊接方法；动火前用铅或石棉绳等将裂缝塞严，外面用钢板补焊。罐内带油油面下动火补焊作业危险性很大，只在万不得已的情况下才采用，作业时要求稳、准、快，现场监护和补救措施比一般检修动火更应该加强。

（2）油管带油动火　油管带油动火处理的原则与油罐带油动火相同，只是在油管破裂、生产无法进行的情况下，抢修堵漏才用。带油管路动火应注意：测定焊补处管壁厚度，决定焊接电流和焊接方案，防止烧穿；清理周围现场，移去一切可燃物；准备好消防器材，并利用难燃或不燃挡板严格控制火星飞溅方向；降低管内油压，但需保持管内油品的不停流动；对泄漏处周围的空气要进行分析，合乎动火安全要求才能进行；若是高压油管，要降压后再打卡子焊补；动火前与生产部门联系，在动火期间不得卸放易燃物资。

（3）带压不置换动火　带压不置换动火指可燃气体设备、管道在一定的条件下未经置换直接动火补焊。带压不置换动火的危险性极大，一般情况下不主张采用。必须采用带压不置换动火时，应注意：整个动火作业必须保持稳定的正压；必须保证系统内的含氧量低于安全标准（除环氧乙烷外一般规定可燃气体中含氧量不得超过1%）；焊前应测定壁厚，保证焊时不烧穿才能工作；动火焊补前应对泄漏处周围的空气进行分析，防止动火时发生爆炸和中毒；作业人员进入作业地点前穿戴好防护用品，作业时作业人员应选择合适位置，防止火焰外喷烧伤。整个作业过程中，监护人、扑救人员、医务人员及现场指挥都不得离开，直到工作结束。

任务三　检修临时用电的安全技术

知识目标：能陈述化工装置检修临时用电的安全规范。

能力目标：具备进行化工装置检修临时用电申请与管理的能力。

一、案例

国外某工厂检修一台直径1m的溶解锅，检修人员在锅内作业使用220V电源、功率仅0.37kW的电动砂轮机打磨焊缝表面，因砂轮机绝缘层破损漏电，背脊碰到锅壁，触电死亡。

事故原因：非安全电压下操作。

二、检修用电规范

检修用电属于临时用电，必须申请临时用电安全作业证。检修使用的电气设施有两种：一是照明电源，二是检修施工机具电源（卷扬机、空压机、电焊机）。以上电气设施的接线工作须由电工操作，其他工种不得私自乱接。

1. 检修用电设施安全要求

电气设施要求线路绝缘良好，没有破皮漏电现象。线路敷设整齐不乱，埋地或架高敷设均不能影响施工作业、行人和车辆通过。线路不能与热源、火源接近。移动或局部式照明灯要有铁网罩保护。光线阴暗、设备内以及夜间作业要有足够的照明，临时照明灯具悬吊时，不能使导线承受张力，必须用附属的吊具来悬吊。行灯应用导线预先接地。检修装置现场禁用闸刀开关板。正确选用熔断丝，不准超载使用。

电气设备，如电钻、电焊机等手拿电动机具，在正常情况下，外壳没有电，当内部线圈年久失修，腐蚀或机械损伤，其绝缘遭到破坏时，它的金属外壳就会带电，如果人站在地上、设备上、手接触到带电的电气工具外壳或人体接触到带电导体上，人体与脚之间产生了电位差，并超过40V，就会发生触电事故。因此使用电气工具，其外壳应可靠接地，并安装触电保护器，避免触电事故发生。

电气设备着火、触电，应首先切断电源。不能用水灭电气火灾，宜用干粉机扑救；如触电，用木棍将电线挑开，当触电人停止呼吸时，进行人工呼吸，送医院急救。

电气设备检修时，应先切断电源，并挂上“有人工作，严禁合闸”的警告牌。停电作业应履行停、复用电手续。停用电源时，应在开关箱上加锁或取下熔断器。

在生产装置运行过程中，临时抢修用电时，应办理用电审批手续。电源开关要采用防爆型，电线绝缘要良好，宜空中架设，远离传动设备、热源、酸碱等。抢修现场使用临时照明灯具宜为防爆型，严禁使用无防护罩的行灯，不得使用220V电源，手持电动工具应使用安全电压。

2. 检修用电安全要求

① 在运行的生产装置、罐区和具有火灾爆炸危险场所内不应接临时电源，确需时要对周围环境进行可燃气体检测分析，分析结果应符合动火安全作业标准要求。

② 在开关上接引、拆除临时用电线路时，其上级开关要断电上锁并加挂安全警示标牌。临时用电要设置保护开关，使用前要检查电气装置和保护设施的可靠性。所有的临时用电均要设置接地保护。

③ 临时用电设备和线路要按供电电压等级和容量正确使用，所用的电器元件要符合国家相关产品标准及作业现场环境要求，临时用电电源施工、安装要符合JGJ 46的有关要求，并有良好的接地。

④ 火灾爆炸危险场所应使用相应防爆等级的电源及电气元件，并采取相应的防爆安全措施。

⑤ 临时用电线路及设备应有良好的绝缘，所有的临时用电线路应采用耐压等级不低于500V的绝缘导线。临时用电线路经过有高温、振动、腐蚀、积水及产生机械损伤等区域，不应有接头，并应采取相应的保护措施。

⑥ 临时用电架空线应采用绝缘铜芯线，并应架设在专用电杆或支架上，其最大弧垂与地面距离，在作业现场不低于2.5m，穿越机动车道不低于5m。对需埋地敷设的电缆线线路应设有走向标志和安全标志。电缆埋地深度不应小于0.7m，穿越公路时应加设标志。电缆埋地深度不应小于0.7m，穿越公路时应加设防护套管。

⑦ 行灯电压不应超过36V，在特别潮湿的场所或塔、釜、槽、罐等金属设备内作业，临时照明行灯电压不应超过12V。

⑧ 临时用电设施应安装符合规范要求的漏电保护器，移动工具、手持式电动工具应逐个配置漏电保护器和电源开关。现场临时用电配电盘、箱应有电压标识和危险标识，应有防雨措施，盘、箱、门应能牢靠关闭并能上锁。

任务四　检修高处作业的安全技术

知识目标：能说明化工装置检修高处作业的安全要点。

能力目标：具备进行化工装置检修高处作业的安全管理能力。

凡在坠落高度基准面 2m 以上（含 2m）有可能坠落的高处进行作业，均称为高处作业。在化工企业，作业虽在 2m 以下，但属下列作业的，仍视为高处作业：虽有护栏的框架结构装置，但进行的是非经常性工作，有可能发生意外的工作；在无平台，元护栏的塔、釜、炉、罐等化工设备和架空管道上的作业；高大独自化工设备容器内进行的登高作业；作业地段的斜坡（坡度大于 45°）下面或附近有坑、井和风雪袭击、机械震动以及有机械转动或堆放物易伤人的地方作业等。

一、案例

1993 年 6 月，抚顺石化公司石油二厂发生一起多人伤亡事故。

事故原目：起重班违反脚手架搭设标准，立杆间距达 2.3m，小横杆间距达 2.4m，属违章施工作业。且在脚手架搭设完毕后，没有进行质量和安全检查。工作人员高处作业时没有系安全带。

二、高处作业规范

化工装置多数为多层布局，高处作业的机会比较多。如设备、管线拆装，阀门检修更换，仪表校对，电缆架空敷设等。高处作业，事故发生率高，伤亡率也高。直接引起坠落的客观危险因素有：五级以上阵风，GB/T4200 规定的Ⅱ级或Ⅱ级以上的高温作业，平均气温等于或低于 5℃的作业环境，接触冷水温度等于或低于 12℃的作业，作业场地有冰、雪、霜、水、油等易滑物，作业场所光线不足或能见度差，作业活动范围与危险电压带电体小于规定距离，摆动或立足处致使作业者无法维持正常姿势，GB 3869 规定的Ⅲ级或Ⅲ级以上的体力劳动强度，存在有毒气体或空气中含氧量低于 19.5％的作业环境，可能会引起各种灾害事故的作业环境和抢救突然发生的各种灾害事故。发生高处坠落的主观危险因素主要是：洞、坑无盖板或检修中移去盖板，平台、扶梯的栏杆不符合安全要求或临时拆除栏杆后没有防护措施、不设警告标志，高处作业不挂安全带、不戴安全帽、不挂安全网，梯子使用不当或梯子不符合安全要求，不采取任何安全措施在石棉瓦之类不坚固的结构上作业，脚手架有缺陷，高处作业用力不当、重心失稳，工器具失灵、配合不好、危险物料伤害坠落，作业附近对电网设防不妥触电坠落等。一名体重为 60kg 的工人，从 5m 高处滑下坠落地面，经计算可产生 300kg 冲击力，会致人死亡。

一般情况下，高处作业按作业高度（h）分为四个区段：$2m \leqslant h \leqslant 5m$、$5m < h \leqslant 15m$、$15m < h \leqslant 30m$、$h > 30m$。没有一项客观危险因素的高处作业按 A 类分级法即对应分段直接分为Ⅰ、Ⅱ、Ⅲ、Ⅳ级，有一项或一项以上客观危险因素的高处作业按 B 类分级法即对应分段分为Ⅱ、Ⅲ、Ⅳ、Ⅳ级。

1. 高处作业的安全管理

（1）作业人员 患有精神病等职业禁忌证的人员不准参加高处作业。检修人员饮酒、精神不振时禁止登高作业。作业人员必须持有作业证。

（2）作业条件 高处作业必须戴安全帽、系安全带。作业高度 2m 以上应设置安全网，并根据位置的升高随时调整。高度超 15m 时，应在作业位置垂直下方 4m 处，架设一层安全网，且安全网数不得少于 3 层。

（3）现场管理 高处作业现场应设有围栏或其他明显的安全界标，除有关人员外，不准其他人在作业点的下面通行或逗留。

（4）防止工具材料坠落 高处作业应一律使用工具袋。较粗、重工具用绳拴牢在坚固的构件上，不准随便乱放；在格栅式平台上工作，为防止物件坠落，应铺设木板；递送工具、材料不准上下投掷，应用绳系牢后上下吊送；上下层同时进行作业时，中间必须搭设严密牢固的防护隔板、罩棚或其他隔离设施；工作过程中除指定的、已采取防护围栏处或落料管槽可以倾倒废料外，任何作业人员严禁向下抛掷物料。

（5）防止触电和中毒 脚手架搭设时应避开高压电线，无法避开时，作业人员在脚手架上活动范围及其所携带的工具、材料等与带电导线的最短距离要大于安全距离（如电压等级≤10kV，安全距离为 1.7m）。高处作业地点靠近放空管时，事先与生产车间联系，保证高处作业期间生产装置不向外排放有毒有害物质，并事先向高处作业的全体人员交代明白，万一有毒有害物质排放时，应迅速采取撤离现场等安全措施。

（6）气象条件 六级以上大风、暴雨、打雷、大雾等恶劣天气，应停止露天高处作业。

（7）注意结构的牢固性和可靠性 在槽顶、罐顶、屋顶等设备或建筑物、构筑物上作业时，除了临空一面应装安全网或栏杆等防护措施外，事先应检查其牢固可靠程度，防止失稳或破裂等可能出现的危险；严禁直接站在油毛毡、石棉瓦等易碎裂材料的结构上作业。为防止误登，应在这类结构的醒目处挂上警告牌；登高作业人员不准穿塑料底等易滑的或硬性厚底的鞋子；冬季严寒作业应采取防冻防滑措施或轮流进行作业。

2. 脚手架的安全管理

高处作业使用的脚手架和吊架必须能够承受站在上面的人员、材料等的重量。禁止在脚手架和脚手板上放置超过计算荷重的材料。一般脚手架的荷重量不得超过 $270kg/m^2$。脚手架使用前，应经有关人员检查验收，认可后方可使用。

（1）脚手架材料 脚手架的杆柱可采用竹、木或金属管，木杆应采用剥皮杉木或其他坚韧的硬木，禁止使用杨木、柳木、桦木、油松和其他腐朽、折裂、枯节等易折断的木料；竹竿应采用坚固无伤的毛竹；金属管应无腐蚀，各根管子的连接部分应完整无损，不得使用弯曲、压扁或者有裂缝的管子。木质脚手架踏脚板的厚度不应小于 4cm。

（2）脚手架的连接与固定 脚手架要与建筑物连接牢固。禁止将脚手架直接搭靠在楼板的木楞上及未经计算荷重的构件上，也不得将脚手架和脚手架板固定在栏杆、管子等不十分牢固的结构上；立杆或支杆的底端宜埋入地下。遇松土或者无法挖坑时，必须绑设地杆子。

金属管脚手架的立竿应垂直地稳固放在垫板上，垫板安置前需把地面夯实、整平。立竿应套上由支柱底板及焊在底板上管子组成的柱座，连接各个构件间的铰链螺栓一定要拧紧。

（3）脚手板、斜道板和梯子　脚手板和脚手架应连接牢固；脚手板的两头都应放在横杆上，固定牢固，不准在跨度间有接头；脚手板与金属脚手架则应固定在其横梁上。

斜道板要满铺在架子的横杆上；斜道两边、斜道拐弯处和脚手架工作面的外侧应设1.2m高的栏杆，并在其下部加设18cm高的挡脚板；通行手推车的斜道坡度不应大于1.7，其宽度单方向通行应大于1m，双方向通行大于1.5m；斜道板厚度应大于5cm。

脚手架一般应装有牢固的梯子，以便作业人员上下和运送材料。使用起重装置吊重物时，不准将起重装置和脚手架的结构相连接。

（4）临时照明　脚手架上禁止乱拉电线。必须装设临时照明时，木、竹脚手架应加绝缘子，金属脚手架应另设横担。

（5）冬季、雨季防滑　冬季、雨季施工应及时清除脚手架上的冰雪、积水，并要撒上沙子、锯末、炉灰或铺上草垫。

（6）拆除　脚手架拆除前，应在其周围设围栏，通向拆除区域的路段挂警告牌；高层脚手架拆除时应有专人负责监护；敷设在脚手架上的电线和水管先切断电源、水源，然后拆除，电线拆除由电工承担；拆除工作应由上而下分层进行，拆下来的配件用绳索捆牢，用起重设备或绳子吊下，不准随手抛掷；不准用整个推倒的办法或先拆下层主柱的方法来拆除；栏杆和扶梯不应先拆掉，而要与脚手架的拆除工作同时配合进行；在电力线附近拆除应停电作业，若不能停电应采取防触电和防碰坏电路的措施。

（7）悬吊式脚手架和吊篮　悬吊式脚手架和吊篮应经过设计和验收，所用的钢丝绳及大绳的直径要由计算决定。计算时安全系数：吊物用不小于6、吊人用不小于14；钢丝绳和其他绳索事前应作1.5倍静荷重试验，吊篮还需作动荷重试验。动荷重试验的荷重为1.1倍工作荷重，作等速升降，记录试验结果；每天使用前应由作业负责人进行挂钩，并对所有绳索进行检查；悬吊式脚手架之间严禁用跳板跨接使用；拉吊篮的钢丝绳和大绳，应不与吊篮边沿、房檐等棱角相摩擦；升降吊篮的人力卷扬机应有安全制动装置，以防止因操作人员失误使吊篮落下；卷扬机应固定在牢固的地锚或建筑物上，固定处的耐拉力必须大于吊篮设计荷重的5倍；升降吊篮由专人负责指挥。使用吊篮作业时应系安全带，安全带拴在建筑物的可靠处。

3. 高处作业的安全技术要求

① 作业人员应佩戴符合GB 6095要求的安全带。带电高处作业应使用绝缘工具或穿均压服。Ⅳ级高处作业（30m以上）宜配备通讯联络工具。

② 高处作业应设专人监护，作业人员不应在作业处休息。

③ 应根据实际需要配备符合GB 26557等标准安全要求的吊笼、梯子、挡脚板、跳板等，脚手架的搭设应符合国家有关标准。

④ 在彩钢板屋顶、石棉瓦、瓦楞板等轻型材料上作业，应铺设牢固的脚手板并加以固定，脚手板上要有防滑措施。

⑤ 在临近排放有毒、有害气体、粉尘的放空管线或烟囱等场所进行作业时，应预先与作业所在地有关人员取得联系、确定联络方式，并为作业人员配备必要的且符合相关国家标准的防护器材（如空气呼吸器、过滤式防毒面具或口罩等）。

⑥ 雨天和雪天作业时，应采取可靠的防滑、防寒措施；遇有五级以上强风、浓雾等恶劣气候，不应进行高处作业、露天攀登与悬空高处作业；暴风雪、台风、暴雨后，应对作业安全设施进行检查，发现问题立即处理。

⑦ 作业使用的工具、材料、零件等应装入工具袋，上下时手中不应持物，不应投掷工具、材料及其他物品。易滑动、易滚动的工具、材料堆放在脚手架上时，应采取防坠落措施。

⑧ 与其他作业交叉进行时，应按指定的路线上下，不应上下垂直作业，如果确需垂直作业应采取可靠的隔离措施。

⑨ 因作业必需，临时拆除或变动安全防护设施时，应经作业审批人员同意，并采取相应的防护措施，作业后应立即恢复。作业人员在作业中如果发现异常情况，应及时发出信号，并迅速撤离现场。

⑩ 拆除脚手架、防护棚时，应设警戒区并派专人监护，不应上部和下部同时施工。

任务五 检修受限空间作业的安全技术

知识目标：能陈述化工装置检修受限空间作业的安全规范。

能力目标：具备进行化工装置检修受限空间作业的安全管理能力。

一、案例

1989年2月，抚顺石化公司石油一厂建筑安装工程公司的工人在油库车间清扫火车汽油车时，发生窒息死亡。

事故原因：清洗槽车时未戴防毒面具，一人进槽车作业，作业时无人监护。

二、受限空间作业规范

凡进入塔、釜、槽、罐、炉、器、机、筒仓、地坑或其他受限空间内进行检修、清理，称为受限空间作业。化工装置受限空间作业频繁，危险因素多，是容易发生事故的作业。人在氧含量为18%～21%空气中，表现正常；假如降到13%～16%人会突然晕倒；降到13%以下，会死亡。受限空间内不能用纯氧通风换气，因为氧是助燃物质，万一作业时有火星，会着火伤人。受限空间作业还会受到爆炸、中毒的威胁。可见受限空间作业，缺氧与富氧，毒害物质超过安全浓度，都会造成事故。因此，必须办理安全作业许可证。

1. 受限空间作业的安全技术

（1）安全隔绝　作业前，要对受限空间进行安全隔绝。与受限空间连通的可能危及安全作业的管道要采用插入盲板或拆除一段管道进行隔绝。与受限空间连通的可能危及安全作业的孔、洞要进行严密的封堵。受限空间内用电设备要停止运行并有效切断电源，在电源开关处上锁并加挂警示牌。

（2）清洗或置换　作业前，要根据受限空间盛装（过）的物料特性，对受限空间进行清洗或置换。其中，氧含量为18～21%，富氧环境下不应大于23.5%。有毒气体（物质）浓度要符合GBZ 2.1的规定。可燃气体浓度要达到动火作业标准规定。

（3）空气流通　要保持受限空间空气流通良好，打开人孔、手孔、料孔、风门、烟门等与大气相通的设施进行自然通风。必要时，要采用风机强制通风或管道送风，管道送风前应对管道内介质和风源进行分析确认。

（4）气体监测　要对受限空间内的气体浓度进行严格监测。

① 作业前30min内，要对受限空间进行气体采样分析，分析合格后方可进入，如现场条件不允许，时间可适当放宽，但不应超过60min。

② 监测点要有代表性，容积较大的受限空间，要对上、中、下各部位进行监测分析。

③ 分析仪器要在校验有效期内，使用前要保证其处于正常工作状态。

④ 监测人员深入或探入受限空间采样时，要按规定做好个体防护措施。

⑤ 作业中要定时监测，至少每2h监测一次，如监测分析结果有明显变化，要立即停止作业，撤离人员，对现场进行处理，分析合格后方可恢复作业。

⑥ 对可能释放有害物质的受限空间，要连续监测，情况异常时要立即停止作业，撤离人员，对现场处理，分析合格后方可恢复作业。

⑦ 涂刷具有挥发性溶剂的涂料时，要做连续分析，并采取强制通风措施。

⑧ 作业中断时间超过30min时，要重新进行取样分析。

（5）防护措施　进入下列受限空间作业应采取如下防护措施。

① 缺氧或有毒的受限空间经清洗或置换仍达不到要求的，要佩戴隔离式呼吸器，必要时要拴救生绳。

② 易燃易爆的受限空间经清洗或置换仍达不到要求的，要穿防静电工作服及防静电工作鞋，使用防爆型低压灯具及防爆工具。

③ 酸碱等腐蚀性介质的受限空间，要穿戴防酸碱防护服、防护鞋、防护手套等防腐蚀护品。

④ 有噪声产生的受限空间，要佩戴耳塞或耳罩等防噪声护具；有粉尘产生的受限空间，要佩戴防尘口罩、眼罩等防尘护具。

⑤ 高温的受限空间，进入时要穿戴高温防护用品，必要时采取通风、隔热、佩戴通讯设备等防护措施；低温的受限空间，进入时要穿戴低温防护用品，必要时采取供暖、佩戴通讯设备等措施。

（6）照明及用电安全　受限空间照明及用电很危险，受限空间照明电压应小于或等于36V，在潮湿容器、狭小容器内作业电压应小于或等于12V。在潮湿容器中，作业人员要站在绝缘板上，同时保证金属容器接地可靠。

（7）作业监护　在受限空间外要设有专人监护，作业期间监护人员不要离开。在风险较大的受限空间作业时，要增设监护人员，并随时与受限空间内作业人员保持联络。

（8）其他要求　受限空间外要设置安全警示标志，备有空气呼吸器（氧气呼吸器）、消防器材和清水等相应的应急用品；受限空间出入口要保持畅通；作业前后要清点作业人员和作业工器具；作业人员不要携带与作业无关的物品进入受限空间；作业中不要抛掷材料、工器具等物品；在有毒、缺氧环境下不要摘下防护面具；不要向受限空间充氧气或富氧空气；离开受限空间时要将气割（焊）工器具带出；难度大、劳动强度大、时间长的受限空间作业应采取轮换作业方式；作业结束后，受限空间所在单位和作业单位共同检查受限空间内外，确认无问题后方可封闭受限空间；最长作业时限不要超过24h，特殊情况超过时限的要办理作业延期手续。

2. 受限空间作业的安全管理

凡是用过惰性气体（氮气）置换的设备，进入受限空间前必须用空气置换，并对空气中的氧含量进行分析。如系受限空间内动火作业，除了空气中的可燃物含量符合规定外，氧含量应在18%～21%范围内。若受限空间内具有毒性，还应分析空气中有毒物质含量，保证在容许浓度以下。因为动火分析合格，虽不会发生火灾、爆炸，但会发生中毒事故。

进入酸、碱贮罐作业时，要在贮罐外准备大量清水。人体接触浓硫酸，须先用布、棉花擦净，然后迅速用大量清水冲洗，并送医院处理。如果先用清水冲洗，后用布类擦净，则浓硫酸将变成稀硫酸，而稀硫酸则会造成更严重的灼伤。

进入受限空间内作业，与电气设施接触频繁，照明灯具、电动工具如漏电，都有可能导致人员触电伤亡。检修带有搅拌机械的设备，作业前应把传动皮带卸下，切除电源，如取下保险丝、拉下闸刀等，并上锁，使机械装置不能启动，再在电源处挂上“有人检修、禁止合闸”的警告牌。上述措施采取后，还应有人检查确认。

受限空间内作业时，一般应指派两人以上作罐外监护。监护人应了解介质的各种性质，应位于能经常看见罐内全部操作人员的位置，视线不能离开操作人员，更不准擅离岗位。发现罐内有异常时，应立即召集急救人员，设法将罐内受害人救出，监护人员应从事罐外的急救工作。如果没有其他急救人员在场，即使在非常时候，监护人也不得自己进入罐内。凡是进入罐内抢救的人员，必须根据现场情况穿戴防毒面具或氧气呼吸器、安全防带等防护用具，决不允许不采取任何个人防护而冒险入罐救人。

任务六　检修吊装作业的安全技术

知识目标：能陈述化工装置检修吊装作业的安全规范。

能力目标：具备化工装置检修吊装作业的安全管理能力。

一、案例

1989年7月，扬子石油化工公司检修公司运输队在聚乙烯车间安电机。工作时，班长用钢丝绳拴绑4只5t滑轮并一只16t液化千斤顶及两根钢丝绳，然后打手势给吊车司机起吊。当吊车作抬高吊臂的操作时，一只5t的滑轮突然滑落，砸在吊车下的班长头上，经抢救无效死亡。

事故原因：班长在指挥起吊工作前，未按起重安全规程要求对起吊工具进行安全可靠性检查，并且违反“起吊重物下严禁站人”的安全规定。

二、吊装作业规范

1. 吊装作业的安全技术

吊装作业按照吊装重物质量 m 不同分为：一级吊装作业（$m>100t$）、二级吊装作业

（$40t\leqslant m\leqslant 100t$）、三级吊装作业（$m<40t$）。吊装作业的安全技术如下。

（1）一般安全要求

① 三级以上的吊装作业，应编制吊装作业方案。吊装物体质量虽不足40t，但形状复杂、刚度小、长径比大、精密贵重，以及在作业条件特殊的情况下，也应编制吊装作业方案，吊装作业方案应经审批。

② 吊装现场应设置安全警戒标志，并设专人监护，非作业人员禁止入内，安全警戒标志应符合GB 2894的规定。

③ 不应靠近输电线路进行吊装作业。确需在输电线路附近作业时，起重机械的安全距离应大于起重机械的倒塌半径并符合DL 409的要求；不能满足时，应停电后再进行作业。吊装场所如有含危险物料的设备、管道等时，应制定详细吊装方案，并对设备、管道采取有效防护措施，必要时停车，放空物料，置换后进行吊装作业。

④ 大雪、暴雨、大雾及六级以上风时，不应露天作业。

⑤ 作业前，作业单位应对起重机械、吊具、索具、安全装置等进行检查，确保其处于完好状态。

⑥ 应按规定负荷进行吊装，吊具、索具经计算选择使用，不应超负荷吊装。

⑦ 不应利用管道、管架、电杆、机电设备等作吊装锚点。未经土建专业审查核算，不应将建筑物、构筑物作为锚点。

⑧ 起吊前应进行试吊，试吊中检查全部机具、地锚受力情况，发现问题应将吊物放回地面，排除故障后重新试吊，确认正常后方可正式吊装。

⑨ 指挥人员应佩戴明显的标志，并按GB 5082规定的联络信号进行指挥。

（2）起重机械操作人员安全要求

① 按指挥人员发出的指挥信号进行操作；任何人发出的紧急停车信号均应立即执行；吊装过程中出现故障，应立即向指挥人员报告。

② 重物接近或达到额定起重吊装能力时，应检查制动器，用低高度、短行程试吊后，再吊起。

③ 利用两台或多台起重机械吊运同一重物时应保持同步，各台起重机械所承受的载荷不应超过各自额定起重能力的80%。

④ 下放吊物时，不应自由下落（溜）；不应利用极限位置限制器停车。

⑤ 不应在起重机械工作时对其进行检修；不应有载荷的情况下调整起升变幅机构的制动器。

⑥ 停工和休息时，不应将吊物、吊笼、吊具和吊索悬在空中。

⑦ 以下情况不应起吊：无法看清场地、吊物，指挥信号不明；起重臂吊钩或吊物下面有人、吊物上有人或浮置物；重物捆绑、紧固、吊挂不牢，吊挂不平衡，绳打结，绳不齐，斜拉重物，棱角吊物与钢丝绳之间没有衬垫；重物质量不明、与其他重物相连、埋在地下、与其他物体冻结在一起。

（3）司索人员安全要求

① 听从指挥人员的指挥，并及时报告险情。

② 不应用吊钩直接缠绕重物及将不同种类或不同规格的索具混在一起使用。

③ 吊物捆绑应牢靠，吊点和吊物的重心应在同一垂直线上；起升吊物时应检查其连接点是否牢固、可靠；吊运零散件时，应使用专门的吊篮、吊斗等器具，吊篮、吊斗等不应装满。

④ 起吊重物就位时，应与吊物保持一定的安全距离，用拉伸或撑杆、钩子辅助其就位。

⑤ 起吊重物就位前，不应解开吊装索具。

⑥ 起重机械操作人员安全要求中与司索工有关的不应起吊的情况，司索工应做相应处理。

(4) 其他要求

① 用定型起重机械（例如履带吊车、轮胎吊车、桥式吊车等）进行吊装作业时，除遵守吊装作业安全标准外，还应遵守该定型起重机械的操作规程。

② 作业完毕，要将起重臂和吊钩收放到规定位置，所有控制手柄均应放到零位，电气控制的起重机械的电源开关应断开；对在轨道上作业的吊车，应将吊车停放在指定位置有效锚定；吊索、吊具应收回，放置到规定位置，并对其进行例行检查。

2. 吊装作业安全管理

吊装作业实行安全作业证制度。重大起重吊装作业，必须进行施工设计，施工单位技术负责人审批后送生产单位批准。对吊装人员进行技术交底，学习讨论吊装方案。

吊装作业前起重工应对所有起重机具进行检查，对设备性能、新旧程度、最大负荷要了解清楚。使用旧工具、设备，应按新旧程度折扣计算最大荷重。

起重设备应严格根据核定负荷使用，严禁超载，吊运重物时应先进行试吊，离地20～30cm，停下来检查设备、钢丝绳、滑轮等，经确认安全可靠后再继续起吊。二次起吊上升速度不超过8m/min，平移速度不超过5m/min。起吊中应保持平稳，禁止猛走猛停，避免引起冲击、碰撞、脱落等事故。起吊物在空中不应长时间滞留，并严格禁止在重物下方行人或停留。长、大物件起吊时，应设有“溜绳”，控制被吊物件平稳上升，以防物件在空中摇摆。起吊现场应设置警戒线，并有“禁止入内”等标志牌。

起重吊运不应随意使用厂房梁架、管线、设备基础，防止损坏基础和建筑物。

起重作业必须做到“五好”和“十不吊”。“五好”是：思想集中好；上下联系好；机器检查好；扎紧提放好；统一指挥好。“十不吊”是：无人指挥或者信号不明不吊；斜吊和斜拉不吊；物件有尖锐棱角与钢绳未垫好不吊；重量不明或超负荷不吊；起重机械有缺陷或安全装置失灵不吊；吊杆下方及其转动范围内站人不吊；光线阴暗，视物不清不吊；吊杆与高压电线没有保持应有的安全距离不吊；吊挂不当不吊；人站在起吊物上或起吊物下方有人不吊。

各种起重机都离不开钢丝绳、链条、吊钩、吊环和滚筒等附件，这些机件必须安全可靠，若发生问题，都会给起重作业带来严重事故。

钢丝绳在启用时，必须了解其规格、结构（股数、钢丝直径、每股钢丝数、绳芯数等）用途和性能、机械强度的试验结果等。起重机钢丝绳应符合标准。选用的钢丝绳应具有合格证，没有合格证，使用前可截去1～1.5m长的钢丝绳进行强度试验。未经过试验的钢丝绳禁止使用。

起重用钢丝绳安全系数，应根据机构的工作级别、作业环境及其他技术条件决定。

任务七　装置检修后开车的安全技术

知识目标：能说明化工装置检修后开车作业的安全检查项目。

能力目标：具备进行化工装置检修后开车的操作能力。

生产装置经过停工检修后，在开车运行前要进行一次全面的安全检查验收。目的是检查检修项目是否全部完工，质量全部合格，劳动保护安全卫生设施是否全部恢复完善，设备容器、管道内部是否全部吹扫干净、封闭，盲板是否按要求抽加完毕，确保无遗漏，检修现场是否工完料尽场地清，检修人员、工具是否撤出现场，达到了安全开工条件。

一、案例

1994 年 9 月，吉林省某化工厂季戊四醇车间发生一起爆炸事故，造成 3 人死亡，2 人受伤。

事故原因：甲醇中间罐泄漏，检修后必须用水试压，恰逢全厂水管大修，工人违章用氮气进行带压试漏，因罐内超压，罐体发生爆炸。

二、装置开车前安全检查

检修质量检查和验收工作，必须组织责任心强、有丰富实践经验的设备、工艺管理人员和一线生产工人进行。这项工作，既是评价检修施工效果，又是为安全生产奠定基础，一定要消除各种隐患，未经验收的设备不许开车投产。

1. 焊接检验

凡化工装置使用易燃、易爆、剧毒介质以及特殊工艺条件的设备、管线及经过动火检修的部位，都应按相应的规程要求进行 X 射线拍片检验和残余应力处理。如发现焊缝有问题，必须重焊，直到验收合格，否则将导致严重后果。某厂焊接气分装置脱丙烯塔与再沸器之间一条直径 80mm 丙烷抽出管线，因焊接质量问题，开车后断裂跑料，发生重大爆炸事故。事故的直接原因是焊接质量低劣，有严重的夹渣和未焊透现象，断裂处整个焊缝有三个气孔，其中一个气孔直径达 2mm，有的焊缝厚度仅为 1～2mm。

2. 试压和气密试验

任何设备、管线在检修复位后，为检验施工质量，应严格按有关规定进行试压和气密试验，防止生产时跑、冒、滴、漏，造成各种事故。

一般来说，压力容器和管线试压用水作介质，不得采用有危险的液体，也不准用工业风或氮气作耐压试验。气压试验危险性比水压试验大得多，曾有用气压代替水压试验而发生事故的教训。安全检查要点如下。

① 检查设备、管线上的压力表、温度计、液面计、流量计、热电偶、安全阀是否调校安装完毕，灵敏好用。

② 试压前所有的安全阀、压力表应关闭，有关仪表应隔离或拆除，防止起跳或超程损坏。

③ 对被试压的设备、管线要反复检查，流程是否正确，防止系统与系统之间相互串通，必须采取可靠的隔离措施。

④ 试压时，试压介质、压力、稳定时间都要符合设计要求，并严格按有关规程执行。

⑤ 对于大型、重要设备和中、高压及超高压设备、管道，在试压前应编制试压方案，制定可靠的安全措施。

⑥ 情况特殊，采用气压试验时，试压现场应加设围栏或警告牌，管线的输入端应装安全阀。

⑦ 带压设备、管线，在试验过程中严禁强烈机械冲撞或外来气串入，升压和降压应缓慢进行。

⑧ 在检查受压设备和管线时，法兰、法兰盖的侧面和对面都不能站人。

⑨ 在试压过程中，受压设备、管线如有异常响声，如压力下降、表面油漆剥落、压力表指针不动或来回不停摆动，应立即停止试压，并卸压查明原因，视具体情况再决定是否继续试压。

⑩ 登高检查时应设平台围栏，系好安全带，试压过程中发现泄漏，不得带压紧固螺栓、补焊或修理。

3. 吹扫，清洗

在检修装置开工前，应对全部管线和设备彻底清洗，把施工过程中遗留在管线和设备内的焊渣、泥砂、锈皮等杂质清除掉，使所有管线都贯通。如吹扫、清洗不彻底，杂物易堵塞阀门、管线和设备，对泵体、叶轮产生磨损，严重时还会堵塞泵过滤网。如不及时检查，将使泵抽空，造成泵或电机损坏的设备事故。

一般处理液体管线用水冲洗，处理气体管线用空气或氮气吹扫，蒸汽等特殊管线除外。如仪表风管线应用净化风吹扫，蒸汽管线按压力等级不同使用相应的蒸汽吹扫等。吹扫、清洗中应拆除易堵卡物件（如孔板、调节阀、阻火器、过滤网等），安全阀加盲板隔离，关闭压力表手阀及液位计联通阀，严格按方案执行；吹扫、清洗要严，按系统、介质的种类、压力等级分别进行，并应符合现行规范要求；在吹扫过程中，要有防止噪声和静电产生的措施，冬季用水清洗应有防冻结措施，以防阀门、管线、设备冻坏；放空口要设置在安全的地方或有专人监视；操作人员应配齐个人防护用具，与吹扫无关的部位要关闭或加盲板隔绝；用蒸汽吹扫管线时，要先慢慢暖管，并将冷凝水引到安全位置排放干净，以防水击，并有防止检查人烫伤的安全措施；对低点排凝、高点放空，要顺吹扫方向逐个打开和关闭，待吹扫达到规定时间要求时，先关阀后停气；吹扫后要用氮气或空气吹干，防止蒸汽冷凝液造成真空而损坏管线；输送气体管线如用液体清洗时，核对支撑物强度能否满足要求；清洗过程要用最大安全体积和流量。

4. 烘炉

各种反应炉在检修后开车前，应按烘炉规程要求进行烘炉。

① 编制烘炉方案，并经有关部门审查批准。组织操作人员学习，掌握其操作程序和应注意的事项。

② 烘炉操作应在车间主管生产的负责人指导下进行。

③ 烘炉前，有关的报警信号、生产联锁应调校合格，并投入使用。

④ 点火前，要分析燃料气中的氧含量和炉膛可燃气体含量，符合要求后方能点火。点火时应遵守“先火后气”的原则。点火时要采取防止喷火烧伤的安全措施以及灭火的设施。炉子熄灭后重新点火前，必须再进行置换，合格后再点火。

5. 传动设备试车

化工生产装置中机、泵起着输送液体、气体、固体介质的作用，由于操作环境复杂，一旦单机发生故障，就会影响全局。因此要通过试车，对机、泵检修后能否保证安全投料一次开车成功进行考核。

① 编制试车方案，并经有关部门审查批准。

② 专人负责进行全面仔细地检查，使其符合要求，安全设施和装置要齐全完好。

③ 试车工作应由车间主管生产的负责人统一指挥。

④ 冷却水、润滑油、电机通风、温度计、压力表、安全阀、报警信号、联锁装置等，要灵敏可靠，运行正常。

⑤ 查明阀门的开关情况，使其处于规定的状态。

⑥ 试车现场要整洁干净，并有明显的警戒线。

6. 联动试车

装置检修后的联动试车，重点要注意做好以下几个方面的工作。

① 编制联动试车方案，并经有关领导审查批准。

② 指定专人对装置进行全面认真的检查，查出的缺陷要及时消除。检修资料要齐全，安全设施要完好。

③ 专人检查系统内盲板的抽加情况，登记建档，签字认可，严防遗漏。

④ 装置的自保系统和安全联锁装置，调校合格，正常运行灵敏可靠，专业负责人要签字认可。

⑤ 供水、供气、供电等辅助系统要运行正常，符合工艺要求。整个装置要具备开车条件。

⑥ 在厂部或车间领导统一指挥下进行联动试车工作。

三、装置开车的安全技术

装置开车要在开车指挥部的领导下，统一安排，并由装置所属车间的领导负责指挥开车。岗位操作工人要严格按工艺卡片的要求和操作规程操作。

1. 贯通流程

用蒸汽、氮气通入装置系统，一方面扫去装置检修时可能残留的焊渣、焊条头、铁屑、氧化皮、破布等，防止这些杂物堵塞管线，另一方面验证流程是否贯通。这时应按工艺流程逐个检查，确认无误，做到开车时不窜料、不憋压。按规定用蒸汽、氮气对装置系统置换，分析系统氧含量达到安全值以下的标准。

2. 装置进料

进料前，在升温、预冷等工艺调整操作中，检修工与操作工配合做好螺栓紧固部位的热把、冷把工作，防止物料泄漏。岗位应备有防毒面具。油系统要加强脱水操作，深冷系统要加强干燥操作，为投料奠定基础。

装置进料前，要关闭所有的放空、排污等阀门，然后按规定流程，经操作工、班长、车间值班领导检查无误，启动机泵进料。进料过程中，操作工沿管线进行检查，防止物料泄漏或物料走错流程；装置开车过程中，严禁乱排乱放各种物料。装置升温、升压、加量，按规定缓慢进行；操作调整阶段，应注意检查阀门开度是否合适，逐步提高处理量，使达到正常生产为止。

复习思考题

1. 化工装置停车的主要程序是什么？ 关键操作应怎样注意安全？
2. 如何申请动火作业证？
3. 检修中如何选择合适的安全电压？
4. 何为高处作业？ 主要安全措施有哪些？
5. 进行起重作业时， 非起重工作人员应注意什么？
6. 根据自己今后工作岗位性质， 描述装置开车前的自己应进行的工作。

案例分析

根据下列案例的事故产生原因制定应对措施。

【案例 1】 1992 年 3 月，齐鲁石化公司化肥合成氨装置按计划进行年度大修。氧化锌槽于当日降温，氮气置换合格后准备更换催化剂。操作时，因催化剂结块严重，卸催化剂受阻，办理进塔罐许可证后进入疏通。连续作业几天后，开始装填催化剂。一助理工程师在没办理进塔罐许可证的情况下，攀软梯而下，突然从 5m 高处掉入槽底。事故的主要原因是：该助理工程师进行罐内作业时未办理许可证。

【案例 2】 1990 年 12 月，茂名石化公司炼油厂氧化沥青装置的氧化釜进油开工中，发生突沸冒釜事故，漏出渣油 12t。事故的主要原因是：开工前，未能对该氧化釜入口阀进行认真检查，隐患未及时发现和消除。

【案例 3】 1990 年 6 月，燕山石化公司合成橡胶厂抽提车间发生一起氮气室息死人事故。事故的主要原因是：抽提车间在实施隔离措施时，忽视了该塔主塔蒸汽线在再沸器恢复后应及时追加盲板，致使氮气串入塔内，导致 1 人进塔工作室息死亡。

单元九

生产安全事故应急预案编制

生产经营单位生产安全事故应急预案（简称应急预案）是国家生产安全应急管理体系的重要组成部分。制订生产经营单位生产安全事故应急预案是贯彻落实“安全第一、预防为主、综合治理”方针，规范生产经营单位应急管理工作，提高应对和防范风险与事故的能力，保证职工安全健康和公众生命安全，最大限度地减少财产损失、环境损害和社会影响的重要措施。应急处置方案是应急预案体系的基础，应做到事故类型和危害程度清楚，应急管理责任明确，应对措施正确有效，应急响应及时迅速，应急资源准备充分、立足自救。

任务一　生产经营单位生产安全事故应急预案的编制

知识目标：能说明生产经营单位生产安全事故应急预案编制的主要内容；能陈述生产经营单位生产安全事故应急预案编制的主要法规。

能力目标：初步具备生产经营单位生产安全事故应急预案编制的能力。

生产安全事故应急预案的编制是生产经营管理的重要环节，是减少生产事故损害的重要措施，各单位应严格执行相关法律法规，并根据不同预案，按照相关体例要求制订。

一、应急预案编制的依据

我国高度重视突发事件的预防与应急准备、监测与预警、应急处置与救援、事后恢复与重建等，2002 年颁布了《中华人民共和国安全生产法》，2006 年颁布了《国务院关于全面加强应急管理工作的意见》，2007 年颁布了《中华人民共和国突发事件应对法》，应对突发事件有了系列法律依据。为了预防和减少突发事件的发生，控制、减轻和消除突发事件引起的危害，规范突发事件应对活动，2013 年国务院办公厅以国办发〔2013〕101 号印发了《突发事件应急预案管理办法》，《办法》分总则、分类和内容、预案编制、审批备案和公布、应急演练、评估和修订、培训和宣传教育、组织保障、附则共 9 章 34 条，规范了生产安全事故应急预案的编制、评审、公布、备案、实施及监督管理工作，突发事件应对实行应急预案管理。2019 年以国务院令第 708 号印发了《生产安全事故应急条例》，生产安全事故应急预案管理有了法律法规。

对于石化行业来说，应急预案的编制较其他行业实行得早和规范，2004 年国家安全生产监督管理局印发了《危险化学品事故应急救援预案编制导则（单位版）》。随后预案编制导则引入到各行业，2006 年《生产经营单位安全生产事故应急预案编制导则》（AQ/T 9002—2006）发布，指导生产经营单位做好生产安全事故应急预案编制工作，解决生产经营单位应急预案要素不全、操作性不强、体系不完善、与相关应急预案不衔接等问题，规范生产经营单位应急预案编制工作，提高生产经营单位应急预案的编写质量。生产经营单位全面实施安全生产事故应急预案编制。

一旦生产安全事故应急预案编制完成，在遵照执行一定时间段内是相对固定的。但是在演练和实践中要对照有关国家标准和工艺流程、操作规程等系列实践性环节不断 PDCA 闭环内审，让一线工作者（尤其是各级工程师和技能大师）广泛评价通过，让预案可实操且演练成熟，在生产管理各层次各环节都实现安全。因此，2011 年颁布了《生产安全事故应急演练指南》（AQ/T 9007—2011）强化了应急演练。值得注意的是，随后有关定义作了修订，其中“安全生产事故”更改为“生产安全事故”，进一步强调生产的“安全”性。

2013 年，《生产经营单位生产安全事故应急预案编制导则》（GB/T 29639—2013）颁布，《导则》从行业标准上升为国家标准。标准是在认真分析目前应急预案体系建设阶段性特点和问题的基础上修订的，其颁布实施，将对指导生产经营单位做好生产安全事故应急预案编制工作，解决目前部分生产经营单位应急预案存在的问题，提高生产经营单位应急预案的编制质量，起到重要推动作用。

二、应急预案的类型及编制要求

《导则》规定了生产经营单位编制生产安全事故应急预案（以下简称应急预案）的编制程序、体系构成和综合应急预案、专项应急预案、现场处置方案以及附件。

应急预案是系统工程，除综合应急预案外，针对各级各类可能发生的事故和所有危险源，生产经营单位还应根据实际情况制订专项应急预案和现场应急处置方案，明确事前、事发、事中、事后的各个过程中相关部门和有关人员的职责。对于生产规模小、危险因素少的生产经营单位，综合应急预案和专项应急预案可以合并编写。

1. 综合应急预案

综合应急预案是从总体上阐述事故的应急方针、政策，应急组织结构及相关应急职责，应急行动、措施和保障等基本要求和程序，是应对各类事故的综合性文件。

综合应急预案的主要内容包括：总则、生产经营单位的危险性分析、组织机构及职责、预防与预警、应急响应、信息发布、后期处置、保障措施、培训与演练、奖惩、附则等。

2. 专项应急预案

专项应急预案是针对具体的事故类别（如危险化学品泄漏、煤矿瓦斯爆炸等事故）、危险源和应急保障而制定的计划或方案，是综合应急预案的组成部分，应按照综合应急预案的程序和要求组织制定，并作为综合应急预案的附件。专项应急预案应制定明确的救援程序和具体的应急救援措施。

专项应急预案的主要内容包括：事故类型和危害程度分析、应急处置基本原则、组织机构及职责、预防与预警、信息报告程序、应急处置、应急物资与装备保障等。

3. 现场处置方案

现场处置方案是针对具体的装置、场所或设施、岗位所制定的应急处置措施。现场处置方案应具体、简单、针对性强。现场处置方案应根据风险评估及危险性控制措施逐一编制，做到事故相关人员应知应会，熟练掌握，并通过应急演练，做到迅速反应、正确处置。

现场处置方案的主要内容包括：事故特征、应急组织与职责、应急处置、注意事项等。

除此之外，各预案均需附录有关应急部门、机构或人员的联系方式，重要物资装备的名录或清单，关键的路线、标识和图纸等，相关应急预案名录，有关协议或备忘录。

4．应急预案编制格式和要求

（1）封面　应急预案封面主要包括应急预案编号、应急预案版本号、生产经营单位名称、应急预案名称、编制单位名称、颁布日期等内容。

（2）批准页　应急预案必须经发布单位主要负责人批准方可发布。

（3）目次　应急预案应设置目次，目次中所列的内容及次序如下：

——批准页；

——章的编号、标题；

——带有标题的条的编号、标题（需要时列出）；

——附件，用序号表明其顺序。

（4）印刷与装订　应急预案采用 A4 版面印刷，活页装订。

三、车间生产安全事故应急预案编制解析

引文：预案制定的指导思想和基本原则。

1．基本情况

填写本部门基本情况，包括地理位置、从业人数、生产品种、年生产能力、周边设施情况等。其中，车间周边平面布置简图要求绘制出本车间的逃生方向，安全出口，疏散路线图；并要求绘制交通管制图、戒严区。

2．装置概况

（1）车间生产装置平面布置图　车间生产装置平面布置图要求绘制安全通道、安全出口、安全梯、消火栓、灭火器、报警器、通风机等应急设备设施；为便于客观、准确、充分反映本部门现状，可按工段或一套独立装置分别绘制平面布置图。

（2）主要设备一览表　主要设备一览表主要指危险因素较大或容易出故障的生产设备。要求列出设备名称、材质、型号、数量。

（3）应急设备设施明细表　应急设备设施明细表要求列出序号、名称、设备位置、数量。

3．生产工艺概况

（1）工艺流程方框简图　工艺流程方框简图要求按生产工序和步骤逐一绘制工艺流程方框简图；标明危险因素较大的工序或步骤。

（2）主要化工原料清单　主要化工原料清单指正常生产时，每日平均使用量和临时存储量。要求列出序号、原料名称、规格、使用量（t）、临时存储量（t）、临时存放地点。

4．应急事件清单

应急事件清单要求列出序号、可能发生事件部位、导致事件发生的原因、可能发生的应急事件、伤害对象、影响范围、危害程度。

5. 应急组织机构

（1）事故应急救援指挥领导小组及职责分工　应列出序号、职务、姓名、职责。

（2）应急联络　应列出序号、应急指挥组成员、联系电话。

6. 事故应急处理程序

按具体工作场所各系统相关要求制定。

7. 事故应急措施

（1）事故发生后应采取的应急处理措施　事故发生后应采取的应急处理措施包括：根据工艺规程、操作规程的技术要求，确定采取的紧急处理措施，如超温、超压、突然停电等异常情况时采取的紧急措施；根据危险化学品危险特性和危险化学品安全手册中提供的应急处理措施，结合车间实际，采取相应的紧急处理措施，如危险化学品危险特性、应急处理措施、应急救援人员自我防护方法等内容；根据应急事件的特点，在事件发生以前应采取的预防措施；如本部门可能存在两个以上的事件，根据不同的应急事件，逐一按以上三项内容加以说明。

（2）人员紧急疏散、撤离　人员紧急疏散、撤离要求包括：事故现场人员按车间平面图所示方向逃生，出车间后再按车间周边平面布置图所示疏散方向撤离现场；非事故现场人员按车间周边平面布置图所示疏散方向撤离现场。

（3）危险区的隔离与保护现场　危险区的隔离与保护现场要求包括：按车间周边平面布置图所示设立警戒线；危险区边界用醒目色带或标识作警戒线，警戒人员佩戴（带黄）袖章，救援车贴有黄色通行证；事故应急阶段，除应急指挥和救援人员外，禁止无关人员进入警戒线内，直到应急命令解除；应急恢复阶段，除事故调查人员外，禁止无关人员进入警戒线内，直到事故原因查明为止等。

（4）受伤人员现场救护、救治与医院救治　受伤人员现场救护、救治与医院救治要求包括：“先救人，后救物；先救重伤，后救轻伤”的原则，实施受伤人员救护；按受伤人员受伤特点，分类选择相应专业医院；将相应专业医院救治能力、地址、联系电话列举出来；在专业医院救治能力相当的时候，遵循就近就医的原则。

8. 应急设备、器材使用方法及常用急救方法

（1）应急设备、器材使用方法　应急设备、器材使用方法包括适用范围、使用方法、注意事项、维护保养等。

（2）常用急救方法　常用急救方法包括方法、手段、标准、注意事项等。

四、案例分析

试验厂一车间生产安全事故综合应急预案

为确保安全生产，保障试验厂一车间全体职工和周边单位、居民的生命安全，防止重大事故的发生，或在事故发生后能快速有效地处理事故并开展救援行动，最大限度地降低损失，本着“预防为主、自救为主、统一指挥、分工负责”的原则，结合本部门实际制定本预案。

1. 基本情况

试验厂一车间位于化工研究院院内，车间现有从业人数65人，主要生产化工助剂、食品添加剂等品种，年生产5t。车间地处市区，周边100m内属院区的场所或设施有浴池、锅

炉房、试验厂机关楼、五车间、三车间、四车间、中试车间、质检大楼、食堂、汽车库等。属院外的场所或设施主要有部分居民区。

一车间周边平面布置简图（略）。

2. 装置概况

（1）车间生产装置平面布置图　一车间生产装置平面布置图（略）。

（2）主要设备一览表

序号	设备名称	材质	型号	数量	备注

（3）应急设备设施明细表

序号	设备名称	设备位置	型号	数量	备注

3. 生产工艺概况

（1）工艺流程方框简图　一车间工艺流程方框简图（略）。

（2）主要化工原料清单

序号	原料名称	规格	使用量/t	临时存储量/t	临时存放地点	备注

4. 应急事件清单

应急事件清单　　　　序号
可能发生事件部位:
导致事件发生的原因:
可能发生的应急事件:
伤害对象:
影响范围:
危害程度:

5. 应急组织机构

（1）事故应急救援指挥领导小组及职责分工

组　长　××　车间主任　　总指挥

副组长　××　车间副主任　事故应急救援现场指挥

副组长　××　车间副主任　事故应急救援后勤协调

秘　书　××　车间安全员　事故应急救援总联络

（2）应急联络

事故应急救援总联络　　××　车间安全员　电话………………

事故应急救援现场联络　××　车间工艺员　电话………………

事故应急救援后勤联络　××　车间设备员　电话………………

6. 事故应急处理程序

（1）应急救援体系响应程序　应急救援体系响应采取分级响应原则，并逐级响应和上报。

① 报警。事件发生后，发现人应迅速报告当班班长，当班班长迅速报告车间主任。在逐级上报的同时，采取有效应急措施实施救援行动。

② 接警。车间主任接到报警后，应迅速赶赴现场，启动车间应急预案，立即通知车间应急救援指挥领导小组各成员，如各成员在短时间内不能赶赴现场，则按职务高低和能力大小依次临时安排其他人员担任其相应职务，履行相应职责。并根据应急事件种类、严重程度、本单位能否控制初期事件等考虑因素，决定是否启动厂级应急救援预案。如果应急事件不足以启动厂级应急预案，则组织现场人员按本预案要求，采取有效应急措施实施救援，如果险情排除，则恢复正常状态。如果险情未能排除，则启动厂级应急预案，并迅速向厂应急救援指挥领导小组报警。

③ 如何报警。当应急事件发生后，如不能控制应迅速报警，根据应急事件种类确定报何种警。首先拨打所报警电话号码（见应急联络表），接通后，报单位、应急事件种类、发生部位、介质、报警人姓名、所用电话号码。

（2）指挥程序　应急事件发生初期，当班班长负责指挥应急事件的处理工作，当上一级（车间、厂部、院）指挥人员到达现场后，汇报现场情况，配合上一级指挥，并听从上一级指挥调度。指挥的步骤内容有：

① 迅速查清事故发生的位置、环境、规模及可能产生的危害；

② 及时沟通应急领导机构、应急队伍、辅助人员及灾害区内部人员之间的联络；

③ 快速组织启动各类应急设施，调动应急人员奔赴灾区；

④ 迅速组织医疗、后勤、保卫等部门各司其职；

⑤ 迅速通报灾情，通知相关方做好必要的准备工作；

⑥ 保护或设置好避灾通道和安全联络设备，撤离灾区人员，划清警戒范围并实施警戒；

⑦ 采取必要的自救措施，力争迅速消灭灾害，并注意采取隔离灾区的措施，转移灾区附近易引起灾害蔓延的设备和物品，撤离或保护好贵重物品，尽量减少损失，对灾区普遍进行安全检查，防止死灰复燃；

⑧ 保护好现场，为开展事故调查做好准备。

7. 事故应急措施

(1) 事故发生后应采取的应急处理措施（略）

(2) 人员紧急疏散、撤离（略）

(3) 危险区的隔离与保护现场（略）

(4) 受伤人员现场救护、救治与医院救治（略）

8. 应急设备、器材使用方法及常用急救方法（略）

相关知识一　MFT 型推车式干粉灭火器的使用

1. 适用范围

能扑救各种油类、易燃体、可燃气体和电器设备等初起火。

2. 使用方法

将灭火车推到火场，延伸输粉胶管，拧开（提开）贮气阀门，待压力表指针升至 0.8～1MPa 时，打开球形阀门，注意握紧喷枪对准火场。

3. 注意事项

① 严禁潮湿，防止日晒或强辐射热。

② 每年检查一次桶内干粉是否结块，检查 CO_2 是否充足（贮气瓶泄漏量不得大于额定充装重量的 5%或 7g）。

相关知识二　MF 型手提式干粉灭火器的使用方法

1. 适用范围

适用于易燃、可燃液体、气体及带电设备的初起火灾，不能扑救金属燃烧的火灾。

2. 使用方法

灭火时拔出保险销，用力压把，在距火点 5m 左右，向火点喷射。要对准火焰根部扫射。在扑救流淌液体火灾时，应对准火焰根部，由近而远，并左右扫射至扑灭。如扑灭容器内火灾，应对准火焰根部左右摇动扫射，使干粉覆干整个容器开口表面；当火焰被赶出容器时，应继续喷射，直至全部扑灭。在扑救容器内火灾时，防止喷射造成液体外溢后火势蔓延。如燃烧时间长，容器壁温度高，火被扑灭后很容易死灰复燃，如与泡沫类灭火器使用，则灭火效果更佳。

3. 维护保养

① 正立在固定场所，严禁潮湿、日晒、撞击。

② 每年检查一次瓶内干粉是否结块，检查 CO_2 是否充足，年泄漏量不得大于充装重量的 5%。

相关知识三　人口呼吸（口对口呼吸）

① 在保持呼吸道畅通的位置下进行：患者取仰卧位、平躺、头部稍向后仰（可在患者

脖子后面垫物品来调整）解开患者的衣扣和腰带（如果是女性，还应该将胸罩解开）。

② 用按于前之手的拇指和食指捏住人的鼻翼下端。

③ 抢救者深吸一口气后，张开口贴紧病人的嘴，把病人的口部完全包住：施救者处于患者的一侧头部，使患者的嘴张开，并应注意不使患者的舌头回缩，在患者嘴部盖上一层纱布。

④ 深而快地向病人口内用力吹气，直至病人胸部向上抬起为止。

⑤ 一次吹气完毕后，立即与病人口部脱离，轻轻抬起头部，面向病人胸部，吸入新鲜空气，以便下一次人工呼吸。同时使病人的口张开，捏鼻的手也应放松，以便病人从鼻孔通气，观察病人胸廓向下恢复，并有气流从病人口内排出，直至患者有“自主呼吸”为止，或者是确认已无抢救必要为止。

⑥ 吹气频率 12～20 次/min，单人操作心脏按压 15 次吹气 2 次（15∶2），双人操作要 5∶1进行，吹气时应停止胸外按压。

⑦ 吹气量。一般正常人的潮气量 500～600mL。

相关知识四　胸外心脏挤压法

1. 按压部位

胸骨中、下 1/3 交界处的正中线上或线上 2.5～5cm 处。

2. 按压方法

① 抢救者一手的掌根部紧放在按压部位，另一手掌放在此手背上，两手平行重叠且手指交叉互握抬起，使手指脱离胸壁。

② 抢救者双臂应绷直，双肩中点垂直于按压部位，利用上半身体垂和肩、臂部肌肉力量垂直向下按压，使胸骨下陷 4～5cm。

③ 按压应平稳、有规律地进行，不能间断；下压与向上放松时间相等，按压至最低点处，应有一明显停顿，不能冲击式的猛压或跳跃式按压；放松时定位的手掌根部不要离开胸骨定位点，但应尽量放松，务使胸骨不受任何压力。

④ 按压频率：国际常用的频率 60～70 次/min，按压停歇时间一般不要超过 10s，以免干扰复苏成功。

⑤ 按压有效指标：按压能扩极大动脉搏动，收缩压＞8.0kPa，面色、口唇、指甲及皮肤等色泽再度转红；扩大的瞳孔再度缩小；出现自主呼吸；神志逐渐恢复，可有眼球活动，睫毛反射与对光反射出现，甚至手脚抽动肌张力增加。

相关知识五　氧气呼吸机的使用方法

① 将相关设备迅速依次摆放于抢救现场。

② 将减压表与氧气瓶紧密连接，然后将呼吸机的氧气输入管道与减压表连接。将减压表调到需要的压力刻度上，再根据病人受害情况将呼吸机的氧浓度旋钮调节好。

③ 调取病人个人急救预案资料，决定施救个案。

④ 将呼吸机的输出气管道、显化瓶、接头、送气及呼气瓣按要求连接好，使无漏气。在显化瓶内加入生理盐水，加入量为显化瓶的 1/3～1/2，将信号反馈管道连接好。

⑤ 将呼吸机各类调节旋钮（或键）按需要调节到相应的刻度上：潮气量 10～15mL/kg 体重，呼吸频率 18～24 次/s，吸呼时间比 1∶(1～4)，吸气压力和吸气时间根据病人情况适当调节。

⑥ 选择适当的通气方式。

⑦ 接通电源，打开呼吸机电源开关，调试呼吸机的送气是否正常，确定无漏气，然后将呼吸机送气管道末端与病人面罩或光管导管或金属套管紧密连接好，呼吸机的机械通气即已开始。

⑧ 机械通气开始后，立即听该双肺呼吸者，如果呼吸者双侧对称即可将气管导管或金属套管上的气管通气（4～6mL）使气管导管与气管壁间的空隙密闭。

⑨ 在呼吸机通气期间，可根据病人自主呼吸情况选择控制呼吸或辅助呼吸。

⑩ 病人自主呼吸恢复，达到停机要求时，应及时停机。

任务二　电解车间生产安全事故应急救援预案案例解析

知识目标：能陈述电解车间生产安全事故应急救援预案编制要素。

能力目标：初步具备生产安全事故应急救援预案编制的能力。

不同生产单位发生事故的可能性和危害程度不同，电解车间的生产技术、设备、原料、环境有一定的典型性，通过此案例能了解典型生产车间生产安全事故应急救援预案编制的主要要素、内容和方法。

一、编制目的

为了保证企业财产和员工生命的安全，防止突发性事故的发生，并能在事故发生后迅速控制事故或消除事故隐患，抢救受害人员，组织人员撤离，将事故损失降低到最小程度，根据国家有关法律、法规，结合我车间实际，本着“以人为本，减少危害；居安思危，预防为主；统一领导，分级负责；依法规范，加强管理；快速反应，协同应对；依靠科技，提高素质”的原则，特编制本预案。

二、基本概况

电解车间是冶炼厂主流程车间之一。下设东、西两个生产系列，担负着该厂主导产品的生产任务，同时又是该厂的用电大户，耗电量占全厂的约 78%。全车间现有职工 147 人，党员 36 名。常年主导风向北风，风力最大 5～6 级，最大风速 25m/s，年平均风速 1.9m/s，最高气温 38℃，最低气温 －15℃。生产设备总计 492 余台（套），其中特种设备 12 余台（套），各种生产管线总长 5000 余米。

三、生产安全事故应急救援指挥小组及职责

（1）生产安全事故应急救援指挥领导小组　成员如下（其他成员及联系电话略）。

组　长：车间主任

副组长：支部书记、生产主任、设备主任。

成　员：车间值班长，东、西区作业长，机械、电气、工艺工程师，车间综管员，车间安全员，剥锌机班班长，维修班长。

(2) 办公室设置　指挥小组（应急救援小组）办公室设在车间值班室，日常工作由车间值班室兼管。发生事故时，以指挥领导小组为基础，立即成立生产安全事故应急救援指挥组，负责应急救援工作的组织和指挥。在正副组长不在的特殊情况下，由车间值班员为临时指挥，全权负责救援工作。

(3) 联络方式　指挥小组以车间值班室为中心，立即报告厂生产指挥中心及安全环保部，并组织各成员及抢险队，相互形成网络，保证抢险工作的顺利进行。

(4) 指挥机构职责　组建应急救援专业队伍并组织实施和演练；检查督促完成生产安全事故的预防措施和应急救援的各项准备工作，并向上级汇报，必要时向友邻单位通报事故情况，发出救援请求，组织进行事故调查，总结应急救援经验教训。

(5) 指挥小组人员分工

组　长：组织指挥电解车间的应急救援工作。

副组长：协助组长负责应急救援的具体工作。

成　员：协助组长负责应急救援，负责事故报警，情况通报，有害物质扩散区域内的人员疏散，组织抢险队伍，抢险物资的配备，事故处置时生产系统开停车调度等工作。

四、生产安全事故分级标准

按照生产安全事故性质、严重程度、可控性和影响范围等因素，一般分为四级：Ⅰ级（特别重大）、Ⅱ级（重大）、Ⅲ（较大）和Ⅳ级（一般）。

五、预警级别及事故报警

根据生产安全事故可能造成的危害程度、紧急程度和发展态势预测分析结果，对可能发生和可以预警的生产安全事故进行预警。预警级别与分级标准一致，一般分为四级：Ⅰ级（特别重大）、Ⅱ级（重大）、Ⅲ级（较大）和Ⅳ级（一般）。

当发生生产安全事故时，由最先发现事故的作业人员立即发出警报，报至车间值班室，车间值班室上报厂生产指挥中心及安全环保部，并说明事故地点、现场状况、人员伤亡等情况；报告的同时立即组织事故救援小组准备好救援器材赶赴事故现场，坚决听从指挥组的命令，立即进行事故救援，以最快的速度制止事故，以防事态扩大。

图 9-1 为事故报警及应急响应程序示意图。

六、应急响应与应急预案的启动

按照分级处置的原则，在生产安全事故发生后，应急指挥领导小组根据事故不同等级启动相应应急预案，作出应急响应。

车间生产安全事故应急指挥领导小组接到报告后，立即按照指定的生产安全事故应急预案迅速展开救援，进行事故处置。在本车间无法处置时（包括Ⅳ级标准），请求厂、公司及社会救援。

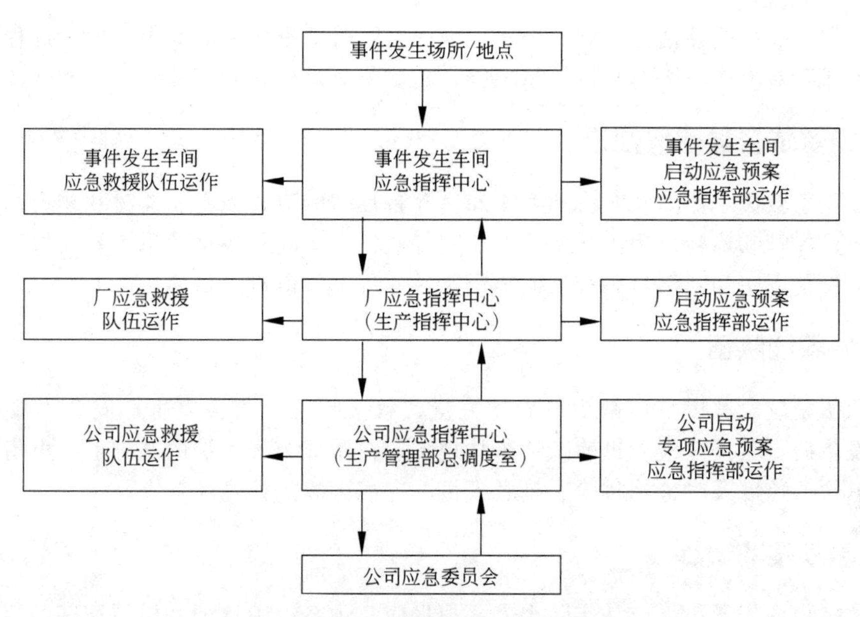

图 9-1 事故报警及应急响应程序示意图

七、事故处置

1．危险目标确定

经危险源辨识和风险评价以及对危险物质的数量、危险特性可能引起事故的后果进行分析，确定电解车间危险目标。

1 号目标　电解槽漏液事故

2 号目标　电解槽突然停电事故

3 号目标　压缩风包事故

4 号目标　起重伤害事故

5 号目标　火灾事故

6 号目标　其他常见生产安全事故

2．事故处置措施

生产安全事故处置措施按照事故的不同类型，采取不同的处置程序和措施。

八、应急结束

① 生产安全事故应急处置工作结束，或者相关危险因素消除后，指挥领导小组在充分听取各部门的意见后，宣布终止应急状态。

② 对生产安全事故中的伤亡人员、应急处置人员以及紧急调集有关单位和个人的物资，要按规定给予抚恤、补偿或补助。

③ 车间应及时补充应急救援物资装备，重新回到应急准备状态。

九、事故调查与评估

发生生产安全事故后，应急指挥领导小组在分级响应的情况下同时组成事故调查组，开展事故调查和事故影响评估。客观、公正、准确、及时地查清事故原因、发生过程、事故损失、事故责任及对生产的影响和恢复情况等，提出防范措施和对事故责任者的处理意见。

十、应急物资装备与信号规定

为保证应急救援工作的及时有效，车间应配备足够的应急装备、器材和物资。平时由专人负责维修、保管和检验，确保其始终处于完好状态。车间对各种通讯工具及报警必须做好明确规定，报警方法和联络号码置于明显位置，使每一位值班人员熟练掌握。

十一、应急救援队伍

救援队伍是应急救援不可缺少的骨干力量，救援队伍担负各类生产安全事故的处置任务，事故发生后，救援队伍应迅速抵达事故现场，在做好个人防护的基础上，由指挥部统一指挥，以最快的速度及时抢修排险、抢救人员，完成事故的处置任务。

十二、应急预案的演练

应急救援指挥领导小组应从实际出发，根据应急预案组织培训和模拟演练，验证其实施预防效果，找出不足和缺陷。把指挥机构和救援队伍练成一支思想好、技术精、作风硬的指挥班子和抢救队伍。一旦发生事故，指挥机构能正确指挥，救援队伍能根据各自的任务及时有效地排除险情，控制并消灭事故，抢救伤员，做好应急救援工作。

专项预案一　电解槽漏液事故应急处置措施

1. 危险目标危险性的评估

本车间东、西系列各有 208 台电解槽，在生产过程中，电解槽因腐蚀、损坏而漏液，容易对现场操作人员造成酸液腐蚀等伤害，应及时组织人员进行修补。

2. 预防事故措施

① 严格执行安全操作规程，电解槽等经常性进行检查。

② 加强对员工作业场所和工作岗位存在的危险因素、防范措施及事故应急措施宣传教育。

③ 及时解决事故隐患问题。

3. 现场应急处置措施

正常生产过程中，当个别电解槽发生严重漏液时，应对漏液电解槽所在的一组电解槽进行横电，以便对漏液电解槽进行适当的处理工作。

首先用钢丝刷子擦亮短路导电板和宽型导电板接触面，将短路导电板在楼板上摆好，用吊具吊到该槽组的两端，短路导电板与槽间导电板之间须垫绝缘瓷砖。

通知整流所停电，确认停电后，拔出漏液电解槽全部阴极板，分别将两段短路导电板以及短路导电板与宽型槽间导电板卡紧，使该槽组短路，完成以上工作后通知整流所升电流。

拔掉该组槽内的放液铅塞，对漏点进行处理，处理完毕后塞好铅塞，灌满电解液后通知整流所停电，确认停电后，拆除横电棒，补齐槽内阴极板，确认导电后，通知整流所逐步将电流升到额定值。

4. 应急安全技术措施

① 接到事故报警电话时，首先应问清事故发生地点、事故人数、现场情况，采取针对

性处置措施。

② 要求在做好自我防护和事故现场保卫警戒工作的前提下，抢救队伍迅速进入事故现场进行抢险、抢救。

③ 现场严禁明火。

5. 救援队伍

抢险救护队成员如下。

队长：东作业区值班长、剥锌机班长、维修班长。

队员：东作业区生产人员及维修作业人员。

6. 应急物资

① 灭火器、消防桶、消防锹、砂土等。

② 备用电解槽、阴阳极板、导向绝缘条等。

③ 横电所用器具。

④ 钢丝刷、绝缘瓷砖等。

专项预案二　电解槽突然停电事故应急处置措施

1. 危险目标危险性的评估

在正常生产过程中，由于设备老化，点、巡检不到位，维护不及时而出现生产故障，若及时不能得到处置，电解现场将产生大量氢气，容易造成氢气放炮，直接伤害现场作业人员。

2. 预防事故措施

① 岗位作业人员认真贯彻执行安全技术操作规程、安全生产责任制等安全生产规章制度。加强日常维护保养工作，及时发现和消除隐患，防范事故发生。

② 严格执行工艺和质量检验制度，确保质量。

③ 车间对危险场所、岗位进行不定期检查。

④ 对作业人员，按规定及时进行培训、考核。

⑤ 一旦发生事故，在向车间报警的同时，按制定应急措施立即进行现场处理，车间及时向厂报告处置情况，必要时及时请求援助。

3. 现场应急处置措施

突然停电一般多属事故停电，在此情况下，设备（泵、风机等）可以运转时，若短时能够恢复，应向槽内加大新液量，以降低酸度，减少锌的返溶，若短时不能恢复时，应组织力量尽快将电解槽内的阴极全部取出，使其处于停产状态，必须指出停电后，电解厂房内应严禁明火，防止氢气爆炸着火。另一种情况是低压室停电（即运转设备停电），首先降低电解槽电流，循环液可用备用电源进行循环，若短时间不能恢复生产时，还需从槽内抽出部分阴极板，以防因其他工序无电供不上新液而停产。

4. 应急安全技术措施

① 接到事故告急电话时，首先应问清事故发生地点、现场情况，采取针对性处置措施。

② 要求在做好自我防护和事故现场安全工作的前提下，抢救队伍迅速进入事故现场进行抢险、抢救。

5. 救援队伍

抢险救护队成员如下。

队长：北作业区值班长、剥锌机班长、维修班长。

队员：北作业区生产人员及维修作业人员。

6. 应急物资

① 灭火器、消防桶、消防锹、砂土等。

② 备用电解槽、阴阳极板、导向绝缘条等。

③ 钢丝刷、绝缘瓷砖等。

专项预案三 压缩风包事故应急救援预案及处置措施

1. 危险目标危险性的评估

我车间有压缩风包 2 台，位于车间剥锌机组操作平面下方，介质为空气，属低压容器，主要附件：中间冷却器、后冷却器、储气罐及送风管网。压缩风包正常工作时会产生高温、高压、积炭，当温度、压力过高具备燃烧条件时，压缩风包的冷却器、储气罐会发生爆炸、着火；储气罐在使用的过程中，由于受压力、腐蚀的影响会产生塑性变形，有可能导致爆裂，小则设备设施受损，人员伤亡，大则设备、厂房毁于一旦。

2. 预防事故措施

① 操作人员要严格执行安全操作规程，对存在的危险因素要经常性进行检查。

② 加强对员工作业场所和工作岗位存在的危险因素、防范措施及事故应急措施宣传教育。

③ 及时解决事故隐患问题。

3. 现场应急处置措施

指挥中心接到压缩风包事故发现人员报警电话时，立即通知指挥组各成员赶赴现场组织强修抢救处理，并采取以下措施。

① 断开事故设备的水、电，断开输送管网的阀门。

② 迅速查清事故现场情况，受损状况。

③ 立即排除二次事故的发生，将损失降低到最小。

④ 如有受伤人员，立即进行救护。

⑤ 对事故设备及其他设施进行检修，尽快恢复生产。

4. 应急安全技术措施

① 接到事故报警电话时，首先应问清事故发生地点、事故人数现场情况，采取针对性处置措施。对事故情况判断做到准确、全面，有防止二次事故发生的紧急处置措施。

② 要求在做好自我防护和事故现场保卫警戒工作的前提下，抢救队伍迅速进入事故现场进行抢险、抢救。

③ 必须时，断开相邻设备的水、电及阀门。

④ 抢修、清理要彻底，不留任何隐患问题

5. 救援队伍

抢险救护队成员如下。

队长：南作业区值班长、剥锌机班长、维修班长。

队员：南作业区生产人员及维修作业人员。

6. 应急物资

① 灭火器、消防桶、消防锹、砂土等。

② 备用压缩风包等安装材料和器具。

专项预案四　起重伤害事故处置措施

1. 危险目标危险性的评估

我车间有起重设备10台，位于车间东、西作业区（包括剥锌机跨）。起重伤害主要体现在起重设备及起重器具使用中未严格执行操作规程或野蛮操作和日常维护不当所致；如果管理松懈、日常安全检查不到位及维护不当、操作人员安全意识淡薄等发生起重事故，轻则人员伤害，财产损失，重则人员伤亡。

2. 预防事故措施

① 严格执行安全操作规程，对起重设备及附属设施等经常性进行检查。

② 加强对员工作业场所和工作岗位存在的危险因素、防范措施及事故应急措施宣传教育。

③ 及时解决安全隐患问题。

3. 现场应急处置措施

指挥中心接到南、北作业区（包括剥锌机跨）起重设备操作人员或当班作业长（班长）报警电话时，立即通知指挥组各成员赶赴现场组织强修抢救处理，并采取以下措施。

① 迅速查清事故现场情况，受损状况。

② 事故严重时，起重设备操作人员应立即停车，断开电源开关。如有受伤人员，立即进行救护。

③ 排除二次事故的发生，将损失降低到最小。

④ 对事故设备及其他设施进行检修，尽快恢复生产。

4. 应急安全技术措施

① 接到事故报警电话时，首先应问清事故发生地点、事故人数现场情况，采取针对性处置措施。对事故情况判断做到准确、全面，有防止二次事故发生的紧急处置措施。

② 要求在做好自我防护和事故现场保卫警戒工作的前提下，抢救队伍迅速进入事故现场进行抢险、抢救。

③ 现场抢修、清理要彻底，不留任何隐患问题。

5. 救援队伍

抢险救护队成员如下。

队长：南作业区值班长、剥锌机班长、维修班长。

队员：南作业区生产人员及维修作业人员。

6. 应急物资

① 灭火器、消防桶、消防锹、砂土等。

② 起重设备维修所需相关材料和备件。

专项预案五　火灾事故应急处置措施

1. 危险目标危险性的评估

我车间油品火灾事故的发生地点是库房少量汽油、物品，如因管理不当、漏油等致使发生火灾；另外我车间有低压配电室及电焊机等电气设备设施，操作不当、电器线路老化等导致短路打火造成火灾。

2. 预防事故措施

① 严格执行安全操作规程，对电气设备、电气线路、开关等经常性进行检查。

② 加强对员工作业场所和工作岗位存在的危险因素、防范措施及事故应急措施宣传教育。

③ 及时解决安全隐患问题。

3．现场应急处置措施

（1）油品火灾事故 当发生油品火灾事故时，由最先发现事故的作业人员立即报警。有关人员在做好自我防护的情况下，采取以下措施。

① 应迅速查明燃烧范围、燃烧物品及其周围物品的品名和主要危险特性、火势蔓延的主要途径，燃烧的危险化学品及燃烧产物是否有毒。

② 正确选择最适合的灭火剂和灭火方法。

③ 就近灭火。

④ 火势较大时，应先堵截火势蔓延，控制燃烧范围，然后逐步扑灭火势。

（2）电器火灾事故 当发生电器火灾事故时，由最先发现事故的作业人员立即报警。有关人员在做好自我防护的情况下，采取以下措施。

① 应立即切断电源，迅速查明燃烧范围、燃烧物品及其周围物品的品名和主要危险特性、火势蔓延的主要途径，正确选择最适合的灭火剂和灭火方法。

② 就近用消防器材进行灭火。

③ 火势较大时，应先堵截火势蔓延，控制燃烧范围，然后逐步扑灭火势。

（3）受伤人员处置 有人员受伤时，视伤者情况进行救护，简单处理后送医院。

4．应急安全技术措施

① 接到事故报警电话时，首先应问清事故发生地点、事故人数现场情况，采取针对性处置措施。

② 要求在做好自我防护和事故现场保卫警戒工作的前提下，抢救队伍迅速进入事故现场进行抢险、抢救。

③ 严禁用水扑灭油品、电气火灾。

5．救援队伍

抢险救护队成员如下。

队长：北作业区值班长、剥锌机班长、维修班长。

队员：北作业区生产人员及维修作业人员。

6．应急物资

① 灭火器、消防桶、消防锹、砂土等。

② 抢修相关事故设备时所需备件和材料。

复习思考题

1. 生产安全事故应急预案编制的目的是什么？ 方案的核心内容是什么？

2. 以“××省” 及“××工业（行业）” 为关键词， 在互联网查找相关预案分析其差异。

3. 列举日常生活、 学习或工作中经历过的预案演练， 说明其成功与不足之处。

4. 讨论带控制点的工艺流程图在生产安全事故应急预案中的编制、 评审、 公布、 备案、实施及监督管理工作中的作用。

5. 运用物料衡算（和能量衡算）， 如何 PDCA 闭环提高生产安全事故应急预案管控水平？

案例分析

常见生产安全事故应急处置措施，某危险目标危险性的评估如下。

1. 危险目标的确定

经危险源辨识和风险评价以及对危险特性可能引起事故的后果分析，综合车间各生产场所的可能事故危险源确定有：高处坠落、机械伤害、物体打击、触电、坍塌等。

2. 潜在危险性评估

（1）高处坠落　高处坠落指人员从平台、房顶、扶梯、墙上等处坠落；从脚架手架上坠落；从平地坠落地坑等；如果缺少安全防护设施、日常管理松懈、安全检查不到位、作业人员安全意识淡薄等发生高处坠落事故，轻则人员伤害，重则人员伤亡。

（2）机械伤害　机械伤害指机械运转或维护时对人体的伤害；如缺少防护设施、操作失误、管理松懈、操作技能差及操作人员安全意识淡薄等发生机械伤害事故，轻则人员伤害，重则人员伤亡。

（3）物体打击　物体打击包括人员受到同一垂直作业面的交叉作业和平台等高处坠落物体的打击；如果日常安全检查不到位、管理松懈，操作失误及操作人员安全意识淡薄等就会发生物体打击事故，轻则人员伤害，重则人员伤亡。

（4）触电　触电指使用各类电器设备触电；因电线破皮、老化，又无开关箱等触电；临时乱拉、乱接、乱扯电线等触电；未按操作规程操作或误操作造成的触电等；如果设备设施存在缺陷、缺少安全设施、管理松懈、日常安全检查不到位、操作技能差及操作人员安全意识淡薄等发生触电事故，轻则人员伤害，重则人员伤亡。

（5）坍塌　建（构）筑物因地基下沉、墙体开裂、腐蚀失稳倒塌；工作现场各种支撑、脚手架支撑失稳倒塌；堆置物品失稳倒塌；设备管理不善、安全检查不到位、操作失误、设备失修、使用劣质材料以及撞击、自然灾害等发生坍塌事故，轻则人员伤害、设备设施受损，重则设备设施毁于一旦，人员伤亡严重还会波及附近建筑、人群的安全。

根据以上评估，请做出预防事故措施及现场应急处置措施。

单元十
化工企业安全文化建设

化学工业的发展为人类带来全新的文明生活方式，但化学工业中的危险化学品也对人类健康和环境造成了巨大的伤害或隐患，并且成为了全球性问题。因此，如何加强化学工业中的化学品安全管理，确保化学品在其生命周期内的安全，成了人类要共同面对的问题。国际组织和各国政府在不同层面制定和颁布了一系列与化学品生产、搬运、使用或者储存有关的法律法规、技术条例、标准规范等，通过强制执行、规范管理等，以期将化学品的安全风险降到最低。化工企业是化学品生命周期中安全管理的关键环节之一，要构建安全管理的长效机制，企业安全文化的建设是关键。

任务一　化工生产安全管理

知识目标：能说明安全管理的基本内容、生产安全事故的等级划分、安全生产的相关管理规范。

能力目标：初步具备安全生产的管理能力；初步具备现场事故的处理能力。

我国化学品安全管理职责主要是各级政府部门、行业协会、其他相关组织与机构承担，这些组织或机构履行管理、监督、协调、咨询、服务的职能，落实和执行化学品安全法律法规、技术规范、化学品安全管理制度与规章等。化工企业要做好安全生产工作，关键是做好安全生产法律法规、政策法令的贯彻实施。

一、案例

1988 年 11 月 20 日，湖北省红安县化肥厂造气车间因限电停车，车间设备主任临时提出修补 2 号造气炉下行阀后有裂纹的管子。对下行管和洗气塔用蒸汽进行了置换后即开始动焊，但因下行管裂缝处有蒸汽冷凝水渗出不好焊而没焊完。经检查，洗气塔下部有一漏孔，维修工和焊工认为洗气塔和下行管是连在一起的，焊下行管没炸，焊洗气塔也不会有问题，就在洗气塔下部施电焊，结果引起洗气塔爆炸，将焊工和维修工 2 人炸死。

事故发生原因：严重违反动火管理制度，蒸汽置换后没进行气体分析，此次焊接作业没办理动火手续又随便移动焊接地点。

二、安全管理规范

在我国，化工企业安全生产最重要的两个法律条文是《中华人民共和国安全生产法》

（2014年修订版）和《危险化学品安全管理条例》（2013年修订版），这两个法规与有关部门发布的、与《危险化学品安全管理条例》配套的规章制度构成了我国化学品安全管理的基本构架。

1. 落实安全生产责任制

在我国，化工企业安全生产实行"全员安全生产责任制"。《中华人民共和国安全生产法》第四条明确规定："生产经营单位必须遵守本法和其他有关安全生产的法律、法规，加强安全生产管理，建立、健全安全生产责任制度，完善安全生产条件，确保安全生产"。《化工（危险化学品）企业保障生产安全十条规定》（安监总政法［2017］15号）第二条要求"必须建立健全并严格落实全员安全生产责任制"。

安全生产责任制是企业中最基本的一项安全制度，是企业安全生产管理规章制度的核心。所谓安全生产责任制就是各级领导应对本单位安全工作负总的领导责任，以及各级工程技术人员、职能科室和生产工人在各自的职责范围内，对安全工作承担相应的责任。特别是化工企业，各级各类部门、岗位均要制定安全生产责任制，做到职责明确，责任到人。

（1）企业各级领导的责任　企业安全生产责任制的核心是实现安全生产的"五同时"，即在计划、布置、检查、总结、评比中，生产和安全同时进行。安全工作必须由行政一把手负责，厂、车间、班、工段、小组的各级一把手都是第一责任人。

在制定安全生产职责时，各级领导职责要明确。如厂长的安全生产职责、分管生产安全工作的副厂长的安全生产职责、其他副厂长的安全生产职责、总工程师的安全生产职责、车间主任的安全生产职责、工段长的安全生产职责、班组长的安全生产职责等。

各级领导根据各自分管业务工作范围负相应的责任。如果发生事故，视事故后果的严重程度和失职程度，由行政机关进行行政处理乃至司法机关追究法律责任。

（2）各业务部门的职责　企业单位中的生产、技术、设计、供销、运输、教育、卫生、基建、机动、情报、科研、质量检查、劳动工资、环保、人事组织、宣传、外办、企业管理、财务等有关专职机构，都应在各自工作业务范围内，对实现安全生产的要求负责。

同理，在制定安全生产职责时，各业务部门的职责也必须明确。如安全技术部门的安全生产职责、生产计划部门的安全生产职责、技术部门的安全生产职责、设备动力部门的安全生产职责、人力资源部门的安全生产职责等。

（3）生产操作工人的安全生产职责　生产操作工人在生产第一线，是安全生产核心。在制定安全生产职责时，要从遵守劳动纪律，执行安全规章制度和安全操作规程，不断学习，增强安全意识，提高操作技术水平，积极开展技术革新，及时反映、处理不安全问题，拒绝接受违章指挥，提合理化建议，改善作业环境和劳动条件等方面提出要求。

2. 严格执行安全教育

《中华人民共和国安全生产法》第二十一条规定：生产经营单位应当对从业人员进行安全生产教育和培训，保证从业人员具备必要的安全生产知识，熟悉有关的安全生产规章制度和安全操作规程，掌握本岗位的安全操作技能。未经安全生产教育和培训合格的从业人员，不得上岗作业。第二十二条规定：生产经营单位采用新工艺、新技术、新材料或者使用新设备，必须了解、掌握其安全技术特性，采取有效的安全防护措施，并对从业人员进行专门的安全生产教育和培训。第五十条规定：从业人员应当接受安全生产教育和培训，掌握本职工作所需的安全生产知识，提高安全生产技能，增强事故预防和应急处理能力。

《生产经营单位安全培训规定》(2015年修订版)第四条规定：生产经营单位应当进行安全培训的从业人员包括主要负责人、安全生产管理人员、特种作业人员和其他从业人员。未经安全培训合格的从业人员，不得上岗作业。

目前，化工企业安全教育主要包括入厂教育（三级安全教育)、日常教育和特殊教育三种形式。

（1）入厂教育　新入厂人员（包括新工人、合同工、临时工、外包工和培训、实习、外单位调入本厂人员等)，均须经过厂、车间（科)、班组（工段）三级安全教育。

① 厂级教育（一级)。教育内容包括：党和国家有关安全生产的方针、政策、法规、制度及安全生产重要意义；本单位安全生产情况及安全生产基本知识，本单位安全生产规章制度和劳动纪律，从业人员安全生产权利和义务，有关事故案例，本单位事故应急救援、事故应急预案演练及防范措施等内容。经考试合格，方准分配到车间或部门。

② 车间级教育（二级)。教育内容包括：工作环境及危险因素，所从事工种可能遭受的职业伤害和伤亡事故，所从事工种的安全职责、操作技能及强制性标准，自救互救、急救方法、疏散和现场紧急情况的处理，安全设备设施、个人防护用品的使用和维护，本车间（工段、区、队）安全生产状况及规章制度，预防事故和职业危害的措施及应注意的安全事项，有关事故案例，其他需要培训的内容。经考试合格，方准分配到班组、岗位。

③ 班组（工段）级教育（三级)。教育内容包括：岗位安全操作规程，岗位之间工作衔接配合的安全与职业卫生事项，有关事故案例，其他需要培训的内容。

每一级的教育时间，均应达到《生产经营单位安全培训规定》的要求，或者按行业相关规定执行。厂内调动（包括车间内调动）及离岗一年以上的职工，必须对其重新进行车间级和班组级安全教育，其后进行岗位培训，考试合格，成绩记入“安全作业证”内，方准上岗作业。

（2）日常教育　即经常性的安全教育。企业内的经常性安全教育可按下列形式实施。

① 可通过举办安全技术和工业卫生学习班，充分利用安全教育室，采用展览、宣传画、安全专栏、报刊杂志等多种形式，以及先进的电化教育手段，开展对职工的安全和工业卫生教育。

② 企业应定期开展安全活动，班组安全活动确保每周一次。

③ 在大修或重点项目检修，以及重大危险性作业（含重点施工项目）时，安全技术部门应督促指导各检修（施工）单位进行检修（施工）前的安全教育。

④ 总结发生事故的规律，有针对性地进行安全教育。

⑤ 对于有违章及重大事故责任者和工伤复工人员，应由所属单位领导或安全技术部门进行安全教育。

（3）特殊教育　《生产经营单位安全培训规定》(2015年修订版）第十八条规定：生产经营单位的特种作业人员，必须按照国家有关法律、法规的规定接受专门的安全培训，经考核合格，取得特种作业操作资格证书后，方可上岗作业。其中，特种作业是指容易发生事故，对操作者本人、他人的安全健康及设备、设施的安全可能造成重大危害的作业。根据《特种作业人员安全技术培训考核管理规定》(2015年修订版)，特种作业人员必须接受与其所从事的特种作业相应的安全技术理论培训和实际操作培训，并考核合格，取得《中华人民共和国特种作业操作证》后，方可上岗作业。特种作业人员在进行作业时，必须随身携带“特种作业操作证”。特种作业操作证有效期为6年，每3年复审1次。

3. 强化安全检查

《中华人民共和国安全生产法》对安全检查工作提出了明确要求和基本原则，其中第四十三条规定：生产经营单位的安全生产管理人员应当根据本单位的生产经营特点，对安全生产状况进行经常性检查；对检查中发现的安全问题，应当立即处理；不能处理的，应当及时报告本单位有关负责人，有关负责人应当立即处理。检查及处理情况应当如实记录在案。

化工生产企业的安全检查还应结合行业特点按照相关规定执行，除进行经常性的检查外，每年还应进行群众性的综合检查、专业检查、季节性检查和日常检查。

(1) 综合检查　分厂、车间、班组三级，厂级（包括节假日检查）每年不少于四次；车间级每月不少于一次；班组（工段）级每周一次。

(2) 专业检查　应分别由各专业部门的主管领导组织本系统人员进行，每年至少进行两次，内容主要是对锅炉及压力容器、危险物品、电气装置、机械设备、厂房建筑、运输车辆、安全装置以及防火防爆、防尘防毒等进行专业检查。

(3) 季节性检查　分别由各业务部门的主管领导，根据当地的地理和气候特点组织本系统人员对防火防爆、防雨防洪、防雷电、防暑降温、防风及防冻保暖工作等进行预防性季节检查。

(4) 日常检查　分岗位工人检查和管理人员巡回检查。各种安全检查均应编制相应的安全检查表，并按检查表的内容逐项检查。安全检查后，各级检查组织和人员，对查出的隐患都要逐项分析研究，并落实整改措施。

4. 编制安全技术措施计划

(1) 计划编制　安全技术措施计划的编制应依据国家发布有关法律、法规和行业主管部门发布的制度及标准等，根据本单位目标及实际情况进行可行性分析论证。安全技术措施计划范围主要包括：

① 以防止火灾、爆炸、工伤事故为目的的一切安全技术措施；

② 以改善劳动条件、预防职业病和职业中毒为目的的一切工业卫生技术措施；

③ 安全宣传教育、技术培养计划及费用；

④ 安全科学技术研究与试验、安全卫生检测等。

(2) 计划审批　由车间或职能部门提出车间年度安全技术措施项目，指定专人编制计划、方案报安全技术部门审查汇总。安全技术部门负责编制企业年度安全技术措施计划，报总工程师或主管厂长审核。

主管安全生产的厂长或经理（总工程师），应召开工会、有关部门及车间负责人会议，研究确定年度安全技术措施项目，各个项目的资金来源，计划单位及负责人，施工单位及负责人，竣工或投产使用日期等。

经审核批准的安全技术措施项目，由生产计划部门在下达年度计划时一并下达。车间每年应在第三季度开始着手编制出下一年度的安全技术措施计划，报企业上级主管部门审核。

(3) 项目验收　安全技术措施项目竣工后，经试运行三个月，使用正常后，在生产厂长或总工程师领导下，由计划、技术、设备、安全、防火、工业卫生、工会等部门会同所在车间或部门，按设计要求组织验收，并报告上级主管部门。必要时，邀请上级有关部门参加验收。使用单位应对安全技术措施项目的运行情况写出技术总结报告，对其安全技术及其经济技术效果和存在问题做出评价。安全技术措施项目经验收合格投入使用后，应纳入正常管理。

5. 事故调查分析

（1）事故调查 对各类事故的调查分析应本着“三不放过”的原则，即事故原因不清不放过、事故责任人没有受到教育不放过、防范措施不落实不放过。事故调查中应注意以下几点。

① 保护现场。事故发生后，要保护好现场，以便获得第一手资料。

② 广泛了解情况。调查人员应向当事人和在场的其他人员以及目击者广泛了解情况，弄清事故发生的详细情节，了解事故发生后现场指挥、抢救与处理情况。

③ 技术鉴定和分析化验。调查人员到达现场应责成有关技术部门对事故现场检查的情况进行技术鉴定和分析化验工作，如残留物组成及性质、空间气体成分、材质强度及变化等。

④ 多方参加。参加事故调查的人员组成应包括多方人员，分工协作，各尽其职，认真负责。

（2）事故原因分析 事故发生的原因主要有以下几个方面。

① 组织管理方面。劳动组织不当，环境不良，培训不够，工艺操作规程不合理，防护用具缺失，标志不清等。

② 技术方面。工艺过程不完善，生产过程及设备没有保护和保险装置，设备缺陷、设备设计不合理或制造有缺陷，作业工具使用不当、操作工具使用不当或配备不当等。

③ 卫生方面。生产厂房空间不够，气象条件不符合规定，操作环境中照明不够或照明设置不合理，由于噪声和振动造成操作人员心理上变化，卫生设施不够，如防尘、防毒设施不完善等。

三、安全目标管理

目标管理是让企业管理人员和工人参与制定工作目标，并在工作中实行自我控制，努力完成工作目标的管理方法。

安全目标管理是目标管理在安全管理方面的应用，是企业确定在一定时期内应该达到的安全生产总目标，并分解展开、落实措施、严格考核，通过组织内部自我控制达到安全生产目的的一种安全管理方法。它以企业总的安全管理目标为基础，逐级向下分解，使各级安全目标明确、具体，各方面关系协调、融洽，把企业的全体职工都科学地组织在目标之内，使每个人都明确自己在目标体系中所处的地位和作用，通过每个人的积极努力来实现企业安全生产目标。

1. 安全管理目标的制定

制定安全管理目标要有广大职工参与，领导与群众共同商定切实可行的工作目标。安全目标要具体，根据实际情况可以设置若干个，例如事故发生率指标、伤害严重度指标、事故损失指标或安全技术措施项目完成率等。但是，目标不宜太多，以免精力过于分散。应将重点工作首先列入目标，并将各项目标按其重要性分成等级或序列。各项目标应能量化，以便考核和衡量。

企业制定安全管理目标的主要依据有：

① 国家的方针、政策、法令；

② 上级主管部门下达的指标或要求；

③ 同类兄弟厂的安全情况和计划动向；

④ 本厂情况的评价，如设备、厂房、人员、环境等；

⑤ 历年本厂工伤事故情况；

⑥ 企业的长远安全规划。

安全管理目标确定之后，还要把它变成各科室、车间、工段、班组和每个职工的分目标。安全管理目标分解过程中，应注意下面几个问题：

① 每个分目标与总目标要密切配合，直接或间接地有利于总目标的实现；

② 各部门或个人的分目标之间要协调平衡，避免相互牵制或脱节；

③ 各分目标要能够激发下级部门和职工的工作欲望和充分发挥其工作能力，应兼顾目标的先进性和实现的可能性。

安全管理目标展开后，实施目标的部分应该对目标中各重点问题编制一个“实施计划表”。实施计划表中，应包括实施该目标时存在的问题和关键，必须采取的措施项目、要达到的目标值、完成时间、负责执行的部门和人员，以及项目的重要程度等。

安全管理目标确定之后，为了使每个部门的职工明确工厂为实现安全目标需要采取的措施，明确各部门之间的配合关系，厂部、车间、工段和班组都要绘制安全管理目标展开图，以及班组安全目标图。

2. 安全管理目标的实施

目标实施阶段其主要工作内容包括以下三个部分。

(1) *明确目标*　根据目标展开情况相应地对下级人员授权，使每个人都明确在实现总目标的过程中自己应负的责任，行使这些权力，发挥主动性和积极性去实现自己的工作目标。

(2) *加强领导和管理*　实施过程中，采用控制、协调、提取信息并及时反馈的方法进行管理，加强检查与指导。

(3) *严格实施*　严格按照实施计划表上的要求来进行工作，使每一个工作岗位都能有条不紊、忙而不乱地开展工作，从而保证完成预期的整体目标。

3. 成果的评价

在达到预定期望或目标完成后，上下级一起对完成情况进行考核，总结经验和教训，确定奖惩实施细则，并为设立新的循环做准备。成果的评价必须与奖惩挂钩，使达到目标者获得物质的或精神的奖励。要把评价结果及时反馈给执行者，让他们总结经验教训。评价阶段是上级进行指导、帮助和激发下级工作热情的最好时机，也是发扬民主管理、群众参与管理的一种重要形式。

相关知识一　化学品安全管理体系简介

一、安全管理

1. 安全管理与企业管理

安全管理是为实现安全生产而组织和使用人力、物力和财力等各种物质资源的过程。利用计划、组织、指挥、协调、控制等管理机能，控制各种物的不安全因素和人的不安全行为，避免发生伤亡事故，保证劳动者的生命安全和健康，保证生产顺利进行。

在企业，安全与生产的关系是：“安全寓于生产之中，安全与生产密不可分；安全促进生产，生产必须安全。”安全性是企业生产系统的主要特性之一。故安全管理是企业管理的一个重要组成部分，企业的安全状况是整个企业综合管理水平的反映。

除此之外，安全管理的根本目的在于防止伤亡事故的发生，它必须遵从于伤亡事故预防的基本原理和原则。

2. 安全管理的基本内容

安全管理主要包括对人的安全管理和对物的安全管理两个方面。

对人的安全管理占有特殊的位置。人是工业伤害事故的受害者，保护生产中人的安全是安全管理的主要目的。同时，人又往往是伤害事故的肇事者，在事故致因中，人的不安全行为占有很大比重，即使是来自物的方面的原因，在物的不安全状态的背后也隐藏着人的行为失误。因此控制人的行为就成为安全管理的重要任务之一。在安全管理工作中，注重发挥人对安全生产的积极性、创造性，对于做好安全生产工作而言，既是重要方法，又是重要保证。

对物的安全管理就是不断改善劳动条件，防止或控制物的不安全状态。采取有效的安全技术措施是实现对物的安全管理的重要手段。

3. 现代安全管理的基本特征

① 强调以人为中心的安全管理，体现以人为本的科学的安全价值观。安全生产的管理者必须时刻牢记保障劳动者的生命安全是安全生产管理工作的首要任务。在实践中，要把安全管理的重点放在激发和激励劳动者对安全的关注，充分发挥其主观能动性和创造性。

② 强调系统的安全管理。也就是要从企业的整体出发，实行全过程、全方位的安全管理，使企业整体的安全生产水平持续提高。

③ 强调文化建设。在安全管理基本制度化体系化后，提升治理能力的重要手段就是文化建设，在物质、制度、行为、观念等方面加强企业安全文化建设。

④ 强调管理信息化。大数据加速了安全信息的处理、监管，并使管理逐渐由定性走向定量。

二、中国化学品安全管理体系

在我国，对化学品的生产、储存、运输到使用、经营、废弃等各环节，从不同层级和角度，颁布并实施了一系列法律法规以及具有法律效力的技术规范，即以各种安全法律法规、技术规范、化学品安全管理制度与规章为核心，对化学品全生命周期实施全方位监管，形成了我国化学品安全管理模式。

（一）化学品安全管理组织与机构

我国化学品安全管理的相关机构和组织主要是各级政府部门、行业协会和其他相关组织与机构，承担管理、监督、协调、咨询、服务和技术支持等职能。

1. 政府管理部门

2018 年，国务院组建应急管理部，不再保留国家安全生产监督管理总局，其中一项重要职能就是负责安全生产综合监督管理和工矿商贸行业安全生产监督管理等。全国性安全生产工作部署、指导与协调的重大问题由应急管理部的议事机构“国务院安全生产委员会”决策。对化学品在生产、加工、使用、储存、销售、运输以及进出口等各个环节的管理由国务院各部门依据《危险化学品安全管理条例》执行。

2. 行业协会

行业协会的主要功能是为行业内的企业、机构提供咨询和服务。相关的主要行业协会有中国化学品安全协会、中国石油和化学工业联合会、中国化工学会、中国化工企业管理协会等，它们按照国家的相关法律、行政法规和协会规章，为化学品生产经营单位提供安全方面的信息、培训等服务，促进生产经营单位加强安全生产管理，协助企业与政府、高校、科研机构以及国际组织之间的沟通和联系。

3. 其他相关组织与机构

由于化学品的安全管理涉及诸多的行业和部门，有些工作必须由跨部门的一些工作机构来协调，如危险化学品安全生产监管部际联席会议（由25个部、委、局等单位组成）、编写国家化学品档案协调组、国家有毒化学品评审委员会、《鹿特丹公约》等公约与协定的国内协调机制（机构）。

（二）化学品安全管理体系与制度框架

我国现行的化工安全管理体系大致由国家发展规划、法律法规与部门规定、标准体系以及我国签署的若干国际公约与协定4部分组成。

1. 国家发展规划

国家每五年都要发布“五年规划纲要”，如《中华人民共和国国民经济和社会发展第十三个五年规划纲要》，提出国家国民经济和社会发展的战略目标，也是我国国家层面指导化工安全生产的纲领性文件。相关部委据此出台了一系列相关规划，如与安全生产或化学品生产有关的规划有《安全生产“十三五”规划》《安全生产应急管理“十三五”规划》《安全生产标准“十三五”发展规划》等，是化工安全管理体系中最重要的组成部分，也是化学品安全管理体系相关法律法规、标准制定的重要依据之一。

2. 法律法规与部门规定

我国化学品安全管理体系中，有关法律、行政法规、部门规定、地方性法规、地方性规定等是其核心部分。其中，《中华人民共和国安全生产法》（2014年修订版）是中华人民共和国境内所有单位、行业、部门安全生产活动的基础性法律；《危险化学品安全管理条例》（2013年修订版）是仅次于《中华人民共和国安全生产法》的法律条文。和化学品安全管理有关的部委发布与《危险化学品安全管理条例》相配套的若干部门规定，从不同的角度落实了对危险化学品的监管，并使《条例》运用更具有可行性和操作性，这些部门规定一起构成了我国化学品安全管理的基本框架。

3. 标准体系

化学品安全标准体系是我国化学品安全管理体系中的重要组成部分。化学品安全管理是全生命周期管理，包括化学品的生产、加工、使用、储存、销售、运输以及进出口等各个环节本身及相关设施设备的管理，标准种类繁多，各项要求又各不相同，有的是系列标准、有的是单一标准，下面简要介绍我国化学品安全标准体系。

（1）系列标准

① 危险货物管理类系列国家标准。我国的危险货物管理类系列国家标准，基本上是通过对应国际上有关危险货物运输的TDG系列标准援引、转化而来，其中比较重要的几个标准简介如下。

《危险货物分类和品名编号》（GB 6944—2012），规定了危险货物分类、危险货物危险性的先后顺序和危险货物编号，适用于危险货物运输、储存、经销及相关活动。

《危险货物品名表》(GB 12268—2012)，规定了危险货物品名表的一般要求、结构，列出了运输、储存、经销及相关活动等过程中最常见的危险货物名单，适用于危险货物运输、销存、经销及相关活动。

《危险货物运输包装类别划分方法》(GB 15098—2008)，规定了划分各类危险货物运输包装类别的方法，作为危险货物生产、储存、运输和检验部门对危险货物运输包装进行性能试验和检验时确定包装类别的依据。

《危险货物包装标志》(GB 190—2009)，规定了危险货物包装图示标志的种类、名称尺寸及颜色等，适用于危险货物的运输包装。与此同时，我国还进一步制定了用于鉴别运输货物危险性的一系列试验方法，如《危险品磁性试验方法》《危险品爆炸品摩擦感度试验方法》《危险品爆炸品撞击感度试验方法》《危险品易燃固体自燃试验方法》《危险品喷雾剂泡沫可燃性试验方法》等数十项推荐性国家标准，与发布的危险货物管理类系列国家标准相配套，形成管理我国危险货物运输的系列国家标准体系。

② 化学品分类和标签类系列国家标准。目前我国实施的“化学品分类和标签规范”GB 3000—2013 系列标准，是基于联合国 GHS 第四修订版（2011 版）的中国版 GHS 系列标准。现已发布了 GB 30000.2～GB 30000.29 共计 28 部分内容，GB 30000.1“通则”和 GB 3000.30“化学品作业场所安全警示标志”暂以《化学品分类和危险性公示通则》(GB 13690—2009) 和《化学品作业场所安全警示标志规范》(Q 3047—2013) 中的对应内容分别代替。另外，我国还制订了 4 个关于“化学品标签”和“化学品安全技术说明书”的国家标准，《化学品安全标签编写规定》(GB 15258—2009)、《基于 GHS 的化学品标签规范》(GB/T 22234—2008)、《化学品安全技术说明书　内容和项目顺序》(GB/T 16483—2008)、《化学品安全技术说明书　编写指南》(GB/T 17519—2013)。

③ 化学品检测方法类系列国家标准。化学品安全数据的准确获得与检测方法的规范化、标准化密不可分，是构建化学品安全管理体系的基础。2005 年，我国原卫生部根据《中华人民共和国职业病防治法》和《危险化学品管理条例》等法律法规的规定，组织制订颁发了《化学品毒性鉴定技术规范》(卫监督发［2005］272 号)，规定了化学品毒性鉴定的毒理学检测程序、项目和方法，明确了其适用范围。

近年来，我国陆续发布了一系列涉及化学品毒性危害检测试验方法类的国家标准，制定统一的、与国际接轨的检测方法，确保化学品安全数据的可靠性和一致性。如化学品毒性检测方法（系列）(GB/T 21603～21610—2008) 中的《化学品急性经口毒性试验方法》(GB/T 21603—2008)、《化学品急性皮肤刺激性/腐蚀性试验方法》(GB/T 21604—2008) 以及《化学品急性吸入毒性试验方法》(GB/T 21605—2008) 等。

④ 良好实验室规范系列国家标准。良好实验室规范系列国家标准就是国际 GLP(Good Laboratory Practice) 实验室规范，包括实验室建设、设备和人员条件、各种管理制度和操作规程，以及实验室及其出证资格的认可等。2008 年，我国发布了 15 项“良好实验室规范（GLP）”系列国家标准（GB/T 22274.1～3、GB/T 22275.1～7、GB/T 22272、GB/T 22273、GB/T 22276、GB/T 22277、GB/T 22278)。

(2) 单一标准　《危险化学品重大危险源辨识》(GB 18218—2018) 规定了辨识危险化学品重大危险源的依据和方法，适用范围为生产、储存、使用和经营危险化学品的生产经营单位。标准对 7 个重要术语如“危险化学品”“单元”“临界量”“危险化学品重大危险源”

“生产单元”“储存单元”“混合物”给出了准确定义；列出了对危险化学品重大危险源进行辨识的85种“危险化学品名称及其临界量”和“健康危害”与“物理危害”的12类“危险化学品名称及其临界量”、辨识指标、分级；并附录了危险化学品重大危险源辨识流程。

（3）国际公约与协定　国际公约与协定指的是我国签署并实施的直接与化学品管控相关的若干重要国际文书，是我国在控制化学品对人类健康和环境造成危害的人类共同行动中，对国际社会做出的庄严承诺，是我国化学品安全管理的基本框架之一。我国境内所涉行业、企业等必须依据公约与协定中的约束性条款，遵照执行。主要包括《维也纳公约》《蒙特利尔议定书》《巴塞尔公约》《鹿特丹公约》《斯德哥尔摩公约》《关于汞的水俣公约》以及《作业场所安全使用化学品公约》等。

三、国际化学品安全管理体系

随着经济全球化进程的不断加快，化学品伤害事件的影响也由过去的一时、一地逐步发展到持续、多国、跨地区，使其成为国际社会需要共同面对的全球性严重问题。为此，联合国及其所属机构、国际劳工组织、欧盟等国际组织以及世界各国政府，均从不同层面制定并颁布施行了一系列化学品安全方面的法律法规、技术条例与各级标准，以期尽可能地降低化学品的安全风险，减少其对人身和环境的危害。

1. 国际化学品安全管理组织与机构

国际上，化学品管理相关组织、机构众多，既有代表各国、各地区的政府组织机构，也有反映民间意愿的非政府组织，有全球性的、也有若干国家组成的地区级的，从不同层面为共同保护环境，消除化学品对人类可能造成的伤害来制定相关管理规范。影响较大的国际组织主要有国际劳工组织（ILO）、世界卫生组织（WHO）、联合国环境规划署（UNEP）、联合国危险货物运输专家委员会（UN　CETDG）、联合国政府间化学品安全论坛（IFCS）、国际化学品管理战略方针制定工作筹备委员会（SAICM/ PREPCOM）、欧盟（EU）及其与化学品管理相关的附属机构。

为了对劳动者提供劳动保护，国际劳工组织最先要求对危险化学品制定管理规范，并提出了相关问题的应对政策。为了促进国际贸易中危险货物的安全流通，联合国经济及社会理事会设立了联合国危险货物运输专家委员会，专门研究国际危险货物安全运输问题，每两年出版一次的《关于危险货物运输的建议书·规章范本》规定的危险货物分类、编号、包装、标志、标签、托运程序等得到国际普遍接受和广泛应用。2001年，联合国危险货物运输专家委员会改组为联合国危险货物运输和全球化学品统一分类标签制度专家委员会（UN　CETDG/GHS），委员会下设两个分委员会，即联合国全球化学品统一分类标签制度专家分委员会（UN　SCEGHS）和联合国危险货物运输专家分委员会（UN　SCETDG），一直运行至今。

除全球范围国际组织以外，作用和影响最大的区域组织当属欧盟及其下设机构，包括欧盟理事会、欧洲议会、欧洲法院、欧盟委员会以及欧洲化学品管理局（ECHA）。欧盟拥有全球范围内最健全的化学品管理法规及最完善的管理体制，特别是《化学品的注册、评估、授权和限制》（REACH），对进入欧盟市场的所有化学品进行预防性管理；《欧洲议会和欧盟理事会关于化学品注册、评估、许可和限制（REACH）的测试方法法规》为化学品提供系统的理化、毒理、降解蓄积和生态毒理测试方法；《物质和混合物的分类、标签和包装法规》作为配合REACH法规实施、执行联合国GHS制度的欧盟文本。这三部法规相辅相成，构成了欧盟化学品管理法规体系的基本框架。

欧洲化学品管理局（ECHA）是欧盟为实施 REACH 法规专门设立的欧盟执法部门。

2. 国际化学品安全管理体系与制度框架

国际化学品安全管理的基础主要是一系列纲领性的、有指导意义的政治文件，或实施计划、专业技术规范以及国家间达成的一系列公约协议，这些国际文书中的条款和规章一起构成了国际化学品管理体系和框架，并成为各国化学品安全管理体系的依据和参考。

(1)《21 世纪议程》 1992 年，联合国召开的联合国环境与发展会议上通过了《21 世纪议程》(Agenda 21) 的重要政治文件，明确了人类在环境保护与可持续发展之间应做出的选择行动方案。《21 世纪议程》全文分为序言和 4 个部分，共 40 章内容，其中第 2 部分第 19 章的标题是“有毒化学品的无害环境管理，包括防止在国际上非法贩运有毒的危险产品”，内含 76 条内容，专门叙述了化学品的管理问题。在《21 世纪议程》倡议下，成立了联合国政府间化学品安全论坛（IFCS）以及化学品无害化管理组织间方案（IONIC）这两个重要的国际化学品管理组织与协调机制，签署或制定了《关于在国际贸易中对某些危险化学品和农药采用事先知情同意程序的鹿特丹公约》(简称《鹿特丹公约》)和《全球化学品统一分类和标签制度》等多项有关化学品管控的国际公约、协定或框架制度。

(2)《可持续发展问题世界首脑会议实施计划》 2002 年，可持续发展世界首脑会议通过了具有里程碑意义的《可持续发展问题世界首脑会议实施计划》，明确了未来一段时间人类拯救地球、保护环境、消除贫困、促进繁荣的具体路线图。在《计划》的第 3 部分“改变不可持续的消费和生产方式”中，重申了《21 世纪议程》提出的承诺，对化学品在整个生命周期中进行良好管理，对危险废物实施健全管理，尽可能减少化学品的使用和生产对人类健康和环境产生严重的有害影响；同时要通过提供技术和资金援助支持发展中国家加强健全管理化学品和危险废物的能力。在《计划》的第 4 部分“保护和管理经济与社会发展所需的自然资源基础”中，要求促进《关于消耗臭氧层物质的蒙特利尔议定书》(简称《蒙特利尔议定书》) 的实施，支持《保护臭氧层维也纳公约》(简称《维也纳公约》)和《关于消耗臭氧层物质的蒙特利尔议定书》的有效运作。

《可持续发展问题世界首脑会议实施计划》旨在通过制定宏观的规划措施，减少并控制包括工业活动在内的人类行为对人类和环境造成的负面影响，建设可持续发展的人类社会。

(3)《维也纳公约》和《蒙特利尔议定书》 《维也纳公约》和《蒙特利尔议定书》分别是国际社会于 1985 年和 1987 年签订的，旨在通过国际协同合作，共同保护大气臭氧层、淘汰消耗臭氧层的化学物质。中国于 1991 年 6 月 14 日加入《蒙特利尔议定书》。

(4)《巴塞尔公约》 《巴塞尔公约》的全称是《控制危险废物越境转移及其处置巴塞尔公约》，1989 年在联合国环境规划署（UNEP）召开的世界环境保护会议上通过，1992 年 5 月正式生效，1995 年修正。目前，国际上已逐步建设了控制危险物越境转移的法律框架，颁布了环境无害化管理技术准则和手册、建设和发展区域两中心等机制，有效地制止了危险废物越境转移，促进了危险废物环境无害化管理。中国于 1990 年 3 月 22 日加入《巴塞尔公约》。

(5)《鹿特丹公约》 《鹿特丹公约》的全称是《关于在国际贸易中对某些危险化学品和农药采用事先知情同意程序的鹿特丹公约》，由联合国环境规划署和联合国其他组织制定，于 2004 年生效。目的是促使各缔约方在公约关注的化学品的国际贸易中分担责任和开展合作，就国际贸易中的某些危险化学品的特性进行充分沟通与交流，为此类化学品的进出口规定一套国家决策程序并将这些决定通知缔约方，保护包括消费者和工人健康在内的人类健康和环境免受国际贸易中某些危险化学品和农药的潜在有害影响。《鹿特丹公约》2005年对中国正式生效。

（6）《斯德哥尔摩公约》　《斯德哥尔摩公约》的全称是《关于持久性有机污染物的斯德哥尔摩公约》，联合国环境规划署主持下签署的，旨在制止持久性有机污染物对人类及环境造成危害的国际公约，这些有机污染物能通过各种环境介质（大气、水、生物体等）长距离迁移，具有长期残留性、生物蓄积性、挥发性和高毒性，且能通过食物链积聚，对人类健康和环境具有严重危害。公约对中国于2004年生效。

（7）《关于汞的水俣公约》　《关于汞的水俣公约》也称《国际汞公约》《水俣汞防治公约》《水俣汞公约》，是继《巴塞尔公约》和《鹿特丹公约》等多边国际环境协议后达成的又一项极为重要的国际公约。公约于2013年在联合国环境署外交大会上签署，目的是保护人类健康和环境免受汞和汞化合物人为排放及释放的危害，对含汞类产品的生产、使用进行了限制。公约规定，2020年前禁止生产和进出口的含汞类产品。2016年全国人大常委会批准了中国加入该公约。

（8）《作业场所安全使用化学品公约》　《作业场所安全使用化学品公约》（C170或170公约），1990年国际劳工局理事会第77届会议上通过，公约对“化学品”的定义是“可能使工人接触化学制品的任何作业活动，包括化学品的生产、化学品的搬运、化学品的储存、化学品的运输、化学品废料的处置或处理、因作业活动导致的化学品的排放以及化学品设备和容器的保养、维修和清洁”，公约的适用范围是“使用化学品的所有经济活动部门，包括公共服务机构”，分别规定了主管当局的权力、雇主的责任和工人的义务。

《作业场所安全使用化学品公约》旨在保护劳动者的基本权益与安全，使之免受作业所需化学品的伤害，为各国制定相应的劳保标准提供法律框架与实施建议。1994年全国人大常委会批准了中国加入该公约。

（9）《国际化学品管理战略方针》　《国际化学品管理战略方针》是为全面推动国际层面化学品管理进程，促进化学品的良性管理、减少化学品对人类健康和环境的有害影响，实现可持续发展问题世界首脑会议制定的目标提供了一个基本的政策框架。《国际化学品管理战略方针》核心内容由《迪拜宣言》、《总体政策战略》和《全球行动计划》3部分构成。

（10）《全球化学品统一分类和标签制度》　《全球化学品统一分类和标签制度》（GHS）是由联合国出版的一套指导各国控制化学品危害和保护人类健康与环境的规范性文件，其核心是全球统一的化学品分类和危险性公示体系。目前的最新版本是2015年的第6次修订版。GHS的适用对象包括化学品的使用者、消费者、运输工人以及需要应对紧急情况的相关人员。GHS分类适用于所有的化学物质、稀释溶液以及化学物质组成的混合物（药物、食品添加剂、化妆品、食品中残留的杀虫剂等因属于有意识摄入，不属于GHS协调范围）。

GHS可归纳为分类原则和危险性公示体系两大部分。基于物理、健康、环境标准，GHS将化学品的危险性分为28个类别：物理危险（16类）、健康危险（10类）、环境危险（2类）。常见的化学品危险性信息公示方式有培训、标签和安全数据单。培训是最重要最有效的，标签简洁形象、使用方便，化学品安全技术说明书专业性强、信息全面、内容丰富。标签的要素包括图形符号、警示词和危险说明，GHS还要求化学品的供应商或生产厂家要提供产品标识符、供应商标识和防范说明。化学品安全技术说明书提供的信息包括化学品及企业标识，危险性概述，组成/成分信息，急救措施，消防措施，泄漏应急处理，操作处置与储存，接触控制/个体防护，理化特性，稳定性和反应性，毒理学信息，生态学信息，废弃处置，运输信息，法规信息和其他信息。

(11)《国际危规》 联合国《关于危险货物运输的建议书》是目前各国政府以及联合国各有关机构制定危险货物运输法律法规的基础，内容包括《关于危险货物运输的建议书·规章范本》和《关于危险货物运输的建议书·试验和标准手册》。其中，因《关于危险货物运输的建议书·规章范本》具有普适性与权威性，目前与危险货物运输相关的各种国际规则、各国制定出台的法律法规等，均在框架、格式、范式上形成统一向其靠拢。

《国际危规》是联合国《关于危险货物运输的建议书·规章范本》《国际海运危险货物规则》《国际空运危险货物规则》《国际公路运输危险货物协定》《国际铁路运输危险货物规则》和《国际内河运输危险货物协定》6部有关危险货物运输的国际规则文本的简称。

相关知识二 生产安全事故等级划分及责任追究制度

1. 生产安全事故的等级划分

根据《生产安全事故报告和调查处理条例》（中华人民共和国国务院令第493号，自2007年6月1日起施行），生产安全事故一般分为以下等级：

① 特别重大事故，是指造成30人以上死亡，或者100人以上重伤（包括急性工业中毒，下同），或者1亿元以上直接经济损失的事故；

② 重大事故，是指造成10人以上30人以下死亡，或者50人以上100人以下重伤，或者5000万元以上1亿元以下直接经济损失的事故；

③ 较大事故，是指造成3人以上10人以下死亡，或者10人以上50人以下重伤，或者1000万元以上5000万元以下直接经济损失的事故；

④ 一般事故，是指造成3人以下死亡，或者10人以下重伤，或者1000万元以下直接经济损失的事故。

上述分级中所称的“以上”包括本数，所称的“以下”不包括本数。

2. 事故报告与现场处理

事故发生后，事故现场有关人员应当立即向本单位负责人报告，单位负责人接到报告后，应当于1h内向事故发生地县级以上人民政府安全生产监督管理部门和负有安全生产监督管理职责的有关部门报告。

情况紧急时，事故现场有关人员可以直接向事故发生地县级以上人民政府安全生产监督管理部门和负有安全生产监督管理职责的有关部门报告。

事故报告应当及时、准确、完整，任何单位和个人对事故不得迟报、漏报、谎报或者瞒报。

事故发生后，有关单位和人员应当妥善保护事故现场以及相关证据，任何单位和个人不得破坏事故现场、毁灭相关证据。因抢救人员、防止事故扩大以及疏通交通等原因，需要移动事故现场物件的，应当做出标志，绘制现场简图并做出书面记录，妥善保存现场重要痕迹、物证。

3. 相关法律责任

根据《生产安全事故报告和调查处理条例》第三十六条的规定：事故发生单位及其有关

人员有下列行为之一的，对事故发生单位处100万元以上500万元以下的罚款；对主要负责人、直接负责的主管人员和其他直接责任人员处上一年年收入60%至100%的罚款；属于国家工作人员的，并依法给予处分；构成违反治安管理行为的，由公安机关依法给予治安管理处罚；构成犯罪的，依法追究刑事责任。

① 谎报或者瞒报事故的；

② 伪造或者故意破坏事故现场的；

③ 转移、隐匿资金或财产，或者销毁有关证据、资料的；

④ 拒绝接受调查或者拒绝提供有关情况和资料的；

⑤ 在事故调查中作伪证或者指使他人作伪证的；

⑥ 事故发生后逃匿的。

任务二　化工企业安全文化建设

知识目标：能说明企业安全文化建设的基本内容、基本要求，解读我国化学品生产的安全管理体系。

能力目标：初步具备根据化工企业安全文化建设目标编写实施方案的能力；初步具备较准确地发布安全文化建设评价报告的能力。

安全文化是1986年国际原子能机构在总结切尔诺贝利事故中关于人为因素的基础上提出的，是“存在于单位和个人的种种特性和态度的总和”，或者定义为“安全文化是人类在生产生活过程中形成的，保护人生命和健康且被广泛认同和共享的安全理念、安全制度、安全行为和安全环境的总称”。安全文化建设得到了企业认可，并逐渐发展建立了企业安全文化，即“被企业组织的员工群体所共享的安全价值观、态度、道德和行为规范组成的统一体”。

在我国，除了在法律法规及制度规范上高度重视安全生产，还在大学学科建设和安全文化建设上做出了具体安排，《安全生产“十三五”规划》（国办发［2017］3号）明确提出要“完善‘安全科学与工程’一级学科”，要求“大力倡导安全文化，鼓励和引导社会力量参与安全文化产品创作和推广。广泛开展面向群众的安全教育活动，推动安全知识、安全常识进企业、进学校、进机关、进社区、进农村、进家庭。”

一、企业安全文化建设的基本原则

企业安全文化建设就是通过综合的组织管理等手段，使企业的安全文化不断进步和发展的过程。为了引导和促进企业安全文化建设，原国家安全生产监督管理总局发布了《企业安全文化建设导则》（AQ/T 9004—2008）、《企业安全文化建设评价准则》（AQ/T 9005—2008）两个安全生产行业标准，进一步规范了企业安全文化建设。

对于一个具有以严格的安全生产规章或程序为基础，实现在法律和政府监管符合性要求之上的安全自我约束，最大限度地减小生产安全事故风险；对寻求和保持卓越的安全绩效做出全员承诺并付诸实践；使自己确信能从任何安全异常和事件中获取经验并改正与此相关的所有缺陷的愿望的企业，安全文化建设应符合以下三个方面的要求。

1. 总体要求

企业在安全文化建设过程中，应充分考虑自身内部的和外部的文化特征，引导全体员工的安全态度和安全行为，实现在法律和政府监管要求之上的安全自我约束，通过全员参与实现企业安全生产水平持续进步。企业安全文化建设的总体模式如图 10-1 所示。

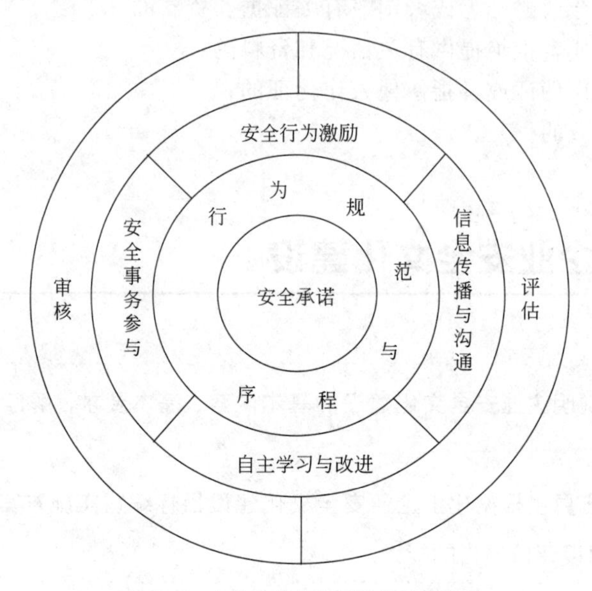

图 10-1 企业安全文化建设的总体模式

2. 企业安全文化建设基本要素

（1）安全承诺 企业应建立包括安全价值观、安全愿景、安全使命和安全目标等在内的安全承诺。企业的领导者应对安全承诺做出有形的表率，应让各级管理者和员工切身感受到领导者对安全承诺的实践。企业的各级管理者应对安全承诺的实施起到示范和推进作用，形成严谨的制度化工作方法，营造有益于安全的工作氛围，培育重视安全的工作态度。企业的员工应充分理解和接受企业的安全承诺，并结合岗位工作任务实践这种安全承诺。企业应将自己的安全承诺传达到相关方。必要时应要求供应商、承包商等相关方提供相应的安全承诺。

（2）行为规范与程序 企业内部的行为规范是企业安全承诺的具体体现和安全文化建设的基础要求。企业应确保拥有能够达到和维持安全绩效的管理系统，建立清晰界定的组织结构和安全职责体系，有效控制全体员工的行为。程序是行为规范的重要组成部分。企业应建立必要的程序，以实现对与安全相关的所有活动进行有效控制的目的。

（3）安全行为激励 企业在审查和评估自身安全绩效时，除使用事故发生率等消极指标外，还应使用旨在对安全绩效给予直接认可的积极指标。员工应该受到鼓励，在任何时间和地点，挑战所遇到的潜在不安全实践，并识别所存在的安全缺陷。企业宜建立员工安全绩效评估系统，应建立将安全绩效与工作业绩相结合的奖励制度。企业宜在组织内部树立安全榜样或典范，发挥安全行为和安全态度的示范作用。

（4）安全信息传播与沟通 企业应建立安全信息传播系统，综合利用各种传播途径和方式，提高传播效果。企业应优化安全信息的传播内容，将组织内部有关安全的经验、实践和概念作为传播内容的组成部分。企业应就安全事项建立良好的沟通程序，确保企业与政府监管机构和相关方、各级管理者与员工、员工相互之间的沟通。

（5）自主学习与改进　企业应建立有效的安全学习模式，实现动态发展的安全学习过程，保证安全绩效的持续改进。安全自主学习过程的模式如图 10-2 所示。企业应建立正式的岗位适任资格评估和培训系统，确保全体员工充分胜任所承担的工作。企业应将与安全相关的任何事件，尤其是人员失误或组织错误事件，当作能够从中取经验教训的宝贵机会与信息资源，从而改进行为规范和程序，获得新的知识和能力。应鼓励员工对安全问题予以关注，进行团队协作，利用既有知识和能力，辨识和分析可供改进的机会，对改进措施提出建议，并在可控条件下授权员工自主改进。经验教训、改进机会和改进过程的信息宜编写到企业内部培训课程或宣传教育活动的内容中，使员工广泛知晓。

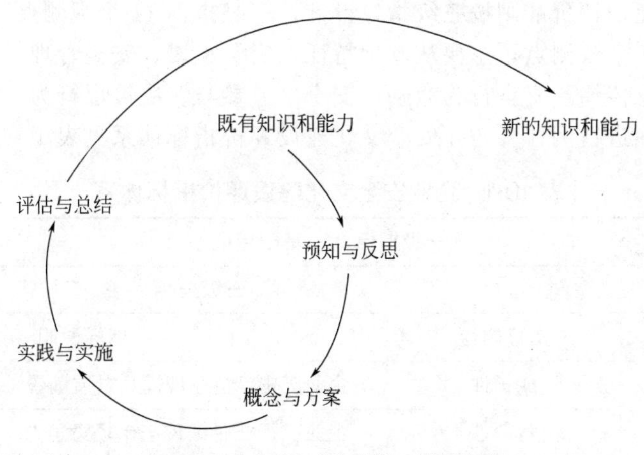

图 10-2　企业安全自主学习过程模式

（6）安全事务参与　全体员工都应认识自己负有对自身和同事安全做出贡献的重要责任。员工对安全事务的参与是落实这种责任的最佳途径。所有承包商对企业的安全绩效改进均可做出贡献。企业应建立让承包商参与安全事务和改进过程的机制。

（7）审核与评估　企业应对自身安全文化建设情况进行定期的全面审核，包括企业安全文化建设过程的有效性和安全绩效结果，确定并落实整改不符合、不安全实践和安全缺陷的优先次序及识别新的改进机会，必要时应鼓励相关方实施这些优先次序和改进机会以确保其安全绩效与企业协调一致。在安全文化建设过程中及审核时，应采用有效的安全文化评估方法，关注安全绩效下滑的前兆，给予及时的控制和改进。

3. 推进与保障

（1）规划与计划　企业应充分认识安全文化建设的阶段性、复杂性和持续改进性，由最高领导人组织制定推动本企业安全文化建设的长期规划和阶段性计划。规划和计划应在实施过程中不断完善。

（2）保障条件　企业应充分提供安全文化建设的保障条件，包括明确安全文化建设的领导职能，建立领导机制；确定负责推动安全文化建设的组织机构与人员，落实其职能；保证必需的建设资金投入；配置适用的安全文化信息传播系统。

（3）推动骨干的选拔和培养　企业宜在管理者和普通员工中选拔和培养一批能够有效

推动安全文化发展的骨干，承担辅导和鼓励全体员工向良好的安全态度和行为转变的职责。

二、企业安全文化建设的评价准则

安全文化评价是为了解企业安全文化现状或企业安全文化建设效果而采取的系统化测评行为，并得出定性或定量的分析结论。企业安全文化建设评价准则是根据与组织的安全绩效有关的或受其安全绩效影响的个人或团体等各相关因素设定可计量指标（定量指标）和非计量指标（定性指标），按该指标的相对重要程度采用数值来赋予权重大小建立的评价指标体系。该体系将企业安全文化建设水平分为六个层级，可通过资料收集及分析、小组座谈、问卷调查、现场观察、材料审核等方法进行测评。

1. 评价指标

企业安全文化建设评价准则按三级指标设计，一级指标 11 个观测点、二级指标 42 个观测点、三级指标 144 个观测点，主要从基础特征、安全承诺、安全管理、安全环境、安全培训与学习、安全信息传播、安全行为激励、安全事务参与、决策层行为、管理层行为、员工层行为共十一个方面进行测评。企业安全文化建设评价指标体系见表 10-1。

表 10-1 企业安全文化建设评价指标体系

一级指标：1. 基础特征		
二级指标	三级指标	
指标内容	指标内容	指标说明
1.1 企业状态特征	成长性	企业历史、企业规模及发展前景
	竞争性	企业在行业中地位与市场竞争力
	盈利性	企业盈利状况及盈利预期
1.2 企业文化特征	开放性	对外来文化和文化变革的态度
	凝聚力	员工对企业和同伴的信赖程度
	沟通交流	注重内部及与外部的沟通交流
	学习氛围	企业及员工对待学习的普遍态度
	行为规范	员工行为方式的规范化程度
1.3 企业形象特征	知名度	企业或品牌在行业排名或社会知晓
	美誉度	企业社会责任的履行
1.4 企业员工特征	教育水平	员工受教育程度
	工作经验	员工平均工作年限或重点岗位员工平均工作年限
	操作技能	操作技能熟练或胜任工作的员工比例
	道德水平	员工职业道德与社会公德水平
1.5 企业技术特征	技术先进	主要技术设备、生产工艺在行业内的先进程度
	技术更新	在技术更新方面的投入与实施
	安全技术	安全工程技术的应用情况

续表

一级指标：1. 基础特征		
二级指标	三级指标	
指标内容	指标内容	指标说明
1.6监管环境	监管力度	地方安全监管部门执法水平与监管能力
	法规完善	地方性安全生产法规体系完善程度
1.7经营环境	人力资源	本地区人力资源供给
	信息资源	本地区可利用信息资源
	经济实力	本地区总体经济发展水平
1.8文化环境	跨民族文化	本地区重要的民族风俗习惯、礼仪传统
	地域文化	本地区显著的区域文化特征
一级指标：2. 安全承诺		
二级指标	三级指标	
2.1安全承诺内容	完整全面	逐一阐述安全价值观、安全愿景、安全使命、安全目标和安全方针
	理念先进	所述理念符合科学发展观
	求真务实	符合本企业实际切实可行
2.2安全承诺表述	阐述准确	完整准确地传达内涵
	语言精练	核心理念易于理解和记忆
	独到性	受众印象深刻
	感召力	感染受众引发共鸣
2.3安全承诺传播	传播方式	传播形式、传播媒介和传播者
	传播频度	时间频度与空间频度
	受众知晓率	员工与相关方知晓率和记忆率
2.4安全承诺认同	领导示范	决策层成为实践安全承诺的表率
	员工认同	员工深刻理解并认同安全承诺的内涵，并以实际行为履诺
	管理实践	管理层身体力行履行企业安全承诺
一级指标：3. 安全管理		
二级指标	三级指标	
3.1安全权责	权责明确	企业各级人员拥有明确的安全权责
	权责匹配	企业各级人员的岗位权限与责任应匹配
3.2管理机构	机构设置	企业安全管理部门的设置情况
	独立履职	充分独立履行职责并可直接向最高领导报告
	资源配置	充足的人员、经费和装备

续表

一级指标：3. 安全管理		
二级指标	三级指标	
指标内容	指标内容	指标说明
3.3 制度执行	制度保障	从制度上充分保证安全工作的重要性
	管理权限	安全管理的权威性、独立性
	制度执行	保证制度执行有效的具体方法
3.4 管理效果	绩效改善	各种安全绩效指标的确立与实现
	应急效能	企业应急系统的完善程度
	事故与事件管理	对各种事故、事件的管理与持续改进
一级指标：4. 安全环境		
二级指标	三级指标	
4.1 安全指引	视觉识别	参照国家标准正确设置安全视觉识别系统
	作业指导	为员工提供充分的安全操作规程及安全知识技能培训
	宣传教育	建立并有效利用各种媒介为员工和相关方进行安全宣传教育
	安全活动	企业积极组织并鼓励促进安全绩效的活动
	应激调适	建立应激调适机制使员工产生应激反应时可得到有效的心理咨询
4.2 安全防护	群体防护	企业对危险作业场所、危险源和危险设备设施配置有效的全防护装置
	个体防护	企业为员工配备并定期检查、更换必需的个体防护用品
4.3 环境感受	安全感	员工对一般作业环境和特殊作业环境的安全感或不安全感
	舒适感	员工对一般作业环境和特殊作业环境的舒适感或不舒适感
	满意度	员工对作业环境的整体满意度
一级指标：5. 安全培训与学习		
二级指标	三级指标	
5.1 重要性体现	培训投入	企业对安全培训制定充足的财务预算并执行
	优先保证	安全培训与其他工作冲突时会得到优先保证
	资源建设	培训资源的规模和质量可以充分满足需求
	上岗资格	建立并严格执行经安全培训合格方可上岗的用人制度
5.2 充分性体现	培训机会	每位员工都有机会接受安全培训
	培训课时	员工可接受满足法规要求或超过要求课时的安全培训

续表

一级指标：5. 安全培训与学习		
二级指标	三级指标	
指标内容	指标内容	指标说明
5.2充分性体现	培训内容	针对员工实际需要并注重安全行为习惯培养
	培训方式	员工乐于接受或基本满意
5.3有效性体现	态度变化	员工安全意识与安全态度的变化
	技能提升	员工安全技能的提升
	行为改善	员工行为方式的改善
	绩效改善	个人安全绩效与组织安全绩效的改善
一级指标：6. 安全信息传播		
二级指标	三级指标	
6.1信息资源	管理信息	建立和完善安全管理信息库
	技术信息	建立和完善安全技术信息库
	事故信息	建立和完善事故、事件信息库
	知识信息	建立和完善安全知识信息库
6.2信息系统	管理机制	建立完备的信息与传播管理机制
	平台建设	建立稳定的信息管理与传播平台
	传播载体	建立足够的信息传播媒介
6.3效能体现	便捷性	员工可以便捷地获取信息
	知晓率	员工可以充分知晓信息
	交互性	员工可以便捷地交流信息
	公开性	重要安全信息公开发布
一级指标：7. 安全行为激励		
二级指标	三级指标	
7.1激励机制	制度化	建立安全激励制度或制度条款
	优先权	所有激励中均将安全绩效指标作为首要指标
	完善度	所有促进安全绩效改善的行为与成绩均会受到鼓励
	导向性	惩罚体现不注重错误本身而注重汲取教训的原则
7.2激励方式	领导示范	决策层和管理层成为促进安全绩效改善的表率
	榜样树立	企业树立了安全生产的各类榜样
	物质奖励	企业设有多种形式的物质奖励
	荣誉待遇	企业设有各种荣誉称号并给予相应待遇
	提拔升迁	提拔重用安全业绩优异的员工

续表

一级指标：7. 安全行为激励		
二级指标	三级指标	
指标内容	指标内容	指标说明
7.3激励效果	广泛知晓	所有激励被员工广泛知晓
	绩效改善	促进了员工个人与团队安全绩效的改善
	行为改善	促进了员工行为的改善
	正面效应	奖励与惩罚均不导致员工的消极态度或消极行为
一级指标：8. 安全事务参与		
二级指标	三级指标	
8.1安全会议与活动	安全会议	企业定期邀请员工代表参加有关安全会议
	安全活动	企业鼓励员工开展和参与各种安全活动
8.2安全报告	报告制度	企业建立并不断完善有关事故、事件、隐患、缺陷等的安全报告制度
	报告渠道	保持员工报告渠道通畅与便捷
	反馈效率	及时反馈报告处理结果并鼓励建议者
	信息共享	员工及时知晓事故、事件、隐患、缺陷等信息并获得针对性培训
8.3安全建议	建议制度	企业建立鼓励员工安全建议的制度并不断完善
	建议渠道	保持员工建议渠道通畅与便捷
	建议反馈	及时反馈并鼓励建设者
	建议采纳	积极采纳有价值的建议促进安全绩效改善
8.4沟通交流	员工间沟通	员工之间保持良好的安全信息沟通交流
	管理层沟通	管理层之间保持良好的安全信息沟通交流
	上下级沟通	上下级之间保持良好的安全信息沟通交流
	承包商沟道	企业与承包商之间保持良好的安全信息沟通交流
一级指标：9. 决策层行为		
二级指标	三级指标	
9.1公开承诺	公布安全政策	亲自公布安全承诺与安全政策
	建立责任体系	来自参与建立安全责任制和重大安全决策
9.2责任履行	人事政策	安全素质或安全绩效作为人事升迁的重要依据
	安全投入	保证充分的人财物投入
	员工培训	定期对员工做行为观察与安全培训
9.3自我完善	知识更新	接受充分的安全培训并自我学习
	外部交流	经常与外部安全专家沟通交流
	表率示范	成为严格遵守执行安全制度与个人良好安全素质的表率

续表

一级指标：10. 管理层行为		
二级指标	三级指标	
指标内容	指标内容	指标说明
10.1责任履行	明确职责	明确所承担的安全责任并严格履职
	完善制度	建立健全安全制度与操作规程并确立安全目标
	监督合作	部门之间保持安全责任的相互监督与相互配合
	知识技能	充分掌握满足职责需要的安全管理知识和技能
	安全绩效	促进安全绩效的持续改善
10.2指导下属	资格审定	安全素质或安全绩效作为人事录用与升迁的重要依据
	组织培训	有效组织实施安全培训
	行为观察	经常到现场观察员工行为并给予指导
10.3自我完善	知识更新	主动学习安全管理知识技能
	沟通交流	主动与内外部专家交流安全信息或管理经验
	监督检查	定期邀请上级或安监部门或安全专家监督检查安全工作
	表率示范	成为严格遵守执行安全管理制度与个人良好安全素质的表率
一级指标：11. 员工层行为		
二级指标	三级指标	
11.1安全态度	责任意识	具有对自己并对他人安全健康负责的意识
	法规意识	具有严格遵守安全规章和作业规范的意识
	行为意向	具有只在确保安全的前提下才进行作业的行为意向
11.2知识技能	岗位技能	安全知识与操作技能胜任岗位要求
	辨识风险	具备作业前辨识风险并有效防范的能力
	应急处置	具备应急自救与互救的技能
11.3行为习惯	相互交流	乐于与同伴相互交流安全经验与信息
	主动学习	主动学习安全知识技能并乐于参加培训
	主动参与	主动参加安全活动并对工作中发现的问题及时提出建议或报告
	沉着应变	面对变化时善于分析思考并能正确应对
	安全确认	作业前首先辨识风险并确认安全防护措施
	遵守规范	遵守规范严谨行事

续表

一级指标：11. 员工层行为		
二级指标	三级指标	
指标内容	指标内容	指标说明
11.4团队合作	关心他人	主动关心他人安全并善于保护他人安全
	相互信任	充分信任同伴的团队精神和安全素质
	互助合作	愿意与同伴合作解决工作中遇到的问题
	团队绩效	以个人安全绩效促进团队安全绩效

2. 减分指标

评价指标体系是对企业安全文化建设的现状或成果进行测评，企业发生的伤害事故和违章情况没有列入上述指标体系。因此，在测评时应直接扣分。

(1) *死亡事故* 在进行安全评价的前一年内，如发生死亡事故，则视情况（事故性质、伤亡人数）扣减安全文化评价得分5～15分。

(2) *重伤事故* 在进行安全评价的前一年内，如发生重伤事故，则视情况扣减安全文化评价得分3～10分。

(3) *违章记录* 在进行安全评价的前一年内，企业的“违章指挥、违章操作、违反劳动纪律”记录情况，视程度扣减安全文化评价得分1～8分。

3. 评价程序

(1) *建立评价组织机构与评价实施机构* 企业开展安全文化评价工作时，首先应成立评价组织机构及评价工作实施机构，必要时可选聘有关咨询专家或咨询专家组并由评价组织机构明确其工作任务和工作要求。评价工作人员必须具备评价工作的基本能力。

(2) *制定评价工作实施方案* 可根据企业实际情况参照《企业安全文化建设评价准则》制定《评价工作实施方案》，方案中应包括所用评价方法、评价样本、访谈提纲、测评问卷、实施计划等内容，并报评价组织机构批准。

(3) *下达《评价通知书》* 在实施评价前，由评价组织机构向选定的样本单位下达《评价通知书》，《评价通知书》中应当明确：评价的目的、用途、要求、应提供的资料及对所提供资料应负的责任以及其他需在《评价通知书》中明确的事项。

(4) *调研、收集与核实基础资料* 根据《企业安全文化建设评价标准》设计评价的调研问卷，根据《评价工作方案》收集整理评价基础数据和基础资料，资料收集可以采取访谈、问卷调查、召开座谈会、专家现场观测、查阅有关资料和档案等形式进行，评价人员要对评价基础数据和基础资料进行认真检查、整理，确保评价基础资料的系统性和完整性。评价工作人员应对接触的资料内容保密。

(5) *数据统计分析* 对调研结果和基础数据核实无误后进行数据统计，然后根据《企业安全文化建设评价标准》建立的数学模型和实际选用的调研分析方法，对统计数据进行分析。

实际测评的分值出来后，可参照《标准》中的“企业安全文化建设水平层级划分表”对评估企业的安全文化建设水平层级进行定级。需要注意的是，这是一种倾向性判断，并不一定与企业实际情况一一符合。企业安全文化建设水平层级划分表见表10-2。

表10-2 企业安全文化建设水平层级划分表

水平层级	主要特征
第一层级 本能反应阶段 参考分值 35分以下	企业认为安全的重要程度远不及经济利益 企业认为安全只是单纯的投入，得不到回报 管理者和员工的行为安全基于对自身的本能保护 员工对自身安全不重视，缺乏自我保护的意识和能力 员工对岗位操作技能、安全规程等缺乏了解 企业和员工认为事故无法避免 员工普遍对工作现场和环境缺乏安全感
第二层级 被动管理阶段 参考分值 35~49分	企业没有或只为应付监察而制定安全制度 大多数员工对安全没有特别关注 企业认为事故无法避免 安全问题并不被看作企业的重要风险 只有安监部门承担安全管理的责任 员工不认为应该对自己的安全负责 多数人被动学习安全知识、安全操作技能和规程 企业对安全技能的培训投入不足 员工对工作现场的安全性缺乏充分的信任
第三层级 主动管理阶段 参考分值 50~64分	认识到安全承诺的重要性 认为事故是可以避免的 安全被纳入企业的风险管理内容 管理层意识到多数事故是由于一线工人不安全行为造成的 注重对员工行为的规范 企业有计划、主动对员工进行安全技能培训 员工意识到学习安全知识的重要性 通过改进规章、程序和工程技术促进安全 开始用指标来测量安全绩效（如伤害率） 采用减少事故损失工时来激励安全绩效
第四层级 员工参与阶段 参考分值 65~79分	具备系统和完善的安全承诺 企业意识到有关管理政策，规章制度的执行不完善是导致事故的常见原因 大多数员工愿意承担对个人安全健康的责任 企业意识到员工参与对提升安全生产水平的重要作用 关注职业病、工伤保险等方面的知识 绝大多数一线员工愿意与管理层一起改善和提高安全健康水平 事故率稳定在较低的水平 员工积极参与对安全绩效的考核 企业建有完善的安全激励机制 员工可以方便地获取安全信息

续表

水平层级	主要特征
第五层级 团队互助阶段 参考分值 80~90分	大多数员工认为无论从道德还是经济角度，安全健康都十分重要 提倡健康的生活方式，与工作无关的事故也要控制 承认所有员工的价值，认识到公平对待员工于安全十分重要 一线职工愿意承担对自己和对他人的安全健康责任 管理层认识到管理不到位是导致多种事故的主要原因 安全管理重心放在有效预防各类事故 所有可能相关的数据都被用来评估安全绩效 更注重情感的沟通和交流 拥有人性化和个性化的安全氛围
第六层级 持续改进阶段 参考分值 90分以上	保障员工在工作场所和家庭的安全健康，已经成为企业的核心价值观 员工共享“安全健康是最重要的体面工作”的理念 出于对整个安全管理过程充满信心，企业采用更多样的指标来展示安全绩效 员工认为防止非工作相关的意外伤害同样重要 企业持续改进，不断采用更好的风险控制理论和方法 企业将大量投入用于员工家庭安全与健康的改善 企业并不仅仅满足于长期（多年）无事故和无严重未遂事故记录的成绩 安全意识和安全行为成为多数员工的一种固有习惯

（6）撰写评价报告　统计分析完成后，评价工作组应按照规范的格式，撰写《企业安全文化建设评价报告》，报告评价结果。

（7）反馈企业征求意见　将评价报告反馈企业征求意见并作必要修改。

（8）提交评价报告　评价工作组修改完成评价报告后，经评价项目负责人签字，报送评价组织机构审核确认。

（9）进行评价工作总结　评价项目完成后，评价工作组要进行评价工作总结，将工作背景、实施过程、存在的问题和建议等形成书面报告报送评价组织机构。同时建立好评价工作档案。

三、化工企业安全文化的建设

《中共中央关于制定国民经济和社会发展第十三个五年规划的建议》指出要“牢固树立安全发展理念，加强全民安全意识教育，健全公共安全体系”，也就是说安全工作或安全文化建设应扩大视野，从传统的企业安全文化中拓展开来，建立立足于全民、全社会建设大安全文化观。因此，对于一个企业来说，企业安全文化建设必须纳入企业文化建设的大框架之内，成为其专项文化建设。在政府《安全文化建设“十一五”规划》《安全文化建设“十二五”规划》和《国务院安委会办公室关于大力推进安全生产文化建设的指导意见》的引导和推进下，以及《企业安全文化建设导则》（AQ/T 9004—2008）和《企业安全文化评价准则》（AQ/T 9005—2008）的正式实施，企业安全文化建设已经较为完善。

对于化工企业来说，因其产业的特殊性，在安全文化建设中，要严格遵守《中华人民共和国安全生产法》(2014 年修订版)和《危险化学品安全管理条例》(2013 年修订版)的要求，结合"责任关怀"(健康、安全和环境的管理体系，简称"HSE"管理体系)的自律要求，参照《石油化工企业安全管理体系实施导则》(AQ/T 3012—2008)及"石油化工企业安全管理体系实施导则应用范例"，在安全承诺、安全管理、安全环境、安全培训与学习、安全信息传播、安全行为激励、安全事务参与、决策层行为、管理层行为、员工层行为做好规划和实施方案。化工企业安全文化建设重点要把握以下几个方面。

1. 指导思想

《中华人民共和国安全生产法》指出:"安全生产工作应当以人为本，坚持安全发展，坚持安全第一、预防为主、综合治理的方针"。以人为本既是安全生产工作的立足点也是价值观。该法的立法思想也是企业安全文化建设的宗旨和指导思想，确定与规范了企业安全管理、安全发展的思想与方向引领，对企业建立与完善安全文化理念体系，提升各层次员工安全素养，最终实现人的本质安全有着根本性的作用。因此，企业的安全文化建设指导思想应符合国家的方针政策、法律法规及行业企业的特点，围绕中心、服务大局、促进发展、履行责任、塑造形象，能不断提升安全文化建设水平，切实发挥安全文化对安全生产工作的引领和推动作用等来确定。

2. 基本原则

(1) *围绕中心，服务大局* 将安全文化建设与精神文明建设、思想道德建设、思想政治工作紧密结合。

(2) *统筹规划，整体推进* 安全文化建设是长期的复杂的系统工程，要发挥安全文化对安全法制、安全责任、安全科技、安全投入等诸要素的引领作用。

(3) *源于实践，引领发展* 要从改革发展实践中提炼文化理念和管理模式，牢牢把握安全文化建设方向，构建安全生产长效机制。

(4) *突出实效，注重特色* 继承和发扬企事业优良传统和管理经验，借鉴先进安全文化理论与经验，强化安全生产基层基础，推进安全文化理论创新发展。

(5) *突出重点，全员参与* 既要把准重点工作和突出问题，找准切入点和着力点，增强针对性和时效性；又要广泛开展安全文化创建活动，增强整体性和群众性。

3. 规划目标

目标明确，既有定性也有定量指标，如完善安全理念体系、安全制度体系，营造安全环境，塑培员工安全行为模式，践行安全承诺，落实全员安全生产责任，实现安全工作目标。特别是根据《中华人民共和国安全生产法》(2014 年修订版)，对于促进企业主要负责人增强安全文化建设的责任意识与领导意识，重视安全文化建设，将安全文化建设真正落到实处应在具体目标中予以明确。

4. 建设内容

安全文化建设是企业文化建设的一个专项文化建设，因此，绝大部分内容和企业文化是相通的。但在指标体系设计上，其建设内容应参照《企业安全文化建设导则》(AQ/T 9004—2008)的指标体系：基础特征、安全承诺、安全管理、安全环境、安全培训与学习、安全信息传播、安全行为激励、安全事务参与、决策层行为、管理层行为、员工层行为并根据化工生产的特点，特别是要结合对"责任关怀"的自律要求的承诺修改相关指标及目标要求。

在指标体系中，化工企业安全文化建设的物质文化如劳动防护用品、安全设备装置、预警预报装置以及安全标志、消防设施等与其他行业可能有质的不同，还应进行规范标准的梳理，如《职业安全健康管理体系规范》（GB/T 28001—2011）等。至于制度文化、行为文化、观念文化等，与企业文化建设是完全一致的。

同时，一些建设活动所需载体或平台需要认真设计。如开展群众性安全文化活动，怎样贴近实际、贴近生活、贴近群众组织开展“安全生产月”、“××示范岗”等主题实践活动，或怎样组织加强安全生产理念和知识、技能宣传的群众喜闻乐见的文化活动等；如加强安全文化理论研究、推动安全生产职业道德建设、强化安全生产法制观念、提高员工安全素质、增强员工安全自觉性等平台的建设。另外，必须有计划地做好品牌创建工作，有效提升安全文化建设的品质与声誉。

5. 组织保障

加大安全文化建设投入、加强安全文化人才队伍建设、加大安全文化建设成果交流推广、考核评价奖励等方面的工作落到实处都要靠组织保障。《中华人民共和国安全生产法》在责任追究、安全培训、安全生产条件等方面的都有具体规定，为安全文化体系的落实及实现安全思想与安全行为的知行合一，提供了法律约束与保障。

相关知识　企业文化与安全文化

一、企业文化

20 世纪 80 年代初，泰伦斯·迪尔和艾伦·肯尼迪合作编写了企业文化的经典之作《企业文化——企业生存的习俗和礼仪》，提出了“企业文化”的概念，并倡导用企业文化来管理企业。企业文化的表述很多，如“企业文化是企业在生产经营实践中逐步形成的，为全体员工所认同并遵守的，带有本组织特点的使命、愿景、宗旨、精神、价值观和经营理念，以及这些理念在生产经营实践、管理制度、员工行为方式与企业对外形象的体现的总和”；以及“广义的企业文化是指企业所创造的具有自身特点的物质文化和精神文化，狭义的企业文化是指企业所形成的具有自身个性的经营宗旨、价值观念和道德行为准则的综合”；和“企业文化是一种新的现代企业管理理论”等相关定义，为企业文化的研究和建设奠定了基础。

1. 企业文化的功能

在我国，企业在强化市场化、国际化，突出企业特色和社会责任的今天，企业应以“企业使命、企业愿景和核心价值观”为内核塑造企业文化，增强企业文化对企业战略的匹配能力，企业文化对企业发展起着引领和支撑作用。

(1) 企业文化的导向功能　在全球经济化国际经营背景下的跨文化管理，可以使不同文化背景的员工在企业文化的潜移默化中接受共同的价值观念，统一思想、协同行动，形成合力，推进企业发展战略与发展模式的实施。

(2) 企业文化的激励和凝聚功能　企业文化可以使员工在企业使命的感召下、企业愿景的驱动下，达成理念认同、行为养成，形成敬业高效的职业素养，在自觉自发中不断提高执行力。

(3) 企业文化的约束功能　把文化管理作为现代组织最有效的管理方式之一，有序推进制度文化建设、专项文化建设等，促进企业管理水平不断提升。

（4）企业文化的辐射功能　通过业务关系、提供产品和服务等方式向外界传播，树立企业良好的企业形象和品牌，达到交流企业文化的输出。

2. 企业文化建设

一个企业的文化建设需要做好规划、组织、辅导和督促工作。同时，还应处理好企业管理思想政治工作之间的关系。企业文化建设的内涵设计主要考虑以下三个层面。

（1）培育核心价值理念　价值理念是企业文化的核心和灵魂。引导员工认知、认同和践行核心价值观是企业文化建设的首要任务。它主要包括企业使命、企业愿景、企业核心价值观。是企业发展的定位和未来的愿景。企业使命应根据社会发展的理念及总体要求、企业自身的行业特点、发展方向等来确定。企业愿景既要与企业使命一致，又要结合企业自身的行业特点、行业的发展趋势、国际化背景对企业发展的要求、企业的本质特征以及自身改革发展的自觉要求来确定。企业价值观就是企业的做事原则，对员工、客户、工作的行动准则，包括对员工的价值趋向和做事的行为态度等，如企业的价值观对员工的规范要求和期望。

（2）指导制度建设　管理要落地，制度是基础、是保障。制度是刚性的，文化是柔性的，用文化指导制度建设，将促进价值理念转化；把文化观念落实到生产经营的全过程，落实到员工的岗位工作中，使制度融入员工工作自觉，企业上下一致，团结和谐，从而提高员工的执行力、企业的竞争力。同时，制度的完善也将促进文化的建设，特别是一些行为规范管理模式的实施，将催生专项文化的建设，如廉洁文化、法治文化、安全文化、环保文化、质量文化等，它们是企业文化建设的重要组成部分。

（3）塑造企业形象　企业形象的影响力就是社会价值。公众感知最直观是企业的形象标识，商品品牌、商标，甚至是制服、文化用品等。除此之外，企业可持续发展应更关注的是社会责任的履行，社会形象的树立，如产品安全、社会诚信、社会公益、社会贡献，以及社会形象宣传等。

二、安全文化

安全是从人身心需要的角度提出的，伴随人类社会活动而出现，是针对人以及与人的身心直接或间接的危险、风险、事故、灾害、损失、伤害等相关事件，始终得到高度重视。20世纪60年代安全工程已成为少数发达国家大学的一门独立的学科，而安全文化的提出则是在1986年切尔诺贝利核电站爆炸事故发生后，国际核应急专家们经过反复讨论、研究、论证后，认为单纯的技术可靠性不能解决安全的根本性问题，必须上升到“安全文化”以全面提高员工的安全理念、安全意识、安全思维、安全行为等安全素质，安全问题才能得到根本解决。因此，严格地说，安全成为一种文化是工业社会发展的产物。

1. 安全文化的定义

安全文化正式提出以来还没有权威的定义，主要的有国际核安全咨询组（INSAG）在1991年文件中给出了定义：“安全文化是存在于组织和个人的素质和态度的总和，它建立起一种超出一切之上的观念：即核电厂的安全问题由于它的重要性要保证得到应有的重视”。国内学者也从不同角度对安全文化进行了定义，如“安全文化是人类安全活动所创造的安全生产、安全生活的精神、观念、行为与物态的总和”；“安全文化是安全理念、安全意识以及在其指导下的各项行为的总称，主要包括安全观念、行为安全、系统安全、工艺安全等”。

2. 安全文化建设

在国际原子能机构、国际劳工组织等众多机构和组织对安全文化概念和理论不断的研究和推广，各国政府和相关机构的重视，国际知名企业的不断实践中，安全文化建设取得了辉煌成果。

（1）国外安全文化建设情况　国际原子能机构（IAEA）及其下属的国际核安全咨询组（INSAG）提出了“安全文化”并分别制定了一系列安全文化方面的指导性文件，此后安全文化研究在科技界和社会科学界等多个领域得到了大力发展。国际劳工组织（ILO）在2003年的国际劳工大会上，专门讨论了安全文化问题并将2003年“安全与健康世界日”的活动主题定为“工作的安全文化”，此举得到世界各国响应，列入每年开展的“安全与健康世界日”活动中。2006年国际劳工组织通过了国际公约《促进职业安全与健康框架公约》和国际建议书《促进职业安全与健康框架建议书》，促使各成员国在国家层面上制定国家政策、方针、体系、计划，以促进职业安全与健康水平不断提高。2008年国际劳工组织通过了《安全与健康工作首尔宣言》，要求签署国承诺“在倡导预防性安全与健康文化方面起到领导作用，把职业安全与健康放在国家事务的优先位置”。2010年国际劳工组织推出的《2010～2016年国际劳工组织行动计划》旨在加大安全文化建设力度，进一步保护工人安全与健康。2011年国际原子能机构召开了“安全文化监督与评估技术会议”，对20年来核能领域的安全文化建设发展情况进行了回顾，认为过去的20年，组织和文化问题在实现安全运行方面起着至关重要的作用，安全文化被人们广泛认同；为了继续加强和发展安全文化建设，会议把对安全文化建设的监管监督和评估技术作为主要研究内容，对安全文化建设有序开展起到了重要作用。

目前许多国家建立了自己的安全文化和安全管理检查、评估和监督方法，促进了各国企业安全文化建设。澳大利亚将安全文化作为战略纳入组织文化，欧盟将“危险预防文化”植入其共同体战略，新西兰把“安全文化”作为国家伤害预防战略中的主要内容，马来西亚将安全文化建设作为国家工业化发展的基础保障，英国安全与卫生委员会将“建立并保持一种更为有效的安全文化新方法”作为一个主要工作目标，美国安全文化建设纳入企业“自愿防护计划”。

（2）国内安全文化建设情况　20世纪90年代初，安全文化传入我国，在政府的积极倡导下，企业安全文化建设迅速推广。1994年，国务院核应急办召开了核工业系统安全文化研讨会，极大地推动了我国安全文化建设，对我国企业安全文化发展与研究起到了极其重要的作用。1996年，原劳动部组织召开了“中国劳动安全卫生迈向21世纪研讨会”，安全文化及其建设是研讨的主要内容之一。1997年，原劳动部安全生产管理局和国际劳工组织召开了“国际安全文化专家研讨会”，促进了我国和国际的安全文化交流。20世纪90年代中期，《中国安全生产报》《中国安全科学学报》《现代职业安全》《安全生产科学技术》等报刊杂志开辟了“安全文化”专栏，为宣传、交流、倡导和弘扬安全文化做出了重要贡献。2000年出版的《大亚湾核电站安全文化良好实践》总结了核领域安全文化的建设经验，对其他领域的安全文化建设提供了借鉴和指导。

2001年，原国家经贸委安全生产监督管理局召开了第一届“全国安全文化研讨会”。2005年，国家安全生产监督管理总局成立，提出了落实安全生产“五要素”的工作思路，其中“安全文化”要素居“五要素”之首，体现了安全文化的极端重要性。2006年起，国务院办公厅发布“安全生产五年规划”，倡导安全文化，将安全文化建设工程列入了重点工程。有关部门也先后发布了“安全文化建设‘十一五’、‘十二五’规划”。《企业安全文化建设导则》（AQ/T 9004—2008）和《企业安全文化评价准则》（AQ/T 9005—2008）的正式实施，也是国际上首次将企业安全文化建设标准化、规范化。2010年国家推出“安全文化示范企业创建活动”强化了我国多领域企业安全文化建设。2012年，国务院安全生产委员会办公室发布《关于大力推进安全生产文化建设的指导意见》号召全国要大力开展安全文化建设，明确了安全文化建设是安全发展的必然趋势。2017年国务院办公厅发布的《安全生产“十三五”规划》要求推动安全文化示范企业、安全发展示范城市等建设；把完善“安全科学与工程”一级学科，实施全民安全素质提升工程和企业产业工人安全生产能力提升工程，建设安全生产主题公园、主题街道、安全体验馆和安全教育基地列入了重点工程，安全文化建设进入了提质升级阶段。在政府的大力倡导和推动下，国内核工业、石油化工等各行业企业在各自领域内纷纷开展了企业安全文化建设。

三、安全文化与企业文化的关系

安全文化是企业文化中关于安全生产的部分内容，企业文化为安全文化规定了方向和原则，安全文化是在企业文化框架内针对安全生产的企业文化。企业文化是培育安全文化的基础，安全文化的构建不能脱离企业文化。企业文化与安全文化中“文化”的内涵都是指企业成员的思想观念、思维方式、行为方式以及企业规范的总和，甚至连具体的规定内容都是一致的，也应该要求一致。安全文化的培育最关键的是让职工强化遵章守纪意识。成熟的企业文化将使安全文化建设更为顺利。

在石油化工行业，企业的安全管理是企业管理的重点，安全文化的构建针对企业管理中的安全管理而制订相应的安全管理制度，完善企业管理中的安全管理内容，使企业文化中关于安全生产管理的部分得到充实。另外安全文化的培育通过持续的安全教育和安全培训，不断强化职工的安全意识，培养职工遵章守纪的自觉性，提高对安全管理制度的执行力。职工遵章守纪的自觉性及对管理制度的执行力是企业文化构建过程中最关键的内容，安全文化的培育也因此提高了职工认同企业文化的自觉性，促使企业文化更快成熟。

对于石油和化工产业来说，文化战略发展的共同焦点是“责任关怀”（Responsible Care），它是石油和化工企业针对自身的发展情况提出的一套自律性的，持续改进“健康（Health）、安全（Safety）和环境（Environment）”的管理体系（具体内容参考单元十一）。它的基本含义是：石油和化工企业在生产过程中，有责任关注本企业员工、附近社区及公众的健康与安全，有责任保护公共环境，不应因自身的行为使员工、公众和环境受到损害。作为国际石油和化工界广泛采用的一种行业自律性管理体系，责任关怀也受到各国政府的大力支持与鼓励。责任关怀要纳入企业安全文化建设并成为企业文化建设整体框架中的重要组成部分。

四、案例

1. 中石化安全文化建设的主要内容

①“保安全生产就是保政治，保安全生产就是保稳定，保安全生产就是保大局”的安全生产大局观。

②“安全第一，预防为主、全员动手、综合治理”的安全生产方针中，包含了国家安全

生产方针的全部内容，同时还强调了安全工作的“全员参与”特性。

③ 重“三基”（基层建设、基础工作和基本功训练）、禁“三违”（违章指挥、违章操作和违反劳动纪律）和倡“三反”（反对官僚主义、反对形式主义、反对好人主义）的安全管理要求。

④“一岗一责、有岗必有责”的安全生产责任体制。

⑤“严之又严、吹毛求疵，铁面无私、六亲不认”严格检查作风。

⑥“强化危害识别和安全风险评估”的危险源控制管理。

⑦“完善制度、落实问责”的安全责任追究体系。

⑧“多层级监管”和“隐患四定管理”（定整改方案、定资金来源、定整改负责人、定整改期限）的隐患治理措施。

⑨“任何事故的发生都能从管理上找到原因”和“事故原因要水落石出，吸取教训要刻骨铭心，事故处理要有切肤之痛，事故整改要举一反三”的安全管理理念。

⑩“对承包商的安全管理纳入属地单位，承包商的事故就是属地单位的事故”的安全责任理念。

这些建设理念在一定程度体现了石化企业独特的安全文化特点。

2. 杜邦公司的安全文化建设与 HSE

杜邦公司在早期的火药生产过程中曾发生过的多起重大人身伤亡事故，给公司带来诸多不良影响，公司的高层领导在事故分析中逐步意识到，“安全”对杜邦公司的生存和发展起着制约作用，应该把“安全”和“文化”融合一体作为公司生存和发展的重要战略。鉴于这种认识，杜邦公司把安全、健康和环境统一考虑作为公司安全管理的核心价值观，明确要求每位员工不仅要对自身的安全负责，同时也要对同事的安全负责，这种个人和集体共同对安全负责的思路和政策，连同“任何事故都可以预防”的理念在整个公司有步骤、有计划地全面实施，以实现零违章、零伤害、零事故为安全生产目标。通过运用科学有效的手段和方法，通过公司上下的共同努力，取得了显著成果和优异的安全业绩，逐步形成了杜邦公司在安全方面的国际领先地位，享誉全球的安全业绩促进了杜邦公司的快速发展。同时，杜邦总结出企业安全文化建设的发展过程为四个阶段，即自然本能阶段、严格监督阶段、自主管理阶段和团队管理阶段。

3. 壳牌公司的安全文化建设与 HSE

国际壳牌是世界上四大石油跨国公司之一，该公司在 HSE（健康、安全、环境）业绩不理想的情况下进行了积极探索，并向美国杜邦公司学习借鉴先进的 HSE 管理经验，经公司研究分析，认为 HSE 管理绩效差的原因是没有足够重视企业安全文化建设。鉴于此，壳牌公司将安全文化作为一种手段纳入安全管理系统，并逐步形成了壳牌公司独特的企业安全文化，该公司“事故可控”的理念和“零伤亡”的目标与杜邦公司的安全理念和目标基本一致，具有特色的是壳牌公司总结出了“简单、实用、高效”的 12 条“救命”规则，要求全体员工和承包商人员必须熟知并严格执行，通过“安全文化”战略在壳牌公司的具体实施，公司实现了令人瞩目的安全业绩。德国巴斯夫石油公司在安全管理方面也不断向杜邦公司和壳牌公司获取成功经验，该公司的“100％安全”是全体员工共同追求的安全目标，在安全管理过程中突出了“安全行为观察、人文关怀和责任关怀”的安全文化特点。

复习思考题

1. 如何理解企业安全管理的重要性?
2. 如何理解安全生产责任制的内涵?
3. 如何实施安全目标管理?
4. 在实施企业安全文化建设过程中应注意哪些问题?

案例分析

根据下列案例，试分析企业的文化特点。

【案例 1】 中国石油化工集团有限公司（简称中国石化）企业文化

（摘自中国石油化工集团有限公司官网）

中国石油化工集团有限公司认为企业文化是构成企业核心竞争力的关键所在，是企业发展的原动力。以“爱我中华、振兴石化”的企业精神和“三老四严”“苦干实干”“精细严谨”等优良传统为重要内涵的企业文化在中国石化的改革发展中起到了有力的引领与支撑作用，是激励中国石化攻坚克难、不断前进的制胜法宝。为扎实培育和践行社会主义核心价值观，有效落实中央“创新、协调、绿色、开放、共享”的发展理念，积极适应市场化和国际化发展要求，中国石化企业文化需要在继承优良传统的基础上不断创新与发展，以进一步凝聚广大员工干事创业的精神力量，引领与推动公司持续健康发展。

1. 企业使命：为美好生活加油

企业使命表明公司存在的根本目的和理由。中国石化坚持把人类对美好生活的向往当作企业发展的方向，致力于提供更先进的技术、更优质的产品和更周到的服务，为社会发展助力加油；坚持走绿色低碳的可持续发展道路，加快构建有利于节约资源和保护环境的产业结构和生产方式，为推进生态文明建设做贡献；坚持合作共赢的发展理念，使公司在不断发展壮大的同时，为各利益相关方带来福祉。

2. 企业愿景：建设世界一流能源化工公司

企业愿景是企业的长远发展目标，表明企业发展方向和远景蓝图。为实现上述愿景，中国石化将致力于以下四方面实践。

（1）致力于成为可持续发展企业　全面实施“价值引领、创新驱动、资源统筹、开放合作、绿色低碳”发展战略，迅速适应环境变化，加快转方式调结构、提质增效升级，使公司在已领先的竞争领域和未来的经营环境中努力保持持续的盈利增长和能力提升，保证公司长盛不衰。

（2）致力于成为利益相关方满意企业　更加突出技术进步和以人为本，努力提供优质的产品、技术和服务，展现良好的社会责任形象，让员工、客户、股东、社会公众以及业务所在国（地区）的民众满意，努力成为高度负责任、高度受尊敬的卓越企业。

（3）致力于成为绿色高效能源化工企业　以能源、化工作为主营方向，做好战略布局和业务结构优化，在发展好传统业务的同时，不断开发和高效利用页岩气、地热、生物质能等新兴产业。开发绿色低碳生产技术，研发生产环保新材料，促进煤炭资源清洁化利用，努力成为绿色高效的能源化工企业。

（4）致力于成为世界一流企业　世界一流企业不仅需要一流的规模，更需要一流的质量和效益，一流的企业文化管理和品牌形象，以及一流的市场化、国际化竞争能力。中国石化要对照世界一流企业的标准，通过艰苦不懈的努力，成为治理规范、管理高效、文化先进、市场化程度高、国际化经营能力强、拥有世界一流技术、人才和品牌的先进企业。

3. 核心价值观：人本、责任、诚信、精细、创新、共赢

企业价值观是全体员工共同遵循的，在企业制定战略和进行生产经营行为时必须坚守的原则和标准。

人本——以人为本，发展企业。从广大客户和社会公众的需要出发，确定企业发展方向，研发一流产品，提供一流服务。把员工作为企业发展的主体力量，为员工全面发展创造条件，让员工生活得更加幸福。

责任——报国为民，造福人类。继承弘扬“爱我中华、振兴石化”的企业精神，切实履行好国有企业的经济、政治和社会责任。同步贡献业务所在国（地区），履行好相关的经济、法律和社会责任。全体员工坚守“有岗必有责，上岗必担责”，为企业发展拼搏奉献。

诚信——重信守诺，合规经营。把信用立企作为企业的发展之基，依法经营，规范运作，做到“每一滴油都是承诺”，为企业树立良好品牌形象。

精细——精细严谨，止于至善。以严格的要求和一丝不苟的态度，养成精细严谨的工作作风，追求生产上精耕细作、经营上精打细算、管理上精雕细刻、技术上精益求精，努力提升生产经营管理水平。

创新——立足引领，追求卓越。坚持创新驱动，把发展动力转到依靠创新驱动上来，大力推进科技创新、管理创新和商业模式创新，引领市场发展，打造行业标杆，成就卓越品质。

共赢——合作互利，共同发展。坚持开放包容、精诚合作、互惠和谐。遵循和尊重业务所在国（地区）法律法规、文化习俗，汲取、融汇合作方的优秀文化和先进经验。帮助客户提升价值，企业发展惠及周边社区民众，与利益相关方共同发展、互利共赢。

4. 企业作风：严、细、实

企业作风是企业在长期的生产经营活动中形成的工作风气，是企业内质的外在表现。中国石化坚持弘扬“苦干实干”“三老四严”等石油石化优良传统，将“严细实”贯穿到企业经营管理的全过程。

严：就是“严字当头”。对待工作，有严格的要求、严密的组织、严肃的态度、严明的纪律。

细：就是“细字当先”。工作中要始终拿着“放大镜”，对每个节点、每个工序、每个需要检查或注意的地方，一丝不苟，一点一点去做好过程控制和节点控制。

实：就是“实字当家”。坚持当老实人、说老实话、办老实事，踏踏实实工作，清清白白做人，静下心来谋发展，沉下身子做事情。

【案例 2】　中国石油天然气集团有限公司（简称中国石油）企业文化

（摘自中国石油天然气集团有限公司官网）

1. 企业宗旨：奉献能源　创造和谐

奉献能源，就是坚持资源、市场、国际化战略，打造绿色、国际、可持续的中石油，充

分利用两种资源、两个市场，保障国家能源安全，保障油气市场平稳供应，为社会提供优质安全清洁的油气产品与服务。

创造和谐，就是创建资源节约型、环境友好型企业，创造能源与环境的和谐；履行社会责任，促进经济发展，创造企业与社会的和谐；践行以人为本，实现企业与个人同步发展，创造企业与员工的和谐。

2. 企业精神：爱国、创业、求实、奉献

爱国：为国争光、为民族争气的爱国主义精神。

创业：独立自主、自力更生的艰苦创业精神。

求实：讲究科学、“三老四严”的求实精神。

奉献：胸怀全局、为国分忧的奉献精神。

中国石油的铁人精神和大庆石油会战中形成的优良传统和作风是中国企业的典范。

铁人精神是大庆精神的人格化具体化。其核心内涵是：“为国分忧、为民族争气”的爱国主义精神；“宁肯少活20年，拼命也要拿下大油田”的忘我拼搏精神；“有条件要上，没有条件创造条件也要上”的艰苦奋斗精神；“干工作要经得起子孙万代检查”“为革命练一身硬功夫、真本事”的科学求实精神；“甘愿为党和人民当一辈子老黄牛”，埋头苦干的奉献精神。一般同时表述为“大庆精神铁人精神”。

大庆石油会战中形成的优良传统和作风主要包括：

①“两论”起家、“两分法”前进。就是通过学习《实践论》和《矛盾论》，用辩证唯物主义的立场、观点、方法，去分析、研究、解决油田开发建设中的一系列问题。在任何时候、任何情况下都要坚持两分法，形势好的时候要看到不足，保持清醒的头脑，增强忧患意识；形势严峻的时候更要一分为二，看到希望，增强发展的信心。

②“三老四严”“四个一样”。就是对待事业要当老实人、说老实话、办老实事。对待工作要有严格的要求、严密的组织、严肃的态度、严明的纪律。干工作要做到黑夜和白天一个样、坏天气和好天气一个样、领导不在现场和领导在现场一个样、没有人检查和有人检查一个样。

③“五条要求”。就是人人出手过得硬，事事做到规格化，项项工程质量全优，台台在用设备完好，处处注意勤俭节约。

④“三个面向五到现场”。就是领导干部和机关要面向生产、面向基层、面向群众，做到生产指挥到现场、政治思想工作到现场、材料供应到现场、科研设计到现场、生活服务到现场。

⑤“三基”工作。就是加强以党支部建设为核心的基层建设，加强以岗位责任制为中心的基础工作，加强以岗位练兵为主要内容的基本功训练。

⑥ 岗位责任制。就是把全部生产任务和管理工作，具体落实到每个岗位和每个人身上，做到事事有人管、人人有专责，办事有标准、工作有检查，包括岗位专责制、巡回检查制、交接班制、设备维修保养制、质量负责制、班组经济核算制、岗位练兵制和安全生产制八大制度。

⑦思想政治工作“两抓”。就是“抓生产从思想入手，抓思想从生产出发”。

⑧艰苦奋斗的五个传家宝。就是人拉肩扛精神、干打垒精神、缝补厂精神、五把铁锹闹革命精神、回收队精神。

3. 企业理念

① 企业核心价值观：我为祖国献石油。

牢记石油报国的崇高使命，始终与祖国同呼吸共命运，承担起保障国家能源安全的重任。胸怀报国之志，恪尽兴油之责，爱岗敬业，艰苦奋斗，拼搏奉献。

② 企业核心经营管理理念：诚信、创新、业绩、和谐、安全。

诚信：立诚守信，言真行实。

创新：与时俱进，开拓创新。

业绩：业绩至上，创造卓越。

和谐：团结协作，营造和谐。

安全：以人为本，安全第一。

诚信是基石，创新是动力，业绩是目标，和谐是保障，安全是前提。“诚信、创新、安全、卓越”的企业价值观与企业核心经营管理理念在集团公司价值体系建设中逐步统一。

③ 企业质量健康安全环保（QHSE）理念：环保优先、安全第一、质量至上、以人为本。

公司坚持“环保优先”，走低碳发展、绿色发展之路。致力于保护生态、节能减排，开发清洁能源和环境友好产品、发展循环经济，最大程度地降低经营活动对环境的影响，努力创造能源与环境的和谐。

公司坚持“安全第一”，坚信一切事故都可以避免。通过完善体系，落实责任，全员参与，源头控制，重视隐患治理和风险防范，杜绝重大生产事故和公共安全事件，持续提升安全生产水平。注重保护员工在生产经营中的生命安全和健康，为员工创造安全、健康的工作条件；始终将安全作为保障企业生产经营活动顺利进行的前提。

严格执行程序，强化过程控制，规范岗位操作，杜绝品质瑕疵，为用户提供优质产品和满意服务。

公司坚持“以人为本”，全心全意依靠员工办企业，维护员工根本利益，尊重员工生命价值、工作价值和情感愿望，高度关注员工身心健康，保障员工权益，消除职业危害，疏导心理压力，为员工提供良好的工作环境，创造和谐的工作氛围。

④ 企业国际合作理念：互利共赢　合作发展。

在国际业务中，公司坚持诚信负责、务实合作。发挥公司综合一体化优势，与合作伙伴结成利益共同体，优势互补，共享发展成果。尊重资源国的战略选择，尊重当地文化信仰和风俗习惯，促进就业、改善民生、保护环境、热心公益，推动资源国经济社会全面发展。

4. 文化建设

企业文化建设是落实社会主义核心价值体系、建设社会主义先进文化的根本要求，是担当历史责任、传承弘扬大庆精神铁人精神的重要使命，是实施中国石油思想政治保障体系、提升企业软实力的具体体现，是发挥特有文化优势、建设世界水平综合性国际能源公司的现实需要。

（1）企业文化建设的指导思想　以中国特色社会主义理论体系为指导，坚持大庆精神铁人精神核心地位，围绕全面建设世界水平综合性国际能源公司目标，融入中心、服务大局、以人为本、继承创新、务求实效，努力建设符合现代企业发展方向、具有鲜明时代特征和石油特色的企业文化，充分发挥文化优势，提升企业核心竞争力，为集团公司科学发展提供强大精神力量。

（2）企业文化建设的主要目标　以弘扬大庆精神铁人精神为核心，建设符合现代企业发展方向、具有鲜明时代特征和石油特色的企业文化。推进文化管理，以企业文化建设促进管理提升，内强队伍素质，外树企业形象。发挥企业文化优势，增强企业凝聚力、竞争力、影响力，保障企业永续发展。

5. 企业文化阵地建设

中国石油首创命名企业精神教育基地。从2004年开始，分五批命名了153个“集团公司企业精神教育基地”，成为激发爱国情感、弘扬企业精神的重要阵地，陶冶道德情操、提升品德修养的重要场所，了解企业文化、掌握企业奋斗历史的重要课堂。

6. 石油英模

在“爱国、创业、求实、奉献”企业精神的感召下，石油队伍英模辈出。在大庆石油会战时期涌现出了以“铁人”王进喜为代表的“王、马、段、薛、朱”五面红旗；近年来涌现出了“新时期铁人”王启民、“铁人式的共产党员”王光荣、“当代青年的榜样”秦文、“英雄女采油工”罗玉娥等一大批在全国有重大影响的典型个人和以大庆1205钻井队、四川32111钻井队等为代表的先进集体。这些典型在全国广泛宣传，已经成为集团公司的典型标志，并激励着广大石油职工为我国石油工业和国民经济的发展做出了新的贡献。

单元十一

石化企业HSE管理体系

HSE管理体系是近几十年来逐步产生与发展演变并风靡全球石化行业的一套集健康、安全与环境管理要素于一体的先进管理体系，国际石化大企业，尤其是跨国石化公司均不同程度取得了一定的HSE业绩，得到了社会的广泛认同。在我国石化行业积极推行HSE管理体系，对于提高企业经营管理的本质安全水平、改善人居环境、促进广大石化产业员工身体健康、建构具有中国特色的企业社会责任体系，具有非常重要的现实意义。

任务一　认识HSE管理体系框架

知识目标：能陈述HSE管理体系框架结构；能说明HSE管理体系建立和实施的程序。

能力目标：初步具备基于要素解释HSE体系框架的能力。

HSE管理体系（Health、Safety and Environment Management Systems）即健康、安全与环境管理体系，是一个企业确定其自身活动可能发生的灾害，以及采取措施管理和控制其发生，以便减少可能引起的人员伤害的正规管理形式。

对石化企业来说，HSE管理体系可以解释为，石化企业通过一系列管理程序和规范，具体、责任明确、可操作的管理行为，将石化行业企业各种作业过程中可能发生的健康、安全与环境事故最大限度地控制在合适的范围内，达到保障施工作业人员健康、促进其安全、保护施工作业地区的生态环境目的。《石油天然气工业健康、安全与环境管理体系》（SY/T 6276—2014）是我国HSE管理体系的建立与运行的标准。

一、HSE管理体系模式

健康、安全与环境管理体系是基于“策划—实施—检查—改进”（PDCA）的运行原理，运用“螺旋桨”模式构建的。

（1）策划　建立所需的目标和过程，以实现组织的健康、安全与环境方针所期望的结果。

（2）实施　对过程予以实施。

（3）检查　根据承诺、方针、目标、指标以及法律法规和其他要求，对过程进行监视和测量。

（4）改进　采取措施，以持续改进健康、安全与环境管理体系绩效。

健康、安全与环境管理体系模式如图 11-1 所示。

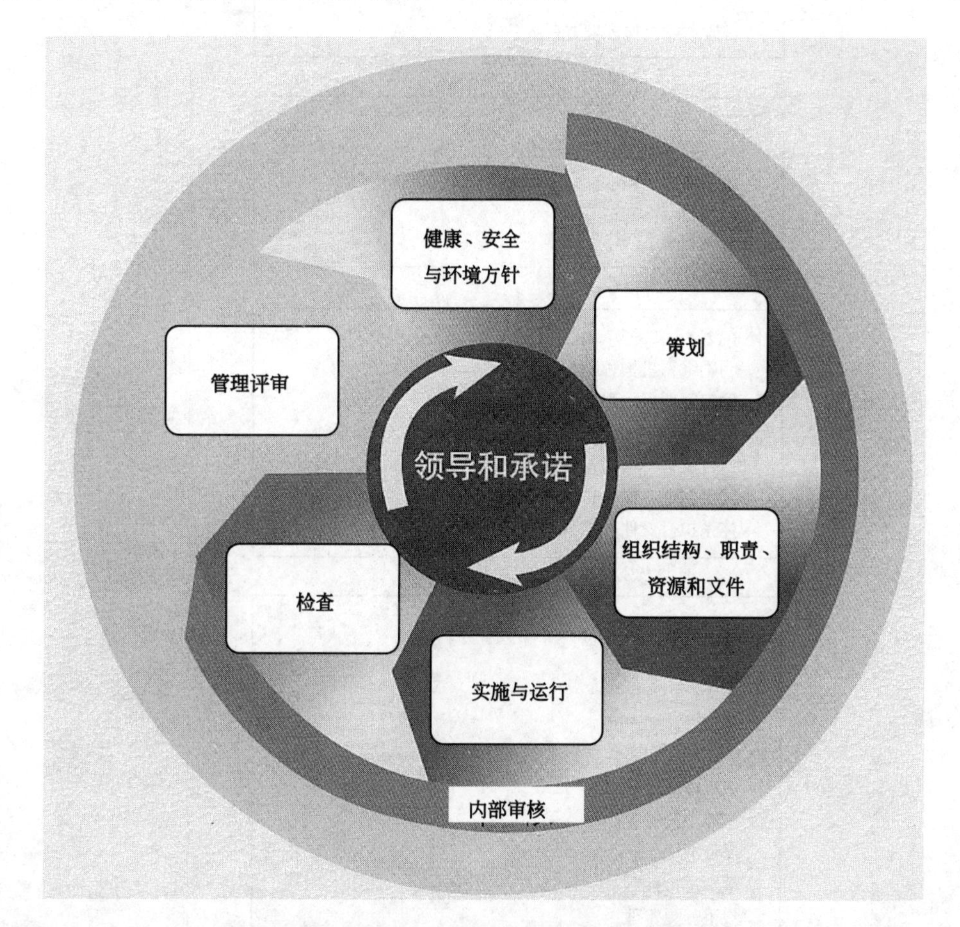

图 11-1　健康、安全与环境管理体系模式

在健康、安全与环境管理体系中有七个要素。其中，“领导和承诺”是健康、安全与环境管理体系建立与实施的前提条件：“健康、安全与环境方针”是健康、安全与环境管理体系建立和实施的总体原则；“策划”是健康、安全与环境管理体系建立与实施的输入；“组织结构、职责、资源和文件”是健康、安全与环境管理体系建立与实施的基础；“实施和运行”是健康、安全与环境管理体系实施的关键；“检查”是健康、安全与环境管理体系有效运行的保障；“管理评审”是推进健康、安全与环境管理体系持续改进的动力。

二、健康、安全与环境管理体系建立和实施的程序

健康、安全与环境管理体系是一个系统化、程序化、文件化的管理体系，它强调预防为主，遵守国家相关法律法规，注重全过程控制，有针对性地改善企业职工健康、安全和环境的管理行为，以达到对健康、安全与环境的持续改进。

不同企业由于规模、类型、产品及安全环保管理等方面的差异，建立体系的过程也不可能完全相同，但总体来说，健康、安全与环境管理体系建立和实施的程序如图 11-2所示。

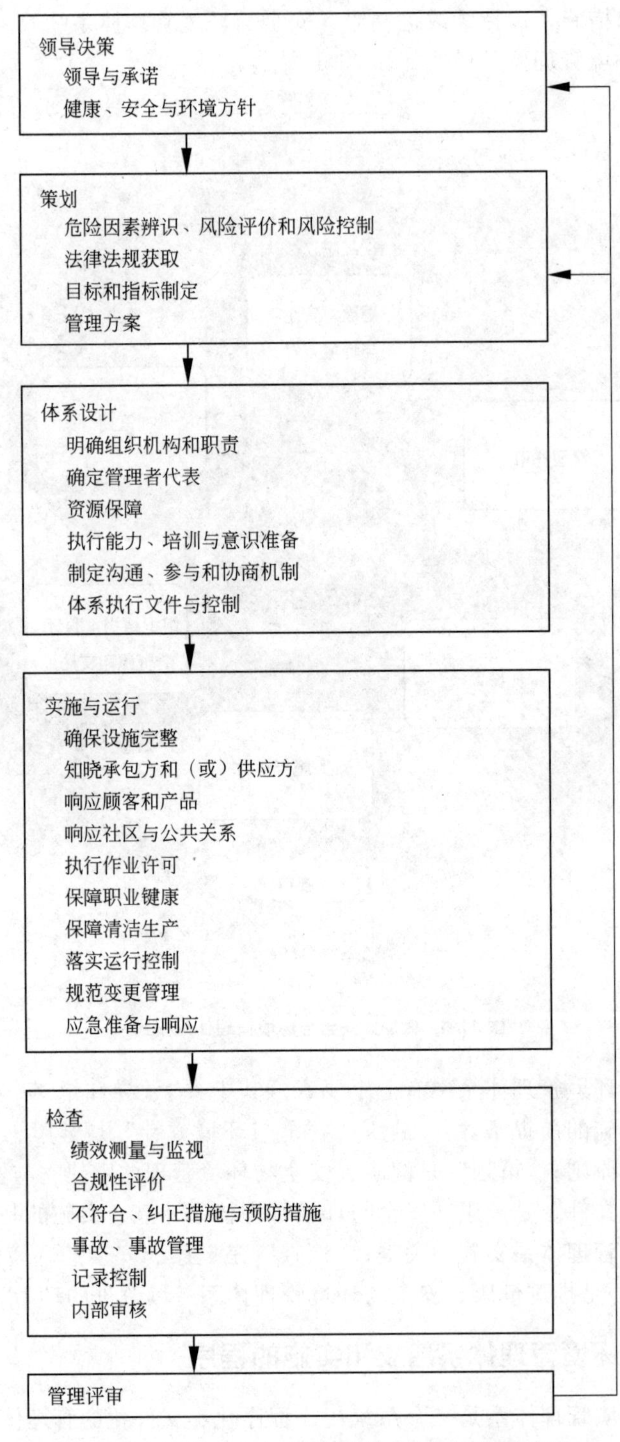

图 11-2 健康、安全与环境管理体系建立和实施的程序

三、案例

1. 壳牌公司 HSE 管理体系

壳牌公司 HSE 管理体系的建设与发展经历了一个循序渐进的过程，从 1986 年开始用了

8 年时间才完成全公司 HSE 管理体系的正式运行。

1986 年，形成管理手册。

1987 年，发布环境管理体系指南。

1989 年，颁发职业健康管理导则。

1990 年，制定安全管理体系。

1991 年，颁布健康、安全与环境方针指南。

1992 年，正式出版安全管理体系标准 EP 92—01100。

1994 年，正式颁布健康、安全与环境管理体系导则。

2．中国石化 HSE 管理体系框架

2001 年 4 月 4 日中国石油化工集团股份有限公司（以下简称中国石化）对外发布了 HSE 管理体系，并向社会郑重承诺。从体系架构上看，中国石化的 HSE 管理体系包括一个体系（HSE 管理体系）、四个规范（油田、炼化、销售及施工企业 HSE 管理规范）和五个指南（油田、炼化、销售及施工企业 HSE 实施程序编制指南以及职能部门 HSE 实施计划编制指南）。其框架体系 10 项要素如图 11-3 所示。

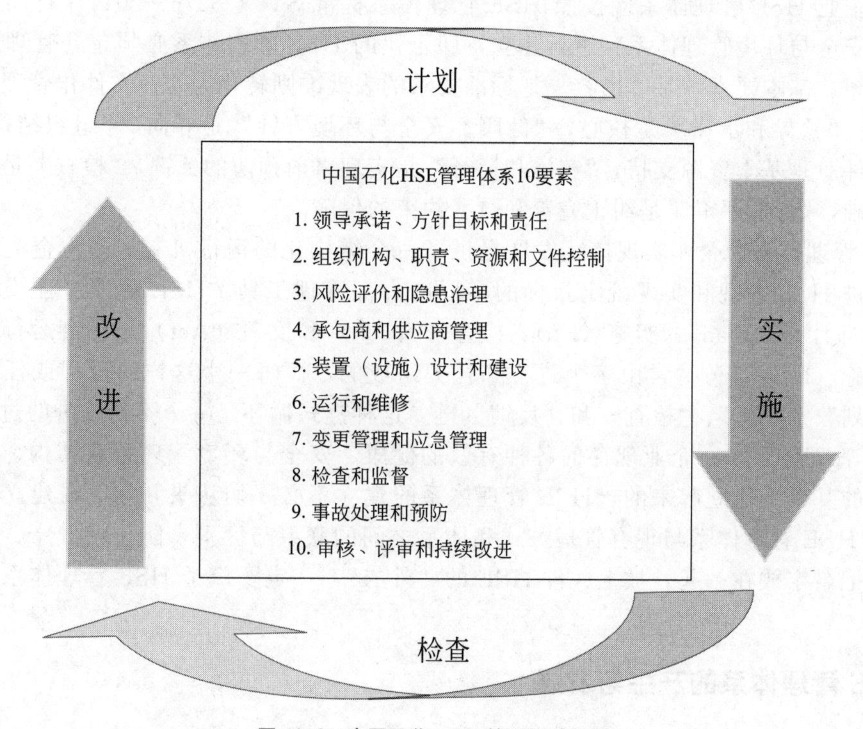

图 11-3 中国石化 HSE 管理体系框架

3．中国石油天然气总公司 HSE 管理体系

从 1996 年 9 月开始，原中国石油天然气总公司就及时组织人员对 ISO/CD 14690 标准草案进行了翻译和转化，在吸收 CNPC 以往行之有效的安全生产、环境保护的规章制度和管理经验的基础上，将上述国际标准进行了等同转化，于 1997 年 6 月 27 日正式颁布了中华人民共和国石油天然气行业标准《石油天然气工业健康、安全与环境管理体系》（SY/T 6276—1997），自 1997 年 9 月 1 日起实施。

1999 年 12 月，中国石油天然气集团公司在经过石油、炼化企业广泛试点的基础上，基于中华人民共和国石油天然气行业标准 SY/T 6276—1997，以及国际石油勘探开发论坛的 HSE 指南，并考虑到与 ISO 9000 质量管理体系、ISO 14000 环境管理体系及中华人民共和国职业安全卫生管理体系所涉及的主要要素的兼容性，发布了《中国石油天然气集团公司健康、安全和环境管理体系管理手册》，标志着中国石油天然气集团公司 HSE 管理体系的全面推行。

目前，中华人民共和国石油天然气行业标准《石油天然气工业健康、安全与环境管理体系》（SY/T 6276—1997）已改版升级至 2014 版本。

相关知识　HSE 管理体系的沿起

一、HSE 管理体系内涵

HSE 管理体系是石油勘探开发多年来工作经验积累的成果，将管理思想、制度和措施有机地、相互关联和相互制约地组合在一起，体现了完整的一体化管理。

石油企业 HSE 管理体系应按照 HSE 管理体系标准 SY/T 6276—2014《石油天然气工业健康、安全与环境管理体系》进行建立，即企业的 HSE 管理体系必须包含管理体系标准的基本思想、基本要素和基本内容。把标准要求的表现准则转化为企业文件化管理体系的过程应体现："领导和承诺"是核心，"健康、安全与环境方针"是导向，"组织结构、职责、资源和文件"是基本资源支持，"实施和运行"是实现事前预防的关键，"检查"是实现过程控制的基础，"管理评审"是纠正完善和自我约束的保障。

HSE 管理体系为企业实现持续发展提供了一个结构化的运行机制，并为企业提供了一种不断改进 HSE 表现和实现既定目标的多层次内部管理工具。HSE 管理过程按戴明模型（PDCA）即计划（Plan）、实施（Do）、检查（Check）和反馈（Act）循环链运行。企业过程链的实施（Do）部分通常由多个过程和任务组成的，而每一个这样的过程或任务都有自己的"计划"、"实施"、"检查"和"反馈"链。这种链式循环是一个不断改进的过程。

HSE 管理体系是在企业现存的各种有效的健康、安全与环境管理企业结构、程序、过程和资源的基础上建立起来的，HSE 管理体系的建立不必一切从头开始。在建立的同时要注意识别 HSE 管理体系与现有管理方式和体系之间的联系与区别，防止把健康、安全与环境简单地把名字放在一起，披上一件 HSE 的"外衣"，一定要赋予 HSE 管理体系新的思想和新内容。

二、HSE 管理体系的产生与发展

就安全管理工作的发展进程而言，国外专家曾进行过这样的评论：20 世纪 60 年代以前主要是从安全方向要求，在装备上不断改善对人们的保护，利用自动化控制手段使工艺流程的保护性能得到完善；70 年代以后，注重了对人的行为研究，注重考察人与环境的相互关系；80 年代以后，逐步发展形成了一系列安全管理的思路和方法。

1974 年，石油工业国际勘探开发论坛（E&P Forum）建立，它是石油企业国际协会的石油工业企业，勘探开发论坛建立了专题的工作组，从事健康、安全和环境体系的开发。

从 80 年代初期起，一些发达国家的石油企业，如英荷壳牌企业、BP 企业、美国埃克森石油企业等，率先制定了自己 HSE 管理规章，建立 HSE 管理体系，开展 HSE 管理活动，

取得了良好的效果。在以后的国际石油勘探开发活动中，各国石油企业逐步将建立 HSE 管理体系作为业主选择承包商和合作伙伴的基本要求之一。

以英荷壳牌石油集团企业为例，1985 年，英荷壳牌企业向被广泛承认的世界上最好的工业安全成效之一的杜邦（Du Pont）企业做咨询，首次在石油勘探开发中提出强化安全管理（SMS）的构想，以求更好地提高安全成效。1986 年，编制出第一本安全手册，1991 年颁布了“HSE 方针指南”；1992 年出版了编号为 EP 92—0000 的“安全管理体系”文本；1994 年7 月，壳牌石油企业为勘探开发论坛制定的“开发和使用健康、安全、环境管理体系导则”正式出版。同年 9 月，壳牌石油企业 HSE 委员会制定的“健康、安全和环境管理体系”经壳牌石油企业领导管理委员会批准正式颁发。1995 年采用与 ISO 9000 和英国标准 BS 5750 质量保证体系相一致的原则，充实了健康、安全和环境三项内容，形成了完整的一体化的 HSE 管理体系 EP 95—0000，这是最新“HSE 管理体系”文本。

石油天然气工业生产的突出特点为勘探开发活动风险性较大、环境影响较广。国际上的几次重大事故的震动促进了安全工作的不断深化和发展。如 1987 年瑞士的 SANDOZ 大火，1988 年英国北海油田的帕玻尔·阿尔法（PIPER ALPHA）平台事故，以及 1989 年的 EXXON VALDEZ 泄油事故引起了工业界的广泛注意，并采取了有效的管理系统以避免重大事故。

1988 年 6 月 6 日，在北海海域作业，由西方石油企业、德士古、国际托马斯、德克萨斯四家石油企业拥有的 PIPER ALPHA 平台发生爆炸，226 名作业人员中有 167 人丧生。事故原因是凝析油泄漏引起爆炸。过程为：现场有两台凝析油注入泵，由于一台凝析油泵发生跳闸，夜班人员试图启动另一台停用待修泵。他们不知道那台泵的泄压管线上的安全阀已经撤掉，在安全阀的位置上安装了一个没有上紧的法兰，从而导致凝析油泄漏引起爆炸。这是海上作业迄今为止最大的伤亡事故，英国政府组织了由卡伦爵士率领的官方调查，所形成的报告和 106 条建议，对管理体制的基本做法有了重大改变。英国政府有关部门开始要求危险行业的生产者和作业者在启动一个作业项目前，要根据环境条件、生产工艺等具体情况向政府提交安全环境分析报告，说明企业针对安全环境分析调查结果所制定的相关措施和应急方案，并且制定了新的海上安全法规和以上目标设定的原则，对法规进行新的研究。

1991 年在荷兰海牙召开了第一届油气勘探、开发的健康、安全与环境国际会议，HSE 这一完整概念逐步为大家所接受。1994 年油气勘探开发的安全、环境国际会议在印度尼西亚雅加达召开，中国石油天然气总公司作为会议的发起人和资助者派代表团参加了会议。由于这次会议由 SPE 发起，并得到 IPICA（国际石油工业保护协会）和 AAPG 的支持，影响面很大，全球各大石油企业和服务商都积极参与，因而 HSE 活动在全球范围内迅速开展。国际标准化组织（ISO）的 TC67 分委随之也在一些成员国家的推动下，着手进行这项工作。1996 年 1 月 ISO/TC 67 的 SC67 分委会发布了《石油天然气工业健康、安全与环境管理体系》(ISO/CD 14690 标准草案)。虽然这标准目前尚未经国际标准化企业批准正式公布，但已得到了世界各主要石油企业的认可，成为石油和石化工业各种企业进入国际市场的入场券（我国石油天然气集团企业以 ISO/CD 14690 为蓝本，1996 年 9 月开始，对 ISO/CD 14690 标准草案进行了翻译和转化，于 1997 年 6 月 27 日正式颁布了中华人民共和国石油天然气工业标准 SY/T6 276—1997《石油天然气工业健康、安全与环境管理体系》，自 1997 年 9 月 1 日起实施），2011 年 1 月国家能源局修改发布了 2010 版 SY/T 6276—2010

《石油天然气工业健康、安全与环境管理体系》，2014 年 10 月国家能源局再次将标准升级至 2014 版。

任务二 HSE 体系危害评价与风险管理

知识目标：能陈述危害评价与风险管理的主要方法。

能力目标：初步具备运用定量或定性方法进行初步的危害评价，提出合理的风险管理方案的能力。

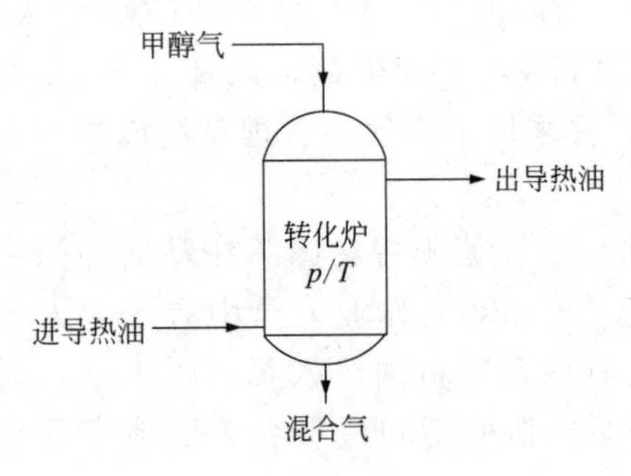

图 11-4 甲醇制氢转化炉

危害评价与风险管理是企业 HSE 管理体系策划、建设与有效运行过程中的核心环节，危害评价与风险管理的水平很大程度上决定了企业 HSE 业绩。

一、案例

甲醇裂解工艺危险与可操作研究安全分析：以甲醇制氢转化炉的进甲醇气管道为分析单元，对甲醇制氢转化炉（图 11-4）进行安全分析与评价，提出安全管理措施。甲醇裂解工艺危险与可操作研究安全分析评价见表 11-1。

表 11-1 甲醇裂解工艺危险与可操作研究安全分析评价表

安全评价小组：		工段：甲醇裂解制氢 系统：甲醇裂解制取氢气 任务：甲醇进入以导热油为加热载体的转化炉中，温度为 230～240℃裂解制取氢气，以调节气态甲醇量来控制反应生成氢气的量		评价日期： 年 月 日 审核者：
引导词	偏差	可能的原因	主要后果	安全对策措施
否	未按设计要求输送甲醇气	① 汽化塔故障 ② 过热器故障 ③ 进料阀门故障 ④ 导热油温度低或导热油管道、阀门故障	导热油炉炉温达不到要求，产气量少，氢气含量低，杂质气体多	① 加强维修管理（实行计划性维修） ② 更换阀门 ③ 更换优质燃煤，提高炉温 ④ 增设导热油温度报警装置
多	甲醇气压力过大	① 限压阀失灵 ② 转化炉异常 ③ 汽化塔过热器升温高	氢气品质差，催化剂受损	① 定期检查导热油系统 ② 定期检维修安全限压装置 ③加强巡回检查

续表

安全评价小组：		工段：甲醇裂解制氢 系统：甲醇裂解制取氢气 任务：甲醇进入以导热油为加热载体的转化炉中，温度为 230～240℃裂解制取氢气，以调节气态甲醇量来控制反应生成氢气的量		评价日期： 年 月 日 审核者：
引导词	偏差	可能的原因	主要后果	安全对策措施
少	甲醇气压力过小	①转化炉温度过高 ② 油炉温度低 ③ 甲醇进料阀故障 ④ 阀门故障 ⑤ 汽化塔过热器温度低	转化炉温逐渐下降，产氢气量小；品质低	① 查找导热油系统故障并排除 ② 调整油炉风量，提高炉温 ③ 加强巡回检查、定期维修 ④ 更换甲醇进料阀
也，又	甲醇气品质（含量）低	① 甲醇气中掺入杂质 ② 汽化不完全 ③ 制氢原料甲醇中含有杂质	设备腐蚀，催化剂中毒，两个分厂还原岗位不反应	① 对原料甲醇进行分析化验 ② 降低制氢负荷，更换甲醇 ③ 降低油炉温度 ④ 关闭进氢气阀门 ⑤ 调度分厂用氢，限产投料 ⑥ 定期分析化验氢气品质
部分	甲醇气量未达到规定要求	① 汽化塔故障 ② 过热器堵塞 ③ 甲醇气阀门损坏或堵塞 ④ 油炉温度低	混合气量少，混合气中氢气量少，甲醇气外溢造成污染火灾	①加强汽化塔、过热器巡检、定期维修 ② 增设阀门显示故障报警 ③ 定期对甲醇气管、阀门检查、维修
反向	甲醇气未入转化炉	① 进甲醇气阀门卡死 ② 汽化塔、过热器放空	可燃气甲醇气大量释放有火灾爆炸危险，物料损失、影响生产，经济损失	① 加强维修管理（实行计划性维修） ② 加强巡回检查 ③ 精心操作，及时解决故障
不同于，非	发生了和输送甲醇气设计完全不同的事件	① 甲醇气输送到冷凝器和冷却器 ② 甲醇气直接进入吸附罐	釜温上升，控制面板报警，显示异常；影响生产，经济损失	① 加强维修管理（实行计划性维修） ② 加强巡回检查

综合性分析，在甲醇裂解制氢过程中，应采取以下措施：

① 定期对制氢装置进行检维修，彻查每一个关键点；

② 定期对原料甲醇的品质进行跟踪化验分析，保证原材料的质量；

③ 精心操作，严格生产工艺的执行和检查。

二、危害评价方法

1. 有关概念

（1）*危险因素*　指能对人造成伤亡或对物造成突发性损害的因素。

（2）*有害因素*　指能影响人的身体健康，导致疾病，或对物造成慢性损害的因素。

（3）*危险源辨识*　识别危险源的存在并确定其特性的过程。

（4）*风险*　即危险。广义指一种环境或状态，有遭到损害或失败的可能性。狭义的风险指某一特定危害事件发生的可能性和后果严重性的组合。用公式表示为：

$$R=\text{可能性}(C)\times\text{严重性}(S)$$

（5）*风险评价*　又称危险评价或安全评价，它是以实现工程、系统安全为目的，应用安全系统工程原理和方法，对工程、系统中存在的危险、有害因素进行辨识与分析，判断工程、系统发生事故和职业危害的可能性及其严重程度，从而为制定防范措施和管理决策提供科学依据。安全评价既需要安全评价理论的支撑，又需要理论与实际经验的结合，二者缺一不可。

2. 安全评价方法

安全评价方法是进行定性、定量安全评价的工具，安全评价内容十分丰富，安全评价目的和对象的不同，安全评价的内容和指标也不同。目前，安全评价方法有很多种，每种评价方法都有其适用范围和应用条件。在进行安全评价时，应该根据安全评价对象和要实现的安全评价目标，选择适用的安全评价方法。安全评价方法包括安全检查表评价法（SCL）、预先危险分析法（PHA）、事故树分析法（FTA）、事件树分析法（ETA）、作业条件危险性评价法（LEC）、故障类型和影响分析法（FMEA）、火灾/爆炸危险指数评价法、矩阵法等。几种典型评价方法的比较见表11-2。

表11-2　典型安全评价方法比较表

方法	特点	评价目标	定性或定量	可提供的评价结果			
				事故情况	事故频率	事故后果	危险分级
安全检查表 SCL	按编制的检查表逐项检查，按规定赋分标准评定安全等级	危险有害因素分析安全等级	定性定量	不能	不能	不能	不能提供
危险性预分析 PHA	分析系统存在的危险有害因素，触发条件事故类型，评定安全等级	危险有害因素分析危险性等级	定性	不能	不能	提供	提供
事故树分析 FTA	由事故和基本事件逻辑推断事故原因，由基本事件概率计算事故概率	事故原因事故概率	定性定量	提供	提供	不能	频率分级
事件树分析 ETA	归纳法。由初始事件判断系统事故原因及条件，由各事件概率计算系统事故概率	事故原因触发条件事故概率	定性定量	提供	提供	提供	提供

续表

方法	特点	评价目标	定性或定量	可提供的评价结果			
				事故情况	事故频率	事故后果	危险分级
故障类型及影响分析 FMEA	列表分析系统（元件）故障类型、原因及影响，评定影响程度等级	故障原因影响程度等级	定性	提供	提供	提供	事故后果分级
作业条件危险性评价法（LEC 法）	赋值计算后评定危险性等级	危险性等级	定性半定量	不能	提供	提供	危险等级
道化学公司火灾爆炸指数法	根据物质、工艺危险性计算火灾爆炸指数，判定采取措施前后的危险等级	火灾爆炸危险性等级事故损失	定量	提供	不能	提供	危险等级事故损失
单元危险性快速排序法	由物质、毒性系数、工艺危险性系数计算火灾爆炸指数和毒性指标，评定单元危险性等级	危险性等级	定量	提供	不能	提供	危险等级

3. 风险控制方法

风险控制有四种基本方法，包括风险回避、损失控制、风险转移和风险保留。

（1）风险回避　风险回避是投资主体有意识地放弃风险行为，完全避免特定的损失风险。简单的风险回避是一种最消极的风险处理办法，因为投资者在放弃风险行为的同时，往往也放弃了潜在的目标收益。所以一般只有在以下情况下才会采用这种方法：

① 投资主体对风险极端厌恶；

② 存在可实现同样目标的其他方案，其风险更低；

③ 投资主体无能力消除或转移风险；

④ 投资主体无能力承担该风险，或承担风险得不到足够的补偿。

（2）损失控制　损失控制不是放弃风险，而是制定计划和采取措施降低损失的可能性或者是减少实际损失。控制的阶段包括事前、事中和事后三个阶段。事前控制的目的主要是为了降低损失的概率，事中和事后的控制主要是为了减少实际发生的损失。

（3）风险转移　风险转移，是指通过契约，将让渡人的风险转移给受让人承担的行为。通过风险转移过程有时可大大降低经济主体的风险程度。风险转移的主要形式是合同和保险。

① 合同转移。通过签订合同，可以将部分或全部风险转移给一个或多个其他参与者。

② 保险转移。保险是使用最为广泛的风险转移方式。

（4）风险保留　风险保留，即风险承担。也就是说，如果损失发生，经济主体将以当时可利用的任何资金进行支付。风险保留包括无计划自留、有计划自我保险。

① 无计划自留。指风险损失发生后从收入中支付，即不是在损失前做出资金安排。当经济主体没有意识到风险并认为损失不会发生时，或将意识到的与风险有关的最大可能损失

显著低估时，就会采用无计划保留方式承担风险。一般来说，无资金保留应当谨慎使用，因为如果实际总损失远远大于预计损失，将引起资金周转困难。

② 有计划自我保险。指可能的损失发生前，通过做出各种资金安排以确保损失出现后能及时获得资金以补偿损失。有计划自我保险主要通过建立风险预留基金的方式来实现。

复习思考题

1. HSE 管理体系建设的目的是什么？
2. 如何重新认识企业的 HSE 体系与传统安全管理体系的关系？
3. 危害评价有哪些主要的方法， 各有什么特点？
4. 试比较 HSE 管理体系模式与 ISO9001 质量管理体系模式。
5. HSE 体系主要包括哪些要素？
6. 网上搜索企业《×××年健康安全环境 HSE 报告》 和《×××年社会关怀责任报告》，思考×××企业加强和改善健康安全与环境管理业绩的主要举措有哪些？ 如何理解“企业公民治理模型”的现实意义？

案例分析

根据下列案例，网上搜索这些公司推行 HSE 管理体系前后，社会对该公司的评价。

【案例 1】 壳牌公司率先推行 HSE 管理体系。

壳牌公司是全球知名的跨国石化企业，早在 20 世纪 80 年代，壳牌公司率先建立和实施了 HSE 管理体系，创造了良好的 HSE 业绩。

1. 壳牌的 HSE 承诺和方针

① 关注作业安全、关注与作业直接相关人员和作业外人员的安全。

② 制定相应的健康、环境、安全标准。

③ 寻求 HSE 绩效的持续改进。

④ 承诺不在世界自然遗产处进行油气勘探开采。

2. 壳牌特别强调关键责任

① 公司总裁对 HSE 体系运行的有效性负有整体责任。

② HSE 是各级执行部门的责任。

③ HSE 部门向各个业务部门提供专业支持，包括提供培训、支持项目管理层、协调年度计划、准备审计和审查等。

④ 公司有一个跨部门的整体 HSE 委员会。

⑤ 风险按合理可行、尽可能低的原则管理。

⑥ 对所有事件包括未遂事件都实行定期报告制度。

⑦ 业务单位每季须向壳牌集团报告 HSE 数据，包括工时、死亡、损失工时事故、重大的未遂事件、职业健康、泄漏、浪费等。

3. 风险管理

壳牌公司通过著名的“瑞士奶酪模型”（图 11-5）来了解和管理风险。

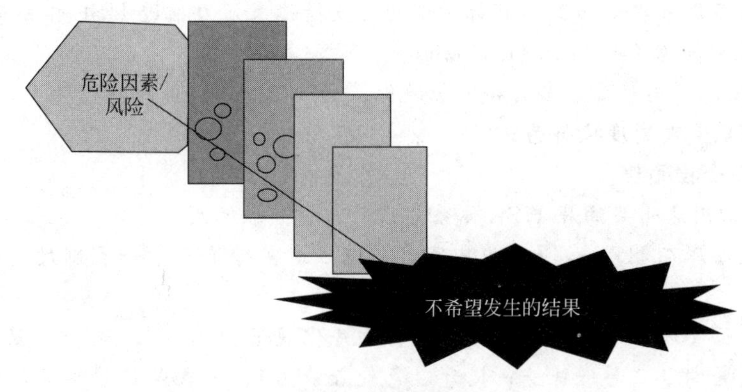

图 11-5 瑞士奶酪模型

图中所示奶酪片为风险屏障和控制措施，危害及其影响管理（HEMP）是风险管理系统的心脏。HEMP 分为 4 个步骤：辨识、评估、控制、补救，最后使风险降至合理的最低限度。

4. 建设 HSE 文化

壳牌公司在率先推行 HSE 管理体系过程中，不断总结成功的经验，加强制度化建设，内化为企业和员工的观念文化、行为文化，取得了优良的 HSE 业绩，也赢得了社会口碑。

① HSE 管理体系只有在公司文化允许和支持下才能有效贯彻。

② 事故通常由潜在弱点引起，如人的弱点、违规等。

③ 大多数的弱点和违规是由人的行为及系统的弱点所致，如对捷径的宽容、疲劳等，所以对后果的处理需要公正公平。

④ 内在弱点很顽固，并像病源一样繁殖，靠积极干预来制止。

【案例 2】 锦州石化 HSE 体系推进

中国石化锦州石化分公司（简称锦州石化）在推行 HSE 管理体系过程中走过了一条并不平坦的道路，初步建立了合乎预期的 HSE 管理体系。

2009 年公司 HSE 内审中，44 家受审核单位共发现各类不符合项 88 项，其中 21 家基层单位不符合项达到 83 项，占到总数的 94%。2010 年公司 HSE 管理体系内部审核中共发现文件缺陷 96 项，工作接口缺陷 4 项，执行不符合 556 项。

锦州石化 HSE 体系存在的问题是显而易见的，主要包括以下几方面。

① HSE 管理体系认识不到位。基层领导对 HSE 体系建设与运行重视不够，基层员工甚至不清楚自己的 HSE 职责。

② 危害因素识别和风险评价流于形式。各单位部门尤其是基层单位对识别出来的风险只是泛泛的采取执行操作卡、加强巡检等削减风险措施，并没有针对风险制定切实有效的控制措施，不能从根本上达到削减风险的目的。

③ HSE 管理执行力不强。主要体现在运行控制不严不细、变更管理不到位、特殊作业管理不到位、日常生产操作失控等方面。譬如在操作层面体现为员工嫌麻烦、图省事、走捷径，长期形成的低标准、老毛病、坏习惯，虽然明知是违章操作，但存在侥幸心理。有些员工由于受生理、心理、环境等因素影响，操作不认真、不仔细，疏忽大意、判断失误、遗漏操作步骤。

对此，锦州石化采取了如下具有针对性的对策措施来强力推进HSE体系建设：

① 有针对性地开展各级员工HSE培训；

② 全员深入开展危害因素识别和风险评价；

③ 加大HSE管理制度执行力；

④ 实施全面受控管理。

【案例3】 四川达州某油库HSE体系建设的三卡一表制度

四川达州某油库在HSE体系建设中富有创造性地实行了三卡一表制度，取得了良好的HSE业绩。

三卡是指岗位管理卡（程序化、标准化、卡片化规范操作卡）、风险管理卡（用于削减危害）和应急处置卡（三定一统一，提升应急处置能力）。一表是指检查表，包括班级日查指引表，科室周查指引表，油库月查指引表。

该库有一名20年工龄的小学文化女员工，之前在工作中经常出现小差错，没有少受油库领导的批评，但总是没有进步，也缺乏自信，她为此非常苦恼。油库推行HSE管理体系、实施三卡一表制度后，她的工作质量得到了显著提升，已经连续半年没有出现工作差错，重新获得了自信。

【案例4】 重庆开县“12.23”井喷特大事故

2003年12月23日22时04分，由四川石油管理局川东钻探公司承钻的位于开县境内的罗家16H井，在起钻过程中发生天然气井喷失控，从井内喷出的大量含有高浓度硫化氢的天然气四处弥漫、扩散，导致243人因硫化氢中毒死亡、2142人因硫化氢中毒住院治疗、65000人被紧急疏散安置，直接经济损失达6432.31万元。

罗家16H井是位于川东罗家寨构造上的一口国家重点工程科研项目水平井。目的层是飞仙关段鲕粒溶孔性白云岩，富含硫化氢（罗家2井含量为125.53g/m^3，罗家16H井为151.00g/m^3），中含二氧化碳（10g/m^{3}以上）。

该井设计井深4322m，垂深3410m水平段昌700m。地层压力为常压，为1.28g/m^{3}当量。水平段设计位于罗家2井区飞仙关组第二套厚储层（厚度20m以上），是培育100×10^{4}m^3/d以上的高产井之一。现井深4049.68m，水平段长424m。与在同一井场的罗家2井仅距3.8m。在该井场水平井组中还布有罗家15H井和罗家14H井。

专家组对此次事故直接原因的结论意见如下。

1. 产生溢流到井喷的直接原因

① 有关人员对罗家16H井这一天然气水平井的特高出气量预测不足。

② 目前含量高产天然气水平井的钻井工艺不成熟。

③ 起钻前钻井液循环时间严重不足。

④ 起钻过程中存在违章操作，钻井液关住不符合规定。

⑤ 未能及时发现溢流征兆。

上述原因均对产生溢流并导致井喷有一定影响，是导致井喷的主要因素。

2. 井喷失控的直接原因

12月21日下钻的钻具组合中，有关人员去掉回压阀，违反了“罗家16H井钻开油气层现场办公要求”的明文规定，是导致井喷失控的直接原因。

3. 事故扩大的直接原因

有关决策人员接到现场人员关于罗家16H井井喷失控的报告后，未能及时决定并采取放喷管线点火措施，以致大量含有高浓度硫化氢的天然气喷出扩散，造成事故扩大，导致重大损失。

6 名对“12·23”特大井喷事故负有直接责任的犯罪嫌疑人分别是：四川石油管理局川东石油钻探公司原副经理、总工程师、公司应急指挥中心主任吴某；四川石油管理局川东钻探公司钻井二公司钻井 12 队原队长吴某；原录井工肖某；四川石油管理局钻采工艺研究院定向井服务中心原工程师王某；四川石油管理局川东钻探公司钻井二公司 12 队原技术员宋某；四川石油管理局川东钻探公司钻井 12 队原副司钻向某。

专案组查明，公司原副经理、总工程师、公司应急指挥中心主任吴某于 2003 年 12 月 23 日 22 时 13 分接到发生井喷事故的紧急电话后，率队从重庆出发，赶往现场，当时未指示点火；24 日凌晨，吴某在途中，有人请示点火，但他未答应；24 日 10 时 30 分，吴某到达离井喷现场 500m 左右的高桥镇，但未前往事故井上查看情况；上午 11 时，他明知硫化氢中毒人员中已有人死亡后，仍然未做出点火的正确措施，一直到 14 时许，吴某才前往现场，勘验后，决定点火。

国务院专家调查组的事故鉴定报告认为，井喷失控以后，指挥决策严重失误，没有及时对放喷管线实施点火，以致大量含有高浓度硫化氢的有害气体喷出，造成了这次事故的扩大和恶化。川东钻探公司及有关决策人员，对这个井是否应采取点火措施，未能尽快做出果断决策和明确指令，是事故扩大的原因。

四川石油管理局川东钻探公司钻井二公司钻井 12 队队长吴某，明知钻井内没有安装回压阀，可能引发井喷事故，但作为钻井队队长，他既未向上级汇报，也未采取任何措施消除隐患，放任有关人员违章操作，致使井喷失控；事故发生后，他既未抓住时机组织点火，也未及时向上级请示点火，致使事故扩大。

录井工肖某在罗家 16H 井录井房值班，负责对钻井作业进行监测，23 日 18 时 40 分至 19 时 40 分，录井记录已显示有 9 柱钻井液未灌注泥浆的严重违章行为，肖某未及时发现；之后，她发现了也未立即提出警告纠正，违反有关规定。

2003 年 12 月 20 日、21 日，开县罗家 16H 井现场组负责人、四川石油管理局钻采工艺研究院定向井中心工程师王某在发现并证实钻具内的测斜仪已损坏后，将此情况告诉了四川石油管理局川东钻探公司钻井二公司 12 队技术员宋某。王某提出要换测斜仪、卸下钻具内的回压阀，并在当晚令工人实施。宋某对王某的提议未表示异议。而按照企业的相关技术规程和“罗家 16H 井钻开油气层现场办公要求”的明文规定，这种做法是不允许的。

2003 年 12 月 23 日 19 时至 20 时，四川石油管理局川东钻探公司钻井 12 队副司钻向某，带领 4 名工人在罗家 16H 井进行钻具起钻操作中，在起了 6 柱钻杆后才灌注钻井液 1 次，致使井内液压力下降，违反了单位有关细则中“起钻中严格按照要求每起 3～5 柱灌钻井液 1 次”的规定及川探 12 队针对罗家 16H 井高含硫天然气井的特点所作出的每 3 柱灌满 1 次。事故专家组的鉴定报告认为：起钻过程中存在违章操作，钻井液灌注不符合规定是造成溢流并导致井喷的主要原因。

刑法第一百三十四条规定，重大责任事故罪是指工厂、矿山、林场、建筑企业或者其他企业、事业单位的职工，由于不服管理、违反规章制度，或者强令工人违章冒险作业，因而发生重大伤亡事故或者造成其他严重后果的，处三年以下有期徒刑或者拘役；情节特别恶劣的，处三年以上七年以下有期徒刑。

重庆市人民检察院第二分院认为，被告人吴某身为企业管理人员，在生产作业过程中，忽视生产安全，不服管理、违反规章制度，不正确履行职责，以致发生重大事故，对井喷失控及事故扩大导致重大损失负有直接责任；被告人王某、宋某身为企业技术人员，在生产作业过程中，忽视生产安全，不服管理、违反规章制度，不正确履行职责，以致发生重大事故，对井喷失控负有直接责任；被告人吴某身为企业管理人员，在直接指挥抢险作业中，不服管理、违反规章制度，不正确履行职责，以致事故扩大，对事故扩大导致重大损失负有直接责任；被告人向某、肖某身为企业职工，忽视生产安全，在生产作业过程中，不服管理、违反规章制度，不正确履行职责，以致发生重大事故，对产生溢流发生井喷负有直接责任。上述 6 名被告人的行为，造成了 243 人因硫化氢中毒死亡、2142 人因硫化氢中毒住院治疗、直接经济损失 6432.31 万元的严重后果，情节特别恶劣，其行为均已触犯《中华人民共和国刑法》第一百三十四条之规定，本案犯罪事实清楚，证据确实、充分，应当以重大责任事故罪追究其刑事责任。

根据行业相关规定，副司钻岗位必须持有井控操作证，而且此证每两年须复训考核，合格后再领新证。然而令人吃惊的是，向某的井控操作证是 1997 年取得的，早已过期且再未经过培训考试，而他却在 2003 年 11 月被任命为井队副司钻。至于违章操作，有关人士当庭披露，未按规定执行“3 柱一灌”的现象在该井队也比较普遍。公诉机关在分析本案原因时指出，该井队各项规章制度、安全生产文件可以说是应有尽有，但就是没有得到认真的执行，疏忽麻痹，终于使隐患变成了灾难。

公诉人强调，这次事故还使人们意识到，当地政府在规划建设高危行业的相关工程时，必须严格落实“三同时”，即安全设施和建设项目同时施工、同时设计、同时验收使用。公诉人指出，在本次事故中，罗家 16H 井在设计时违反有关规定，井口与井场周围民宅的距离远远达不到安全标准，同时，罗家 16H 井开钻前，没有充分了解井场周围的居民住宅、学校、厂矿等详细情况，并据此制订有效的应急预案，以致在井喷失控时，不能及时通知井场周围居民迅速撤离危险区。

重庆市第二中级人民法院 9 月 4 日上午开庭，对在重庆开县“12·23”特大井喷事故中负有直接责任的 6 名犯罪嫌疑人进行一审宣判。经过对事实、证据的分析认定，法庭认为公诉机关起诉 6 名被告人犯有重大责任事故罪成立，分别判处钻井 12 队队长吴某有期徒刑 6 年，王某、宋某有期徒刑 5 年，吴某有期徒刑 4 年，向某有期徒刑 3 年，肖某有期徒刑 3 年、缓刑 4 年。

附　录

附录一　安全生产相关法律法规及标准

1. 中华人民共和国安全生产法［2014 修正版］
2. 中华人民共和国劳动法［2018 修正版］
3. 中华人民共和国特种设备安全法［2013 年］
4. 危险化学品安全管理条例［2013 修正版］
5. 安全生产许可证条例［2014 修正版］
6. 生产安全事故报告和调查处理条例［国务院令第 493 号］
7. 生产安全事故应急条例［2019 年］
8. 突发事件应急预案管理办法［2013 年］
9. 生产安全事故应急预案管理办法［2019 年］
10. 安全生产培训管理办法［2012 年］
11. 特种设备作业人员监督管理办法［2011 修正版］
12. 特种作业人员安全技术培训考核管理规定［2015 年］
13. 危险化学品建设项目安全监督管理办法［2015 修正版］
14. 危险化学品经营许可证管理办法［2015 修正版］
15. 危险化学品生产企业安全生产许可证实施办法［2015 修正版］
16. 危险化学品登记管理办法［2012 年］
17. 危险化学品重大危险源监督管理暂行规定［2015 年］
18. 化学品物理危险性鉴定与分类管理办法［2013 年］
19. 生产经营单位生产安全事故应急预案编制导则 GB/T 29639—2013
20. 企业安全文化建设导则 AQ/T 9004—2008
21. 企业安全文化建设评价准则 AQ/T 9005—2008
22. 石油天然气工业健康、安全与环境管理体系 SY/T 6276—2014
23. 危险化学品从业单位安全标准化通用规范 AQ 3013—2008
24. 化学品分类和标签规范 GB 30000—2013
25. 危险货物品名表 GB 12268—2012
26. 危险货物分类和品名编号 GB 6944—2012
27. 危险化学品重大危险源辨识 GB 18218—2018

28. 职业性接触毒物危害程度分级 GBZ 230—2010
29. 工作场所职业病危害作业分级 第2部分：化学物 GBZ/T 229.2—2010
30. 工作场所职业病危害作业分级 第4部分：噪声 GBZ/T 229.4—2012
31. 工业企业总平面设计规范 GB 50187—2012
32. 石油化工企业设计防火标准 GB 50160—2008（2018版）
33. 爆炸危险环境电力装置设计规范 GB 50058—2014
34. 防止静电事故通用导则 GB 12158—2006
35. 石油化工静电接地设计规范 SH/T 3097—2017
36. 建筑物防雷设计规范 GB 50057—2010
37. 建筑物防雷装置检测技术规范 GB/T 21431—2015
38. 建筑灭火器配置设计规范 GB 50140—2005
39. 化学品生产单位特殊作业安全规范 GB 30871—2019
40. 化学品生产单位吊装作业安全规范 AQ 3021—2008
41. 化学品生产单位动火作业安全规范 AQ 3022—2008
42. 化学品生产单位动土作业安全规范 AQ 3023—2008
43. 化学品生产单位断路作业安全规范 AQ 3024—2008
44. 化学品生产单位高处作业安全规范 AQ 3025—2008
45. 化学品生产单位设备检修作业安全规范 AQ 3026—2008
46. 化学品生产单位盲板抽堵作业安全规范 AQ 3027—2008
47. 化学品生产单位受限空间作业安全规范 AQ 3028—2008

附录二 安全生产相关网站

1. 国际劳工局 http://www.ilo.org
2. 世界卫生组织 http://www.who.int
3. 应急管理部 https://www.mem.gov.cn
4. 国家卫生健康委员会 http://www.nhc.gov.cn
5. 国家安全生产科学研究院 http://www.chinasafety.ac.cn
6. 国家安全生产应急救援中心 https://www.emc.gov.cn
7. 中国化学品安全网 http://service.nrcc.com.cn
8. 全国标准信息公共服务平台 http://std.samr.gov.cn

附录三 化工（危险化学品）企业保障生产安全十条规定

安监总政法〔2017〕15号

1. 必须依法设立、证照齐全有效。

2. 必须建立健全并严格落实全员安全生产责任制，严格执行领导带班值班制度。

3. 必须确保从业人员符合录用条件并培训合格，依法持证上岗。

4. 必须严格管控重大危险源，严格变更管理，遇险科学施救。

5. 必须按照《危险化学品企业事故隐患排查治理实施导则》要求排查治理隐患。

6. 严禁设备设施带病运行和未经审批停用报警联锁系统。

7. 严禁可燃和有毒气体泄漏等报警系统处于非正常状态。

8. 严禁未经审批进行动火、受限空间、高处、吊装、临时用电、动土、检维修、盲板抽堵等作业。

9. 严禁违章指挥和强令他人冒险作业。

10. 严禁违章作业、脱岗和在岗做与工作无关的事。

附录四 石油天然气工业健康、安全与环境管理体系与相关标准之间的对应关系

2014 年 10 月，国家能源局发布了《石油天然气工业健康、安全与环境管理体系》（SY/T 6276—2014），代替 SY/T 6276—2010、SY/T 6513—2010、SY/T 6459—2010、SY/T 6609—2004、SY 5728—2007、SY 6280—2013、SY/T 6606—2012、SY/T 6630—2012、SY/T 6283—1997、SY/T 6361—1998、SY/T 6362—1998、SY 6048—2007 等标准。

《石油天然气工业健康、安全与环境管理体系》（SY/T 6276—2014）与《职业健康安全管理体系要求》（GB/T 28001—2011）、《环境管理体系 要求及使用指南》（GB/T 24001—2004）、《企业安全生产标准化本规范》（AQ/T 9006—2010）及《石油行业安全生产标准化导则》（AQ 2037—2012）等标准之间的对应关系如下。

1.《石油天然气工业健康、安全与环境管理体系》2014 版与 2010 版及 1997 版之间的对应关系

<table>
<tr><th>SY/T 6276—2014</th><th>SY/T 6276—2010</th><th>SY/T 6276—1997</th></tr>
<tr><td>1 范围</td><td>1 范围</td><td>1 范围</td></tr>
<tr><td>2 规范性引用文件</td><td>2 规范性引用文件</td><td>2 引用标准</td></tr>
<tr><td>3 术语和定义</td><td>3 术语和定义</td><td>3 定义</td></tr>
<tr><td rowspan="4">4 总要求</td><td rowspan="4">4 总要求</td><td>4 总则</td></tr>
<tr><td>4.1 目的</td></tr>
<tr><td>4.2 健康安全与环境管理体系概要</td></tr>
<tr><td>4.3 健康安全与环境管理体系的要求</td></tr>
<tr><td>5 健康、安全与环境管理体系要求</td><td>5 健康、安全与环境管理体系要求</td><td>5 指南</td></tr>
</table>

续表

SY/T 6276—2014	SY/T 6276—2010	SY/T 6276—1997
5.1领导和承诺	5.1领导和承诺	5.1领导和承诺指南
5.2健康、安全与环境方针	5.2健康、安全与环境方针	5.2方针和战略目标指南
5.3策划	5.3策划	
5.3.1危害因素辨识，风险评价和控制措施的确定	5.3.1危害因素辨识，风险评价和控制措施的确定	5.4评价和风险管理指南
		5.4.1危害和影响的确定
		5.4.2建立判别准则
		5.4.3评价
		5.4.4建立说明危害和影响的文件
		5.4.5具体目标和表现准则
		5.4.6风险削减措施
5.3.2法律法规和其他要求	5.3.2法律法规和其他要求	
5.3.3目标和指标	5.3.3目标和指标	5.4.5具体目标和表现准则
5.3.4方案	5.3.4方案	5.5.1总则
5.4组织结构、职责、资源和文件	5.4组织结构、资源和文件	5.3组织结构、资源和文件指南
5.4.1组织结构和职责	5.4.1组织结构和职责	5.3.1组织结构和职责
5.4.2管理者代表	5.4.2管理者代表	5.3.2管理代表
5.4.3资源	5.4.3资源	5.3.3资源
5.4.4能力、培训和意识	5.4.4能力、培训和意识	5.3.4能力
5.4.5沟通、参与和协商	5.4.5沟通、参与和协商	5.3.6信息交流
5.4.6文件	5.4.6文件	5.3.7.1健康、安全与环境管理体系文件
5.4.7文件控制	5.4.7文件控制	5.3.7.2文件控制
5.5实施和运行	5.5实施和运行	5.6实施和监督指南
5.5.1设施完整性	5.5.1设施完整性	5.5.2设施的完整性
5.5.2承包方和（或）供应方	5.5.2承包方和（或）供应方	5.3.5承包方
5.5.3顾客和产品	5.5.3顾客和产品	
5.5.4社区和公共关系	5.5.4社区和公共关系	
5.5.5作业许可	5.5.5作业许可	
5.5.6职业健康		
5.5.7清洁生产		
5.5.8运行控制	5.5.6运行控制	5.5.3程序和工作指南
		5.6.1活动和任务

续表

SY/T 6276—2014	SY/T 6276—2010	SY/T 6276—1997
5.5.9变更管理	5.5.7变更管理	5.5.4变更管理
5.5.10应急准备与响应	5.5.8应急准备与响应	5.5.5应急反应计划
5.6检查	5.6检查	5.6实施和监测指南
5.6.1绩效测量和监视	5.6.1绩效测量和监视	5.6.2监测
5.6.2合规性评价	5.6.2合规性评价	
5.6.3不符合、纠正措施和预防措施	5.6.3不符合、纠正措施和预防措施	5.6.4不符合和纠正措施
5.6.4事故、事件管理	5.6.4事故、事件报告、调查和处理	5.6.5事故报告
		5.6.6事故调查处理
5.6.5记录控制	5.6.5记录控制	5.6.3记录
5.6.6内部审核	5.6.6内部审核	5.7.1审核
5.7管理评审	5.7管理评审	5.7.2评审

2.《石油天然气工业健康、安全与环境管理体系》（SY/T 6276—2014）与《职业健康安全管理体系　要求》（GB/T 28001—2011）和《环境管理体系　要求及使用指南》（GB/T 24001—2004）之间的对应关系

SY/T 6276—2014	GB/T 28001—2011	GB/T 24001—2004
1范围	1范围	1范围
2规范性引用文件	2规范性引用文件	2引用标准
3术语和定义	3术语和定义	3定义
4总要求	4.1总要求	4.1总要求
5健康、安全与环境管理体系要求	4职业健康安全管理体系要求	4环境管理体系要求
5.1领导和承诺		
5.2健康、安全与环境方针	4.2职业健康安全方针	4.2环境方针
5.3策划	4.3策划	4.3策划
5.3.1危害因素辨识、风险评价和控制措施的确定	4.3.1危险源辨识、风险评价和控制措施的确定	4.3.1环境因素
5.3.2法律法规和其他要求	4.3.2法律法规和其他要求	4.3.2法律法规和其他要求
5.3.3目标和指标	4.3.3目标和方案	4.3.3目标、指标和方案
5.3.4方案	4.3.3目标和方案	4.3.3目标、指标和方案
5.4组织结构、职责、资源和文件	4.4实施和运行	4.4实施和运行

续表

SY/T 6276—2014	GB/T 28001—2011	GB/T 24001—2004
5.4.1组织结构和职责	4.4.1资源、作用、职责和权限	4.4.1资源、作用、职责和权限
5.4.2管理者代表		
5.4.3资源		
5.4.4能力、培训和意识	4.4.2能力、培训和意识	4.4.2能力、培训和意识
5.4.5沟通、参与和协商	4.4.3沟通、参与和协商	4.4.3信息交流
5.4.6文件	4.4.4文件	4.4.4文件
5.4.7文件控制	4.4.5文件控制	4.4.5文件控制
5.5实施和运行	4.4实施和运行	4.4实施和运行
5.5.1设施完整性	4.4.6运行控制	4.4.6运行控制
5.5.2承包方和（或）供应方		
5.5.3顾客和产品		
5.5.4社区和公共关系		
5.5.5作业许可		
5.5.6职业健康		
5.5.7清洁生产		
5.5.8运行控制		
5.5.9变更管理		
5.5.10应急准备与响应	4.4.7应急准备与响应	4.4.7应急反应计划
5.6检查	4.5检查	4.5检查
5.6.1绩效测量和监视	4.5.1绩效测量和监视	4.5.1监测和测量
5.6.2合规性评价	4.5.2合规性评价	4.5.2合规性评价
5.6.3不符合、纠正措施和预防措施	4.5.3事故调查、不符合、纠正和预防措施	4.5.3不符合、纠正措施和预防措施
5.6.4事故、事件管理		
5.6.5记录控制	4.5.4记录控制	4.5.4记录控制
5.6.6内部审核	4.5.5内部审核	4.5.5内部审核
5.7管理评审	4.6管理评审	4.6管理评审

3.《石油天然气工业健康、安全与环境管理体系》（SY/T 6276—2014）与《企业安全生产标准化本规范》（AQ/T 9006—2010）之间的对应关系

SY/T 6276—2014	AQ/T 9006—2010
1范围	1范围
2规范性引用文件	2规范性引用文件

续表

SY/T 6276—2014	AQ/T 9006—2010
3 术语和定义	3 术语和定义
4 总要求	4 一般要求
5 健康、安全与环境管理体系要求	5 核心要求
5.1 领导和承诺	5.5.5 安全文化建设
5.2 健康、安全与环境方针	
5.3 策划	
5.3.1 危害因素辨识、风险评价和控制措施的确定	5.8 隐患排查与治理
	5.8.1 隐患排查
	5.8.2 排查范围与方法
	5.8.3 隐患治理
	5.8.4 预测预警
	5.9 重大危险源监控
	5.9.1 辨识与评估
	5.9.2 登记建档与备案
	5.9.3 监控与管理
5.3.2 法律法规和其他要求	5.4 法律法规和安全管理制度
	5.4.1 法律、法规标准规范
5.3.3 目标和指标	5.1 目标
5.3.4 方案	
5.4 组织结构、职责、资源和文件	5.2 组织与机构
5.4.1 组织结构和职责	5.2.1 组织机构
5.4.2 管理者代表	5.2.2 职责
5.4.3 资源	5.3 安全投入
5.4.4 能力、培训和意识	5.5 教育培训
	5.5.1 教育培训管理
	5.5.2 安全生产管理人员教育培训
	5.5.3 操作岗位人员教育教训
	5.5.6 其他人员教育培训
5.4.5 沟通、参与和协商	
5.4.6 文件	5.4.2 规章制度
	5.4.3 操作规程

续表

SY/T 6276—2014	AQ/T 9006—2010
5.4.7 文件控制	5.4.5 修订
5.5 实施和运行	5.6 生产设备设施
5.5.1 设施完整性	5.6.1 生产设备设施建设
	5.6.2 设备设施运行管理
	5.6.3 新设备设施验收及旧设备拆除报废
5.5.2 承包方和（或）供应方	5.7.4 相关方管理
5.5.3 顾客和产品	
5.5.4 社区和公共关系	
5.5.5 作业许可	5.7 作业安全
	5.7.1 生产现场管理和生产过程控制
5.5.6 职业健康	5.10 职业健康
	5.10.1 职业健康管理
	5.10.2 职业危害告知与警告
	5.10.3 职业危害申报
5.5.7 清洁生产	
5.5.8 运行控制	5.7.2 作业行为管理
	5.7.3 警示标志
5.5.9 变更管理	5.7.5 变更
5.5.10 应急准备与响应	5.11 应急救援
	5.11.1 应急机构与队伍
	5.11.2 应急预案
	5.11.3 应急设施、装备和物资
	5.11.4 应急演练
	5.11.5 事故救援
5.6 检查	5.13 绩效评定与持续改进
5.6.1 绩效测量和监视	
5.6.2 合规性评价	5.4.4 评估
5.6.3 不符合、纠正措施和预防措施	
5.6.4 事故、事件管理	5.12 事故报告、调查与处理
	5.12.1 事故报告
	5.12.2 事故调查与处理
5.6.5 记录控制	

续表

SY/T 6276—2014	AQ/T 9006—2010
5.6.6 内部审核	5.13 绩效评定和持续改进
	5.13.1 绩效评定
5.7 管理评审	5.13.2 持续改进

4.《石油天然气工业健康、安全与环境管理体系》(SY/T 6276—2014)与《石油行业安全生产标准化 导则》(AQ 2037—2012)之间的对应关系

SY/T 6276—2014	AQ 2037—2012
1 范围	1 范围
2 规范性引用文件	2 规范性引用文件
3 术语和定义	3 术语和定义
4 总要求	4 一般规定
5 健康、安全与环境管理体系要求	5 核心要求
5.1 领导和承诺	5.1 领导责任和承诺
	5.1.1 责任
	5.1.2 承诺
	5.1.3 安全文化建设
5.2 健康、安全与环境方针	5.2 HSE 方针
5.3 策划	5.3 策划
5.3.1 危害因素辨识，风险评价和控制措施的确定	5.3.1 危害因素辨识，风险评价和风险控制
5.3.2 法律法规和其他要求	5.3.2 法律法规和其他要求
5.3.3 目标和指标	5.3.3 目标和指标
5.3.4 方案	5.3.4 方案
5.4 组织结构、职责、资源和文件	5.4 组织结构、资源和文件
5.4.1 组织结构和职责	5.4.1 组织结构和职责
5.4.2 管理者代表	5.4.2 管理者代表
5.4.3 资源	5.4.3 资源
5.4.4 能力、培训和意识	5.4.4 能力和培训
5.4.5 沟通、参与和协商	5.4.5 沟通、参与和协商
5.4.6 文件	5.4.6 文件
5.4.7 文件控制	5.4.7 文件控制
5.5 实施和运行	5.5 实施和运行
5.5.1 设施完整性	5.5.1 设施完整性
5.5.2 承包方和（或）供应方	5.5.2 承包商和供应商管理

续表

SY/T 6276—2014	AQ 2037—2012
5.5.3 顾客和产品	
5.5.4 社区和公共关系	5.5.3 社区和公共关系
5.5.5 作业许可	5.5.4 作业许可
5.5.6 职业健康	5.5.5 运行控制
5.5.7 清洁生产	5.5.5 运行控制
5.5.8 运行控制	5.5.5 运行控制
5.5.9 变更管理	5.5.6 变更管理
5.5.10 应急准备与响应	5.5.7 应急管理
5.6 检查	5.6 检查
5.6.1 绩效测量和监视	5.6.1 监督检查和业绩考核
5.6.2 合规性评价	
5.6.3 不符合、纠正措施和预防措施	5.6.2 不符合、纠正措施和预防措施
5.6.4 事故、事件管理	5.6.3 事故报告、调查和处理
5.6.5 记录控制	5.6.4 记录控制
5.6.6 内部审核	5.6.5 内部审核
5.7 管理评审	5.7 管理评审

附录五　常见工业毒物及预防

一、金属与类金属毒物

1. 铅（Pb）

铅中毒是主要的职业病之一。铅及其化合物主要从呼吸道进入人体，其次为消化道。工业生产中以慢性中毒为主。

症状：初期感觉乏力，肌肉、关节酸痛，继之可出现腹隐痛、神经衰弱等症状。严重者可出现腹绞痛、贫血、肌无力和末梢神经炎，病情涉及神经系统、消化系统、造血系统及内脏。由于铅是蓄积性毒物，中毒后对人体造成长期影响。

预防措施：应严格控制车间空气中的铅浓度；生产过程要尽量实现机械化、自动化、密闭化；生产环境及生产设备要采取通风净化措施；注重工艺改革，尽量减少铅物料的使用；生产中要养成良好的卫生习惯，不在车间内吸烟、进食，饭前洗手、班后淋浴，并注意及时更换和清洗工作服。

2. 汞（Hg）

生产过程中金属汞主要以蒸气状态经呼吸道进入人体，可引起急性和慢性中毒。

症状：急性中毒多由于意外事故造成大量汞蒸气散逸引起，发病急，有头晕、乏力、发热、口腔炎症及腹痛、腹泻、食欲不振等症状。慢性中毒较为常见，最早出现神经衰弱综合征，表现为易兴奋、激动、情绪不稳定。汞毒性震颤为典型症状，严重时发展为粗大意向震颤并波及全身。少数患者出现口腔炎、肾脏及肝脏损害。

预防措施：采用无汞生产工艺，如无汞仪表；注意消除流散汞及吸附汞，以降低车间空气中的汞浓度；患有明显口腔炎、慢性肠道炎、肝、肾、神经症状等疾病者均不宜从事汞作业；其他参见铅的预防措施。

3. 锰（Mn）

锰及其化合物的毒性各不相同，化合物中锰的原子价越低毒性越大。生产中主要以锰烟和锰尘的形式经呼吸道进入人体而引起中毒。

症状：发病工龄短者半年，长者10～20年。轻度及中度中毒者表现为失眠，头痛，记忆力减退，四肢麻木，轻度震颤，易跌倒，举止缓慢，感情淡漠或冲动。重度中毒者出现四肢僵直，动作缓慢笨拙，语言不清，写字不清，智能下降等症状。

预防措施：必要时可戴防尘口罩；其他参见铅的预防措施。

4. 铍（Be）

铍及其化合物为高毒物质，可溶性化合物毒性大于难溶性铍化合物，毒性最大者为氟化铍和硫酸铍。主要以粉尘或烟雾的形式经呼吸道进入人体，也可经破损的皮肤进入人体而起局部作用。

症状：急性铍中毒很少见，多由于短时间内吸入大量可溶性铍化合物引起，3～6h后出现中毒症状，以急性呼吸道化学炎症为主，严重者出现化学性肺水肿和肺炎。慢性铍中毒主要是吸入难溶性铍化合物所致，接触5～10年后可发展为铍肺，表现为呼吸困难、咳嗽、胸痛，后期可发生肺水肿、肺源性心脏病。铍中毒可引起皮炎，可溶性铍可引起铍溃疡和皮肤肉芽肿。铍及其化合物还可引起黏膜刺激，如眼结膜炎、鼻咽炎等，脱离接触后可恢复。

预防措施：参见铅的预防措施。

二、有机溶剂

1. 苯（C_6H_6）

生产过程中的苯主要经过呼吸道进入人体，经皮肤仅能进入少量。苯可造成急性中毒和慢性中毒。

症状：急性苯中毒是由于短时间内吸入大量苯蒸气引起，主要表现为中枢神经系统的症状。初期有黏膜刺激，随后可出现兴奋或酒醉状态以及头痛、头晕等现象。重症者除上述症状外还可出现昏迷，阵发性或强直性抽搐，呼吸浅表，血压下降，严重时可因呼吸和循环衰竭而死亡。慢性苯中毒主要损害神经系统和造血系统，症状为神经衰弱综合征，有头晕、头痛、记忆力减退、失眠等，在造血系统引起的典型症状为白血病和再生障碍性贫血。

预防措施：苯中毒的防治应采取综合措施。有些生产过程可用无毒或低毒的物料代替苯，如使用无苯稀料、无苯溶剂、无苯胶等；在使用苯的场所应注意加强通风净化措施；必要时可使用防苯口罩等防护用品；手接触苯时应注意皮肤防护。

2. 甲苯（$C_6H_5CH_3$）

甲苯毒性较低，属低毒类。工业生产中甲苯主要以蒸气状态经呼吸道进入人体，皮肤吸收很少。

症状：急性中毒表现为中枢神经系统的麻醉作用和植物性神经功能紊乱症状，眩晕、无力、酒醉状，血压偏低、咳嗽、流泪，重者有恶心、呕吐、幻觉甚至神志不清。慢性中毒主要因长期吸入较高浓度的甲苯蒸气所引起，可出现头晕、头痛、无力、失眠、记忆力减退等现象。

预防措施：参见苯的预防措施。

3. 二甲苯 [$C_6H_4(CH_3)_2$]

同甲苯。

4. 汽油

主要以蒸气形式经呼吸道进入人体，皮肤吸收很少。当汽油中不饱和烃、芳香烃、硫化物等含量增多时，毒性增大。汽油可引起急性中毒和慢性中毒。

症状：急性中毒症状较轻时可有头晕、头痛、肢体震颤、精神恍惚、流泪等现象，严重者可出现昏迷、抽搐、肌肉痉挛、眼球震颤等症状。高浓度时可发生“闪电样”死亡。当用口吸入汽油而进入肺部时可导致吸入性肺炎。慢性中毒可引起如倦怠、头痛、头晕、步态不稳、肌肉震颤、手足麻木等症状，也可引起消化道、血液系统的病症。

预防措施：应采用无毒或低毒的物质代替汽油作溶剂；给汽车加油时应使用抽油器，工作场所应注意通风。

5. 二硫化碳（CS_2）

主要经呼吸道进入人体，可引起急性和慢性中毒，主要对神经系统造成损害。

症状：急性中毒主要由事故引起，轻者表现为酒醉状、头晕、头痛、眩晕、步态蹒跚及精神症状；重者先呈现兴奋状态，后出现谵妄、意识丧失、瞳孔反射消失，乃至死亡。慢性中毒除出现上述较轻症状外，还出现四肢麻木、步态不稳，并可对心血管系统、眼部、消化道系统产生损害。

预防措施：应采取通风净化措施，在检修设备、处理事故时应戴防毒面具。

6. 四氯化碳（CCl_4）

四氯化碳蒸气主要经呼吸道进入人体，液体和蒸气均可经皮肤吸收，可引起急性和慢性中毒。

症状：吸入高浓度蒸气可引起急性中毒，可迅速出现昏迷、抽搐，严重者可突然死亡。接触较高浓度四氯化碳蒸气可引起眼、鼻、呼吸道刺激症状，也可损害肝、肾、神经系统。长期接触中等浓度四氯化碳可有头昏、眩晕、疲乏无力、失眠、记忆力减退等症状，少数患者可引起肝硬化、视野减小、视力减退等。皮肤长期接触可引起干燥、脱屑、皲裂。

预防措施：生产设备应加强密闭通风，避免四氯化碳与火焰接触。接触较高浓度四氯化碳时应戴供氧式或过滤式呼吸器，操作中应穿工作服，戴手套。接触四氯化碳的工人不宜饮酒。

三、苯的硝基、氨基化合物

1. 苯胺（$C_6H_5NH_2$）

工业生产中苯胺以皮肤吸收而引起中毒为主，液体和蒸气均能经皮肤吸收，此外还可经呼吸道和消化道进入人体。苯胺中毒主要对中枢神经系统和血液造成损害，可引起急性和慢性中毒。

症状：苯胺中毒主要对中枢神经系统和血液造成损害，可引起急性和慢性中毒。急性中毒较轻者感觉头痛、头晕、无力、口唇青紫，严重者进而出现呕吐、精神恍惚、步态不稳以至意识消失或昏迷等现象。慢性中毒者最早出现头痛、头晕、耳鸣、记忆力下降等症状。皮肤经常接触苯胺时可引起湿疹、皮炎。此外，苯胺及其他芳香族胺能引起职业癌症。

预防措施：生产场所应采取通风净化措施，操作中要注意皮肤防护。

2. 三硝基甲苯 [$CH_3C_6H_2(NO_2)_3$]

在生产过程中，三硝基甲苯主要经皮肤和呼吸道进入人体，且以皮肤吸收更为重要。

症状：三硝基甲苯的毒作用主要是对眼晶体、肝脏、血液和神经系统的损害。晶体损害以中毒性白内障为主要现象，这是接触该毒物的人最常见、最早出现的症状。对肝脏的损害是使其排泄功能、解毒功能变差。生产中以慢性中毒为常见，中毒者表现为眼部晶体浑浊，并发展为白内障，肝脏可出现压痛、肿大、功能异常。此外还可引起血液系统病变，个别严重者发展成为再生障碍性贫血。

预防措施：生产场所应采取通风净化措施，操作中要注意皮肤防护，应注意使用好防护用品，操作后洗手，班后淋浴。

四、窒息性气体

1. 一氧化碳（CO）

一氧化碳主要经呼吸道进入人体，与血液中血红蛋白的结合能力极强，使血液的携带氧能力下降，在工业生产中一氧化碳主要造成急性中毒。

症状：轻度中毒者表现为头痛、头晕、心悸、恶心、呕吐、四肢无力等症状，脱离中毒环境几小时后症状消失。中度中毒者除上述症状外，且出现面色潮红、黏膜成樱桃红色，全身疲软无力，步态不稳，意识模糊甚至昏迷，若抢救及时，数日内可恢复。重度中毒者往往是因为中度中毒患者继续吸入一氧化碳而引起，此时可在前述症状后发展为昏迷。此外，在短期内吸入大量一氧化碳也可造成重度中毒，这时患者无任何不适感就很快丧失意识而昏迷，有的甚至立即死亡。重度中毒者昏迷程度较深，持续时间可长达数小时，且可并发休克、脑水肿、呼吸衰竭、心肌损害、肺水肿、高热、惊厥等症状，治愈后常有后遗症。

预防措施：凡产生一氧化碳的设备应严格执行检修制度，以防泄漏；凡有一氧化碳存在的车间应加强通风，并安装报警仪器；处理事故或进入高浓度场所应戴呼吸防护器；正常生产过程中应及时测定一氧化碳浓度，并严格控制操作时间。

2. 氰化氢（HCN）

氰化氢气体或其盐类粉尘主要经呼吸道进入人体，也可经皮肤吸收。可迅速作用于全身各组织细胞，抑制细胞内呼吸酶的功能，使细胞不能利用氧气而造成全身缺氧窒息，并称之为“细胞窒息”。氰化氢毒性剧烈，很低浓度吸入时就可引起全身不适，严重者可死亡。在短时间内吸入高浓度的氰化氢气体可使人立即停止呼吸而死亡，并称之为“电击型”死亡。

症状：若氰化氢浓度较低，中毒病情发展稍缓慢，可分为四个阶段。前驱期，先出现眼部及上呼吸道黏膜刺激症状，如流泪、流涎、口中有苦杏仁味，继而出现恶心、呕吐、震颤等症状；呼吸困难期，表现为呼吸困难加剧，视力及听力下降，并有恐怖感；痉挛期，意识丧失，出现强直性、阵发性痉挛，大小便失禁，皮肤黏膜呈鲜红色；麻痹期，为中毒的终末状态，全身痉挛停止，患者深度昏迷，反射消失，呼吸、心跳可随时停止。

预防措施：生产中尽量使用无毒、低毒的工艺，如无氰电镀；在金属热处理、电镀等有氰化氢逸出的生产过程中应加强通风措施，接触氰化氢的工人应加强个人防护并注意个人卫生习惯。

3．硫化氢（H_2S）

硫化氢是毒性比较剧烈的窒息性毒物，工业生产中主要经呼吸道进入人体。硫化氢气体兼具刺激作用和窒息作用。硫化氢对神经系统具有特殊的毒性作用，患者可在数秒钟内停止呼吸而死亡，其作用甚至比氰化氢还要迅速。

症状：引起结膜炎、角膜炎、鼻炎、气管炎等炎症。长期接触低浓度硫化氢可造成神经衰弱症候群及植物性神经功能紊乱。

预防措施：凡产生硫化氢气体的生产过程和环境应加强通风；凡进入可能产生硫化氢的地点均应先进行通风及测试，并应正确使用呼吸防护器，作业时应有人进行监护。

五、刺激性气体

大部分刺激性气体对呼吸道有明显刺激作用并有特殊臭味，人们闻到后就要避开，因此一般情况下急性中毒很少见，出现事故时可引起急性中毒。

刺激性气体的预防：以消除跑、冒、滴、漏和生产事故为主。

1．氯（Cl_2）

氯气主要损害上呼吸道及支气管的黏膜，可导致支气管痉挛、支气管炎和支气管周围炎，吸入高浓度氯气时，可作用于肺泡引起肺水肿。

2．氮氧化物

二氧化氮在水中的溶解度低，对眼部和上呼吸道的刺激性小，吸入后对上呼吸道几乎不发生作用。当进入呼吸道深部的细支气管与肺泡时，可与水作用形成硝酸和亚硝酸，对肺组织产生剧烈的刺激和腐蚀作用，形成肺水肿。接触高浓度二氧化氮可损害中枢神经系统。

氮氧化物急性中毒可引起肺水肿、化学性肺炎和化学性支气管炎。长期接触低浓度氮氧化物除引起慢性咽炎、支气管炎外，还可出现头昏、头痛、无力、失眠等症状。

六、高分子聚合物与单体

1．氯乙烯（$CH_2{=}CHCl$）

氯乙烯主要经呼吸道进入体内。当吸入高浓度氯乙烯时可引起急性中毒。氯乙烯单体已被证实有致癌作用。

症状：中毒较轻者出现眩晕、头痛、恶心、嗜睡等症状，严重中毒者神志不清、甚至死亡。长期接触低浓度氯乙烯可造成慢性影响，严重者可出现肝脏病变和手指骨骼病变。

预防措施：生产环境及设备应采取通风净化措施，设备、管道要密闭以防止氯乙烯逸出，注意防火防爆；聚合釜出料、清釜时要加强防护措施，清釜工更应注重清釜的技术和个人防护技术，防止造成急性中毒。

2．丙烯腈（$CH_2{=}CH{-}CN$）

丙烯腈主要经呼吸道进入人体，也可经皮肤吸收。丙烯腈可对人产生窒息和刺激作用，急性中毒的症状与氢氰酸中毒相似。

症状：急性中毒的症状与氢氰酸中毒相似，出现四肢无力，呼吸困难，腹部不适，恶心，呼吸不规则，以至虚脱死亡。丙烯腈能否引起慢性中毒目前尚无定论。

预防措施：生产场所应采取防火措施，设备应密闭通风，并注意正确使用呼吸防护器。生产中应注意皮肤防护，要配备必要的中毒急救设备和人员。

3. 氯丁二烯（$CH_2{=}CCl{-}CH{=}CH_2$）

氯丁二烯属中等毒性，可经呼吸道和皮肤进入人体。接触高浓度氯丁二烯可引起急性中毒，常发生于操作事故或设备事故中。

症状：一般出现眼、鼻、上呼吸道刺激征，严重者出现步态不稳、震颤、血压下降，甚至意识丧失。氯丁二烯的慢性影响表现为毛发脱落、头晕、头痛等症状。

预防措施：氯丁二烯毒作用明显，生产设备应密闭通风。清洗检修聚合釜时应先用水冲洗，然后注入氮气，并充分通风后才可进入。生产中应注意个人卫生，不要徒手接触毒物，注意穿戴、使用防护用品。

4. 含氟塑料

在含氟塑料的单体制备及聚合物的加热成型过程中均可接触多种有毒气体。

症状：在单体制备中产生的“裂解气”可引起呼吸道症状，轻者出现刺激作用，重者出现化学性肺炎和肺水肿，严重者可导致呼吸功能衰竭而死亡。聚合物加热过程中可产生“热解尘”，可造成聚合物烟雾热，导致全身不适、上呼吸道刺激及发热、畏寒等综合症状，严重者可有肺部损害。

预防措施：加强设备检修，防止跑、冒、滴、漏；裂解残液应予通风净化；聚合物热加工过程要严格控制温度，不要超过400％（聚合物加热至400℃以上时会产生氟化氢、氟光气等有毒气体，加热至440℃以上时会产生四氟乙烯、六氟丙烯等有毒气体，加热至480～500℃以上时八氟异丁烯的浓度急剧上升）；烧结炉应与操作点隔离并加排风净化装置，操作者不应在作业环境内吸烟。

七、有机磷和有机氯农药

1. 有机磷农药

有机磷农药能通过消化道、呼吸道及完整的皮肤和黏膜进入人体，生产性中毒主要由皮肤污染和呼吸道吸入引起。品种不同，产品质量、纯度不同，毒性的差异很大。

症状：有机磷农药引起的急性中毒，早期表现为食欲减退、恶心、呕吐、腹痛、腹泻、视力模糊、瞳孔缩小等症状，重度中毒可出现肺水肿、昏迷以至死亡。

长期接触少量有机磷农药可引起慢性中毒，表现为神经衰弱综合征以及急性中毒较轻时出现的部分症状，部分患者可有视觉功能损害。皮肤接触有机磷农药可导致过敏性或接触性皮炎。

预防措施：各类农药中毒预防措施基本相同。农药厂的预防措施可参见化工厂的有关办法，使用剧毒农药时应执行有关规定。

2. 有机氯农药

有机氯农药可造成急性与慢性中毒。

症状：急性中毒主要危害神经系统，可引起头昏、头痛、恶心、肌肉抽动、震颤，严重者可使意识丧失、呼吸衰竭。慢性中毒可引起黏膜刺激、头昏、头痛、全身肌肉无力、四肢疼痛，晚期造成肝、肾损坏。

预防措施：同有机磷农药。

附录六 安全生产标志

● 当心火车

● 当心滑跌

● 当心绊倒

● 禁止吸烟

● 禁止烟火

● 禁止带火种

● 禁止用水灭火

● 禁止放易燃物

● 禁止启动

● 禁止合闸

● 禁止转动

● 禁止触摸

● 禁止跨越

● 禁止攀登

● 禁止跳下

● 禁止入内

● 禁止停留

● 禁止通行

● 禁止靠近

● 禁止乘人

● 禁止堆放

● 禁止抛物

● 禁止戴手套

● 禁止穿化纤服装

● 禁止穿带钉鞋

● 禁止饮用

● 必须戴防护眼镜

● 必须戴防毒面具

● 必须戴防尘口罩

● 必须戴护耳器

● 必须戴安全帽

● 必须戴防护帽

● 必须戴防护手套

● 必须穿防护鞋

● 必须系安全带

● 必须穿救生衣

● 必须穿防护服

● 必须加锁

● 紧急出口

● 可动火区

● 闭险处

参 考 文 献

[1] 李振华，王虹，许文．化工安全概论．3版．北京：化学工业出版社，2018.
[2] 刘景良．化工安全技术．4版．北京：化学工业出版社，2019.
[3] 王凯全．化工安全工程学．北京：中国石化出版社，2011.
[4] 马世辉．压力容器安全技术．北京：化学工业出版社，2012.
[5] 张武平．压力容器安全管理与操作．北京：中国劳动社会保障出版社，2011.
[6] 朱兆华等．典型事故技术评析．北京：化学工业出版社，2007.
[7] 中国安全生产科学研究院．危险化学品生产单位安全培训教程，2版．北京：化学工业出版社，2012.